气象科学技术历史与文明

——第三届全国气象科技史学术研讨会论文集

History and Civilization of Meteorological Science and Technology

Proceedings of the Third Symposium on the History of Meteorological Science and Technology

主　　编：许小峰　高学浩　王志强

执行主编：陈正洪

编　　委：田　燕　董宛麟　闫　琳　张改珍

杨　萍　张　萌

图书在版编目(CIP)数据

气象科学技术历史与文明:第三届全国气象科技史学术研讨会论文集/许小峰,高学浩,王志强主编.—北京:气象出版社,2019.9

ISBN 978-7-5029-7036-9

Ⅰ.①气… Ⅱ.①许… ②高… ③王… Ⅲ.①气象学—历史—中国—学术会议—文集 Ⅳ.①P4-092

中国版本图书馆CIP数据核字(2019)第186114号

Qixiang Kexue Jishu Lishi yu Wenming——Disanjie Quanguo Qixiang Kejishi Xueshu Yantaohui Lunwenji

气象科学技术历史与文明——第三届全国气象科技史学术研讨会论文集

许小峰 高学浩 王志强 主编

出版发行:气象出版社

地　　址:北京市海淀区中关村南大街46号　　**邮政编码**:100081

电　　话:010-68407112(总编室)　010-68408042(发行部)

网　　址:http://www.qxcbs.com　　**E-mail**:qxcbs@cma.gov.cn

责任编辑:王元庆　　**终　　审**:吴晓鹏

责任校对:王丽梅　　**责任技编**:赵相宁

封面设计:楠　竹

印　　刷:三河市君旺印务有限公司

开　　本:787 mm×1092 mm　1/16　　**印　　张**:23.25

字　　数:608千字

版　　次:2019年9月第1版　　**印　　次**:2019年9月第1次印刷

定　　价:88.00元

序言一*

很高兴能来参加这次会议。对气象科技史研究工作我一直很关注，也做过一些推进工作。在担任中国气象局副局长期间曾布置、安排了不少任务，有些完成得不错，有些则不理想。相对而言，气象科技史的研究是落实比较好的。研究气象科技史除发现其本身的科学价值外，还可以从中发现许多规律性的东西，对我们现在的工作有很好的借鉴意义。2009 年，我与时任干部培训学院副院长肖子牛商谈这件事情，希望他出面抓一抓，就这样启动了这件事。干部培训学院的同志很积极，承担起了这项工作，坚持不懈地做了下来，取得了不少成果，很不容易。借此机会，我对认真参与这项工作的同志表示感谢，对你们所取得的成绩表示祝贺！

在气象部门搞业务没问题，有固定的经费支持，还可以参与工程项目，支持力度是比较大的。做科研可以申请课题，写文章，评职称，有比较成熟的做法和套路。做气象科技史研究则有所不同，与通常的气象业务、科研有一定区别，其价值尚没有得到广泛认同，争取经费有难度，很难找到大课题支持，更列入不到工程项目中了。参与的同志仅是凭着一种责任感，或者个人对科技史的兴趣来从事这项工作，坚持到现在很不易。希望通过我们的努力，通过我们做出的成绩，能影响更多的人，逐步改善我们的研究工作环境。

今天看到许多科技界的高层人士都来参加会议，包括在座的几位院士。他们在气象科技界都是很有名望的专家，这也在某种程度上说明气象科技史研究工作的价值。到会的还有来自中国台湾的刘昭民先生。我前些年拜读过刘先生写的《世界气象史》和《中华科技气象史》，记得访问中国台湾时还同刘先生见过面，做过交流。刘先生对气象科技发展史的研究很执着，在这一领域做了许多细致的工作，有独特的贡献。今天能请到刘先生到会，还请到了一些国际知名专家和非气象部门的专家来参会，也说明气象干部培训学院从事气象科技史的同志很用心，也很开放。我也在此对这些来宾的到来表示欢迎和感谢！

最近召开的党的十九大提出了一个很重要的理念，即我们进入到了新时代。怎样理解新时代？大家可以通过学习，逐步认识。我想不管从哪个角度来解读这一理念，新时代都不是凭空产生的，是通过历史传承实现的，包括继承、改革和发展。我们研究中国气象史、世界气象史，就是从历史进程的脉络中寻找对今天有启迪、有价值的规律。如古希腊哲学家、思想家，也是气象学家亚里士多德写的《气象通论》，中国传统文化中的《易经》《梦溪笔谈》等著作，包括甲骨文中的许多记载，都能从中发现传承至今的仍具有现实意义的思想和理念。

现代气象科技的发展成就，比如说数值天气预报模式，大家都觉得是很重大的进步，已成为现在气象业务、科研不可或缺的重要支撑。研究其发展的进程就很有意思，最开始的理念源自于数学、物理等基础学科的发展，不是独立凭空建立起来的。20 世纪初挪威学派提出了数值预报理念，已很不易，在实现的进程中也很艰难。最初英国人理查森开展数值模式试验，是

---

* 注：本序言根据许小峰同志 2017 年 11 月 6 日在北京举行的第三届全国气象科技史学术研讨会上的讲话整理，于 2019 年 8 月修改完成。

一次大胆的尝试，最终失败了，但留下了很宝贵的财富。后人汲取了他的教训后才最终走向成功。试验成功以后也并没有在业务中被完全接受，通过在实践中不断改进、发展。在 20 世纪 90 年代后才逐渐取代了传统预报方法，在预报业务中占到主导地位。这样一个发展过程，对我们就有许多方面的启示。数值预报可以取代传统的经验预报，超越天气图分析方法，这种颠覆性的工作就可以促进我们思考，未来的发展方向是什么？现在的方法会不会也被颠覆，需要不断探索、创新。现在气象界已开始尝试用人工智能的方式解决一些复杂性问题，最近有报道说 NCAR（美国国家大气研究中心）在同一些大企业合作，开展人工智能预报，这些新的变化在多大程度上会影响到气象科技发展的未来走向，是需要予以关注的。通过对历史传承的认识有助于思考未来的可能变化，这也是研究气象科技史的重要价值。

希望从事气象科技史的同志能够更广泛地与气象界的各方面专家，以及相关领域的专家和国内外的学者一起开展广泛合作，做好下一步气象科技史的研究规划。现在许多部门都在开展这方面的工作，包括一些大学的领导也同我讲过，要把科技史作为他们重要的发展领域，这是好现象，好趋势，希望我们能够更广泛地开展合作，把这件事情做好。通过对科技史和气象史的研究使我们对中华文化、世界文化、世界科技的发展脉络有更深层次的认识，并有助于推动现代的气象科技发展。

谢谢各位！

许小峰

（许小峰*）

---

* 注：许小峰先生曾任中国气象局党组副书记、副局长，现为中国气象事业发展咨询委员会常务副主任委员、中国科技史学会气象科技史委员会学术顾问。

序言二

我非常支持科学史的研究，从小学的时候就开始看大量的历史小说。我现在关注历史研究，但是我发现做这件事不是很容易，非常困难。因为研究历史必须要做到两点：第一要还原历史的真相，究竟历史上是怎么回事儿。真相怎么还原？

第一，只能从大量的素材资料中找。但是这些资料很多是真的，很多是假的。怎么做到去伪存真，把真正的东西挖掘出来，需要花大量的时间，要不然这里面有很多虚的东西，这样就很危险。

第二，把真正的历史过程挖掘出来，要回答一个问题，要弄明白，要知其然还要知其所以然，这件事情更难。比如说皮亚克尼斯，凭欧洲那么简单的资料就可以画出天气图，换了别人不行。为什么他能做这件事儿呢？我们要回答为什么的问题，这个问题的回答很重要。他有这个本事，从那么少量的资料里面把规律挖掘出来，这种本事是怎么培养出来的，所以要知其所以然。希望大家能够去伪存真，为做好这件事下功夫。

气象科技史很重要。提一点建议，现在我们要形成团队和力量，领导干部对于气象科技史的了解非常重要。领导干部必须要知道气象科学是怎么回事，怎么发展过来的，发展过程中有哪些历史经验，有哪些历史教训。所以我建议你们要成立机构，有一个团队做这件事儿。以现代和近代研究为主。为什么？因为历史的研究是一件非常繁重的任务，数据很不容易收集，特别是活数据，必须是人在的时候才能收集它，人不在了怎么收集。深入历史必须要有人物，很多事情都在有关历史上。

近现代气象科技史中健在人物已经所剩无几了，现在是抢救的问题，要用相当的人力去挖掘，要以史为鉴，推动科学的原始创新。气象近代科技史发展 100 多年了，中国的重要基础理论、基础概念、原创的东西还远远不够。中国人很多原始的想法非常好，但是这些想法往往是昙花一现，坚持不下去了。为什么？看起来是过去的事情，实际上是现在的事情。为什么我们的人那么多，中华民族也非常聪明，我们原创性的东西却那么少？所以未来需要进一步加强气象科学历史研究，从中找到启示未来大气科学发展的经验和规律。

周秀骥

（周秀骥*）

* 注：周秀骥先生 1991 年当选中国科学院院士，是我国现代大气物理学创建人之一。

序言三

古今中外，优秀的民族都有一个特质，那就是善于修史。中华民族五千年文明，正是因为重视修史，才得以传承至今。唐太宗曾经说过"以史为鉴，可以知兴替"；宋神宗曾高度评价《资治通鉴》，"鉴于往事，有资于治道"。而"气象"本身就是一个饱含历史的词语。以描述地球大气层各种现象及研究其规律为己任的气象学，因为与大众生活的距离之近、影响之大，其发展历程融入了世界上主要文明地的文化和科学遗产之中。古人对天文、大气等自然现象的认识与预报天气的渴求客观上推进了人类的文明和进步。

人类最早对天气现象系统地总结和归纳可以追溯到古希腊亚里士多德所著的《气象通典》，在此之后人类又经过了一千多年才发展到对大气进行定量观测。而大气科学成为一门真正的科学发生于最近的一百多年中。这一百多年间，气象学借助现代科学和技术的推动，飞速发展达到辉煌时期。这其中有太多可以被我们挖掘和学习的地方。比如，最为人所熟知的挪威学派和芝加哥学派的新老传承，这其中是有一定规律和原因的。我国气象学的奠基人，竺可桢、涂长望、赵九章、李宪之、顾震潮、叶笃正、陶诗言、谢义炳、黄士松等几位老先生们，又在留学过程中汲取了什么，来发展我国气象学等等，还有很多细节等着我们去发现。而对于天气预报来说，其本身就是用"历史"来预测未来的过程。记得我曾发表过一篇文章，专门讨论了数值天气预报到底是不是一个初值问题。我们都知道，大气运动是有其内在规律的，做预报的都清楚，数值预报其实不是一个简单的初值问题，它是一个历史演变问题，环境场中大量的实况资料，其实蕴含着大气运动未来的变化趋势。这些实况资料就好比是一部历史，只有读懂历史，才能更好地模拟出大气运动的规律，更精准地预测未来。

当然，我们要学会用史，就好比学习西方文化一样，取其精华、去其糟粕，这样才能更好地为我所用。2009 年，中国气象局党组副书记、许小峰副局长最早提出干部培训学院要带头进行气象科技史研究时，我就表示很赞同。干部学院有各个学科的教师资源，有《气象科技进展》这样一个很好的发表平台，还有气象科技史委员会的成立，将会吸纳更多专家、学者，气象科技史研究和业务工作一定会上一个很大的台阶。如果进一步在干部培训学院设立气象科技史的研究机构，可能是件意义长远的事。因为历史上的"联心"和"联资"都培养出了大量人才，有个固定研究所就会成为出人才的摇篮。希望我们气象科技史研究人员能够以科学的眼光看待大气科学的发展，以史为鉴找出学科发展中规律性的问题，为今后气象学的发展提供借鉴。

在创新的文化上，大家应该共同努力。史学研究不仅要关注成功的东西，还要关注失败的、有教训的东西，也要好好总结一下。

丑纪范

（丑纪范*）

* 注：丑纪范先生 1993 年当选为中国科学院院士，2006 年获得何梁何利基金科学与技术进步奖（气象学奖）。

大会致辞

国际气象史学会前主席 Vladimir Jankovic 致辞

开幕致辞：

非常高兴能够来到中国，到北京这样一个伟大的城市，这是一件非常高兴的事情。我来自遥远的曼彻斯特，曼彻斯特跟中国、跟北京有什么共同之处呢？在 19 世纪我们也是污染大国，污染大市，正是因为污染之后或者全球也造成北京这样的城市污染频发。曼彻斯特是见证工业革命的城市，在治理污染方面的科技大市。

曼彻斯特大学有 50 多位学者获得了诺贝尔奖，其中很多就是研究怎么治理污染。今天能够代表英国的学术院，代表曼彻斯特大学在这里交流倍感高兴。我想特别强调一点，对于气象来说，对于大气来说，对于世界上的重要意义前所未有，这是自我们研究环境以来，研究气候变化以来 21 世纪最重大的一个问题，让我们赶上了。在这方面，通过我们在中国进行这方面的讨论，可以说是帮助全人类解决事关未来命运的大问题。

我个人研究气候变化的历史，并且还研究气候变化与社会之间的相互关系作用。今天非常高兴有这样的机会跟大家交流科技如何帮助政界共同解决我们今天面临的问题，也就是全球气候变化如何解决的问题。中国参与了全球解决这方面的重大问题是人类的幸事。我们可以进一步深入交流。

闭幕致辞：

谈一下这两天会议的印象，包括对会议方面的建议和心得。这两天会议报告的主题多种多样，有讲到中国整体气象方面的问题、有关于专题人物介绍、有中西交流合作的问题、有农业、医学方面的专题、有气候变化方面等等。这么多的专题很令人鼓舞，说明这个领域确确实实涉及面很广，表现出参与的人员很多，确确实实说明这是一个很有深度和宽度的领域。

从另外一个维度来说，这个研讨会的时段跨越得非常大，有讲古代历史、近代史、现代史，还有讲 21 世纪的，整个跨度都包括了。我在教育经历中感受到了对话所起到的作用，占的分量以及产生的效果，讨论式、辩论式、分组讨论会把各个方面的立场展现出来进行交锋。如果是这样一种讨论的形式，可以使我们更加清晰地了解科学史这个学科的目的，包括气象科技史的目的是什么，通过这样一种形式才能使我们得到更鲜明、更清晰的理解。我们对前人做过的很多事情进行品头论足，我们有这样的条件，有这样的地位可以评估历史的发展是一种荣幸，通过评估他们，了解他们，可以对这个过程的价值有更深的体会。印象特别深刻的是丑纪范院士谈到的对科学史、气象史进行总结不只是针对成功之处，对一些没做好的，失败的就可以避而不谈，还是怎么处理，丑院士昨天提到的这一点确实是很重要的。

另外想跟大家谈一谈在这方面的思考和观察。对于同样一个科学对象，在不同的地区会产生不同的总结，不同的看法。亚洲有亚洲的，欧洲有欧洲的，拉美有拉美的，对这方面的思考大家不一样，由于地域的不同造成思考结果的不同，这是可以理解的。因为科学发展的历史，有点像烹饪一样，有各地的特色，形成了各地的菜系。虽然大家“做菜的原料”一样，但是做出来之后的结果却有很多种类，各有不同。对于我们搞科学历史研究的也是这个道理，对于知识的形式和形态，相互之间是可以不一样的，这一点跟做菜差不多。所以我们把相同的素材通过我们的研究加入各自的佐料，会形成中国的科学，就像中餐一样，印度的科学就是印度餐，欧洲的科学就是欧洲大餐，这是一个非常重要的问题。尤其是在今天这样一个全球化的时代更是如此，我们不要追求一个“菜系”，追求一种科学。所以，我们搞科学历史研究的各位专家，确确实实有义务对各个“菜系”的多样性，对食物的多样性加以悉心的保护。我想，我们的志趣应该是这个样子。

我对西方科学史研究有 25 年之久。我想强调一下，历史它是一个什么学科呢？它是一个批判性的学科，所以批判性非常重要，我们要了解它的性质。就像丑院士说的，对搞科学史的人来说，并不是对这些成果进行恭贺、庆祝，更重要的是要考虑对科学来说怎么样能够实现科学成果，为什么要产生这些成果，由谁来实现这些成果，实现这些科学成果的目的是什么，谁最合适来成为做科学的人？社会的科学功能应该是什么样子的？对以上的问题很多人都认为是想当然的，不需要考虑，其实并不是这个样子，所以对于科学的目的等等加以深刻的体会和了解很重要。另外，科学在社会当中，在文化当中到底起了什么样的特殊作用？我们要清醒地认识，换句话说，作为科学史家，作为科学史研究的工作者，他一定要考虑科学与社会的相关性，这一点非常重要。

谢谢大家！

中国科技史学会理事长孙小淳

首先代表中国科技史学会对第三届气象科技史研究学术研讨会的召开表示热烈的祝贺！记得 8 个月前我也是在这里讲话，是成立了第一届气象科技史委员会，现在不到 8 个月的时间就组织这样一个好的会议，100 多人，规模相当大，确实为我们中国科技史学会树立了一个很好的榜样。作为一个学会来说，它是专家学者的家园，为重要的事情是要开展学术交流和学术活动。20 世纪 80 年代我读书的时候学术氛围就特别好，比如说天文学会、天文史委员会每年都要召开学术研讨会。那个时候我也见到一些老一辈的先生，比如说今天在座的刘昭民先生，那时候就认识了。

今天讲到新时代，我们要把学术传统真正地发扬光大。中国科技史学会也准备在 2017 年 11 月 25—26 号在雁栖湖开召开首届的学术年会，其中有好几个专业委员会在那边开学术研讨会，我们想把这件事情搞起来，把学术活动搞起来。今天恰恰是向气象专业史委员会来学习的机会。我们要搞一个事情，搞学术，一方面要有领导的见识和学识，另一方面也要有热心人，更重要的是有大家的参与。

今天这么多搞气象史的专家们参加会议，我也非常欢迎大家参加我们中国科技史学会，特别是欢迎大家到怀柔参加我们的学术年会。这次会议的主题是“一带一路”气象科技史研究，这个话题非常有意思，跟我们现在做的事情非常契合。在中国科技史学会搞了一个项目，我们要组织建立“国际丝绸之路科学与文明学会”，这个事情我们已经在做，而且得到了国际学术界非常热烈的响应。现在有80多位国际知名学者签名表示支持这个活动，所以特别希望在座的各位气象史方面的专家积极参与其中。

我从事天文学史研究。天文气象在古代是不分的，比如说古代讲占星、讲云气，云气有的时候是天象还是气象，还是研究风的方向。中国古代的气象跟人的关系非常密切，所以这个学会就特别的重要，跟天文一样重要，跟地震也一样重要，所以这方面的材料非常多。比如说中国宋代就开始有量雨器，记载降雨量的情况，跟税收，跟国民经济结合起来。所以古代对气象史的研究也是非常有影响，近代更是如此。比如蒋丙然是天文学家，又是气象学家。气象是一个交叉性非常强的学科，不光跟天文、大数据的处理有关系，包括跟植物、农业、物候等都有关系，这个学科确实有它特别有意义的地方，彰显了科学技术史这个学科的特点。

非常高兴今天能参加这个会，听一听大家的报告，向大家学习。希望把气象科技史专业委员会对学术追求这种劲头带到中国科学技术史学会里面去。

中国气象局科技与气候变化司副司长杨兴国[①]

首先我代表中国气象局科技与气候变化司向此次研讨会的召开表示热烈的祝贺。气象科技史的研究横跨自然科学、社会科学和其他相关领域。由于气象科技史的综合性，对其研究有助于了解气象科学技术如何发展，对于气象信息化建设和未来气象事业的发展具有非常独特的意义，气象科技史研究有利于促进科技引领与创新驱动。

党的十九大报告强调科技创新在建设社会主义现代化强国中的重要地位和作用。20世纪也是中国气象局全面推进气象信息化建设的关键时期。近年来，在中国气象局党组领导下，我们不断完善国家气象科技创新体系，不断优化气象科技创新环境，科技创新支撑，气象现代化建设的发展成效显著。但是，我国气象科技创新还存在许多薄弱环节和差距，在重大科技问题上气象科技史研究有助于我们辩证地看待和解决问题。

只有了解历史，才能展望未来，才能有助于我们更好地适应气象史和世界气象科技的发展的潮流。气象科技史委员会为我们搭建了非常好的交流合作平台。这个平台有气象部门、科研部门、高等院校等许多专家组成，有许多特色领域的专家参与。通过跨学科的合作交流，有利于对大学科的技术发展脉络挖掘梳理，不断丰富我们对气象现代科技内涵的科学认识，从而对当前气象科技发展的政策环境、创新机制等方面提出更多的建议。

中国气象局气象干部培训学院从2010年就开始进行了气象科技史方面的研究，已经成功地召开了两届学术研讨会，取得了相当丰硕的成果。今天研讨会的主题是“一带一路”背景下的气象科技史，中国气象局一直以来支持气象科技史的发展。2017年10月在南京举办的中国第三届中亚气象科技研讨会，也与此次研讨会的主题相呼应。希望与会专家进一步加强交流与研讨，为气象服务国家“一带一路”建设和气象现代化建设提供更多新的思路和新的想法。中国气象局科技与气候变化司将一如既往地支持这项工作。

---

① 杨兴国，研究员。2017年第三届全国气象科技史学术研讨会召开时，挂职中国气象局科技与气候变化司。

南京大学副校长谈哲敏

历史不可能还原，只能通过所有的过程用现代的思维去褪色它、判断它，形成一个结论，这就是历史。这跟气象一样，历史是看过去的东西，气象是预测未来，预测未来你也不知道真正症结在什么地方，我们只能用一些手段去规避这些症结。我们研究气象学历史，跟现在做气象也非常类似，按照某一种逻辑，按照某一种观点看。历史肯定跟很多事件有关系，跟很多人有关系，这些人跟世界组成了整个发展史。

早期的时候，从理论开始，研究天气理论与预报技术发展。后来有了预报体系与预报中心建设，再到后来有了研究范式变革与天气科学的发展。现在天气的研究，我们会遇到很多技术的问题，怎么更进一步地理解大气对应天气的影响，这是需要我们去研究的一个很重要的问题。在科学研究里面，有一些范式的变化，现在有三种模式。第一种是线性模式，第二种模式称之为象限模式，第三种模式是有技术研究、用户需求的驱动研究、工艺研究。

从整个研究来讲，以前走的是技术理论，到技术，到应用，在新时期也许这个模式还会存在。但是还会有新的模式出现，比如用户需求会驱动技术研究，同时把技术研究和应用研究结合在一起。科技史的研究，很重要的是抓住科学思想。前几天一个英国科学家评价屠呦呦贡献的时候，谈到了屠呦呦有历史纵深感，讲她有很强的科学热情，没有任何的太多的功利在里面。

这对我们重新审视过去的发展历史和对未来是非常重要的一步。现在有很多好的东西确实要赶紧留下来，不留下来，过若干年以后真的不知道了。一定要在恰当的时间把恰当的东西留下来很关键。现在问题来了，到底怎么把很多的史料留下来，用文字的形式反映出来。

南京大学最近做了一个事情，南京大屠杀发生在南京，所以我们有很强的团队在做南京大屠杀史料的整编，史料的研究，是中央非常赞扬的事例。我们指导学生做口述历史。不是每个人都能写史，他知道一个事件，可以用语言来表达出来。像周院士（周秀骥）、丑院士（丑纪范）知道的历史，比如说人工降雨，也许只有周先生（周秀骥）他们清楚，后面的人就不清楚了。建议咱们气象科技史委员会将来可以利用学生的力量、民间的力量，做一些口述历史，然后再整编出来，请这些老先生来做整理。这是我的一个建议，这样能够把一些重要的事件留下来，将来也许对中国气象和科技历史做一些推进。

北京大学大气与海洋科学系主任胡永云

我介绍一下“中美气象交流 100 年”。2019 年是美国气象学会成立 100 年、雷达气象学科开创 100 年、动力气象学科开创 100 年。中国近代、现代气象学的发展，到底哪些阶段跟美国密切相关？

从 20 世纪开始，1910 年到 20 世纪 20 年代甚至到 20 世纪 30 年代，气象对外的交流主要是欧洲。现代气象交流主要是从北欧开始，从挪威学派极锋理论开始的，那时候美国在气象方面也不是那么强，那时候中国主要还是跟欧洲交流。到 20 世纪 40 年代，中国主要是跟美国交流。20 世纪 30 年代后期到抗战期间，随着一些中国航空公司的成立和美国的空军在中国作战，中美之间有许多气象业务上的交流。1949 年到 20 世纪 60 年代初，这段时间主要是与苏联交流。1978 年以后主要还是与美国交流了。

这几个阶段的交流可以从中国气象学会历任理事长的经历看出。蒋丙然是前五届气象学会理事长，他是留学比利时的，于 1915 年留学归来。竺可桢先生是 1929—1948 年任理事长，他曾留学美国。赵九章 1958—1968 年是任理事长，他留学德国。叶笃正是 1978—1986 年任理事长，他留学美国。陶诗言是 1986—1990 年任理事长，他是我国自己培养的。从这些理事长来看，1920—1930 年中国主要是与欧洲交流，从 20 世纪 40 年代开始主要是与美国，20 世纪 50－60 年代初期是与苏联交流，1978 年以后主要是与美国交流。

从中国近代气象史的主要代表性人物也可以看出对外交流的历史。蒋丙然和李宪之都是从欧洲留学归来的，李宪之是在 1936 年回国在清华任教。涂长望是从英国留学回来，赵九章从德国柏林大学留学归来，他们带回来的影响主要是欧洲的。竺可桢是从美国留学回来，带回了美国的影响，但是那时还是欧洲的影响比较大。他们的流派也不一样，竺可桢更提倡物候学，赵九章、涂长望他们是欧洲回来的，更有点儿动力气象的味道，尤其是赵九章先生特别强调数学、力学在物理气象学上的应用。由此来看，20 世纪 20 年代、30 年代气象学的交流主要是欧洲，受欧洲的影响比较大。到 20 世纪 40 年代以后，尤其是抗战期间，美国的空军来了以后，气象方面的交流主要还是与美国。当时与美国的联系非常密切，尤其是抗战期间，用于空军的气象服务主要是针对美国，应该交流很多。

1949 年以后到 20 世纪 60 年代，对外交流主要是针对苏联和东欧国家为主，像曾庆存、周秀骥先生都到苏联去留学。他们是中苏气象交流的见证。"文革"期间的对外交流基本上是停滞的。1978 年以后恢复了中美交流。叶笃正、谢义炳他们在中美气象交流过程中起了很大的作用。还有一批中国台湾华人，还有一些是从中国香港去美国的，他们对促进中美气象交流发挥了非常大的作用。在美国那边，Dick Reid 和 Rich Anthens，这两个人非常了不起，为中美气象交流起了很大的作用。中美气象之间的交流有几个渠道，主要是跟美国能源部、气象学会等。

1972 年初，尼克松访华后，冰冻多年的中美交流开始。1973 年，美国气象学会代表团访问中国气象学会。那时候中美还没建交，1973 年美国气象学会作为学术团体第一个访问大陆，这个很不容易。当年的物理学会没有来，但是气象学会先来了。另外，1973 年还有一批华人气象学家回国访问。1974 年 4 月 20 日到 5 月 3 日，以约翰逊理事长为团长的美国气象学会代表团应邀访华。1975 年，以邹竞蒙副理事长为团长的中国气象学会代表团应邀访美。1977 年 3 月 3 日，美国气象学会的秘书长斯彭格勒博士来华访问。1979 年，叶笃正和谢义炳先生访美，30 年后，他们又回到了他们当年学习的芝加哥大学，并见到了郭晓岚等当年的同学。

2004 年，我从美国回国工作，是改革开放后获得美国博士学位的第二个回国的气象学博士。1978 年到 2004 年，我国前往美国攻读大气科学博士学位的大约有 300 人。回顾这 100 年一方面我们是学习，另一方面是自强，我们自己也做了很多事情，我们不能否认这 100 年说是交流，实际上交流的不是那么对称，主要是学习，这些年我们开始自强，我们也要成长起来。

科学的交流有时候会超越政治。其实，在冷战期间当年的苏联和美国并没有完全停止了科学交流，学者们的交流，在某种程度上大大缓和了美苏之间的紧张关系。华盛顿大学 Wallace 教授在 20 世纪 80 年代前往苏联访问过，并在那里生活了 1 年。Chandrasekhar 和 Charney 等都在 20 世纪 50 年代访问过苏联。在 1978 年以前，在中美正式建交以前美国气象学会来了，咱们也去了，科学文化的交流能让大家不至于太紧张。当年冷战期间美苏学术交流为不至于造成核战争做了很大的贡献，这是一个感受。中美气象科技交流可以从民间的角度减缓一下几方中间的张力。

目　录

Content

太阳活动对地球气候和天气的影响

丁一汇

（中国气象局国家气候中心，北京　100081）

摘　要　本文介绍近年来太阳活动对地球气候和天气影响方面的主要研究成果，包括四个关键的问题：(1)太阳活动与地球系统的能量收支；(2)太阳活动对地球气候的影响（包含气候变化，温室效应，火山）；(3)太阳活动对季风和天气的影响；(4)太阳活动的变化会造成地球的长期寒冷气候吗？通过上述问题的阐述，可以深入认识太阳活动对地球气候和天气影响的事实与机理以及对未来地球气候可能变化的前景。从而为认识地球气候和天气变化的原因和驱动力提供更全面更深刻的认识。

关键词　太阳活动，季风，气候

太阳是地球系统及其生命系统的原动力。地球系统作为一个巨大的热机，太阳能为其提供取之不竭的热源，驱动着地球系统特别是地球大气得以永不停息的运转。不断地改变着大气赖以生存的天气与气候，同时改变着地球的外部环境。

1　太阳活动与地球系统的能量收支

太阳对地球的影响，简称日地关系，它是研究太阳核心通过复杂的物理过程引起的巨大核聚变反应，放射的电磁波辐射在到达地球大气层时所产生的各种影响和现象，例如地磁和电离层扰动，宇宙射线变化，天气和气候异常等（图 1）。其中对地球天气与气候的影响是其中主要的一个方面。太阳内部这些复杂的物理过程，包括太阳黑子、光斑、日冕、日珥以及耀斑等现象，总称为太阳活动。为了定量测定大气层顶接收到的太阳总能量，目前最常用的一个指标是太阳总辐照度（TSI，total solar irradiance）。在直接获得 TSI 之前，科学家不得不采用两种代用指标，一是太阳黑子数，它与 TSI 有直接的联系。另一是由大气层中形成的，存在于极地冰层和树木年轮的放射性同位素。1978 年之后卫星仪器可直接测量 TSI（图 2），得到地球大气层顶部接收到的太阳辐射平均值约为 1361 W/m^2，这个值一般也被称为太阳常数。太阳常数其实并不真正是一个常数，它具有 5‰左右的变化。TSI 代表的是到达大气顶的太阳辐射量，并不能完全作用于大气层，其中约有 30％的能量会反射回太空中。依照黑子数得到的 TSI 日变化，可追溯到 1610 年。太阳活动以约 11 年为周期的太阳黑子周期变化。在最近的几个周期中，第 22～24 周期，TSI 的平均波动值在 0.1％左右，在 1645—1715 年太阳活动非常弱的蒙德极小期，通常被称作“太阳活动最低期”，这时气候出现长期的严寒。从蒙德极小期至今，有关太阳辐照度的变化，与 11 年的太阳黑子变化相似。太阳对地球表面温度变化的影响主要由

作者简介：丁一汇，中国工程院院士，主要从事天气、气候和数值天气预报研究。本文发表于《气象》2019 年第 3 期，经作者同意，收录入本文集。

11 年太阳周期控制。这可以解释全球温度波动值(图 3b)。在太阳活动最低期与最高期之间,变化为 0.1 ℃左右。在 20 世纪初,太阳活动的增强,温室气体的增加,火山活动的减少与大气内部变率一起(图 3b、e、c 与 d)可以解释这一时期的增温和气候变暖(图 3a),但并不能解释自 20 世纪 70 年代末观测到的第二次快速增长,因为从 1986—2008 年,TSI 是下降趋势,这主要应归因于人类活动驱动的气候变暖作用。

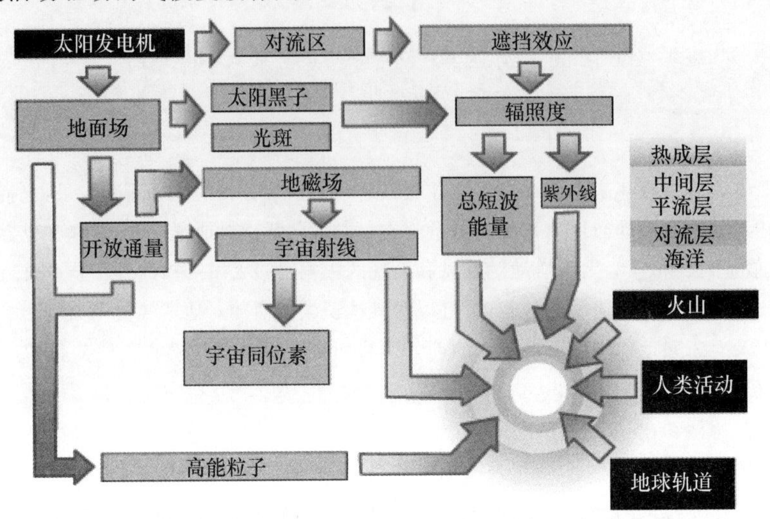

图 1 表示地球各种气候强迫的概略示意图。图中给出影响太阳变率的强迫因子(辐照与粒子辐射)[1]。(对应彩图见 351 页彩图 1)

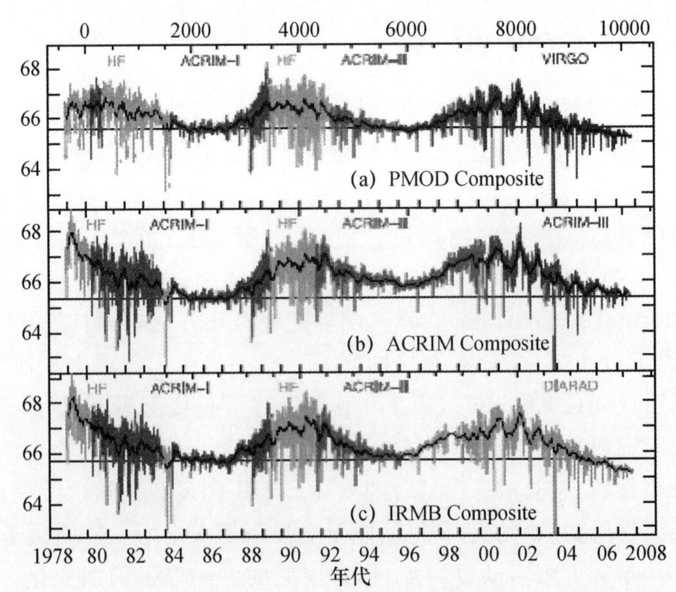

图 2 1978—2010 年卫星上不同仪器测量的太阳总辐照度

粗黑线为 81 天平均,通过最小值画的水平黑线代表综合的最小值趋势。

图上方“0～10000”代表从 1980 年 1 月起算起的天数[1]。

(a)HF 和 PMOD;(b)HF 和 ACRIM;(c)HF 和 IRMB

(对应彩图见 351 页彩图 2)

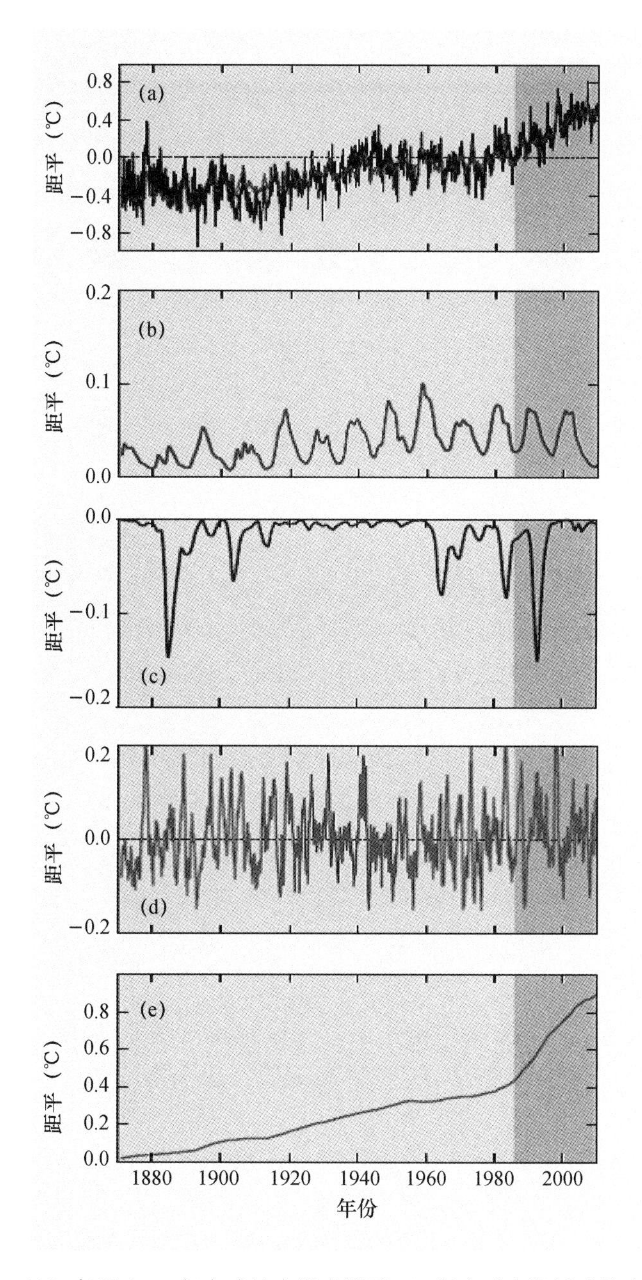

图 3　1870 年至 2010 年全球地表温度距平(a)；温度对太阳活动的响应(b)；
温度对火山活动的响应(c)；温度对大气内部变率的响应(d)；
温度对人类活动的响应(e)。[2](对应彩图见 352 页彩图 3)

这个结果表明，相对于人为因素对气候变化的影响，太阳在最高活动期与最低活动期变化范围内对全球气候的影响要小得多，也就是说由人类对温室气体排放造成的温室效应，起着主要作用(图 4)。图 4 说明了自然的温室效应(图 4a)与增强的温室效应(图 4c)。由于大气中水汽和温室气体的存在，使地球的温度由－19 ℃上升 15 ℃。如果由于人类的排放，大气中 CO_2 浓度增加一倍(图 4b)，这时大气顶的辐射平衡将受到破坏，由于增加的 CO_2 拦截了地球和大气放射的长波辐射，使离开大气的长波辐射量只有 236 W/m^2，因而气候系统内部将进行调整,以恢复原有的平衡。根据斯蒂芬-玻尔兹曼公式,T_g 是地表平均温度,地表必须升温 1.2 ℃。温度升高之后,根据克劳修斯—克拉珀龙方程,大气中的水汽将增加,这将使温室效应进一步加强。通过这种正反馈作用,地表的增温将不是 1.2 ℃,而是 2.5 ℃,所以反馈作用是非常明显的。

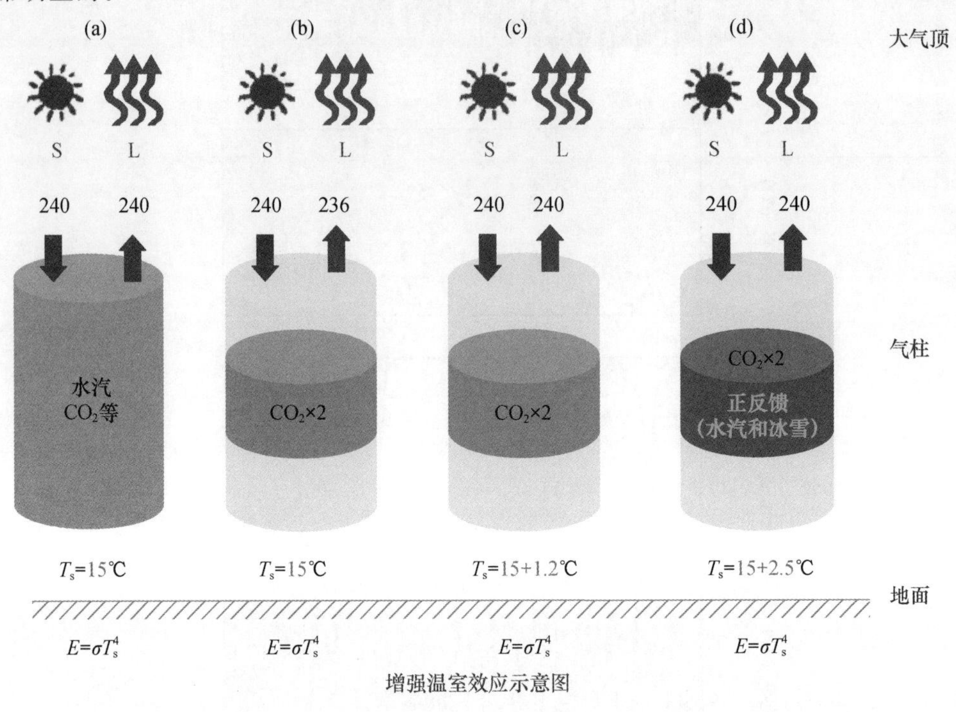

图 4 地球的自然温室效应和增强的温室效应示意图。(a)自然的温室效应;(b)CO_2浓度增加到原来的 2 倍。(c)增强的温室效应。(d)反馈作用(由 Houghton 的图改绘,2009)

(对应彩图见 353 页彩图 4)

应该指出,当人为造成的温室效应由于温室气体减排而减弱,同时太阳的 TSI 下降出现最低期,地球的气候是否会变冷,甚至会进入寒冷期呢?这个问题在近年引起一定的争论,在第 4 节将讨论这个问题。

地球系统在大气顶,接受到的净太阳辐射(TSI 减去大气的云层和颗粒物反射掉的约 30%的 TSI 之后)是如何驱动大气运动的,这是认识太阳活动引起地球气候和天气的一个关键问题。由图 5 可以看到气候系统与地表的辐射平衡是气候形成的最基本的驱动力或气候形成的原动力。由于辐射在纬向和垂直方向上分布的不均匀或收支不平衡,必然会驱动大气和海洋产生运动,进行能量的转换(辐射能转化为热能,热能转化为动能,同时有热能转化为潜能)和输送,而使地球系统建立新的平衡,实现不断变化的全球能量平衡。因而热量平衡是地球系统能量平衡要求的重要物理过程和机制。正是通过热量平衡导致了大气环流以及各种天气气候现象的发生。

由上可见,地球能量收支的不平衡导致了气候的变化,而地球能量收支的纬向分布不均匀导致了地球(包括海洋与大气)温度场和环流场的形成。大气辐射的长期脉动通过上两种机理可能影响了过去的气候,尤其是中世纪气候异常暖期(MCA)和寒冷的小冰期(LIA),以及 20 世纪初的增暖。

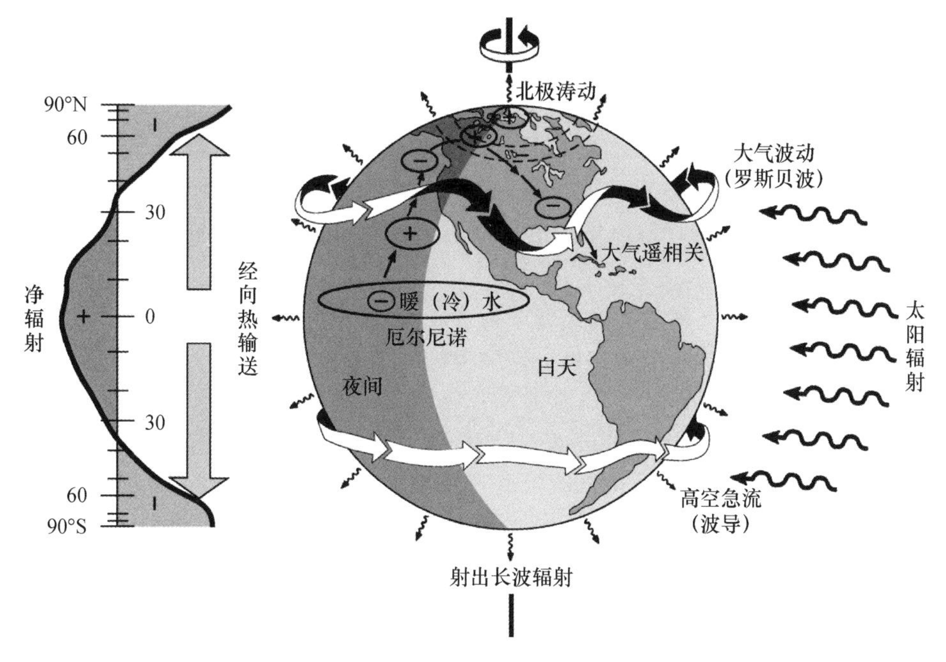

图 5　由于太阳辐射在经向分布的不均匀导致的全球大气环流的变化(根据 IPCC 的图改绘)
(对应彩图见 353 页彩图 5)

2　太阳活动对地球气候的影响

太阳活动对地球气候的影响一直是日地关系研究的中心问题之一[3,4]。过去大多采用统计方法或个例分析,因而研究结果不确定性大,结果之间一致性低。近代的研究不但增加了更多资料,在方法上更加定量化,机理上更为合理,尤其是采用气候模式的模拟,因为明显减少了结果的不确定性,特别是从 21 世纪初以来,对于太阳活动对地球气候的量化研究得到了新的结果。研究发现,在 1951—2010 年期间,虽然发现太阳变率的 11 年周期对 20 世纪全球地表温度的变异有一些影响,但在 1951—2010 年间,太阳的外强迫作用是小的,其增暖值加上火山的作用不到 0.1 ℃。根据全球地表温度与太阳强迫估算的某些回归研究,太阳最大与最低活动期间的全球地表温度变化估算为 0.1 ℃量级。气候模式的结果一般则不到上述变化值的一半。由 11 年太阳循环变率也产生了可测量的短期区域和季节气候异常,尤其在印度太平洋、亚洲北部和北大西洋地区,但很难判别这个地区太阳活动强迫在 ENSO 事件中的信号。对北大西洋 NAO(北大西洋涛动),太阳活动最小期 NAO 负位相更为盛行。这与冬季欧洲增加的高压阻塞事件频率偏高的观测有一定相近。

虽然大量研究结果并不完全一致,但总体上肯定太阳活动或太阳的辐射变化确实能够影响地球的气候。人们会问太阳的变化非常小,但为什么或通过什么机制和过程,太阳能是地球气候异常与气候变化的一种重要驱动力?根据观测和气候模式模拟的研究,目前提出了两种机制解释上述太阳对气候的低振幅区域或全球的响应。这两种机制是可叠加且相互增强的,以使对太阳辐射初始微小变化的响应在区域上得以增幅。第一种机制是被称为上到下机制,即在峰值太阳年有更强的太阳紫外辐射(UV),直接通过增加辐射与间接通过 O_3 造成平流层增暖。以后,这能造成影响热带深对流的一系列过程链。此外,在太阳处于最小条件下,热带平流层上部的加热比平均值小，这减弱了赤-极温度梯度。这种信号可向下传播，减弱对流层中纬西风带，以此有利于北极涛动(AO)或北大西洋涛动变为负位相。这种响应在一些模式中被模拟出来，但平均在CMIP5模式中AO或NAO对太阳辐射变化并无显著性。

第二种机理被称为下向上机制，它涉及热带和副热带太平洋的耦合海气辐射过程。同样也影响热带内部地区的对流，这种机制也被认为是在更长时间尺度上影响区域温度(年代到百年尺度)，有助于解释古气候资料中见到的区域温度变化。但这种机制对全球或半球平均温度，无论在短期或长期时间尺度上几乎都没有太大影响[5]。

为使太阳变率与地球气候系统相关联的信号增加，还需要增幅机制。研究表明与太阳磁场活动变化有关的宇宙射线通量变化是一种增幅机制。通过这种机制可影响对流层中电离引起的气溶胶核化产生云凝结核(CCN)。强太阳磁场能使宇宙射线偏转，导致更少的CCN和更少的云量，以此允许更多的太阳能进入气候系统，但对上述增幅机制的重要性近年也提出了相反意见，指出宇宙射线通量与观测的气溶胶或云属性之间的相关较低，至多是局地性的，并不能证明对全球或区域尺度的相关是可靠的。此外，有些研究提出至少两种增幅机制，去解释观测到的小区域季节气候异常与11年太阳循环间的联系，这主要发生在印太地区与北半球中高纬地区。

最后值得指出，火山喷发通过产生大量的火山灰或颗粒物以及二氧化硫气体经与水反应可形成硫酸液滴组成的云。这种硫酸云可以将太阳光反射回太空，阻挡其到达地面，从而使地表降温，同时也使低层大气降温。这些高层大气(可以达到平流层)的硫酸云也从太阳地球和低层大气吸收能量，从而使高层大气升温。例如1991年菲律宾的皮纳图博火山喷发，向平流层射入约2000万t二氧化硫(SO_2)，将地球降温约0.5 ℃长达一年左右。在全球范围内火山喷发，也减少了降雨量，因为地表入射的短波辐射减少，也使地表蒸发减少。热带与副热带火山的喷发会产生更明显的全球地表或对流层降温，这是因为火山形成的硫酸云，在高层大气可持续1～2年时间，并且能够覆盖地球大部分地区。由于热带火山喷发产生的高层大气硫酸云能从地球吸收更多的阳光和热量，在热带比高纬的大气产生更多的升温，因此气候的反应更加明显且复杂。但近年来观测与研究表明，中高纬的火山或中小型火山的喷发对地球气候的影响也不容忽视。

3 太阳活动对季风和天气的影响

中国位于东亚季风区，天气气候深受冬夏季风活动的影响。太阳活动对季风的影响，长期以来受到天文、地质和气象工作者的关注，对其做了大量研究，得到了许多重要的成果[6~8]。中国科学家根据丰富的记录研究了太阳活动与东亚和印度夏季风的关系，对古季风变率获得了时空分辨率更高的结果。由于地轴的倾斜与进动，调制着太阳到达地球的日射时空分布，尤其是地轴的进动或岁差以1.9万和2.3万年周期影响着入射太阳辐射的季节分布及其半球分布，因而对季风强度的变化具有重要的控制作用。一个突出的例子是在全新世早期和中期的大暖期，北半球具有比今天更高的夏季日射，这时北非夏季风十分强盛，从而在景观上把撒哈拉沙漠转变为草原或热带大草原。一般而言，季风降水和季节变化(即年循环振幅)在进动最小值时(称为近日点，此时为北半球夏至，在地球绕日轨道上，地球最接近太阳)，在北半球增强、南半球减小，反之亦然。对大量古气候代用资料(如稳定高分辨率的氧同位素与绝对定年的石笋)也证实了这种由进动造成的1.9万或2.3万年周期引起的季风变化的半球间反向关系。这个结果和相关的数值模拟都支持绕日地球轨道的进动,对所有季风区的降水具有强的作用,即进动达最小值时,北半球夏季日射强,海陆温差大,这使大气温度(季风降水的热力分量)和季风环流强度增加,而南半球夏季具有相反变化的状况。

另外绕日地球轨道的倾角(即 Obliquity)的变化也以 4 万年的周期以同样的程度影响两半球的入射太阳辐射,其中在高纬更强。古气候研究表明,虽然入射太阳辐射在热带变化小,但对季风系统强度有重要影响,当倾角达最大时,夏季风降水增加。但应该指出地球轨道参数对季风影响的研究并不一致。这取决于所研究的不同季风期对轨道强迫的响应不同,也受到研究季风区不同的内部反馈的影响。但轨道尺度对所有季风区强迫通过改变日射的经向梯度或加热场,确实能影响季风系统的变化,这为气候变化下认识未来季风环流和降水的变化十分有益。

对现代季风,太阳活动也表现了对季风的影响。在太阳活动高值年,在大部分亚洲夏季风区,北美夏季风区(1978—2010 年时期),南大西洋区(包括亚非夏季风区),都表现近地面南风一致的增加。但太阳指数和 OLR(射出长波辐射)间的相关系数并未在季风区显示对流活动有均匀的增加。在北半球近赤道地区,如印度洋南美和非洲对流活动减少,而在亚洲北半球赤道到 15°～20°N 地区对流增加(图 6)。因而热带地区的太阳信号表明,太阳活动并未导致全球季风环流的增强,但哈德来环流上升支或辐合区向北移动。这种向北移动也引起 SST 场向南北结构的变化,这可能是由于大陆的不对称分布所致。

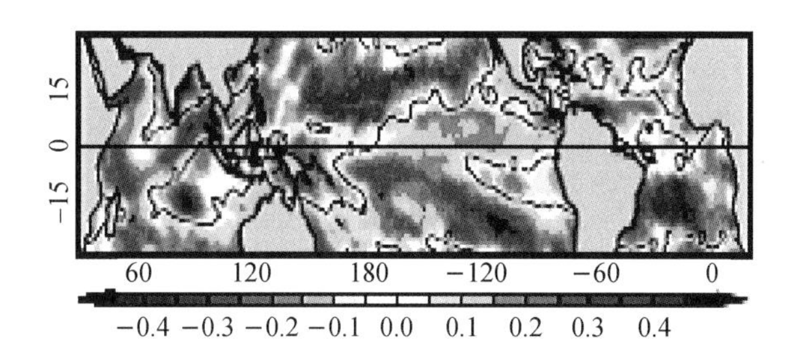

图 6　北半球夏季(JJA)在气候的 OLR(射出长波辐射)资料中所测出的太阳信号(红蓝彩色阴影)[3](对应彩图见 354 页彩图 6)

最近有学者研究了太阳 11 年循环对中国夏季风雨带[9,10],特别是与梅雨带的关系,得到了更为量化的相关关系(图 7),揭示出在过去 5 个太阳循环中梅雨带与太阳变率有确定的关系。在高太阳黑子数年(SSN)梅雨带的平均位置偏北 1.2 纬度(图 7),与低太阳黑子年相比,其年际变率振幅增加,这种比较确定的季风雨带与太阳强迫的关系与上下呈跷跷板关系的异常大气环流型有关,也与东亚南北跷跷板关系有关。赵亮等后来进一步研究太阳信号对中国夏季风雨带的增幅作用,指出在太阳黑子数最大年的初夏,季风雨带比太阳最小年更为移向北[9]。同时在 20 世纪大部分时间中,太阳黑子数的明显年代尺度振荡与雨带经向位移指数(RMSI),从 20 世纪 60 年代以来是锁相的,且太阳黑子数超前与雨带纬向位移指数约 1.4 年。风和 E-P 通量分析表明,6 月雨带的年代尺度振荡可能产自一种更强或更早的对流层季风爆发,于 5 月和 6 月高太阳活动月,副热带西风急流的向北移动,低层热带季风与上层西风急流对 11 年太阳活动循环的动力响应,分别传输从下到上和从上到下的太阳信号,季风和急流之间的协同作用可能放大了季风北缘的太阳信号(图 8)。

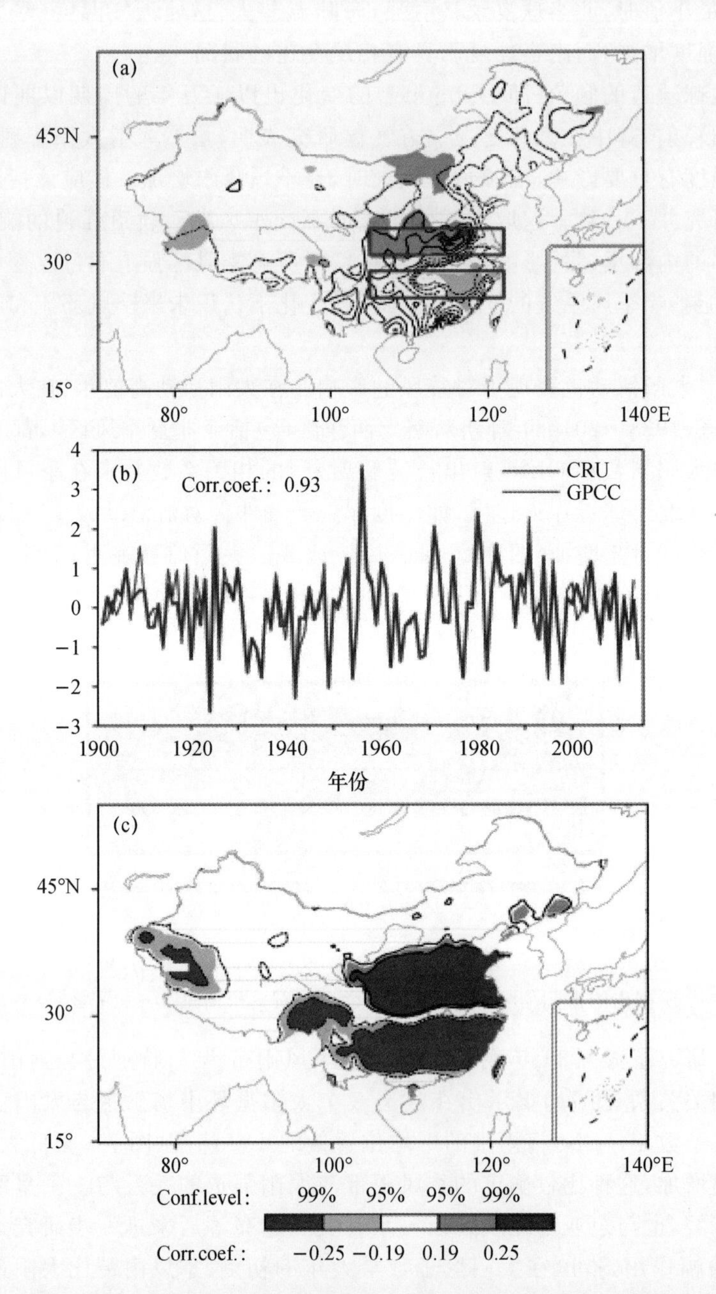

图 7　1901—2014 年期间太阳活动最大和最小值期(相对黑子数)6 月降水综合差值分布(a)矩形代表长江中下游地区(MLRYRB)与淮河流域(HRB);(b)为 6 月中国季风雨带经向移动指数(RMSI);(c)6 月 RMSI 与中国降水的显著性相关系数[9]

(对应彩图见 354 页彩图 7)

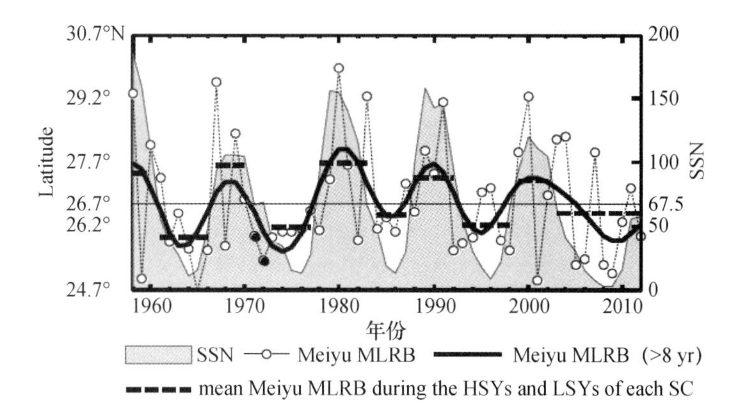

图 8　年太阳活动黑子数(阴影),未过滤的东亚梅雨季雨带平均位置(MLRB)(带圆点的曲线),8 年低通滤波的东亚梅雨季(MLRB)(粗实线),水平虚线为其平均值。SSN 代表太阳黑子数,LSY 代表其低值率。HSY 代表其高值率。细实水平线代表平均 SSN(67.5),与 1958－2012 年平均梅雨 MLRB(26.7°N)。东亚梅雨季长度为 5 月 22 日到 7 月 13 日[10]

4　太阳活动的变化会造成地球的长期寒冷气候吗?

根据长期的太阳黑子数资料(可追溯到 1610 年)与其他代用资料,可发现存在着一些长达 50～100 年的明显极低太阳活动期,其中最有名的之一为发生在 1645—1715 年间的蒙德尔极小值期。大部分对蒙德尔极小值与今天 TSI 变化的估值在 0.1%量级,类似于 11 年变率的振幅。根据近千年太阳黑子与地面温度关系的分析,4 个太阳活动极小期,对应于重建的温度表现为极小值与温度谷值或冷期相对应,即太阳活动极小值期的温度距平在－0.4 ℃到－0.5 ℃之间,这个结论最近得到了模拟研究的证明。因而太阳活动极小期确实是引起地球气候冷期的一个主要自然原因,但将来何时会出现一个极低太阳活动期,并且在气候变暖继续下去的情况下,是否会引起一次新的寒冷气候,具有很大的不确定性。长期的太阳黑子资料,分析表明,从 1920 年开始,太阳活动进入了现代极大期,至今已经历了 8 个太阳活动强的 11 年周期。目前的太阳活动确实已经出现了明显减弱的趋势,尤其从太阳黑子第 23 周之后,不但明显减少且周期也长,周期长反映了太阳活动减弱,但太阳总辐射量 TSI 并没有明显变化。现在的关键问题是从 1920 年之后延续的太阳活动极大期是否会在未来 50 年内结束,如果结束,极低太阳活动期是否会持续发展,至少目前大多数的研究表明[11],目前出现的只是异常减弱迹象,还不是历史记录上导致大冷期的 11 年周期变化类型。即便真正出现前兆,究竟何时会发生一个大的太阳活动极小期,其导致的降温量值有多大?在全球气候变暖继续的条件是否能逆转变暖趋势,都存在着一些问题和不确定。这是未来气候变化值得关注和研究的重大科学问题,以目前的科学水平尚不能真正给予确定的回答。

参考文献

[1] Gray L J,Bear J,Geller M,*et al*. Solar influence on climate,Review of Geophysics,48,RG4001/2010:p53

[2] IPCC. Climate Change 2013, the Physical Science Basis. Working Group I to the Fifth Assessment Report of IPCC. Stocker,T. F. et al. Cambridge University Press,2013,1535pp

[3] Kodera K,Thieblemont R,Yukimoto S,*et al*. How can we understand the global distribution of solar cycle signal on the

earth surface? [J]. *Atmos. Chem. Phys.* 2016,**16**,12926-12944.

[4] Matthes K,Funke B,Andersson M E,*et al*. Solar forcing for CMIP6(v3.2)[J]. *Geos. Model. Development*,2017,**10**:2247-2302.

[5] 王绍武,黄建斌,闻新宇. 古气候的启示[J]. 气象,2012,**38**(3):257-265.

[6] Mohtadi M,Prange M and Steinke S. Palaoclimatic insights into forcing and response of monsoon rainfall[J],*Nature*,2016,**533**:191-199

[7] 丁一汇,司东,柳艳菊,等,论东亚夏季风特征、驱动力与年代际变化[J]. 大气科学,2018,**42**(3):533-558.

[8] 丁一汇. 气候学原理第四讲. 中国气象局气象干部培训学院,2017.

[9] Zhao L,Wang J S,Liu H,*et al*. Amplification of the solar signal in the summer monsoon rainband in China by synergistic actions of different dynamical responses[J]. *J. Meteor. Resl.* 2017,**31**:61-72

[10] Zhao L and Wang J S. Robust response of the East Asia monsoon rainband to solar variability[J]. *J. Climate*,2014,**27**:3013-3051

[11] 王绍武. 全新世气候变化[M]. 北京:气象出版社,2011.

致谢:赵亮、许小峰、张锦和宋亚芳对本文提供的很多帮助

Effect of Solar Activity on Earth's Climate and Weather

DING Yihui

(National Climate Centre,Beijing 100081)

Abstract In this paper,the main research achievements about the influence of solar activity on the climate and weather of the earth are introduced. Four key issues are discussed,which are:(1)solar activity and the energy budget of the earth system;(2)impact of solar activity on the earth's climate,including climate change,greenhouse effect and volcanoes;(3)effect of solar activity on monsoon and weather; and(4)whether changes of solar activity will cause long term cold climate of the earth. The elaboration to these issues is helpful for deeply understanding the fact and mechanism of the influence of solar activity on the climate and weather of the earth,and also the prospect of the possible changes of the earth's climate in the future. Thus,I hope this paper could present a more comprehensive and profound understanding of the causes and driving forces of climate and weather change on the earth.

Keywords solar activity,monson,climate

回忆朱和周老师

许健民

（国家卫星气象中心，北京　10081）

1960年高考，我被南京大学气象学院录取。到学校报到那一天，气象系和气象学院的入学新生，分别在两个地方报到。原来，南京大学气象学院是中央气象局自己创办的另一所学校，因为早期办学条件不够，第一届学生由南京大学代培。晚上，气象系主任朱和周老师来学生宿舍看望我们。给我们讲气象事业的重要性和学校的背景。这是我第一次见到朱和周老师。朱老师说话很温和，面容显得比他的实际年龄大。

三年级以前，我们在南京大学学习。有些重要的课程如动力气象，只上了前半部分。1963年秋季，南京气象学院浦口校区部分教学楼和宿舍完工，具备了基本的教学条件。因此从四年级开始，我们回浦口校区学习。动力气象课的下半部分，由朱和周老师亲自教，仍然使用南京大学的教材。他上的课，不仅概念清楚，而且有丰富的实际案件，使我们受益匪浅。在他的领导和感召下，南京气象学院的其他老师上课也非常认真。

在教到气旋的三度空间结构时，他拿出一些天气图让我们分析，要求我们写出图形的特征。我记得当时我只在练习本上写了不到三分之一个页面，几百个字，就交上去了。他把我找去，对我讲：对资料的观察一定要仔细。他说："什么是科学研究？科学研究就是探索和认知自然现象。对你所研究的自然现象，要观察清楚。不仅要认识自然现象发生发展的规律；而且还要思考和理解它们之所以存在，并且遵从这样规律的原因和机理。所谓科学研究，就是要把你所观察到的自然现象，以及它们存在、演变的规律和机理如实地记录下来。这些规律和机理，是客观存在的，并不因为你在研究它而有所改变。任何人做出的研究成果，别人应该可以重复。"朱老师的话，让我豁然开朗。

他组织我们进行课外学习。他对我们说：现在你们在课堂上学习的知识，对于今后面临的研究和业务工作，是远远不够的。你们一定要能够针对面临的工作任务，自己寻找并学习有关的知识。他拿出自己的藏书，让我们阅读。他自己长期收藏美国的 *Journal of Meteorology* 等杂志，告诉我们，早期 *Journal of Meteorology* 杂志上所登载的文章，质量非常高。当时探空资料刚刚出来，看到了那么多的资料，大家都在思考大气环流为什么是这样的物理道理，我们要学习挪威学派的学者们对资料进行仔细观察和分析的精神。他把我们组织成若干个小组，让我们分别阅读中纬度天气尺度系统、中小尺度天气分析、台风等方面的经典论文。分配给我阅读的，是 Palmèn 写的论文：西风带中大尺度扰动的形成和结构、最大西风带以南高空气旋的起源和结构、在近似西风条件下北美上空自由大气中风和温度分布的分析、大气中的扰动在环流中的作用、飓风 Hazel 发展成温带气旋时的垂直环流和动能释放等。

作者简介：许健民，中国工程院院士，卫星气象专家。

在我们上学的时候，高中一年级才开始学习外语，每星期只上两节课。当时我们的英语水平不好，觉得读懂英语论文非常困难。他告诉我们不要怕。他说，开始阅读的时候，你们可以把原文一字一句翻译过来。不要根据你掌握的科学知识去猜测文章写了什么，而要根据英文的词意和文法，把它的原意写成中文，是否写下来，是不一样的。没有写下来时，你觉得似乎懂了；落笔下去，你才知道自己还没有真正懂。你只要认真地翻译 40 页，你就可以自由阅读了。我按照他所指引的方法去做。果然还没有到 40 页，我就逐渐能够自己阅读英语文献了。

在阅读理解的过程中，我们遇到许多困难。有的内容看不懂，理解不深。朱老师让我们随时可以去找他问问题，也组织青年教师给我们辅导。我记得当时朱和周老师住在教师宿舍二楼的西南角。他的房间非常简朴：靠窗是一张床，靠门是书桌和书架。每次去找他，都看到他在读书看资料。在学习动力气象的初期，我看资料的时候不会想象系统的三度空间结构。他反复引导我们根据两维图像构想系统的三度空间结构。他告诉我们，看图时要想象大气的三度空间结构。在纬度高的地方，冷空气好像是一个很高的“草堆”。如果冷空气呈反气旋式旋转向南爆发，由于涡度守恒，冷堆塌落，冷区会迅速扩大，同时伴有下沉运动，受压缩增温作用，气团很快变性；而如果冷空气呈气旋式旋转向南移动，同样由于涡度守恒，冷堆不会很快塌落下来，冷空气变性也就没有那么快。朱老师的课，既讲理论，又联系实际，通过课堂教学和课后答疑，让我们比较好地掌握了动力气象的基本概念。

除了优秀的课堂教育以外，他还让我们相互交流学习心得和方法。当时在我们的同学之中，薛纪善和高坤功课最好。我记得薛纪善在交流学习经验时说，学习基本概念，要相互之间进行比较，概念和概念之间，相似的地方是什么，不同的地方又是什么，要反复思考，想通了，理解就更深入一步。我用他的方法去思考，果然非常有效。

作为南京气象学院创办初期气象系的主任，朱和周老师担负着大量繁重的工作。他不仅亲自上课，还花费大量的时间和学生在一起，面对面地指导、答疑、鼓励、引领。他的责任感、事业心和出自内心地对学生的爱护，让我们非常敬佩。在和他交往的过程中，我们不仅学习了知识，而且受到他科学思维和实事求是科学精神的熏陶。他的话给我留下极其深刻的印象，铭记终身，指导我一辈子。

For Memorial on Professor ZHU Hezou

XU Jianmin

(National Satellite Meteorological Center, Beijing 10081)

天气与气候预测综合预测技术从确定性到概率发展（会议报告概要）

Tim Palmer

报告主要阐述了天气和气候预报方面产生了一场革命，这场革命是从25年前预报方式的业务化开始。以前是确定性预报，现在已经过渡到了概率式预报。报告对过去100年来天气和气候预报的原理进行了回顾。从1904年开始，从利用物理的初始值进行观测，进行未来的天气预报，并且有相应公式，利用动力、温度等等。二战之后，随着计算机的发展，挪威专家提出的愿景开始真正地落到实处。当时是美国方面的班子在这方面进行新一代预报模式的升级。天气预报随着量变到了质变。2015年《自然》上刊载了一篇文章，说数值天气预报正在悄悄地发生革命，主要原因是模式的发展、计算机速度的提高、卫星观测大气技术的应用。改进的过程中也不是一帆风顺的，是不是能够解决？当时挪威专家认为，在确定预报时碰到问题，这个时候也确确实实遇到了问题。

通过实例来说一下。30年前英国当时面临风暴的情况，通过传统的预报方式和集合预报是不同的。当时大家对新的预报方式并不是那么有把握，所以还是采用了传统的预报方式，结果预报出现了问题，英国气象学家受到了广泛的批评。关键是概率式预报要解决什么问题呢？要解决的是小的波动，对它的敏感性的问题进行预报。英国百年不遇的风暴出现以后，劳伦斯说的那种所谓的混沌现象，后来又重新用集合预报，觉得效果非常好，觉得当时应该采用集合预报的结果。因为当时考虑到对小的波动敏感性问题的解决，也就是初始条件、误差敏感性情况的不同。这个过程中集合预报解决了初始值的不确定性，可以做出一个估值，这是跟以前一个很大的不同。

1987年检验的集合预报效果非常好，提供的信息，特别是概率确确实实非常有用。现在世界上很多研究中心都开展了集合预报，比如说飓风、台风，通过集合预报效果非常好。集合预报效果非常好的原因是离散比较大，证明它的预报效果比较好，比英国气象局的预报效果都要好。时间尺度方面，Tim是做月尺度集合预报的第一人，当时做这个大家并没有异议，觉得月度本来就是概率的，但是如果把它缩小到中期的时间尺度，就有了异议，有人觉得这个时候是不是还要靠做确定性预报。经过研究工作来看，还是用集合预报来报比确定预报更为可靠，更为有价值。1992年的时候，他调到了IMF，做了各方面的工作，开始转到做集合预报，围绕集合预报开发了相应的工具，主要是解决初始的小的敏感波动问题。采用的工具叫作异常矢量分析，对波的速度、线的长度采用多方法的分析，特别是针对区域的变量，对气流流动的影响进行分析，很好地解决了初始值的问题。再一个是对它的结构、能源的离散的幅度，把它进行

作者简介：Tim Palmer，是2010年罗斯贝奖获得者，牛津大学物理系教授，报告标题：From Determinism to Probability Development of the Ensemble Prediction Technique for Weather and Climate Forecasting。Tim Palmer教授通过远程视频在第三届气象科技史学术研讨会上做了这个报告。经过其本人同意，概要整理成中文。

结构化的处理之后使它达到天气的尺度。

异常矢量在集合预报中发挥着很重要的作用。通过离散与误差之间的关系，如果误差越大证明效果越好。后来他们又做了实验，把异常的矢量去掉和不去掉的差别很大，所以很关键的是异常矢量。另外一个工具是随机参数化，这是 1999 年开始的工作，2001 年发表论文，解决了这个问题，有一套公式进行计算机的参数化。随机参数化，在热带地区效果非常好，亚热带地区就稍微差一些，它能够确定气流的状况。

对离散和误差之间，通过两个工具做到很好的平衡，使它的结果做到了有非常高的可靠性和可检验性。欧洲数值预报中心非常重视异常矢量，认为它对季风预报有重要意义。特别讲一下灾害性的天气，“海燕”台风造成的受害人有 1100 多万。在应用方面，在防灾减灾方面，后期的救灾因交通比较偏远，没有交通工具，所以造成很多人受困。

为什么要搞集合预报？它的最大意义在什么地方？它的最大意义是跟气象工作的宗旨相吻合，也就是说要减少生命财产的损失，要提前备灾，而不是事后弥补。但是为什么人们不愿意提前备灾，就是因为预警的信息不够具体，集合预报保证提高了预警信息的准确性，同时还能把它量化、具体化，如果不做备灾损失会是什么样的。这样的信息决策部门、应急部门肯定愿意使用。另外在做备灾的时候会考虑如果不做损失会多大，因为备灾工作本身需要很多钱，所以他们会做很好地权衡。

集合预报不光对气象部门防灾减灾有帮助，包括对农业、能源、交通等方面，比确定性预报可靠多了，集合预报可以提高全社会的防灾预灾的能力，它未来的发展就要看下一代计算机发展的情况了。

From Determinism to Probability Development of the Ensemble Prediction Technique for Weather and Climate Forecasting

Tim Palmer

柳暗花明
——风云 2B 卫星复活记的历史回忆

李希哲

（国家卫星气象中心，北京　100081）

摘　要　回顾了 21 世纪初风云 2B 静止气象卫星出现重大故障到起死回生的过程，阐述了这个过程的关键问题和对未来启示。

关键词　风云 2B，故障，复活，星温，启示

风云 2B 静止气象卫星于 2000 年 6 月 25 日发射升空，定位于 104.4°E。7 月 19 日取得第一幅可见、红外、水汽三通道图像，随即开始了卫星在轨测试。参试人员来自航天部、中国气象局、中国科学院、电子部等近十个单位，先后超百人。苦战两个月，各项测试基本完成，卫星主要技术指标正常。我作为卫星在轨测试责任单位技术人员被安排为现场总指挥。

1　灾变

静止轨道卫星每年春秋分各经历一次星蚀。2000 年 9 月 2 日至 10 月 8 日为 B 星升空后初次星蚀期，蚀前星内温度为 20 ℃正常值。首日星蚀历时最短，星温降为 17.2 ℃。此后随星蚀时间增长，蚀期星温逐日降低，至 9 月 18 日已降为－5.56 ℃。卫星主转发器（Ⅰ）功放级完全停止工作。卫星移出地影后仍不能复原，完全失去了传送原始图像的功能。

数据收集系统(DCS)转发器Ⅲ工作于甲类状态，其导频信号频谱和电平可反映上变频本振的状态：如在某温度时，上变频本振功率一度下降 17dB（正常值的 1/50）。星温更低时，输出电平愈低。当星温高于 9℃时，其频谱由单一谱线变为双侧出现多条边带，说明本振产生了寄生振荡。

2000 年 10 月 2 日将卫星上变频器 B 机开启，代替 A 机。随后在 2001 年 2 月 28 日春影期卫星也发生了同样性质的故障。双机先后失效，且在星蚀结束后，卫星仍不能恢复工作，丧失了发送图像的功能，沦为“死星”。

卫星的失效涉及参与研制和发射的卫星、运载、发射、测控、应用五大系统，牵扯面广，损失十分巨大，必将在国内外产生负面影响，为此现场技术人员均倍感痛心。

2　抢救

根据卫星故障的表现，以及对遥测信号和转发器Ⅲ频谱的分析（转发器Ⅲ工作于甲类状态，其频谱可反映上变频本振的状态）。也根据讨论中逐步了解到的星上电路的温度特性，采用丙类放大电路和星内保温的主要热源为转发器 I 的功放散热等，我初步判断：上变频本振电

作者简介：李希哲，1933 年出生，国家卫星气象中心研究员，风云 2 号气象卫星地面系统副总设计师。编辑部做了适当修改。

路或因温度特性，使其输出电平过度降低，导致转发器Ⅰ功率极度降低，甚至截止。卫星上虽有功率较小的加热器，但其主要热源是转发器Ⅰ工作时的散热。转发器Ⅰ的功率降低或截止，使星温大幅度下降，进一步降低了上变频器的输出电平，从而形成转发器Ⅰ功放与上变频本振电路两者在降功率乃至降温上的互促过程，形成闭环正反馈过程。

蚀前的 20 ℃星温是不稳定的热平衡状态，任何诱因（如星蚀、地面停发上行等），都可能引起星温下跌而不可恢复，如同石头不能滚上山一样，最终因转发器Ⅰ截止而失去传图功能。

研制单位补充说明了上变频本振由多级工作于丙类状态的倍频、放大电路组成，各级工作点大多处于饱和后 3～5 dB 处。如某级发生电平跌落，就可引发骨牌效应，逐级跌落。另根据电路特点和遥测数据分析，本振故障最大可能发生在二、三级倍频及超高频放大级，由于输出逐级跌落，最终使转发器Ⅰ功放工作点由饱和区降至截止区。由于卫星主要热源功放Ⅰ停止供热，星温降至 0 ℃以下而无法恢复。

已知卫星在轨，光照与转发器Ⅰ功放正常散热条件下，星温平衡在 20 ℃。卫星故障后，功放已截止，单靠日照星温是达不到 20 ℃的，因此，星温一旦跌落必不可能恢复。

经多次会议分析，对故障机理的认识达成一致，认为提高星内温度是唯一可能有效的抢救途径，为此 509 所采取了以下措施：全开星上加热器；蓄电池过充电，使其发热；调整卫星姿态，增大光照面积。

通过上述措施，星温也只能提高到 14 ℃。转发器Ⅰ功率仍低于正常值 10 dB 以上，且存在寄生振荡，完全不能传图。转发器Ⅲ也因存在寄生振荡，不能转发数据收集平台（DCP）信号，整星处于死亡状态。在卫星已升空，电路严重的温度特性和器件老化，技术参数不可恢复，星温无法提升的局面下，抢救人员已找不出任何可能有效的措施。在失望的心理状态下，只好尽最大努力把卫星温度提升到可能达到的最高温度 14 ℃上，以期出现转机。

为了排除定位分析有误，会议决定我随研制单位赴西安用备份机，进行了 30 个不同电压下的高低温循环试验。试验结果，备份机也再现了 B 星的故障规律，试验中备份机同样产生了寄生振荡，只是在不同电压时，发生寄生振荡的温度略有差别。这表明对卫星故障定位和机理分析是准确的。

此外，研制单位还对本振电路使用的晶体管、可变电容进行了更为严格认真的环境试验，也查明了可变电容的来源不符合规定的问题。试验中可变电容参数虽有变化，但尚不足以认定为故障的元凶。

3　根治与善后

西安试验后期，研制单位何兵哲副总师找我讨论了上变频器改进问题，表明该所已有了技术储备。双方一致确认了新的改进方案。改进效果现已证实：迄今为止的所有后续卫星再未发生与 B 星相同的故障。

在现场操作无效，并经备份机试验验证后，确认了此次故障的不可修复性。航天部先后召开了调查委员会和审查委员会会议。调查委员会（我作为中国气象局方人员参加）在讨论的基础上提交了工作总结。审查委员会（含航天部邀请的多名部内外院士、专家）从 2001 年 2 月到 4 月，经过大量调查分析和试验验证，2001 年 5 月审定：郑重地确认了卫星故障已不可修复，停止抢救工作，并决定不向中国气象局移交卫星。对善后工作做出了安排。

此后，研制单位对相关的技术责任人调整了工作。国家卫星气象中心不得不对地面系统进行改装，重新启用了因消旋故障已不能连续工作的风云 2A 星。

4 生机

卫星故障约一年后，在轨测试人员均已离去。我因承担青海湖卫星辐射校正场工作，须经卫星数据收集系统(DCS)转发青海湖标校数据，也为了尽可能挖掘残星的潜能，检查其(DCS)能否在低星温下恢复工作(当时，卫星一直被保持在温控能达到的最高温度 14 ℃上，在此温度下电路有寄生振荡，DCS 系统也不能工作)。我与张青山到地面站，将卫星温度降为约 4 ℃。在低温下，DCS 系统已可正常工作，但转发器 Ⅰ 仍不能发送图像。在提升星温经过 9 ℃时，地面站夏景林同志注意到，在发生寄生振荡前的临界点上，频谱仪上信号有增大的突变(此现象并非电路的正常工作状态)。在星温 9±0.15 ℃范围内，信号增大。高于此温度，出现寄生振荡，低于此温度，寄生振荡消失，但功率陡降，均不能发送图像。而在此 0.3 ℃温度范围内，图像传输误码率约为 10^{-4}～10^{-5}，此图像已可提供业务应用。DCS 系统也可正常工作。卫星再现生机(寄生振荡的产生及临界点上的信号增大，均不属于预设的正常的工作状态)。

5 移交与再战

基于卫星恢复了摄取、下传图像的功能以及业务运行的需要，航天部与中国气象局举行了风云二号 B 星有限业务运行移交大会。此后 B 星一直运行到预期的正常寿命，做出了倍受期待的贡献。在技术人员既无奢望也未报奖的情况下，中国气象局两次给予了奖励，有关人员领到奖牌并各得数百元奖金。

卫星实际运行还存在以下问题：

a. 手控星温保持在可获取图像的 0.3 ℃的温度范围内，存在一定难度，也增大了值班人员的劳动强度。

b. 如前所述，比发生寄生振荡的温度略低时存在电平突增的现象，可用于传图像，但其温度范围只有 0.3 ℃。持续观察发现：发生寄生振荡的温度并非一成不变，而是在缓慢上升，这明显是由器件参数缓变引起的。如果起振温度，渐升至 14 ℃以上，而星温又控不到 14 ℃以上，就可能无法传图了。

为了解决 a：将星温控在 0.3 ℃范围内较难操作问题。b：更为困难的是，由于器件参数的缓慢变化，可以工作的温度由 9 ℃±0.15 ℃逐渐爬高，并非固定不变，因而增大了手动控温的难度。为此，我提出了《风云－2B 取图过程自动跟踪最低误码率运控方案》，并经评审通过。探索从误码率变化中提取信息：即在误码率上升时，程控衰减器降低地面上行功率，降低星温。在误码率减小时则加大上行，提高星温(实际的工作点控制在稍偏离，而非准确等于最低误码率的点上，只有如此才能实现双向自动控制，详见论证报告)，从而实现自动保持在微偏于最低误码率的工作点上，即：用闭环系统自动控制星温，自动补偿器件参数变化，自动追踪最低误码率的最佳运行状态(图 1)。工作请地面站同志分工承担，在接近完成时，站上同志又表示已找到较好的手动管控卫星的方法。

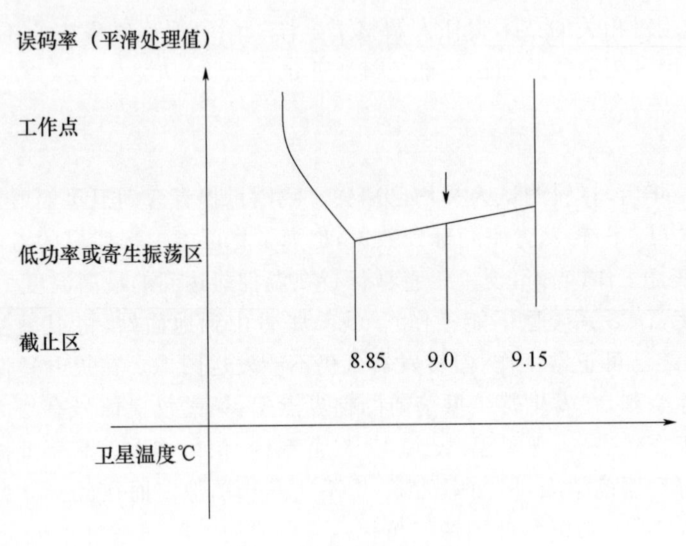

图 1　误码率温度曲线

6　剖析

星温的跌落乃至卫星的死亡是由于同时具备以下两个过程造成的，两者缺一不可：

a. 星蚀降温使转发器功放输出降低，乃至截止。

b. 功放输出降低，使卫星降温，而星温降低又使功放进一步降低输出，从而加剧降温，形成恶性正反馈。

上述两过程缺少任何一个，都不会出现星蚀结束后，星温仍不可恢复的后果(图 2)。

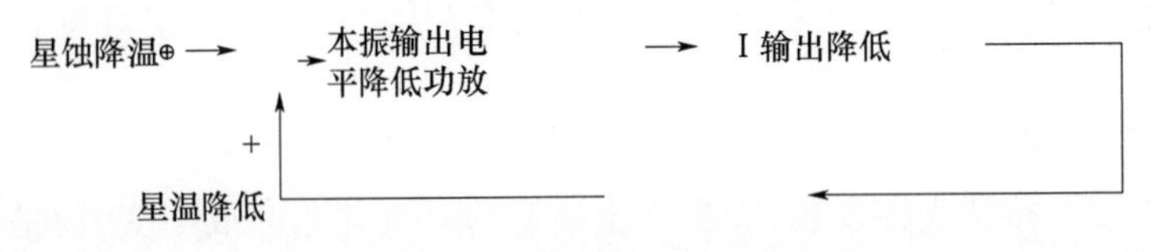

图 2　星温传递过程框图

卫星发射前的分机温度试验，只能模拟前一过程，而不能模拟星上功放作为热源灭失后发生的雪崩过程——试验用温箱的温度是给定的，不受功放发热与否的影响。

故障分析会上，技术人员介绍了部件装星前的低温试验：功放虽终止输出，却能在常温下恢复正常的情况，并据此认为部件是正常的。上述事实是百分百准确无误的，这也是难以在入轨前发现问题的原因——地面不存在轨道星内才具有的降温正反馈条件。

任何星体都有可能遇到不同程度的此类问题，在充分认识的基础上，切断前后两过程或将其控制在一定尺度内是必须的。在卫星功放Ⅰ降功率期间，切换为加热器供热以保持星温稳定或自控恒温应是可行的，此即为切断正反馈过程的做法。

7　自强与启示

此次卫星故障的属性为不可逆，这是众多专家、技术人员苦战苦熬多日，才不得不接受卫星已不能复活的痛苦结论。在此情况下，卫星的复苏应是较为偶然的，并不代表施救者的功力

(卫星在天上,蜕变的器件无法更换),复苏后电路并未完全处于正常预设的工作状态中。值得肯定的应是大家的锲而不舍竭尽全力的精神,终于避免了巨额的财富损失和不利的影响。

在西安试验期间,卫星中心书记多次召我回京参加局三讲会,报告抢救卫星的事。我自作主张汇报了另一件事:1980年如何冥思苦想半年多终于弄懂了美、日、欧三颗气象卫星图像配准的原理和方法,并最终得以实现。1985年,我通过局机关邀请日本气象厅技术人员来华讲学,更增强了自行研发的信心。

日本发展气象卫星,首颗购买了美国卫星,并由美国代为发射。星地对接也是在美国进行的。日本还购买了美国专利设备同步数据缓冲装置(S/DB),并派员在美国学习一年。如同其他领域一样,我国的气象卫星走过的也是一条自力更生发展之路。

深深感谢以原航天部、中国科学院为主的诸多院所和军方单位为发展气象卫星事业做出的杰出贡献。当前我国气象卫星事业已跃升进入国际先进行列,国外已提出希望中国气象卫星为"一带一路"国家提供服务的期望。

卫星灾变中,众多单位参试人员团结奋战,取得下述结果:

a. 准确定位了故障点。

b. 深入查明了故障机理,因而做到了对症准确,并避免了后续星再次发生。

c. 了解了为什么卫星升空前,"分机"和"整星"均认为各自的工作无问题,卫星升空后却沦为死星的原因,从而对卫星在轨温控的复杂性有了较深的认识。

d. 抓住电路的偶见现象,救活了残星,得以向中国气象局移交了卫星,投入了业务运行,直至正常工作期满,避免了巨大损失,也积累了经验。

致谢:夏青同志为此文的联络员。

Dense Willow Trees and Bright Flowers-feel Hopeful in Predicament ——Historical Memories of Resurrection of Fengyun 2B Satellite

LI Xizhe

(National Satellite Meteorological Center,Beijing 100081)

Abstract This paper reviews the process of major failure of Fengyun 2B geostationary meteorological satellite in the early 21st century to come back to life, and expounds the key problems of this process and the enlightenment for the future.

Keywords Fengyun 2B Satellite,Fault,Resurrection,SatelliteTemperature,Revelation

巴西东北部的历史气候观测：福塔莱萨的庞贝私人观测台研究(1849—1892)

奥利维拉·阿尔米尔

(塞阿拉联邦大学博士,巴西)

摘　要　Thomás Pompeu(1818—1877)是一位巴西牧师,在累西腓学院获得法律学士学位。在 1849 年,Pompeu 首次在 Ceara 省的 Fortaleza 开始记录气象数据。Pompeu 以自然地理史为参考来研究 Ceara 的气候,他将气候定义为温度(平均温度和极端温度)、湿度、降雨量、大气压、风和其他气象因素的关系。Pompeu 组织进行了首个 Fortaleza 地区降水信息系列气象观测(1849—1861)。通过气象观测,Pompeu 得出的结论却是互为矛盾的。对他而言,气候的研究工作是最基础的,能够为积累干旱相关知识打下基础,并进而干预自然环境,使其有利于商业性农业以及农业和畜牧业日常实践的现代化发展。但是,从另一方面来说,他也认识到,正是用于出口的商业性农业的发展才导致了 Ceara 省水环境的变化。他和其他有见地的知识分子们在 19 世纪一直面临着这一互为矛盾的情况,这也为乡村主义的形成打下了基础。其后,其他研究者们将乡村主义的思想系统化。

关键词　干旱,气候,气象观测,巴西西北部,19 世纪

Historical Climate Observations in Brazilian Northeast: Pompeu's Family Private Observatory in Fortaleza(1849—1892)

Almir Leal de Oliveira

(Ceará Federal University,Brazil)

Abstract　ThomásPompeu de Souza Brazil(1818—1877),Brazilian priest and bachelor's in law by the Academy of Recife,was the first to record meteorological data in Fortaleza,province of Ceará in 1849. On the climate of Ceará,Pompeu followed the references of the natural history of physical geography and the climate was defined by the relations between temperature(average and extreme),humidity,amount of rain,atmospheric pressure,winds and other meteorological aspects. It was Pompeu who organized the first series of meteorological observations(1849-1861)in rainfall information in Fortaleza. Pompeu arrived through his meteorological observations to a contradictory conclusion. For him the study of the climate would be fundamentally to base the knowledge about the droughts and thus to be able to intervene in the environmental conditions to favor the commercial agriculture and the modernization of the routines practices of the agriculture and livestock,but,on the other hand,he identified that it was the expansion of commercial agriculture turned to the export cause of the changes of the water conditions of the province, a contradiction that would be faced during the nineteenth century by him and other enlightened intellectuals, laying the foundations of a ruralism that would be systematized by other authors.

Keywords Droughts, Climate, Meteorological Observations, Northwest Brazil, 19 th Century.

Historian spreoccupation with environmental issues, especially with climate change, is recent[1]. The field of environmental history has consolidated in Brazil in the last decades, mainly studying the problems of man-nature relations, the interference of ecosystems on human activity and man's actions and attitudes towards nature, especially the destruction of ecosystems[2,3]. The studies are mainly based on a dynamic understanding of nature, from an interdisciplinary perspective, using new sources to document the interactions between societies and nature. In recent years the overcoming of this dichotomy between man and the natural world has incorporated contemporary themes such as the inseparable relationship between men and the natural world and its preservation.

This research essay aims to discuss how the climate in Ceará, Brazilian Northeastern①, was characterized in the middle of the nineteenth century, when the first general systematizations of the situation of the province were launched from measurements of atmospheric aspects. Concern about climate and its changes have driven studies that seek, through an interdisciplinary perspective, discussing contemporary issues such as global warming, sustainability and the environment. It is in this sense that historically situated environmental studies have been gaining ground in historiographical production. Knowing how climate information was systematized, how measurement instruments were incorporated, and how climatic aspects were characterized is a topic of interest in the history of environmental history, the history of sciences, and specifically the history of scientific institutions in Brazil. It is an attempt to discuss climate transformations by overcoming the cleavage between the natural sciences and the humanities, providing a knowledge of sustainability, the global environment and geophysical research.

Specifically, in Ceará, the climatic problem has occupied, since the mid-nineteenth century, an important place of reflection. The climate issue, marked by a rainy season and a dry season, mobilized different intellectuals in an attempt to explain the origins and causes of the climatic phenomenon and propose solutions for coping with droughts, including proposals to change nature and create better conditions, atmospheric conditions, such as the so-called "afforestation", to promote the condensation of rainfall. According José Augusto Pádua:

"From the end of the eighteenth century, Brazilian scholars-some of whom later partici-

① Ceará is a state located in northeast of Brazil, whose territory is within the semi-arid climate, with a rich xerophytic vegetation known as *caatinga* and with an irregular and poorly distributed rainfall regime. This area is also known as the *sertão*.

pated in the struggles for independence-began to publish critiques of a series of problems that are now considered part of the environmental agenda: deforestation, slash-and-burn operations, soil erosion, the loss of species, and climate change. The University of Coimbra and the Lisbon Academy of Sciences served as the original loci for these debates, with Enlightenment science, physiocracy, and the economy of nature as their primary theoretical instruments"[4].

When the drought of 1877, the first great drought of imperialism that resulted in the death of millions around the world[5], the debate on the origins and ways of dealing with the climate situation took the pages of the press. Theimperial Brazilian court outlined the droughts as the main characterizing element of the northern provinces, especially Ceará[6]. But here we will restrict our analyzes to an earlier period, the late 1850 s and early 1860s, to evidence how emerging meteorological science played an important role in laying the foundations of an image about the dry Ceará as an environment hostile to human occupation.

In Brazil, in the middle of the nineteenth century, the climate debate was marked by the beginning of studies of measurement of atmospheric conditions. According to Barboza, during the 1850 s and 1860 s climate studies and observations underwent changes "in institutional forms"[7] that defined more clearly the objectives of the disciplines, the new field of knowledge. These changes were mainly due to the organization of observatories in different countries and the development of a scientific methodology for observing atmospheric phenomena. It was during this period that private observatories, meteorological stations, state observatories and a communication network formed by these atmospheric conditions were improving and offering a global view of the climate on the planet.

There was a growing interest in the quantification and measurement in series of meteorological observations which, benefiting from industrial and technological development, increased circulation, diffusion and access to measuring instruments. In fact, as a field of knowledge characterized by systematic observations of atmospheric conditions under precise measurements for the assembly of series, the scientific instruments for deriving the variants of the climate were essential in the measurement activities. The concern with the collection of valid data was a concern of different fields of knowledge, not only meteorology, since the natural sciences sought legitimacy from an empirical conception brought from the parameters of physics (mechanics) and chemistry, and they were still seeking to have a consequence applied to industrial and commercial processes, which was not always immediate, since "the relations between science and its practical applications were all but the same"[8]. This need to produce knowledge that favored the typical commercial relations of expanding liberal capitalism on a world scale was much sought after in the period.

For the case treated here the main application of meteorological knowledge was commercial agriculture. According to Bediaga,

"The Brazilian economy was mainly based on export agriculture and suffered great competition from the products of other countries, in terms of both price and quality. The international market compelled Brazil to increase agriculture, especially sugar and coffee plantations".

Agricultural modernization to compete in international markets was desired, but it would also indicate a new way of exploiting the labor force, since slavery, with the end of trafficking in 1850, had its days counted. In Ceará commercial cotton farming was in full expansion during this period and the practical application of meteorological studies in agriculture also aimed at modernization, but mainly determining a weather forecast.

Campos characterized this period from the 1860s to 1877 as a moment of "search for knowledge" about the droughts[9]. The climatic situation of Ceará was seen with growing interest mainly in the understanding of the origins and causes of the long periods of drought. Practical annual seasons were known, but there was yet no systematic explanation of the causes of this climatic condition, much less the atmospheric causes of the absence of rainy seasons at specific periods. The last great drought had occurred in the year 1845, but by the absence of pluviometric records, it could only be analyzed by the chronicles of the time, and not to discuss scientifically its cause, or how it impacted economically or socially the province. The data were not systematized, there were no observations on the changes in the climate, the cause of the droughts was not known, and the province was increasingly integrated into the international market. This was the context when Thomás Pompeu began collecting meteorological information.

Thomás Pompeu de Souza Brazil(1818—1877) was the first to record meteorological data inFortaleza, Ceará. He began his observations in 1849 with rudimentary instruments, when he recorded the rainy days throughout the year. Pompeu joined the Olinda Seminary in 1834, where he was ordained a priest in 1841 and a law degree in Recife in 1843, from which he brought in his formation an enlightened concern for geographical knowledge. In 1841 he became professor of the Seminary, teaching theology. In 1844 he returned to Fortaleza, where he acted in the press, was a candidate for deputy for the Liberal party, and, preoccupied with creating a common thought for the provincial political elite, organized the creation of the Liceu do Ceará, where he acted as a teacher and director[10,11].

Pompeu's understanding of science came from physical geography, but also from a science that would account for social processes in an organized way. The statistic was an important reference for him. At the time, statistics was defined as specific scientific knowledge, since it had a specific object and stood out from the other disciplines. For Pompey, it was a knowledge that dealt with "the examination of the laws according to which the various phenomena of social existence are observed". For him this knowledge should expose numerically, through series observed as in the exact sciences, its laws of succession, thus revealing an idea of social progress, common in the nineteenth century. Through rigorous, methodical quantification observations of phenomena, the social scientist could translate into numbers the laws of social functioning, or in his words, the verification of "the various phenomena of social existence". For this, the statistic should not only be an encyclopedist, but rather a numerical, but analytical, order to search for social truths. In this sense it would almost be a tool to know what Auguste Comte(1798—1857) called social physics.

Picture 1　Thomáz Pompeu de Souza Brazil, circa 1870.
URL: http://www.myheritage.com.br

Pompeu thus shaped the contours of his task as a social observer: to produce a separate knowledge of the other disciplines, therefore with a definite object, based on objective observations for the understanding of the laws that govern the succession of the social phenomena of Ceará and thus contribute to progress. Quoting Joannes-Erhard Valentin-Smith (1796-1891), he tells us:

"In order to march in the paths of humanperfecbility, a powerful expression of free will, no science can serve as a safer guide than statistics, because it is principally through it that it can be traced back to its causes, to which the efforts of intelligence and public authority must tend, to advance humanity through obstacles, children of human imperfection".

The work of making an organized collection of the statistics of the province of Ceará, including its physical aspects, was established in a contract that Pompeu undertook with the presidency of the province in 1855. Between 1855 and February of 1862 Pompeu worked on the elaboration of his "*EnsaioEstatístico*", which was published in 1863. As Pompeu was concerned with the scientific recognition of his statistical work he sought to detail his observational work minutely, being careful to point out references and his parameters of observation. At various times he complained of "lack of exact observations", or incomplete and inaccurate data on climate, but always justifying his choices and listing his parameters in footnotes. Thus, his study was clearly attuned to the attempt to provide reliable data that could be used in the development of the productive forces of liberal capitalism.

In the conception of the climate, Pompeu derives from this perspective of statistics and physical geography. For him meteorological observations should thus classify meteorological agents, such as temperature and its variations, relative humidity or air humidity, atmospheric pressure and winds. His references came from naturalists Alexander von Humboldt(1769-1859),Count of Buffon(1707-1788),but mainly from physical geography applied to statistics. On the climate of Ceará,Pompeu followed the references of the natural facts of the physical geography of Moreau de Jonnes(1778-1870). For him the climate was defined by the relationships between temperature(average and extremes),humidity,amount of rain,atmospheric pressure,winds and other meteorological aspects,including the issue of health. It was a dynamic view of the physical factors where the capture of different data could explain,for example,the formation of rain clouds and its incidence in Ceará,a fundamental question for the explanation of the origin of the droughts,an issue that we will return later.

It was Pompeu who organized the first series of meteorological observations that covered twelve years in rainfall information in Fortaleza.

TABELLA

DOS DIAS E QUANTIDADE DE CHUVA MENSAL DURANTE 10 ANNOS NA CIDADE DA FORTALESA, CAPITAL DO CEARÁ.

ANNOS.	DIAS DE CHUVA NOS 6 MEZES DE INVERNO.							DIAS DE CHUVA NOS 6 MEZES DE SECCA.							
	Janeiro.	Fevereiro.	Março.	Abril.	Maio.	Junho.	Total dos 6 mezes de inverno.	Julho.	Agosto.	Setembro.	Outubro.	Novembro.	Dezembro.	Total dos 6 mezes de secca.	Total geral do anno.
1849	0	10	16	24	21	18	89	8	4	2	2	1	6	23	112
1850	6	4	6	13	16	10	55	4	0	8	2	0	7	17	72
1851	2	18	12	20	16	11	79	7	3	0	1	3	10	24	103
1852	7	14	20	17	20	8	86	4	0	0	3	2	7	16	102
1853	0	4	14	21	11	9	59	5	0	0	0	0	0	5	64
1854	2	10	11	18	16	22	79	9	1	2	4	1	4	21	100
1855	0	3	16	15	8	7	49	3	0	2	5	2	5	17	66
1856	6	16	21	22	8	5	78	4	5	5	9	6	12	41	119
1857	4	8	8	18	12	15	65	2	0	3	2	1	2	8	83
1858	2	6	6	18	18	6	56	4	6	7	2	7	5	31	87
1859	5	13	17	15	20	15	87	6	4	1	2	1	0	14	101
1860	7	15	18	21	24	24	99	14	7	3	8	0	6	38	137
1861	27	7	11	20	10	11	86	1	1	2	2	2	12	20	116
Medio	5,6	10,8	14,6	17	15,3	12,3	74,3	5,4	2,3	2,7	3	2	6	21	97

ANNOS.	QUANTIDADE D'AGUA NO INVERNO POR MILLIMETROS.							QUANTIDADE D'AGUA NA SECCA POR MILLIMETROS.							
	Janeiro.	Fevereiro.	Março.	Abril.	Maio.	Junho.	Total dos 6 mezes de inverno.	Julho.	Agosto.	Setembro.	Outubro.	Novembro.	Dezembro.	Total dos 6 mezes de secca.	Total geral do anno.
	mill.	mill.	mill.	mill.	mill.	mill.	mill.	mill.	mill.	mill.	mill.	mill.	mill.	mill.	mill.
1849	0	155	210	690	390	315	1760	110	20	7	5	0	5	147	1907
1850	50	135	85	320	210	140	940	50	0	10	2	0	20	82	1022
1851	40	560	250	460	400	110	1820	60	5	0	2	10	17	147	1967
1852	80	285	400	260	330	130	1485	40	0	0	5	4	10	29	1514
1853	0	23	240	387	200	120	970	35	0	0	0	0	0	35	1005
1854	15	195	100	420	400	380	1510	40	2	4	5	2	5	58	1568
1855	0	50	450	600	40	20	1160	20	0	2	10	4	80	116	1276
1856	120	390	290	630	100	40	1570	25	10	15	30	30	90	200	1770
1857	85	275	295	505	340	200	1700	25	0	10	5	2	4	46	1746
1858	10	145	45	365	380	85	1020	30	85	70	10	50	30	275	1295
1859	9	239	242	209	276	236	1211	48	27	2	12	1	0	90	1301
1860	35	306	281	384	365	141	1512	114,5	29,5	8	16,5	0	72	240,5	1753
1861	334,5	400	175	372	98	81	1160	1	1	10	4	11	228	25,5	1425
Medio	60	238,2	255,2	431	271	153	1370	46	13,7	10,6	8,1	8,8	43,1	132	1504

Picture 2 Statistical Report of the Province of Ceará,1863.

He was also the one who raised the first data of the temperatures in Fortaleza,published in 1863,for the years of 1851,1858-60. Even with insufficient data to set up long series he was the first to organize systematically on climate studies in Ceará. Pompeu said:"I do not yet have complete meteorological observations of the province,only a few years from this capital,and passagesfrom various points in the interior".

His methodology for collecting temperature was as follows: collect daily temperature variations three times a day(seven o'clock in the morning,between noon and one o'clock in the afternoon and at six o'clock in the afternoon),pointing out the minimums and maximums formonths,considering the warmer days,the colder days. The thermometer was placed in the shade,in a lined cabinet,in an airy place,almost at sea level,possibly in the backyard of his residence in Fortaleza,where other measuring instruments were also placed. On atmospheric pressure he pointed out that he had first made the observations in 1859,when he would have received the barometer in May,always collecting the data three times a day,at the same times of temperature collection,but stated that "these observations are very limited to establish a rule". The collection of data on air humidity,which he considered "to be the first place among the agents that influence the climate,and the least studied among the meteorological phenomena among us"he said cannot be so precise,for in the 11 months of observation Saussure's hygrometer "may have been inaccurate because the instrument was not ratified". Pompeu still recognized that he could not establish, due to insufficient data, precise relationships between humidity and evaporation with other climatic factors to establish the causes of rain and drought in Ceará. According to him:

"No observations have been made of all the phenomena that contribute to the humidity of the air and its variety, such as evaporation of sea water, rainfall, marshes, transposition of forests, changes that result from the greater or lesser elevation of the places and the direction of the winds".

His air humidity table between December of 1858, 1859 and all year of 1860 was made by the two instruments, the psychrometer of Ernest Ferdinand August(1795-1870) and Horace-Bénecict hygrometer of Saussurre(1740-1799), but that the observations were not "strictly accurate" before 1858, because they were not made with these devices, "but with an imperfect instrument, whose measure later reduced to the scale of the hydrometer".

According to him, his observations were not entirely accurate because of the precariousness of the measuring devices. The absence of precision instruments was one of the difficulties pointed out by several naturalists in Ceará and in the region of the former captaincy of Pernambuco, which made it difficult to develop illustrated knowledge in the region[12]. In any case, his records were carefully analyzed and tabulated by converting his "imperfect instrument" to the Saussurre hygrometer scale for pluviometric indices and using the centigrade thermometer for temperature.

His pluviometric observations were more elaborate. Concerned mainly with the rainfall indices, he calculated the days and the amount of rain for each month of the year, distributing them between the rainiest months(winter) and the driest months, calculating the monthly and annual rainfall averages. Pompeu used a rain gauge where he measured the amount of rain throughout this first series. He considered rain falling more than half a millimeter of water in a day. In his picture we can see that he divided the years between winter months(January to June) and summer months(from July to December), bringing the annual averages in the observed period and the amount of rainy days for months.

Pompeu was also the first to record temperature variations in Fortaleza. In 1851 he recorded the maximum and minimum temperatures and the average monthly temperature in Celsius, but the collection of records was limited to one year and resumed in 1858, when he reorganized his observation post. Pompeu recorded the temperature at three different times in 1851, seven o'clock in the morning, one and six o'clock in the afternoon. He may not have followed up on the observations for his activity as a professor of geography and history at the Liceu do Ceará, or for his role as leader of the Liberal party in Fortaleza, for which he was elected a deputy for the first time in 1846. However, as of 1858, his activity in registering the elements of the climate intensified and in 1859, with the arrival of the Scientific Commission of the Empire①, he shared his data and received information collected in other points of the province by the engineer João Martins da Silva Coutinho(1830-1889), such as those of Ico in January 1859, Quixeramobim (Dec. 1859 and January 1860) and Crato (Jan-Mar / 1860). Coutinho used a centimeter thermometer and a humid thermometer and also calculated the water temperature in wells and streams.

The Scientific Exploration Commission stimulated climate studies in Ceará. The contacts between the Commission participants and the sites, including Pompeu, promoted a scrutinizing look at the climate, the environment, the situation of local usages in relation to water, and above all stimulated the measurements. The members of the Commission, in their journals and narratives, always referred to the climate, temperature, rain, winds, cloudiness, etc. The diaries often recorded the temperature in centigrade, indicating that they were always close to the thermometers. Many of these observations report popular practices and characteristics of the livelihoods of the residents of the areas visited, particularly water use, such as the habit of bathing in ponds in the morning, bathing in rainwater, the fear they had of drinking water accumulated from the rains, preferring the water of cacimbas, even if of poor quality.

The meteorological observations initiated by Pompeu, began the most problematizing look of the climate and its conditions in Ceará. When the Commission arrived in Ceará they were hosted at his house, at the same address where he made his observations. Then, in Lagoa Funda, where the Commission settled in the old fortress of Fortaleza, they installed the thermometer and psychrometer to evaluate the temperature and humidity of the air. In the FundaLagoCapanema he wrote: "The landscape is beautiful; the climate is pleasant, because the thermometer is always between 24 ℃ and 29 ℃, so there are no such alternations of heat and cold, so sensitive to the body. The psychrometer always remains 4 ℃ and 6 ℃ below the temperature(…)"[13]. The Scientific Commission of Exploration still carried among its instruments of measurement a microscope, artificial horizon, circle of reflection of two psychrometers and two hypsometers, camera, theodolite, chronometer and barometer[13]. Data collected from the Commission's temperature in the northern region of the province were totally lost, along with other collections, in a shipwreck off the coast of Ceará.

The main conclusions of the Ceará climate established by Pompeu can be summarized as follows. On temperature he stated, "he air is hot and humid on the coast and the fresh hills", but the heat was not so intense compared to other places on the same latitude, being "moderated" by the action of the winds. During the dry season the temperature rose in the backlands, especially because there was not enough vegetation cover to refract the heat. Pompeu still defined three climatic zones: the coast, the mountains and the *sertao*, "drier and hotter" (POMPEU, 1863, p. 57). The climate had two seasons: rain, or winter and summer or sum-

---

① Scientific Commission of the Empire(1859-1851) was the first official national commission on science to travel into the country to explore scientific themes. They traveled from Rio de Janeiro to Ceará with a mix of scientists to check the geological, botanical, geographical and social condition to understand one of the least known provinces of Brazil. They are recognized as well like Butterfly Commission(KURY, 2009).

mer, dry weather with little or no rain. He defined, from the twelve years of observations in Fortaleza, the rainy season, which varied between the December solstice and the March equinox and lasted until June. Still comparing with other tropical regions, he affirmed that "the march of the sun exerts an influence on the appearance of the rains between us"(POMPEU, 1863, p. 100). He called the dry period the period after the March equinox where there was no precipitation. Pompeu still recorded the torrential rains and the greatest precipitations in the observed period.

Pompeu recorded the time of the precipitations, arriving at the conclusion that in Fortaleza, the most significant rains were between dawn and ten o'clock in the morning, but that in the backlands usually occurred between noon and night, calculating the daily average of the indices and comparing them with the Caribbean, London and Paris. Pompeu also recorded for these twelve years the monthly, annual averages, local variations and the days of torrential storms, comparing the data of the monthly variations with other cities, which located Fortaleza, with a monthly rainfall of 150 millimeters, near the averages of the Caribbean and India, which will result in future comparisons in solving the problems of drought. Pompeu observed the barometric variations in 1859 (months of May, June and July) and throughout the year 1860, arriving at a conclusion that the daily averages would be between 755 and 763 mm, but that the data were "very limited for to establish any rule" (POMPEU, 1863, p. 121), since there were few observations on the variation of atmospheric pressure. Pompeu still recorded the thunderstorm days in Fortaleza between 1849 and 1860, arriving at the conclusion that the electric discharges were very varied in the province, but that in Fortaleza they were concentrated between March and June and were not frequent. Pompey registered the winds in the two seasons of the year: when the rainy season was over, the strongest monsoon began, the reverse of the rainy season. He documented that in the backlands, during droughts, the "windpipes" were often formed(POMPEU, 1863, p. 123).

Comparisons of the data collected with other regions of the globe, as in the Caribbean, led to an understanding of the problem of droughts as non-regular periods of absence of rain, as registered by chroniclers in previous years. However, from the meteorological data, in comparison with other regions, it could be concluded that there was not really a lack of rainfall, except in very specific periods, but that the region had rainfall averages around 1,500 millimeters per year, which indicated and that, with these means, it would be possible to develop actions to mitigate the effects of droughts.

The problems related to the drought by Pompeu would be the forest devastation caused by the expansion of cotton and coffee cultivation and the consequent overthrow of native vegetation, and the lack of means to retain rainwater, especially in the construction of dams. The diagnosis was quite clear:

"The contest of all these artificial causes of male mischief, combined with the unfavorable natural conditions of our province, must have greatly contributed to alter the climate of Ceará, making it more ardent and therefore the province more subject to the repetition of these terrible one's flagella called dry".

Moreover, according to the historical chronicle and the data collected by him, periods of drought would be occurring at shorter intervals:

"We have little written data about the previous physical state of this province; but we have verified facts, and it is for them and for the principles of science that we conclude that we have considerably(sic)improved the climate of the province and contrived for the repetition of the droughts".

Pompeu arrived through his meteorological observations to a contradictory conclusion, although in his writings he did not discuss this problem. For him, the study of climate would fundamentally be the basis for knowledge about droughts, and thus be able to intervene in environmental conditions to favor commercial agriculture and the modernization of routine agricultural and livestock practices, but, on the other hand, he identified that it was the expansion of commercial agriculture directed to the export was the main cause of the changes of the water conditions of the province, a contradiction that would be faced throughout the XIX century by him and other illustrated intellectuals, developing the bases of a ruralism that would be systematized in other authors.

Until the end of the nineteenth century interpretations on the climate in Ceará were based almost exclusively on the data observed, collected and arranged in series by Thomás Pompeu de Souza Brazil, whether regarding meteorological observations or in explanations on the causes of droughts, understood as a natural phenomenon caused by the movement of the atmospheric masses and their consequent action of the winds. This analysis was the one that Pompeu, already senator of the Empire, developed in "Memory on the climate and droughts of Ceará", that was published shortly before his death in 1877.

References

[1] Worster D. Transformações da terra: para uma perspectiva agroecológica na história. IN: *Ambiente e Sociedade*, Vol. 5, n. 2 - ago. -dez. 2002, Vol. 6, n. 1 - jan. -jul. 2003, p. 23-44.

[2] Drummond. José Augusto. A história ambiental: temas, fontes e linhas de pesquisa. IN: *Estudos Históricos*, Rio de Janeiro: Vol. 4, n. 8, 1991, p. 177-197.

[3] Dean W. A ferro e a fogo: a história e a devastação da mata atlântica brasileira. São Paulo: Cia. das Letras, 1995.

[4] Padua J. Augusto-Environmentalism in Brazil: A historical perspective. IN: MANEILL, J R and MAULDIN, Enrin Stewart-A Companion to Global Environmental History. Malden, Ma. : Wiley Blackwell, 2015.

[5] Davis M. Holocaustos coloniais: clima, fome e imperialismo. Rio de Janeiro: Record, 2002.

[6] Albuquerque J R. Durval Muniz de -Falas de Astúcia e de Angústia: a seca no imaginário nordestino(1877-1922). Dissertação de Mestrado em História, Unicamp, 1988.

[7] Barboza C H M. As Viagens do Tempo: uma história da meteorologia em meados do século XIX. Rio de Janeiro: E-papers- FAPERJ, 2012.

[8] Hobsbawm É. A era dos impérios. Rio de Janeiro: Paz e Terra, 1998.

[9] Campos J, Nilton B. Secas e políticas públicas no semiárido. Ideias, pensadores e períodos. IN: *Estudos*

Avançados. Sao Paulo: **28**(82), 2014, p. 65-88.

[10] Oliveira A L O. Instituto Histórico, Geográfico e Antropológico do Ceará: memória, representações e pensamento social(1887-1914). São Paulo: Pontifícia Universidade Católica(Tese de Doutoramento), 2001.

[11] Sousa N. Manuel Fernandes de-Senador Pompeu: um geógrafo do poder no Império do Brasil. São Paulo: Faculdade de Filosofia, Letras e Ciências Humanas da Universidade de São Paulo(Dissertação de Mestrado), 1997.

[12] SILVA M, Beatriz N. Pernambuco e a cultura da ilustração. Recife: Editora Universitária UFPE, 2013.

[13] Porto A, Maria S. Os ziguezagues do Dr. Capanema: ciência, cultura e política no século XIX. Fortaleza: Museu do Ceará, 2006. Coleção Comissão Científica de Exploração.

[14] Brasil T, Pompeu de S. Ensaio Estatístico da Província do Ceará. São Luis: Typographia de B. de Mattos, 1863. Tomo I. Edição Fac. Similar. Fortaleza: Fundação Waldemar Alcântara, 1987. Biblioteca Básica Cearense.

[15] Alemao F F. Diário de Viagem. Fortaleza: Fundação Waldemar Alcântara, 2011. Projeto Obras Raras.

[16] Memória sobre a conservação das matas, e arboricultura como meio de melhorar o clima da província do Ceará. Fortaleza: Typographia Brasileira, 1859.

[17] Edição Fac. Similar. Fortaleza: Fundação Waldemar Alcântara, 1997. Biblioteca Básica Cearense.

[18] Kury, Lorelay(Org.)-Comissão Científica do Império(1859-1861). Rio de Janeiro: Andrea Jakobsson Ed., 2009.

19世纪北京气候调查:俄罗斯地磁气象天文台的历史

塔蒂亚娜·费克洛娃
(俄罗斯科学院科学技术史研究所圣彼得堡分所博士,圣彼得堡,俄罗斯)

摘 要 本文主要介绍了1848年至1914年俄罗斯地磁气象天文台(RMMO)在北京的历史。该天文台是俄罗斯科学院的一部分,成为当时远东地区的天文、气象和地理调查中心。RMMO被纳入俄罗斯气象网络,该网络可能是当时世界上最大的地理科学网络。作者对俄中档案资料进行了全面分析。本文介绍了RMMO第一次仪器观测天气的一些历史事实,如日温、大气压力、云、雨、土壤温度等。
关键词 俄罗斯科学院,俄罗斯东正教使团,气象调查,天文台,北京

Investigation of Climate in Beijing in the 19th Century: History of the Russian Magneto-meteorological Observatory

Tatiana Feklova
(Saint-Petersburg Branch of the Institute for the History of science and technology,Russian Academy of sciences, Russia)

Abstract The article is devoted the history of Russian Magneto-meteorological Observatory (RMMO) in Beijing from 1848 to 1914. The observatory was the part of the Russian Academy of sciences and became the center of astronomical, meteorological and geographical investigations in the Far Eastern region. RMMO was included in the Russian meteorological network which was probably the largest geographical scientific network in the world at that time. The author gave a comprehensive analysis of archives materials from Russian and Chinese archives. In a first time the paper presents some facts about the first instrumental permanent weather investigations in RMMMO, such as daily temperature, atmosphere pressure, cloud, rain, soil temperature.
Keywords Russian Academy of Sciences, Russian Orthodox Mission, weather investigation, observatory, Beijing.

1 Introduction

The problem of climate change is one of the global problems. This problem isn't only the ecological problem, but also political, economic and cultural. However, conclusions on climate change should be based on the long-term instrumental investigations. But till now days the history of permanent instrumental weather investigation is only 200 years old. Some questions about weather observations, especially in Beijing will be analyses in the paper.

2 The beginning.

In the 18th century only Jesuits carried out astronomical research in China.

After the founding of the Academy of Sciences in Saint-Petersburg (Russia, 1724), Academy tried to establish and maintain a relationship with the Jesuits, who worked in China. For example, in 1753, the Academy asked the Jesuits in Beijing to solve some questions about astronomical investigation in China.

In the early of 19th century situation had changed. Academy of sciences tried to investigate astronomy and meteorology in China used their own scientists. In the first half of the 19th century in the first-time secular scholars were sent to China. In 1805 astronomer F. I. Schubert from Russian Academy of sciences was included to the Russian embassy to Beijing. Because of political differences embassy was not successful and planned astronomical observations did not take place.

In 1819 the Academy of Sciences, for the first time, suggested the foundation of a permanent astronomical observatory onthe territory of the Russian Orthodox mission in Beijing (ROM). Academy also tried to attract Chinese scientists and promote good relations among Russian and Chinese researchers. The Academy of Sciences hoped that the Russian government would pay the expenses for the endeavor.

In 1839 the Academy of Sciences suggested construction of an astronomical observatory in Beijing again, but it did not gain permission due to cost (РГИА. Ф. 733. Оп. 12. Д. 517. 1839-1840). Several years later, however, the academic petitions finally succeeded. Construction on the Astronomical Observatory started in the northern territory of the ROM in 1848. In that period the Russian Far East was involved in the centralized policy of the Russian Empire and its need to undertake mapping and weather investigation in the region. So the original project was changed, and instead of the Astronomical Observatory, the Russian Magneto-Meteorological Observatory (RMMO) was built. The first director of the Observatory in 1848 was appointed K. A. Skachkov (Skachkov, 1874). Because of his illness he was retired April 1856.

Next director of the observatory became D. A. Peshchurov. He was appointed in 1856 by the Ministry of the Foreign Affairs A. Gorchakov. D. A. Peshchurov made different astronomical investigations in China, first, the determination of the meridians and also had determinate some Chinese cities. In the 1862 he was approved as an interpreter to the Russian diplomacy mission in Beijing.

At 2 February 1862, construction and equipping of the observatory was overall completed. Every year from the Russian State Treasure on the content of the Russian observatory in

Beijing was appropriated 3000 rub. (СПбФ АРАН. Ф. 4. Оп. 4. Д. 622).

In 1866 magneto-meteorological observatory was transferred under the jurisdiction of the Russian Academy of sciences, what helped to gather all meteorological investigation in one center.

3 The director H. Fritsche.

The last director of Observatory became H. Fritsche(Fig. 1), which had appointed as RMMO director in 1866.

Fig. 1 The last director of the Magneto-Meteorological Observatory in Beijing H. Fritsche

In 1869 the director of the Main Physical Observatory G. Wild published the special instructions for meteorological stations and observatories. Wild's instructions became the basis for modern meteorological research. Those instructions systemized, unified, and circulated a standard set of weather observations (all observations at 7 am, 1 pm, and 9 pm) (Fritsche, 1876). It became the first step to the way to systematic all the weather investigation on the huge territory of the Russian Empire (and on the Russian stations in another country).

Magneto-Meteorological Observatory in Beijing was one of the first among all meteorological stations and observatories in Russia, which began to use Wild's instructions. All the tools were isolating from the external factors (such as sun, rain, wind) for more accurate investigations. Fritsche was the first, who in 1869 began to do permanent investigation of soil temperature in Beijing (for example, in Saint-Petersburg-the capital of Russian Empire, only

Fig. 2 The thermometer

in 1872) (Фритше, 1879).

During his work in Observatory, Fritsche collected a great deal of weather data over the years. His research became an important foundation for the Russian corpus of weather data. During his work in Beijing, he made everyday weather investigations, including temperature, cloudiness, pressure, and precipitation.

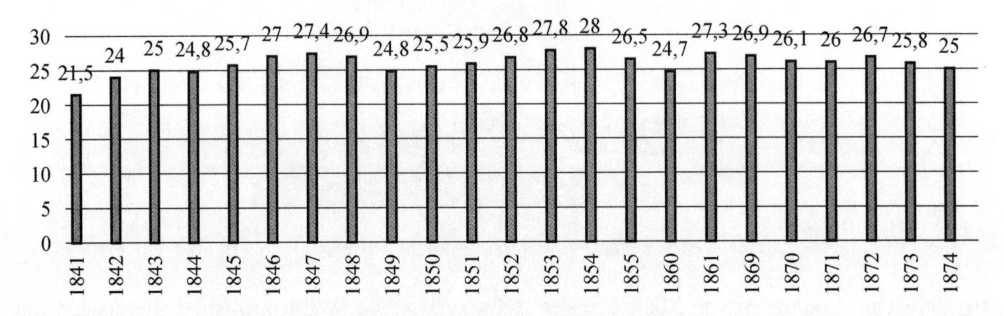

Diagram 1 Average temperature in July from 1841 to 1874①

H. Fritsche also summarized the minimum and maximum temperature in Beijing for several years and made the annual fluctuations for each period.

	1841—1849	1850—1861	1869—1874
Minimum	−15,1±	−15,4±	−15,2±
Maximum	35,0±	36,9±	37,5±
Annual fluctuations(Fritsche, 1876)	50,1±	52,3±	52,7 ±

① Diagram 1 made by Tatiana Feklova.

In 1873 Fritsche made an expedition to Mongolia, where he conducted meteorological observations and recorded the latitude and longitude of all visited points.

In 1874 Fritsche summarized his weather investigations. He also processed investigations of his predecessors, such as E. Fuss, K. A. Skachkov and D. A. Peshchurov.

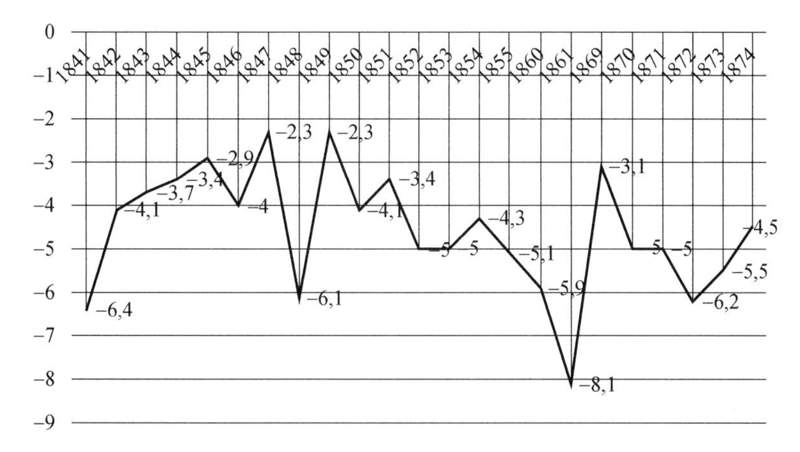

Diagram 2 Average temperature in January from 1841 to 1874①

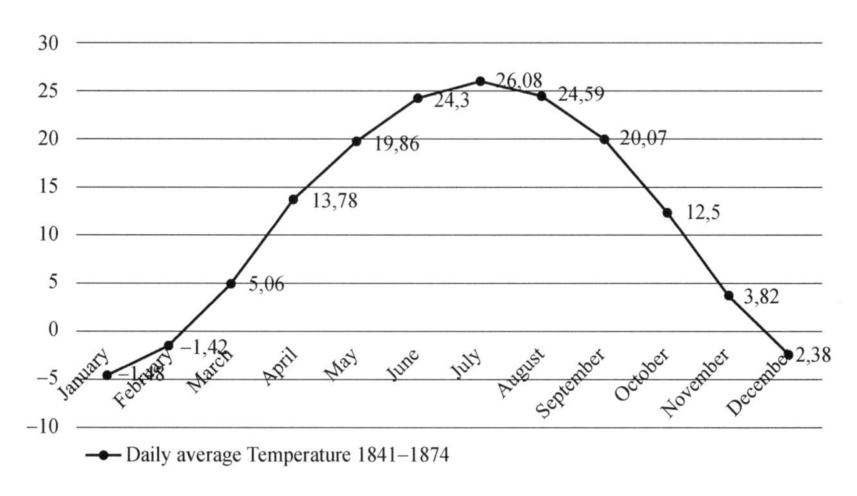

Diagram 3 Daily average temperature from 1841 to 1874

To the end of 1873 under the jurisdiction of Beijing magnetic-meteorological observatory were 6 stations: Urga (modern Ulan Bator), Tianjin, Dagu, Xiwanzi (near the Zhangjiakou), Hei-shui, Keelung (Formosa island, now Taiwan of China) (Фритше, 1876). It also helped to gather meteorological information from all parts of China. Those stations also were included to the Russian Empire magneto-meteorological network and the network allowed to cover a large area of observations from Helsinki (Finland) to Keelung (Taiwan). Getting reliable information from such a huge area allowed to scientists to move from the simple investigations of weather to the first attempts for further weather forecast.

① Diagram 2 and 3 made by Tatiana Feklova.

In 1888 the Beijing magneto-meteorological observatory was closed. But some meteorological observations were made by the members of the Russian Orthodox mission.

In 1900, the Observatory was destroyed as a result of the Boxer Rebellion. Peter Lee Yunan and Witt Hai, who were engaged in meteorological research at the Observatory, were killed. In the journal of Main Physical Observatory in Saint-Petersburg (Russia) in the 1900 year in the report from Beijing were only one sentence: "There wasn't any weather investigations in Beijing from March to December 1900…" (Летописи…, 1900).

Fig. 3 The Russian meteorological station in Beijing. 1914
http://www.orthodox.cn/localchurch/beijing/meteorological_ru.htm

At the beginning of 1903 the meteorological station on the territory of Russian Orthodox mission was restored on a new place (Летописи…, 1905) and some weather investigations were made at a meteorological station in Beijing until 1914. Observations were made by Micah Lee.

Conclusion

Russian Magneto-Meteorological Observatory in Beijing made a great contribution to the meteorological observations on the territory of China. Under the umbrella of this observatory on the different parts of China were founded meteorological and magnetic station. The Observatory had had a significant impact on the development of meteorology in the Russian Far East, Siberia and China. From 1841 to 1888, daily observations of temperature, precipitation, atmospheric pressure, and earth magnetism were carried out. For the first time in China, it is in the Observatory in Beijing began to monitor the soil temperature. This Observatory became the first and the one European Observatory in Beijing in the second half of the 19th century and its weather observations were made on the tools close to modern. Its weather investigations and numerous data helped to understanding the dynamics of climate change. Numerous temperature tables and maps of the earth's magnetic field distribution were compiled.

References

[1] Fritsche H. Über die magnerische Inclination Pecings. Reportorium für meteorology heraüsgeg. V. d. Kaiserlichen Akademie d. Wissenschaften. Санкт-Петербург. 1876. P. 10.

[2] Летописи Николаевской Главной Физической обсерватории (Chronicles of the Nikolaev Main Physical Observatory). СПб. : Тип. ИАН, 1901. С. XLVIIIб 34-35, 244-245.

[3] Летописи Николаевской Главной Физической обсерватории (Chronicles of the Nikolaev Main Physical Observatory). СПб. : Тип. ИАН, 1905. С. 40-41, 300 - 301.

[4] Российский Государственный исторический архив (РГИА) (Russian State Historical Archive). Ф. 733. Оп. 12. Д. 517. 1839-1840.

[5] Санкт-Петербургский филиал архива Академии наук (СПбФ АРАН) (Saint-Petersburg Branch of the archive of the Russian Academy of sciences). Ф. 4. Оп. 4. Д. 622

[6] Скачков К. А. Судьба астрономии в Китае // Журнал Министерства Народного Просвещения (Skachkov K. A. The fate of astronomy in China // Journal of the Ministry of Education). СПБ. , Т. CLXXIII. № 5. 1874. С. 23-58.

[7] Фритше Г. А. Годовой отчет директора Пекинской обсерватории за 1873-1874 гг. // Записки Императорской Академии наук (Fritsche H. Annual report of the Director of the Beijing Observatory for 1873-1874 / / Notes of the Imperial Academy of Sciences). Т. 28. Кн. 1. 1876. С. 81-103.

[8] Фритше Г. А. Отчет по Пекинской обсерватории за 1877 и 1878 г. / Отчет по Главной Физической Обсерватории за 1877 и 1878 гг. (Fritsche H. Report of the Beijing Observatory for 1877 and 1878 / Report of the Main Physical Observatory for 1877 and 1878). СПб. , 1879. С. 63-74.

“一带一路”背景下气象科技史研究与探索

陈正洪[1],张立峰[2],李冬梅[3]

(1. 中国气象局气象干部培训学院,北京　100081;2. 浙江省气象局,杭州　310017;
3. 新疆维吾尔自治区气象局,乌鲁木齐　830002)

摘　要　在当代中国,“一带一路”将带给科学技术史研究巨大的历史机遇,西方对东方学的研究是“一带一路”思想反照的滥觞。进行“一带一路”视域背景下气象科学技术历史与文明的研究有助于国家文化软实力和中华文化影响力的探索。西方传教士对中国近现代气象学发展有积极贡献。提出气象文明共同体的概念并进行探索研究。

关键词　一带一路,东方学会,传教士,气象文明共同体

1　历史和现实视角的东方学会

在中国进行“一带一路”国家大战略之际,考察世界其他国家历史上是否有类似思想,可以为中国“一带一路”战略提供借鉴。值得关注的就是国际上关于东方学会的研究。100 多年前,有关国家就有与此对应的思想,有必要对此进行历史回溯。

1.1　日本东方学会

日本东方学会与战争有关。二战之后,日本外务省 1947 年成立了东方学术协会,后更名为东方学会并流传至今(图 1)。当时会员人数为数百人,分两个支部。目前东方学会有会员近两千人,研究中国问题、朝鲜问题、蒙古问题、印度以及东南亚问题、中亚问题、西亚问题、日本问题等,其中研究中国问题的学者居多。研究领域包括历史、经济、民族、民俗、哲学、宗教、文学、语言、艺术、考古等,几乎包括人文社会科学所有领域。

这个学会以研究中国情况为主,出版了不少有关刊物。开始出版包括《东方学》(半年刊)。《东方学》至今已发行了 100 多期。主要刊载研究东方各国历史、文学、思想、考古等学科的学者的论文,论述日本东方学的发展状况,包括岸本美绪、池田温、滨下武志、山田辰雄、小南一郎、丸山升、沟口雄三等著名中国问题学者纷纷在刊物上发表文章。1954 年在日本外务省资助下出版《东方学论集》,后停刊。1957 年出版《国际东方学者会议纪要》,1967 年出版《东方学论著目录》。

1.2　美国东方学会

美国东方学会(American Oriental Society)1842 年于波士顿成立,可能是北美最早的学术团体之一,希望促进对亚洲、非洲的学术研究,至今仍然活跃(图 2)。美国东方学会在不长的时间内取得了很多研究成果,重要学者包括索尔兹伯里(Edward Salisbury,梵文与阿拉伯文教授)和惠特尼(William D. Whitney,梵文教授)。美国东方学会得到欧洲同行的高度评价,逐渐成为有影响的学术团体。

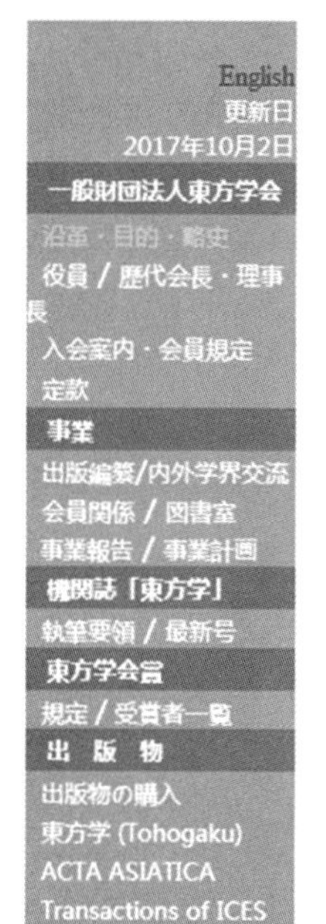

图 1　日本东方学会网站首页

图 2　美国东方学会网站首页

进入20世纪，美国东方学会更加注重汉学研究。包括夏德（Friedrich Hirth）、劳费尔（Berthold Laufer）、顾立雅（H. G. Creel）、宾板桥（Woodbridge Bingham）、德效骞（Homer H. Dubs）、卜德（DerkBodde）、恒慕义（Arthur W. Hummel）、傅路德（Luther C. Goodrich）等兼通中西的学者，其中多数成为二次大战以前美国汉学研究的中坚力量[①]。中国的学者包括如许地山、梅光迪、裘开明、李方桂、赵元任等参与到美国东方学会研究中。由于这批华人学者的努力，东方学会的汉学研究从注重近东、古代和语文学方法转到均衡包容的传统，逐渐形成不同于欧洲的汉学研究和亚洲研究的新模式。

1.3 欧洲东方学研究

欧洲东方学研究可以追溯到"历史之父"希罗多德。从17世纪来华的传教士和欧洲本土的汉学家开始近代东方学研究。1814年法兰西学院设置汉学教席，促进了东方学研究。法兰西学院两位最早的汉学教授雷慕沙（Abel Rémusat）和儒莲（Stanislas Julien）都将大量的精力用于研究佛教，这也绝对不是偶然的。[②]

1.4 中国处于东方学边缘

必须指出，在19世纪中国一直处于东方学的边缘，发表中国学者关于东方学研究文章数量不多，美国东方学会的《学报》上在19世纪所出的前20卷中，与中国有关的文章只有10篇。在欧洲的影响下，美国的东方研究同样是将大量的人力物力投向波斯、印度、埃及，中国则处于相对次要的位置。

关于中国的研究大概有三个特点，一是研究课题多属于较为久远的古代，二是较多研究语言文字，三是注重研究中国少数民族和中外关系，儒家文化对世界的影响涉及不多。[③]

2 西学东渐与"一带一路"的交汇

"一带一路"是思维方式和研究范式的转变。"一带一路"带来的不光是物质上，还有一些其他的影响。比如视域扩大，时间延展，从古至今、从东至西。从中国古代自身灿烂的气象发展到西学东渐再到"一带一路"，历史源流需要探究。

2.1 中国古代天文学对气象的影响

中国先进的天文学促进了古代气象学的发展。不少新的气象现象的出现可能是受天文影响而生。随着农业生产的发展，对农时的准确性提出了比较高的要求，加上人们对天象和物候之间关系的认识加深，于是逐渐重视天文与气象观测。

中国古代天文学对气象的影响很深，这里提出"天气同源"的观点。天文学和中国的气象学同源，类似于中国的书画同源。中国是一个有着悠久历史的文明古国，中国古代有四大传统学科：天文学、数学、中医药学、农学。由于中国古代天文学非常发达，多项成就一直领先于世界，先民"天人合一、人地和谐"的思想对中国古代气象学的发展影响很大。我国古代的气象学与天文学一起发展，在观测天象的同时，观测气象。所以古时天文与气象研究往往融于一体，古代限于条件，天文学和气象学是分工不同却关系密切的两个学科。天文工作中，良好的气象

---

① 顾钧，美国东方学会及其汉学研究，《中华读书报》，2012年04月04日。

② 同上。

③ 同上。

条件是极为重要的。天文研究中的一些理论成果，往往可以通过气象学研究成果加以验证。现代气象学研究范围已从地球转向整个太空，而人造卫星、遥感等航天高新技术的应用也使得气象研究更为便利。现代甚至已经有气象学家提出，不少新的气象现象的出现可能是受天文影响而生。所以在某种程度也可以说，中国先进的天文学促进了古代气象学的发展。

当我们的祖先还在采集果实和渔猎生活的时候，已对自然界的寒来暑往、月圆月缺、动物活动规律、植物发芽生长成熟等有了一定的认识。到了新石器时代，社会经济进入以原始农牧业生产为主的时期，人们就需要掌握农时，探索日照、雨量、气温、霜期等自然规律。随着农业生产的发展，对农时的准确性提出了比较高的要求，加上人们对天象和物候之间关系的认识加深，于是逐渐重视天文与气象观测。

黄帝时代的气象知识是包括在天文历法里面的，因为与生产生活关系密切，受到高度的重视。古书中记载黄帝“乃设灵台，占星气，占风”，这涉及对天气现象的观测，包括凭经验来判断天气的风雨阴晴，根据云状态及风向来预测天气的发生。《史记》中还记载蚩尤在与黄帝的争战中，黄帝充分地利用天气状况来进攻或退守的故事。这些记载虽然不见得可靠，但从一个侧面说明在华夏文明的早期，就有一定气象学初步知识，并且伴随着天文学的发展而发展。

商代奴隶制国家加强，客观上要求进一步认识自然界，逐渐积累了自然科学知识，其中包括天文与气象知识。商代的天文气象资料比夏代成倍增长，由河南安阳殷墟出土的甲骨文看出，进入文字时代的中国古代气象学记录很丰富，如气象变化很早就有记载，表明气象已进入社会生活。

周朝期间，铁器农具的使用和耕牛的推广，生产力有了前所未有的发展，促进了天文气象、农业科技的进步，同时出现了一批早期科学家，对宗教迷信进行批判，他们努力探索天气变化的原因，用朴素的自然观解释世界，在农历节气、谚语、医疗气象、军事气象等方面都形成了初步的萌芽知识。

古代中国人很重视对天文气象的观测，天文学观测中自然就有了对气象的观测。据考古发现山西襄汾陶寺古观象台遗址，经考古学确定年代为公元前 2100 年左右，这是迄今发现中国最早遗存的古观象台遗址，属于龙山文化陶寺遗址中。通过实地模拟观测，陶寺早期城址第三层台基地基部分的夯土柱是用于构建观测缝，而观测缝的主要功能之一是观日出定节气，可能还有观测其他天体现象的功能。

中国古代天文学的一个基本特点是带有浓重的政治色彩，自始至终控制于皇权之下并为皇权服务，统治者把天文观象用于占卜皇权盛衰、国家兴亡和自然灾害，涉及天象和气象的研究。天文仪器成为皇权的代表，每次制造都指定专人负责，有足够的国家财力支持，使天文仪器的制造、改进与使用，得到优先支持。这样对于气象的发展某种程度上起到促进作用。封建社会统治阶级对天气气候变化更为重视，从中央周天子到诸侯国的国君，都设有观象台，并任命一大批官员观测天象，以改善历法、掌握季节、进行祭祀、征伐和生产。观测天象、望云占雨，以掌握季节和农时，成了那个时候的重要国家事务，并衍变成官名。

中国古代发达的天文学促进了古代气象学的发展，使得中国古代气象学某种程度带有天文学的思想体系和特色，比如“二十四节气”既有气象意义，又有天文历法意义，这说明天文学对气象学的影响是很深远的。

我国古代气象学有很多宝贵的古文献，对其研究还有待进一步深入。《夏小正》是中国现存最早的科学文献之一(图 3)，详细记载了上古先民观察体验到的天象、气象、物象，是中国数千年天文学史的初始阶段——观象授时的结集，是我国现存的一部最古老的天文历法著作。其内容基本上分为两类，一为天象及与天象有关的节令，二为物候及与物候有关的社会活动。表明一方面以参星、北斗星为主，以昴、辰、大火、织女等星宿为辅的天象系统在中国公元前3000—前2000年初步形成；另一方面说明当时人类对风向、气温、旱涝等气象现象的感受和认识。

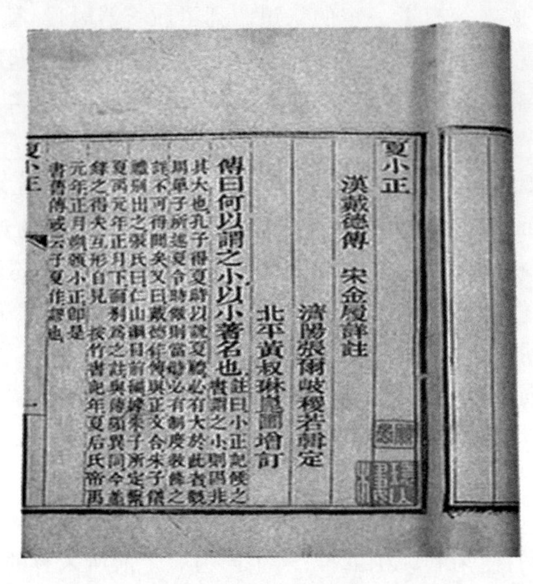

夏小正

漢戴德傳　宋金履祥註

濟陽張爾岐稷若輯定

北平黃叔琳崑圃增訂

傳曰何以謂之小以小著名也

图3 《夏小正》书影

《夏小正》对中国二十四节气和后世历法产生长远的重要影响，并对东亚其他国家和文明产生影响，时至今日，研究这本文献对于当代天文历法和气象学有重要价值。

2.2 西方传教士对近代中国科技发展的贡献

作为中国儒学传统发展的一种历史形态，宋明理学发展至明中叶，开始由僵化走向衰落。实学的兴起，使学术研究更注重实物的价值，文化传统开始显现平民化趋向和功利化趋向。同时，江浙一带的市民经济有较大发展，市民数量增加，平民文化、市民文化开始展现，资本主义萌芽开始兴起，这些也促使传统理学走向瓦解。

学术的平民化和经世致用思潮的兴起，为西方价值理论的传入奠定了社会和学术基础。地理大发现和欧洲的宗教改革，使西方基督教需要向全世界尤其是东方拓展新的教区。罗马教廷向东方派出大批传教士，扩大教会的影响力。

“西学先驱”利玛窦(1552—1610)在1582(万历十年)进入中国，并从成功与中国士大夫阶层建立良好关系开始，便开创了此后200多年传教士在中国的基本活动方式：即传播基督教；传递西方的自然科学知识。这一规则的内容主要包括：第一，将神学理论与中国传统的儒家思想和习俗进行融合，并对后者保持宽容的态度，比如不反对中国的教徒继续传统的祭天、祭祖、敬孔等。第二，用汉语传播教义。第三，以学术传播的名义，翻译、介绍西方科学技术成果。第四，将这些科技成果尽可能用中国的语汇进行表述。从利玛窦到中国开始，西方传教士在华活动大体上可以分为两个历史时期。利玛窦翻译了《几何原本》《测量法义》《坤舆万国全图》《理法器撮要》。

第一个时期，1582 年至雍正二年即 1724 年。这一时期来华的传教士大约 50 人。其中许多人曾参与西学的传播，包括著名的汤若望等。这一时期是中西文化交汇的西学东渐的兴盛时期，西方传教士广泛传播了西方的神学、哲学、数学、天文学、地理学和农学等方面的知识。这一时期耶稣会传教士在华译著西方书籍 430 多种，包括宗教(251 种)、人文(55 种)和自然科学(131 种)等。

应当指出，近代输入的自然科学知识中，尚未有专门介绍当时作为边缘学科的气象学的文献。西方传教士传播的学术思想中，与气象科学相近的主要包括数学、天文学、物理学、地理学、农学等，在中国称之为格物穷理之学。在 19 世纪末和 20 世纪初，许多的期刊中也介绍物理、化学、天文等科学知识。专门介绍气象学的著作典型是傅兰雅于光绪十二年(1887 年)出版的《气学须知》。艾儒略(1582—1649)介绍了《几何要法》《西学凡》《职方外纪》《乾舆图记》等。《万国全图》是一本世界地图册(1623 年)。《职方外纪》五卷(1623)是利玛窦的《坤舆万国全图》之后详细介绍世界地理的文献。《西学凡》介绍了西方文化的总体框架，亚里士多德和托马斯·阿奎那首次被介绍。汤若望(1592—1666)是德国耶稣会传教士，曾任钦天监，受到明清皇帝的极大尊重。曾翻译《远镜说》(1629 年)《崇祯历书》(1634 年)《火攻挈要》(1643 年)《历法西传》2 卷(1640 年)《新法表异》《西洋新法历书》100 卷(1645 年)。

罗雅谷(1593—1638)是意大利耶稣会传教士，著有《测量全义》十卷、《五纬表》十一卷、《五纬历指》九卷、《月离历指》四卷、《月离表》四卷、《日躔历指》一卷、《日躔表》二卷、《黄赤正球》一卷、《筹算》一卷、《比例规解》一卷、《历引》二卷以及《日躔考》《昼夜刻分》《五纬总论》《日躔增五星图》《水木土二百恒星表》《周岁时刻表》《五纬用则》《夜中测时》等等包括天文、数学、历法等方面的著作。张诚是法国传教士，曾翻译《几何原理》《几何学》。在伴驾康熙期间，曾记录当时华北及内蒙古的天气情况。南怀仁(1623—1688)曾任钦天监，著有《御览西方要纪》一卷(1669 年)，《测验纪略》一卷(1669 年)，《赤道南北两总星图》(1672 年)，《坤舆图说》二卷(1674 年)，《坤舆图说》和《坤舆外纪》《简平规总星图》(1674 年)、《新制灵台仪象志》十六卷(1674 年)，《坤舆外纪》一卷(1676 年)，《坤舆格致略说》一卷(1676 年)，《神威图说》(1682 年)《形性之理推》(1683 年)，《穷理学》(1683 年)(未刊刻)，《欧洲天文学》等。

第二个时期，1807 年至 20 世纪初。伴随着中国与西方经济实力的差距越来越大和西方列强在华侵略活动的加强，传教士在华活动也更加活跃。这一时期大量的西方科技和著作被引入到中国，客观上促进了中国的快速“近代化”。

这一时期通过学校教育、翻译出版等方式，包括气象科技在内的诸多科技实践开始在中国出现。重要的传教士有傅兰雅(1839—1928)，曾任江南制造局翻译，广泛参与中国洋务运动的科技引入。翻译《决疑数学》《代数术》《微积溯源》《化学鉴源》《气学须知》《物体遇热改易记》《化学工艺》等著作。后来自费创办科普杂志《格致汇编》。伟烈亚力(1815—1887)，英国传教士，汉学家，曾翻译《数学启蒙》《续几何原本》《代数学》《代微积拾级》等。丁韪良(1827—1916)，美国传教士，翻译《格物入门》《星轺指掌》《西学考略》等。艾约瑟(1823—1905)，英国传教士、汉学家，著有《重学浅说》《光学图说》《格致新学提纲》《西国天学源流》《中西通书》《谈天》《代数学》《代微积拾级》《圆锥曲线说》《奈瑞数理》《重学》《植物学》等。

2.3 西学东渐背景下的气象科技文化交流

西方人中最早到中国做气象工作的可能是意大利传教士高一志(Alphonse Vagnone，1566—1640)。明朝末年(1605 年)他来到中国，同时把西方科学知识传入中国。高一志撰写、经我国的韩云订正的《空际格致》一书，对各种光象和水象的讨论也相当多，而且比较接近于当今日气象学的科学性解释；它还应用光象和水象的各种特征，进行天气预报，与我国唐代的气象学专著《相雨书》极相似。[①]该书分上下两卷，内容包括天文、气象、地震等学科知识，以气象学内容最多。《空际格致》重点讲述各种气象现象的特征及形成原理，是最早向中国介绍欧洲气象知识的专著。上卷主要介绍西方流行的气象学理论，如四元理论、大气层分层说等，下卷重点探讨多种天气现象和大气光象，并对其成因做出解释，具有较强的科学性。所涉及的内容有风雨、云雾、霜雪、雷电、晕虹、冰雹、霾、露等。

方以智(1611—1671)为明清时期著名思想家、哲学家、科学家，自幼秉承家学，接受儒家传统教育。成年后方以智四处交游，结识学友，在他的学友中有西洋传教士毕方济与汤若望。从他们那里，方以智学习了解了西方近代自然科学。方以智酷爱自然科学知识，自幼塾中诵读之余，即好钻研物理，曾谓“不肖以智，有穷理极物之僻。”经过孜孜不倦的努力，他终于在哲学和科学两方面都取得了很大成就，达到了相当的高度。《物理小识》集中了方以智一生诸多的科学见解，涉及气象学方面的内容有大气物理学、天气学、气候学、物候学、云物理学以及应用气象学等分支。方以智不仅继承发展了天人感应、阴阳五行、干支时日解释、干预天气现象的理论，还吸收了西方传入的气象科学知识，借鉴了“三际说”等气象理论。《物理小识》卷一“历类”和卷二“风雷雨旸类”探讨了风雨等天气现象的生成，引进西方“三际说”气象理论，形成了具有进步意义的自然科学气象观。

黄履庄(1656—?)，广陵(今扬州)人。清初制器工艺家、物理学家。少聪颖，读书过目不忘，尤喜出新意制作诸技巧工艺。创造了“验冷热器”和“验燥湿器”等。著有《奇器图略》，现已节存于《虞初新志》，共有 27 种。作为中国制造温度计和湿度计的第一人，黄履庄在 1653 年就制造出“验冷热器”。涨潮辑所撰《黄履庄小传》称：“此器能诊试虚实，分别气候，证诸药之性情，其用甚广”，并且另有专书讲述这件仪器，可惜专书和仪器皆已失传。1683 年黄履庄制作成功了第一架利用弦线吸湿伸缩原理的“验燥湿器”，即湿度计。它的特点是：“内有一针，能左右旋，燥则左旋，湿则右旋，毫发不爽，并可预证阴晴。”[②]黄履庄发明的“验燥湿器”有一定的灵敏度，可以“预证阴晴”，具有实用价值。黄履庄生活的扬州是当时的对外通商口岸，他能够比较方便地看到欧洲传教士写的一些科技著作，从中学到了不少几何、代数、物理、机械等方面的知识，这些客观因素对黄履庄的创造发明有较大帮助。

3 “气象文明共同体”的提出

社会学意义上“共同体”一词，最早由德国古典社会学家滕尼斯(Ferdinand Tonnies)在其《共同体与社会》一书中引入，滕尼斯认为“共同体是一种持久的和真正的共同生活”，他将共同体分为：血缘共同体、地缘共同体和精神共同体。滕尼斯认为“血缘共同体作为行为的统一体发展和分离为地缘共同体，地缘共同体直接表现为居住在一起，而地缘共同体又发展为精神共同体，作为在相同的方向上和意义上的纯粹的相互作用和支配。”

从本质上而言，任何共同体都是利益共同体，这个利益可以是经济利益、政治利益、文化利

① 原出自刘昭民.《最早传入中国的西方气象学知识》《中国科技史料》，1993(2)：90-94，转引自李平、何三宁编著《历史与人物：中外气象科技与文化交流》，北京：科学出版社，2015 年，26 页。

② 上海古籍出版社编《清代笔记小说大观》，上海：上海古籍出版社，2005 年，310 页。

益、心理利益等。2017 年 1 月 18 日，国家主席习近平在联合国日内瓦总部发表了题为《共同构建人类命运共同体》的主旨演讲，提出"人类命运共同体"这一新理念。党的十九大报告明确指出"坚持推动构建人类命运共同体"。

在"一带一路""人类命运共同体"的构建过程中，我们提出了"气象文明共同体"的这一新理念，并对其进行探索性研究，意图建立"气象文明共同体"的概念与理论框架，需要将气象科技文明史置于历史长河中予以观照，即通过回放在陆上丝绸之路与海上丝绸之路的发展历程中，气象科技与气象文明的自身发展及其对丝路文明的促进和贡献，来进行聚合、概括与提炼。"一带一路"视域下的"气象文明共同体"具有多元性、复杂性和开放性等特点，是一个宏大的研究命题。

"气象文明共同体"初步来看是指与气象事件或活动相关的，以"一带一路"为主要空间平台，联合各方集体共同参与、共同行动与努力，打造新型气象文明关系，形成利益共同体乃至命运共同体，共同应对气象灾害和气候变化挑战，共创、共享气象文明成果。

"气象文明共同体"是一个崭新的研究课题，从自然科学与人文科学相互交叉结合的角度出发，可以进行更为广泛深入的探究，可能会得出更为新颖且有价值的成果。

从理论视角看，今后尚需进一步明晰其概念定义、内涵实质，进一步明确研究主体、对象和范围，进一步丰富和拓展其理论内涵和外延，进一步把握其主要形式和特点。

从学科交叉看，还可以从气候变化的角度出发，研究丝路文明及沿线国家和民族兴衰，如楼兰古国的消亡等；研究丝路沿线民族文学中的气象文化意义；研究"气象类"唐诗见证下的丝路变迁等等，这些也可能是颇具特色的研究内容。

总之，"一带一路"视域下带来气象科技史的机遇和思维方式的改变；"西学东渐"与"一带一路"交汇将促进气象科学与技术的交流。中国传统气象学在"一带一路"背景下将赋予新的涵义。"一带一路"对中国未来气象科技创新和气象事业有长远影响。

参考文献

[1] 徐宗泽. 明清间耶稣会士译著提要[M]. 上海：上海世纪出版集团，2010.
[2] 黄兴涛，王国荣. 明清之际西学文本—50 种重要文献汇编[M]. 北京：中华书局，2013.
[3] 张晓林. 天主实义与中国学统—文化互动与诠释[M]. 上海：学林出版社，2005.
[4] 尚智丛. 明末清初(1582—1687)的格物穷理之学——中国科学发展的前近代形态[M]，成都：四川教育出版社，2003.
[5] 尚智丛. 传教士与西学东渐[M]. 太原：山西出版集团、山西教育出版社，2008.
[6] 熊月之. 西学东渐与晚清社会[M]. 北京：中国人民大学出版社，2011.
[7] 王扬宗. 傅兰雅与近代中国的科学启蒙(西学东传人物丛书)[M]. 北京：科学出版社，2000.
[8] 顾长生. 传教士与近代中国[M]. 上海：上海人民出版社，1981.
[9] 李平，何三宁. 历史与人物：中外气象科技与文化交流[M]. 北京：科学出版社，2015.
[10] 刘昭民. 最早传入中国的西方气象学知识[J]. 中国科技史料，1993，(2)：90-94.
[11] 徐文堪. 古代丝绸之路与跨学科研究[J]. 新疆师范大学学报(哲学社会科学版)，2017，**38**(4)：45-52.

Research and Exploration on the History of Meteorological Science and Technology under the Background of"the Belt and Road"

CHEN Zhenghong[1] ,ZHANG Lifeng[2] ,LI Dongmei[3]

(1. China Meteorological Administration Training Centre,Beijing 100081;
2. Meteorological Administration of Zhejiang Province,Hangzhou 310002;
3. Meteorological Administration of Xinjiang Uygur Autonomous Region,Urumchi 830002)

Abstract In contemporary China,the"Belt and Road" will bring great historical opportunities to the history of science and technology. As we know the Western Study of Oriental Studies was the origin of the rethink of "Belt and Road". The study of the history and civilization of meteorological science and technology under the background of "One Belt and One Road" is helpful to the exploration of the soft power of national culture and the influence of Chinese culture. We argue that the Western missionaries have made positive contributions to the development of modern meteorology in China. At the same time we put forward the concept of meteorological civilization community and carry out exploration and research about it.
Keywords Belt and Road,Oriental Studies Society,Missionary,meteorological civilization community

“一带一路”气象服务规划脉络与展望

穆　璐，于　金

（中国气象局公共气象服务中心，北京　100081）

摘　要　本文从“一带一路”气象服务战略发展角度出发，梳理出“一带一路”气象服务发展脉络，并对海洋、交通、航空三个重要领域，对深入融合气象服务进行规划。本文还对未来海、陆、空的数据融合能力及气象产品智能化展示进行国内外探索与研究，为落实中国气象“一带一路”气象服务的未来发展进行展望。

关键词　气象服务，规划，展望

1　发展背景

2015年3月，国家发展和改革委员会、外交部、商务部联合发布了《推动共建丝绸之路经济带和21世纪海上丝绸之路的愿景与行动》，报告中“设施联通”部分中提出要“抓住交通基础设施的关键通道、关键节点和重点工程，优先打通缺失路段，畅通瓶颈路段，配套完善道路安全防护设施和交通管理设施设备，提升道路通达水平。推进建立统一的全程运输协调机制，促进国际通关、换装、多式联运有机衔接，逐步形成兼容规范的运输规则，实现国际运输便利化。推动口岸基础设施建设，畅通陆水联运通道，推进港口合作建设，增加海上航线和班次，加强海上物流信息化合作。拓展建立民航全面合作的平台和机制，加快提升航空基础设施水平。”因此，“一带一路”气象服务是一种长期战略规划，打造“一带一路”气象服务平台就尤为重要。“一带一路”气象服务平台不仅能够展示全球精细化、定量化、格点化的天气预报产品，而且能够充分开展气象服务市场的拓展和竞争。通过建设“一带一路”气象服务平台，能够资源共享，开展多领域、多层次的对外合作，特别是开展海陆空交通沿线的合作，让“一带一路生命线”更加畅通，全面提升中国气象服务能力。

2　服务规划

从“一带一路”气象战略研究来看，首先，各国首都城市人民更关注经济发展和文化建设，特别是海、陆、空的交通枢纽，对便捷交通的需求首先是对航空航线的需求大。其次，海岛城市人民更关注灾害预警和海岛的旅游发展、关注预警台风等高影响天气。港口的人民更关注船舶信息和近海深海的信息，对潮起潮落、日升日落、风力风向等内容更加关注（图1）。

“一带一路”沿线上的各国之间要加强经济发展，需要互通有无，除了按照六大经济走廊的路线发展外，还需要对沿线交通枢纽进行重点建设。公路交通、铁路交通、特别是航空线路、海

作者简介：穆璐，计算机应用技术硕士，中国气象局公共气象服务中心高级工程师，研发领域：气象服务产品。

上线路对“一带一路”的战略发展起着决定性作用。因此，每个国家的经济核心是每个国家的首都，气象信息数据需要对外提供服务，并且一些国家需要对气象数据进行共享。

2.1 海洋气象服务

国家发展和改革委员会和国家海洋局联合发布《“一带一路”建设海上合作设想》（以下简称《设想》）提出要重点建设三条蓝色经济通道，以共享蓝色空间、发展蓝色经济为主线，以保护海洋生态环境、实现海上互联互通、促进海洋经济发展、维护海上安全、深化海洋科学研究、开展文化交流、共同参与海洋治理等为重点，共走绿色发展之路，共创依海繁荣之路，共筑安全保障之路，共建智慧创新之路，共谋合作治理之路，实现人海和谐，共同发展。

气象服务重点从海洋精细化监测预报、卫星观测与应用、海况预报等多方面入手，深入开展气象监测预报预警服务深化相关服务产品制作等研究工作，有效提升海洋预报服务能力。针对海上大风、大雾、台风等海洋气象灾害加强监测预警体系建设，提升海上大风、海温、能见度、大雾、降水等海况预报能力。

我国海洋气象数据服务覆盖范围极其有限，大陆的气象数据关注要高于海洋。海洋数据发布资源主要来自中国海洋大学海洋数据中心、国家综合地球观测数据共享平台、国家海洋环境监测中心、国家海洋信息中心和中国港口网等网站和平台。数据的种类包含浮标数据、公报类数据、海浪预报、海冰预警、海温实况、潮汐预报及全球海洋气候检测等内容。数据更新频率从实时更新到逐小时更新，从每月到每年更新。可通过平台和网站进行下载，但部分数据的覆盖面和数据质量，还需要进一步验证。

2.2 交通气象服务

我国交通气象数据服务已具有一定的全球影响力，但数据的转化应用，特别是气象产品化和通俗化应用方面的问题还亟待解决。我国路网交通气象服务领域是近几年开展的重要领域。在路网交通方面，各省级气象局都与各省交通运输厅有密切合作，特别是基于百度、高德等地图服务商的深度应用，气象的部分信息已经以另一种标签方式进行呈现和融合。

2.3 航空气象服务

在航空运输方面，我国的通用航空和民用航空都需要做重点挖掘和研究。关于民用航空领域，我国已经出现多个企业，例如航旅纵横、飞友科技等，早已将气象数据和飞机航线进行综合利用，并与各机场合作，在各自产品中植入机场进出港时间、滚动预警等详细信息，经过深度加工，能够为用户提供航班延误预警时间提醒和详细的机场状态报告。因此，基于“一带一路”民航航线网络建设布局，我国需要进一步推动与航空公司的飞机气象观测数据共享，推动各类精度的数值预报产品的解释和应用等能力的建设，提升航线天气要素预报预警技术、机场终端区高影响天气预报警报技术的科技成果转化和应用，为航空运行提供更加精细的服务保障打下基础。特别是要实现区域航路的高分辨率快速更新的预报系统，如分辨率 1 km，每 5 min 更新一次的未来 2 h 的临近预报，每 1 h 更新一次的未来 72 h 的滚动预报等内容。

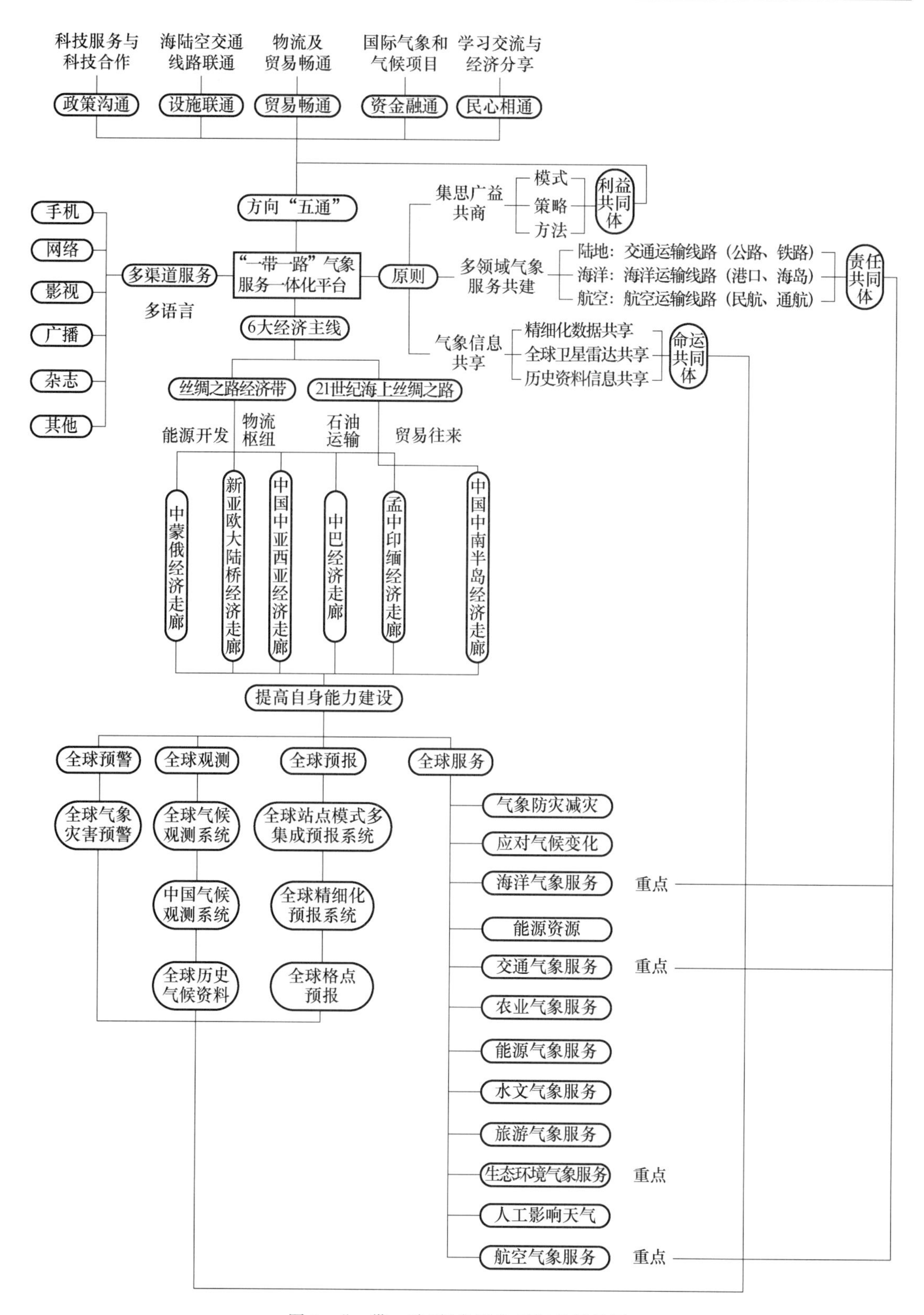

图1 “一带一路”气象服务规划思维导图

3 未来展望

3.1 "一带一路"海陆空交通数据大融合

为了实现"一带一路"的数据融合应用，可以通过融合海陆空气象监测数据，引入跨部门、跨区域的智能交通信息建立互联互通的交通气象服务。通过满足多样化、个性化、动态化的交通服务需求以及交通应急救援、跨行业综合交通服务需求，来进一步提升"一带一路"气象服务的价值和作用。

通过应用大数据、云计算、新一代宽带移动通信、智能终端等新技术，大力推进个性化的移动服务发展，推进新一代的交通信息服务系统的建立，让各国民众随时随地享受到交通信息智能气象服务带来的便利。

通过海上丝绸之路为港口工程、海洋油气工程、海上旅游、海洋渔业、海盐和盐化工业提供气象保障服务，同时通过陆上丝绸之路强化对机场终端区范围内雷暴、冰雹、大风、强降水、大雾、强沙尘等重要天气的连续观测能力，从而具备对机场地面到 3000 m 高度间的温度、风向、风速的连续观测能力。

目前，北斗卫星导航系统广泛应用于气象观测、灾害监测和气象信息的收集与发布，包括大气风向风速、水汽含量、海风海浪、雷电观测和预警等，极大地提升了气象服务水平。通过进一步利用气象数据深入加工出应用产品，并通过各终端设备的综合应用，将是基于地理信息的海陆空交通气象服务产品的核心所在。

无论是北斗、ICT 还是国际海域，都给"一带一路"沿线支点国家和地区建立起了"数字驿站"，将陆上与海上信息系统化、规模化、智能化带来了希望。气象的数据优势在于各省局都建立了自己的数据库，在此基础上，打通国家和省局的数据并促使各种数据的共享，就可以打好气象产品服务的基础。

3.2 "一带一路"气象服务产品智能化展示

"一带一路"海陆空交通气象服务产品是基于 WEB 界面对天气要素和地理信息智能展现的一种 GIS 产品。在不同情况下将智能展示所需界面信息。如：城市预警，迅速筛选出旅行时间；台风临近，除实时预警外，结合船舶情况，筛选出影响船只运输和作业的结论，对相关经济活动进行辅助决策；飞机延误，迅速结合未来分钟级降水结果，结合航空延误预警判断，提前预测飞机起飞的时间等。

主动推送给用户产品的智能化筛选结论和根据对用户的行为分析结果自动匹配推送结果是未来产品智能化的发展趋势。

总之，我国气象服务要向世界开放，气象服务产品全球化正在向本土化方向迈进，需要我们尽早对"一带一路"气象服务产品研究并落实，逐步深入地规划并打造智能化的气象示范产品，为我国气象服务产品智能化加速迈进。

参考文献

[1] 孙健，廖军，等．"一带一路"气象服务战略研究[M]. 北京：气象出版社，2018.

[2] 陈鹏飞，朱玉洁，等．海南气象服务"一带一路"战略的实践与思考[J]. 阅江学刊，2016，(4)：35-43.

[3] 刘海泉．"一带一路"战略的安全挑战与中国的选择[J]. 太平洋学报．2015，**23**(2)：72-79.

[4] 王义桅．世界是通的"一带一路"的逻辑[M]. 北京：五洲传播出版社，2017，3.

[5] 张诗永．北斗卫星导航系统为"一带一路"保驾护航．福建交通科技，2015，(5).
[6] 刘卫东．"一带一路"战略的科学内涵与科学问题[J]. 地理科学进展，2015，**34**：538-544.
[7] 江然，官秀珠．"一带一路"战略下深化海峡两岸气象科技交流与合作的探讨[J]. 海峡科学，2015，(9)：31-33.
[8] 陈元，钱颖一．"一带一路"金融大战略．北京：中信出版集团，2016.
[9] 国家发展和改革委员会，外交部，商务部．推动共建丝绸之路经济带和21世纪海上丝绸之路的愿景与行动．北京：人民出版社，2015.

Plans History and Prospects of Weather Service for the Belt and Road Initiative

MU Lu, YU Jin

(Public Meteorological Service Center, CMA, Beijing 10081)

Abstract Based on the weather service strategic development of the Belt and Road Initiative, this paper tackles the development paths of weather service, and aims the plan for integrating maritime, land and aerial weather services . The paper also explores the data merging capabi lity home and abroad in the above domains, as well as the artificial intelligence in the display of meteorological products. It outlooks the future development of weather services for the Belt and Road Initiative.

Keywords weather service, plan, prospects

国立中央研究院气象研究所与民国气象测候网建设

孙毅博

（安徽省气象局，合肥　230001）

摘　要　气象测候网建设是发展气象事业和科学的基础，基于中国近代气象事业一穷二白的现状，民国国立中央研究院气象研究所建所后通过利用海关系统测候所、建立直属测候所、与水利、航空等部门合办测候所、指导地方建立测候所等方式推动着中国气象测候网建设。到抗战前夕，除西北、西南外，中国已形成了气象测候网的雏形，为近现代气象事业的繁荣奠定了基础。

关键词　气象研究所，气象测候所，气象测候网建设

气象测候网（气象观测网在民国时期的表述）既是气象服务、地面气象观测的重要载体，又是气象事业近代化建设的重要组成部分，是保障气象事业与科学发展的坚实基础。就天气预报而言，气象测候网所提供的温度、湿度、气压、风向等气象要素，能为天气预报的制作提供基础的数据支撑，在日常生活、工农业生产、航空、航海及军事等诸多领域发挥了重要的基础保障作用[1]。但在1928年国立中央研究院气象研究所成立前，中国内地几乎没有中国人自办的测候所，在此形势下，刚刚组建的气象研究所主动承担起推进气象测候网建设的重任，从1928年建所到1941年行政院中央气象局成立前，气象研究所一直倡导并积极推动着中国气象测候网建设。

1　测候所建设初期的实践

1928年10月，竺可桢起草了《全国设立气象测候所计划书》，并呈文国民政府，提出要在全国广设气象测候所，以形成覆盖全国的气象测候体系。

表1　设立气象测候所分区表(1928年)

区名	包含省份	面积(方里①)
(1)东北区	河南、河北、山东、山西、热河、察哈尔	3625290
(2)西北区	陕西、甘肃、绥远	2903500
(3)中央区	江苏、浙江、湖北、湖南、安徽、江西	3041500
(4)东南区	福建、广东、广西、云南	3100500
(5)西南区	四川、贵州、西康	3150600
(6)满洲区	辽宁、吉林、黑龙江	3767700
(7)青海区	青海	2400000
(8)西藏区	西藏	2200000
(9)新疆区	新疆	5364800
(10)蒙古区	蒙古	4886432

资料来源：《全国设立气象测候所计划书》，1928年，中国第二历史档案馆馆藏，全宗号393，案卷号361。

① 1方里＝0.25 km^2

如表1所示在计划书中，竺可桢根据中国气候区域理论，提出将全国分为十区，“每区设气象台一座，头等测候所三所，二等测候所十所至三十所。视幅员大小，地形之平险，人口之多寡而定”①。以上10个区中，除新疆、蒙古2个区较大，青海、西藏2个区较小外，其余6个区面积相近，且人口众多，物产丰富、交通便利，是中国经济较为发达的地区。因此设置的测候所也应该比边疆各区数目多，并应当及早着手。按照其设想，“预期于三年之内，先在内地六区各设气象台一，二等测候所五，逐渐添设推广。期于十年之后，完成全部计划，全国有气象台十，头等测候所三十，二等测候所一百五十，雨量测候所一千处”②。

表2　设立气象测候所费用表(1928年)

类别	拟所设数	开办费		经常费	
		每所	共计	每所每年	共计
气象台	10所	5万元	50万元	3万元	30万元
头等测候所	30所	5000元	15万元	4800元	14.4万元
二等测候所	150所	2000元	30万元	1200元	18万元
雨量测候所	1 000处	100元	10万元	义务性质	
合计			105万元		62.4万元

资料来源:《全国设立气象测候所计划书》,1928年,中国第二历史档案馆馆藏,全宗号393,案卷号361。

如表2所示，这一计划书要求国民政府先行拨付开办费105万元，另外每年再拨款62.4万元用于气象测候网建设。虽然这笔经费在总量上仅与当时日本的经费持平，只相当于当时美国经费的八分之一，但是对于当时积贫积弱的中国而言，这确实是一笔巨款，即使是在财政状况良好的1934年，国民政府财政预算中的建设项目列支不过3417万元[2]，就当时的政治形势而言，时值编遣会议之后，蒋介石集团与各派军阀之间貌合神离，蒋介石集团的统治根基并不稳定，对于国内各项建设事业亦不热心。尽管国民政府训令各省政府、各特别市政府协力合作，推动气象测候网建设，但积极响应的省份却很少。

1929年，气象研究所得到的政府拨款不过10万元，在所址建设、图书仪器及设备购买方面就已开支4.2万元[3]，故而暂时无力进行测候网建设。但是，从事天气预报与气象研究工作，又急需各地的气象资料。因海关税务司在沿江沿海地区附设有气象测候机构，而轮船招商局所属的轮船上配备有无线电台，有简单的气象测候设备，并进行一般的气象观测活动。为补缺差漏，气象研究所请求中央研究院代函财政部请求“转饬所属国内各海关将每日观测所得之气象成绩按期寄来一份，备资应用”③，并致函招商局管理处，请求该局“各轮航驶江海各埠时，按每日上下午，分两次无线电报告当地气候。分项详述，以资参校”④。两项请求均得到批准。其时，在沿江沿海的各国租界也有宗主国军舰驻泊，军舰上大多装有气象观测设备，且“国际气象台长会议曾有各国海军测候结果，详细报告附近气象台

① 来源:中国第二历史档案馆,三九三361,《全国设立气象测候所计划书》,1928年。

② 来源:中国第二历史档案馆,三九三361,《全国设立气象测候所计划书》,1928年。

③ 来源:中国第二历史档案馆,三九三665,《为请再行文海关税务司通饬各海关务须按时电寄气象报告由》,1928年12月5日。

④ 来源:中国第二历史档案馆,三九三665,《公函招商局为请转饬该局船只报告气候由》,1929年7月20日。

之规定"①。据此,气象研究所致函外交部,请外交部照会英美日法四国公使,要求四国驻泊中国沿江沿海的大小军舰每日将气象观测报告电告气象研究所。但是,弱国无外交,四国列强对于国民政府外交部的此项照会无动于衷,拒绝向气象研究所这一中国官方气象机构提供气象观测报告,而是继续将观测报告每日致电法国人控制的上海徐家汇观象台。四国列强无视中国主权的行径,让竺可桢等气象研究所同仁愤慨,也使得他们进一步认识到建设中国人自己的气象测候网,不仅事关气象事业,更是事关国权的大事。

1929 年 8 月 1 日,气象研究所开始进行气象广播,其广播在南京及其他城市都畅行无阻,没有电台与之对抗。只是在上海的法租界,租界当局私设大功率无线电台,不仅广播全国气象报告,还暗发商电,侵犯了中国的主权,引发了中方的交涉。在交涉过程中,国民政府外交及交通当局逐渐认识到气象事业关系重大,事关国家主权。为最终取缔法方电台,交通部多次商请气象研究所要求供给预报材料,实行全国天气广播。"天气变动,区域甚广,绝非局部之观测即可实行预报,必须全国各省遍布测候所,皆使有精密之测候迅速之报告,然后综合各方情形,绘制天气图,以决未来天气之变化"②,但当时"全国测候所之位置分布至为不均,除沿海各省,勉敷应用之外,而西北诸省及长江上游皆无报告,而康藏川鄂为低气压所导源,今设备简陋,如此天气预报之苦难可知"[4]。为了获得沿江沿海尤其是长江上游地区的气象观测报告,进而实现预报全国天气,1931 年 2 月,气象研究所与交通部国际电信局达成协议:在成都、福州等 14 处沿江沿海的无线电报局中各附设一个测候所,由气象研究所派员携带仪器驻所观测,每日分上下午按时将观测结果发往气象研究所。该协议准备自 1932 年元旦起实行。

为筹设沿江沿海测候所,气象研究所向国外订购观测仪器,计划开办测候员训练班,为各测候分所培养人才;同时派遣黄逢昌、全文晟分赴长江上游及沿海各埠考察筹设测候分所。正当该所积极投身于测候所建设时,日本侵略者的一系列侵华事变打断了建设计划:1931 年 9 月 18 日,日军发动"九一八"事变,在随后的 4 个月零 18 天内,东三省全境沦陷;1932 年 1 月 28 日,驻上海的日本海军陆战队发动"一·二八"事变,1 月 30 日,国民政府准备移都洛阳。值此国难时期,中央研究院经费拮据,故要求各所停止一切新办事业。气象研究所迫于形势,暂停实施分设沿江沿海测候分所计划。1932 年 9 月,待形势稍缓,竺可桢请蔡元培以中央研究院名义致函财政部关务署,请求该署每年补助气象研究所三万元,用以筹设沿江沿海测候所。关务署以"海关对于任何其他机关按照现行规定办法不能直接发款"③为由予以拒绝。在此情况下,这一计划被迫终止。

2 直属测候所的建立

沿江沿海设立测候所计划的流产,使得竺可桢意识到建设全国气象测候网,尤其是建立直属测候分所,不能总指望国民政府拨出专项建设资金,要节约开支,从中央研究院拨发的研究经费中省出资金,用于此建设。但是中央研究院拨发的经费十分有限,所以气象研究所只能在重点地区少量布设直属分所。1897 年,挪威学派学者威廉·皮叶克尼斯(Vilhelm Bjerknes:1862—1951)将流体力学和热力学应用于大气和海洋的大尺度运动的研究中,提出了大气环流

① 来源:中国第二历史档案馆,三九三 216,《函请照会英美日法公使转饬各该国现时泊留我国沿江海大小军舰电告每日所测气候由》,1929 年 10 月 15 日。

② 来源:中国第二历史档案馆,三九三 260,《致交通部函洽测候合作经过情形请查照办理见复由》,1930 年 1 月 20 日。

③ 来源:中国第二历史档案馆,三九三 34,《财政部关务署致气象研究所公函》,1932 年 9 月 10 日。

理论，该理论认为：上游地区的天气形势会对下游地区的天气形势产生影响。根据此理论，当时的中国气象工作者经研究发现，中国气流的运行，受四大活动中心制约，即居于陆地的西伯利亚高压、印度低压；居于海洋上的北太平洋高压、亚速尔低压。“冬季亚洲大陆为西伯利亚高气压所笼罩，夏季则东亚为印度低气压之势力范围。是以中国冬季风向自陆上吹入海中，夏季风向则自海洋吹向大陆”[5]。因此在西伯利亚高压、印度低压发源地的西北、西南地区设立测候所，进行气象观测，将利于内地对于未来天气形势作出科学判断。

1933 年，甘肃省政府曾计划在肃州设立测候所，但因财政困难，一度放弃。考虑到“西北气象尚乏详尽调查，而为高气压所经行，天气变动，每每影响全局”[6]，且原布设于新疆的两处测候所又因新疆发生叛乱而停办，气象研究所决定由该所独立建设肃州测候所。1934 年 5 月该所委派胡振铎抵达肃州，负责筹建测候所，并于当年 7 月正式开始观测。1936 年 8 月又筹建了西宁测候所，当年 11 月中旬完成筹建工作后开始正式观测。作为印度低气压发源地的西藏高原，平均海拔 4500 m 以上，面积约 120 万 km^2。其天气、气候及其演变对于东亚，尤其是中国长江流域的天气、气候有着重大影响。气象研究所早就有在西藏设立测候所的想法，但西藏噶厦当局对汉人入藏疑虑较多，且进藏交通十分困难。1934 年 4 月，为了祭祀圆寂的十三世达赖喇嘛，国民政府组织了西藏巡礼团，由青海前往拉萨。竺可桢抓住此机会，商请资源委员会青藏调查员徐近之带领该所测候员王廷璋随团赴藏。二人于当年 9 月到达拉萨，10 月开始正式观测，并于 1935 年 5 月中旬建立拉萨测候所。

其时，国民政府为了应对可能爆发的中日战争，在军事上大力发展空军，倡导“航空救国”，兴办航空事业；在经济上开展国民经济建设运动，加强水利建设，复兴农业生产。兴办航空事业和加强水利建设都离不开必要的气象保障。在气象研究所倡导下，欧亚航空公司、中国航空公司、全国经济委员会水利处、浙江省建设厅先后与该所合办了一批测候所。

2.1 与航空公司合办的测候所

1935 年，气象研究所在分属欧亚航空公司、中国航空公司的郑州、包头、宁夏、贵阳四处航站设立测候所，并与两航空公司签订合办协议：①所有气象仪器除该公司已有设备外，概由气象研究所供给，其房屋、场地及其用具概由该公司供给。②气象研究所各派测候员一人，分驻各该测候所内，专司气象测候事宜。其薪给由气象研究所担任。③该公司派无线电员一人，兼习测候技术，遇本所测候员因故不能观测时，即由该员代理，以免间断[7]。1937 年初，贵阳测候所改为贵州省建设厅管理，不再为气象研究所与中国航空公司合办。抗战中，郑州、包头两测候所因战事紧张相继停办，宁夏测候所于 1938 年因故迁至同心城，后又迁至中宁继续观测。

2.2 与全国经济委员会合办的测候所

1936 年 8 月，全国经济委员会水利处与气象研究所商定在长江中下游的武汉和黄河中游的西安各设立一个头等测候所，并在全国设立 100 所雨量站，以便配合水利部门，做好水情预测及天气预报工作。根据两单位签订的合作办法，两测候所处“经费由水利处拨给每所每月一千元，仪器之供给，及测候人员之训练，由气象研究所担任，唯其作业成绩，须按月分送水利处查核”[8]。之后，气象研究所代理所长吕炯分别与湖北省、陕西省水利局方面协商，决定在武汉新建一座测候所，由气象研究所测候员沈介双任所长；西安则将原陕西省水利局测候所进行扩充，所长仍由原所长李毅艇担任。因当时气象研究所人员缺乏，遂先筹建武汉头等测候所，该测候所于 1937 年元旦开始地面气象观测，当年 7 月开始预报华中天气。西安头等测候所也于

1938年7月准备就绪，当年9月开始制作天气预报业务。1938年10月武汉、广州相继沦陷，该两头等测候所已无法继续开展天气预报业务，并为水利部门提供水情预测服务。但出于积累气象资料，方便将来应用，经济部水利司①不仅为迁移中的两头等测候所及百处雨量站提供经费，还赞助气象研究所在川、康、滇、青、甘等西南、西北省区接管和新建了灌县、广元、都兰等8处测候所。

2.3 与浙江省建设厅合办的测候所

"浙江沿海夏秋之交，常受台风侵袭，航行危险，渔民更是受巨灾"[9]，为此1935年，浙江省建设厅水利局计划在地处江浙门户的定海建立一座测候所，用于台风预警，保障往来船舶及渔民安全。但因财政问题，由该省独自承担难度较大，于是商请气象研究所合作办理。其时，中国东南沿海地区仅东沙岛一处海洋气象测候所，鉴于定海地理位置在台风预报上的重要价值，气象研究所派研究员吕炯赴定海与浙江省建设厅方面商谈合作事宜，并会同水利局相关人员勘察所址。根据双方协议，定海测候所的"气象仪器由气象研究所购置，其无线电及房屋建筑由浙江省水利局筹措；经常费定每月三百元，除研究院分担一百元外，不敷二百元则由浙江省水利局筹措"②，后因浙江省建设厅缺少经费，无线电及房屋建筑费用改由定海县政府及该县渔业公会承担，该测候所于1936年6月开工建设，同年10月完工，1937年元旦正式开始观测工作。1937年年底，上海、杭州相继失守，定海孤悬海外，舟山海面时有日舰袭扰，在此形势下，1938年3月浙江省建设厅停发定海测候所经费，改由气象研究所自办。1939年4月，该所获悉空军并不需要定海一带气象报告，且鉴于战争期间已无再为舟山渔场提供气象服务之必要，因而命令定海测候所人员转移龙泉。1939年6月，定海测候所停止工作。

3 推动各地设立测候所

为了推动各省投身气象测候网建设，1930年4月16日，应气象研究所之邀，包括青岛观象台、建设委员会、军政部航空署、交通部电政司在内的26家机构在南京召开第一次全国气象会议。会议通过了"全国增设测候机关案"，该案主要内容为：①请各省建设厅每省至少设立头等测候所一个；②请全国各农场及教会附设测候机关，报告天气；③请交通部及建设委员会设立测候所[10]。会后，该案呈文国民政府。其时，正值中原大战开战前夕，国民政府无暇顾及地方建设，11月4日，冯、阎通电下野，中原大战以蒋介石集团的胜利告终。中原大战后，蒋介石集团逐步站稳脚跟，开始留意于地方建设。"全国增设测候机关案"因而被国民政府采纳，由国民政府通令各省办理。

尽管国民政府已通令各省增设测候所，但能够照令执行，积极投身气象测候网建设的省份并不多。大多省份都以财政困难为由推脱，浙江省建设厅原计划于1932年在杭州设立头等测候所一处，在宁波、温州、湖州各设立二等测候所一处，在其余71个县各设立四等测候所一处。但因1931年夏秋季节中国长江中下游地区出现了特大洪涝灾害，浙江省受灾严重。1932年下半年该省被迫缩减预算，减少支出700万元(原预算支出约2100万元)，财建教三厅经费均支七折[11]，因此仅在杭州设立一处二等测候所，原本在各县均设立测候所的计划被迫延期。此次洪灾本应让浙江省政府认识到建设气象测候网，发展气象事业可以降低重大自然灾害给

① 1938年元旦，原全国经济委员会改组为经济部，水利处升格为水利司。

② 来源：中国第二历史档案馆，三九三 30，《为合设定海测候所经常费预算函请查照由》，1935年5月13日。

社会带来的经济损失，但浙江省政府却因此暂缓推行气象测候网建设。这一奇特现象既说明了当时中国的气象事业相当落后，无法及时准确地做出预报并提供给政府作为预警，从而招致巨大经济损失和人员伤亡，受灾各省政府因灾财政困难、老百姓因灾颠沛流离。又说明了各省当局并不能认识到发展气象事业对于经济社会发展的重要意义。测候员章克生在写给竺可桢的信函中指出“皖省创立测候所唯一之目的仅知供气象研究所之研究”①，如其所述，与安徽类似，浙江省政府亦认为设立测候所只是为了供给气象研究所作为学术研究之用，因此才会在财政困难之际暂缓设立气象测候所。却没能意识到设立测候所，发展本省测候事业能够保障农业生产，提高对气象灾害的预警能力，最终能够促进本省财政收入的增长。

与大多省情况相反，江苏省对气象测候网建设十分重视，1930 年该省水利局即拟定《江苏省气象测验办法》，呈请建设厅令饬各县建设局设立测候分站，由建设局技术人员兼任测候员，到 1932 年该省共设立测候总站 1 处，测候分站 60 处[12]。江苏省重视气象测候网建设的原因在于时任江苏省建设厅厅长的沈百先曾在河海工程专门学校参加过水利工程师培训，并在美国科罗拉多大学接受过水利工程高等教育，且与时任江苏省省主席的陈果夫是亲戚[13]。作为水利工程师的沈百先深知发展气象事业对于江苏省地方建设的意义，而与陈果夫的亲戚关系又使其能够获得江苏省地方当局的财政支持。再者此时江苏省正在进行导淮工程建设，开办测候所可以为该建设提供必要的气象资料。正是因为意识到发展气象事业的意义，并切实需要气象服务为该省水利建设提供保障，所以同样在 1931 年大洪灾中遭受重大损失的江苏省才会积极地开展测候网建设，而不是将其经费作他用。

由此不难看出，气象研究所在推动各省当局进行全国测候网建设的阻力在于：一、各省当局不能正确认识兴建测候所、发展气象事业对本省地方建设的意义。二、各省尤其是受到中原大战战争破坏和遭受大洪灾的省份并未能恢复元气，省财政确实紧张。让各省当局认识到兴建测候所、发展气象事业的意义并非易事，尽管竺可桢曾多次在各杂志撰文列举美国实例来说明发展气象事业“虽须岁耗百万巨金，但农商各业，一岁中受其赐者，当倍于此数”[14]，但毕竟缺乏中国实例而难以让人信服。要让各省当局认识到发展气象事业的意义，气象研究所就必须能够为之提供及时准确的天气预报服务，但这又建立在建立全国测候网的基础上，所以就当时形势而言，气象研究所很难真正解决这一问题。

面对各省财政紧张的现实，在各省筹建气象测候所过程中，气象研究所利用本已拮据的经费尽可能地给予了各种帮助。

3.1 代购、借给仪器

气象仪器贵在精密。当时国产仪器种类稀少，且质量较差，创办测候所所需的气象仪器大多需要从国外进口，而各地在创办测候所时，并不熟悉各国厂商的仪器性能，且缺乏订购、运输、报关等手续的经验，于是气象研究所就承担了代购仪器的业务。如山东省建设厅气象测候所于 1931 年 6 月 13 日汇款 4300 元至气象研究所，请其向英美各国代订购自计风速计等十余种仪器，以备测候之用[15]。该所代购仪器不但不收手续费，且不加运费，尽可能地为各地节省开支。1930 年，由于金价猛涨，外国厂商的仪器价格亦随之调整，但该所仍照购进时的原价让出，两相比较，让与价格不及市价的半数[16]。另外，对于一些缺乏经费的省份，气象研究所就先借给仪器，费用可分期偿还。如湖南、陕西、甘肃等省与气象研究所商函办所事宜后，由该所

① 来源：中国第二历史档案馆，三九三 2855，《章克生致竺可桢函》，1932 年 5 月 17 日。

代为拟定建设计划，所需仪器亦由该所垫款购置，一年内缴清垫价①。

3.2 代为训练测候人员

开办测候所、获得准确的气象报告需要一批测候人员，但当时国内的气象专门人才本来就很缺乏，各省基本无力培养测候人员。因而气象研究所在开办测候人员训练班时，即与各省建设厅或开办方上级单位联系，由其选送人员来南京参加培训，培训期间免收学费，但其差旅费及生活费用由选送单位承担。

此外，气象研究所还经常委派专人携带校正仪器赴各地校正记录、指导观测工作，甚至代测候所向省政府商请维护扩充的经费。为了指导各地测候所开展测候业务，气象研究所还组织编写了一批业务指导手册与工具书，如《测候须知》《气象学名词中外对照表》《气象常用表》等。经气象研究所支援的各部门测候所，据不完全统计，不少于 50 处[17]。到抗日战争爆发前夕，中国除西北西南地区外，气象测候网已初具雏形了[18]。对此竺可桢感到十分欣慰，他在中国气象学会第十二届年会上致开幕词时称"迩来气象事业发展迅速，本人深为气象届前途庆"[19]。

然而正当竺可桢满怀信心期待测候网建设事业进一步发展时，随着抗日战争的爆发，全国测候网建设事业被无情打断。抗战初期，随着战场局势的恶化，大量测候所被迫关闭或迁地工作。1938 年 10 月，武汉、广州相继沦陷后，抗日战争进入相持阶段，战局逐渐稳定。为给"抗战时期西北西南国际贸易路线之建设，后方农垦事业之进行及研治水利与预防水旱灾诸大端，关于气象方面之参考"[20]，更为了为增加气象记录充实天气预报，气象研究所与新甘川康藏滇诸省府商谈筹建测候所事宜。初由各省出资举办，后因地方经费紧张，改由地方拨地、经济部拨发经常费、由气象研究所派人建所，按此办法该所在西北西南地区建立测候所 13 处。

1940 年 2 月，中央研究院向国防最高委员会提交由气象研究所拟定的"请建议政府资助气象研究所建设西南测候网，俾利全国测候网之逐步推进，以应抗战建国之需要案"，并获得批准。同年 10 月，行政院中央气象局成立后，根据所局合作大纲，由中央气象局作为全国气象行政总机关负责测候网建设。1941 年元旦，气象研究所将直属各测候所移交中央气象局，气象研究所就此完成了代理全国气象行政总机关建设全国测候网的职能。

参考文献

[1] 王东，丁玉平．竺可桢与我国气象台站的建设[J]．气象科技进展，2014(4)：68.

[2] 戴维·艾伦·佩兹【美】．工程国家：民国时期(1927-1937)的淮河治理及国家建设[M]．姜智芹，译．南京：江苏人民出版社，2011：95.

[3] 国立中央研究院文书处．国立中央研究院总报告(民国十八年度)．南京：国立中央研究院总办事处，1930：194.

[4] 国立中央研究院文书处．国立中央研究院总报告(民国十九年度)．南京：国立中央研究院总办事处，1931：244.

[5] 樊洪业．竺可桢全集：第二卷．上海：上海科学技术出版社，2004：165.

[6] 国立中央研究院文书处．国立中央研究院总报告(民国二十一年度)．南京：国立中央研究院总办事处，1933：231.

[7] 国立中央研究院文书处国立中央研究院总报告(民国二十四年度)．南京：国立中央研究院总办事处，1935：92.

[8] 国家图书馆．国家图书馆藏国立中央研究院史料丛编：第七册．北京：国家图书馆出版社，2008：147.

[9] 黄进生．本省气象事业之史的叙述[J]．浙江建设，1939(8)：8.

[10] 中央研究院气象研究所．全国气象会议纪事[J]．中国气象学会会刊，1930(5)：98.

---

① 来源：中国第二历史档案馆，三九三 1271，《竺可桢致中研院总干事丁文江函》，1934 年 12 月 28 日。

[11] 浙省缩减二十一年度预算[J]. 中行月刊,1932(5):150.
[12] 温克刚. 中国气象史[M]. 北京:气象出版社,2004:356.
[13] 戴维·艾伦·佩兹【美】. 工程国家:民国时期(1927-1937)的淮河治理及国家建设[M]. 姜智芹,译. 南京:江苏人民出版社,2011:84.
[14] 竺可桢. 我国应多设气象台[M]. 东方杂志,1923(15):39.
[15] 山东省建设厅气象测候所二十年六月份工作报告[M]. 山东建设月刊,1931(7):11.
[16] 竺可桢传编辑组. 竺可桢传[M]. 北京:科学出版社,1990:38.
[17] 竺可桢传编辑组. 竺可桢传[M]. 北京:科学出版社,1990:40.
[18] 竺可桢传编辑组. 竺可桢传[M]. 北京:科学出版社,1990:59.
[19] 樊洪业. 竺可桢全集:第二卷. 上海:上海科学技术出版社,2004:408.
[20] 国立中央研究院文书处. 国立中央研究院总报告(民国二十八年度). 南京:国立中央研究院总办事处,1940:46.

Meteorological Institute of the National Academia Sinica and the Construction of the Meteorological Network of the Republic of China

SUN Yibo

(Anhui Meteorological Bureau, Hefei 230001)

Abstract The construction of meteorological weather forecasting network is the basis for the development of meteorological undertakings and science. Based on the current situation of China's modern meteorological undertakings, the National Institute of Meteorology of the Republic of China has established a direct control system and water conservancy through the use of the Customs System. China, the aviation and other departments jointly organized a quiz, and guided the establishment of a weather station to promote the construction of the China Meteorological Network. On the eve of the Anti-Japanese War, in addition to the northwest and southwest, China has formed the prototype of the meteorological network, laying the foundation for the prosperity of modern meteorological undertakings.

Keywords Meteorological Institute, Meteorological Weathering Station, Meteorological Network

新中国成立以来我国气象服务发展重点历史概述

何海鹰

（中国气象局气象干部培训学院，北京　100081）

摘　要　气象服务的发展取决于时代需求，新中国成立以来我国气象服务发展重点主要经历了以下几个阶段：1. 气象服务围绕国家需求，既服务于国防安全，又为经济建设服务；2. 气象服务以农业服务为重点；3. 气象服务以经济建设为中心，同时注重气象服务的社会效益和经济效益；4. 提出了“公共气象、安全气象、资源气象”的发展理念，气象服务强调防灾减灾和应对气候变化；5. 气象服务保障国家战略，服务于各行各业新需求和人民美好生活新期待。

关键词　气象服务，气象服务发展，历史概述

气象服务的内容及其发展取决于时代需求。我国的气象服务始终坚持为人民服务的宗旨，坚持公共气象服务的发展方向，随着国家经济社会的发展，我们对气象服务的认识不断深化，在实践中气象服务的内涵不断丰富。气象服务从保障国家安全，到为保障人民生产生活和保护人民生命财产安全服务，再到为满足人民追求美好生活服务；气象服务重点从以军事服务、农业服务为重点，到向城市、交通、旅游、生态、重大活动保障等各行各业渗透，气象服务的广度和深度不断加强，气象服务的内容在不同时代与经济社会活动的发展密切相关。

1　新中国成立初期—50 年代末：气象服务围绕国家需求，既服务于国防安全，又为经济建设服务

新中国成立初期，刚刚成立不久的中央气象台在军委气象局的领导下，认真做好天气预报服务，整编气象资料提供气候背景分析，配合人民解放军在解放海南岛、舟山群岛以及抗美援朝等军事行动中出色地完成气象保障，同时也为在人民空军内建成气象保障系统提供技术援助和输送人才。

同时，1950—1952 年是国民经济恢复时期，气象部门积极支援工农业生产，为民航、交通、海洋捕捞、水利建设等部门提供必要的气象服务。台风、寒潮大风、海上大雾以及能见度等气象因素都直接影响船舶航行和海上捕捞，船员、渔民都是冒着生命危险出海远航和海洋捕捞，因此迫切要求气象部门做出准确的气象预报服务。在我国的气象情报还未公开对外广播的情况下，军委气象局决定于 1951 年 6 月用明语公开广播台风警报，制定了发布台风警报和在沿海港埠悬挂台风信号的办法。1952 年 5 月经军委办公厅批准，遇有 6 级以上大风时，在沿海主要港口可以发布大风警报。海区天气预报内容包括天空状况、风向、风速、能见度。台风警报每日发布 4 次，必要时增加到 8 次。根据天气预报，海上船只及时采取安全措施，尽量避免人员伤亡和财产损失。鱼汛期间，除了增加天气预报的广播次数外，对海上渔业生产和安全起到重要作用，气象广播已成为渔民的“护身符”。

1953 年对于我国气象部门是一个不平凡的年份。经过三年的经济恢复时期，1953 年开始

转入大规模的经济建设，开始实施第一个五年计划。8 月 1 日，人民革命军事委员会主席毛泽东和政务院总理周恩来联合发布转建命令，全国各级气象部门从军队系统建制转入政府系统建制。军委气象局改称“中央气象局”。转建命令明确指出：“今后，在国家开始实行大规模的经济建设计划的时期，气象工作必须密切地和经济建设结合起来，使之一方面既为国防建设服务，同时又要为经济建设服务。”从此，我国气象工作进入了一个新的历史发展时期。

1954 年 6 月全国气象工作会议确定的“要为国防现代化，国家工业化，交通运输及农业生产、渔业生产等服务，防止和减轻人民生命财产和国家资财的损失，积极支援国家各种建设”的五年气象工作总方针。周恩来总理签发了“关于加强灾害天气的预报、警报和预防工作的指示”，中央气象台与交通部河运局、铁道部等单位签订协议，提供各大江河和铁路沿线的天气预报服务。在水利建设规划设计中，河流的整治、水库的建设首先要了解当地天气气候背景，以气象资料作为水利工程实施的主要依据之一。1955 年中央气象台和兄弟省台协作，开始承担了长江、黄河、淮河、海河、松花江、新安江等主要江河流域的气象资料整编和气候分析服务。同年 3 月召开了全国危险天气预报经验交流会，对各种危险天气预报、警报服务提出了行之有效的办法。未来 3～5 天的中期形势预报图也正式加入气象广播，为下级气象台站制作延伸预报时参考。

2 20 世纪 50 年代末—60 年代：以农业服务为重点

1957 年及其后来的几年，是气象事业大力发展和调整巩固时期。这一时期，气象部门重视为农业服务，把气象工作的建设重点放在农业气象方面。1958 年 6 月中央气象局在广西召开全国气象局长会议，会议决定要依靠全党全民办气象，提高服务质量，以农业服务为重点。因此，在开展气象服务中进一步树立了为农业服务的思想。按照“以生产服务为纲，以农业服务为重点”的气象工作方针和“专专有台、县县有站、社社有哨、队队有组”的服务网建设原则，全国各地迅速建立了一批气象台站和气象哨组，这为气象服务工作普及和提高奠定了基础。

3 20 世纪 70 年代末—2000 年：气象服务以经济建设为中心，同时注重气象服务的社会效益和经济效益

党的十一届三中全会以来，我国把工作重心转移到以经济建设为中心的现代化建设上来，气象部门实施了工作重点的转移，气象服务工作进入到一个全面发展的新阶段。气象部门将主要精力投入气象现代化建设，为社会经济发展服务，提高气象服务的社会效益和经济效益，逐渐形成了以气象服务为“立业之本”、大力发展公共气象服务的理念。在此期间，气象服务领域不断拓宽，服务对象涵盖面更加广泛，服务内容更加多元化。这一时期的气象服务类型开始明晰。一是公益服务，主要是通过中央、省、地、县四级气象台站在广播、电视、报刊等新闻媒体发布气象服务信息，为全社会千家万户的生产生活服务。二是为各级政府提供决策服务，气象部门各级领导亲自把关和业务技术专家研究相结合，以灾害性天气、关键性天气为突破口，提供预见性、战略性和综合性较强的气象信息服务，当好政府的参谋。三是开始探索气象专业有偿服务，按照国民经济各部门、各行业、各单位对气象服务的不同需求，提供各具特色的专业预报、预警服务。

1978 年 3 月 14 日，经邓小平、李先念等中央领导批准确定的气象工作方针是：“高举毛主席的伟大旗帜，坚持党的基本路线，在党的一元化领导下，依靠群众办气象，实行专群结合、土

洋结合、平战结合，逐步实现气象科学技术现代化，做好为经济建设和国防建设服务，以农业服务为重点。"它首次提出了逐步实现气象科学技术现代化的要求，并确定气象工作为经济建设和国防建设服务的导向，与党的"一个中心，两个基本点"基本路线相呼应，第一次将经济建设放在了前面，具有里程碑式的意义。

经过几年的努力，以经济建设为中心是这一时期气象服务的特点。气象部门提供公众气象服务，气象服务的社会效益和经济效益十分明显，无论是重大灾害性天气预报与警报服务、重要季节气象服务、重点工程建设项目服务、重大社会活动气象服务等公益性气象服务，还是通过新闻媒介传播的公众气象服务都有质和量的突破。

随着改革的深入进行，不得不发生改变。改革开放以后，随着国民经济的快速发展和社会主义市场经济体制的逐步建立，各行各业迫切要求气象部门提供有针对性的天气预报和服务。不同行业的用户有各不相同的特定气象服务需求，如对天气现象发生的时间预测要求更精确，预报的要素也越来越多，天气现象的落区预报更具体。因此，常规的天气预报服务产品和服务方式已不能满足国民经济各部门的特殊要求。气象服务以往只提供公益服务的单一形式已经无法满足社会发展的需求，到80年代中期，各地气象部门和用户之间达成了共识，开展了有偿专业和专项服务，1985年3月国务院办公厅转发国家气象局《关于气象部门开展有偿服务和综合经营的报告的通知》，国家以文件的形式对此予以肯定和支持。

此后全国各地气象部门都逐步开展气象有偿服务，这项业务从无到有，取得了长足的发展。1987年第一次全国气象服务工作会议，就公益性气象服务工作、气象部门开展专业有偿服务的工作进行了重点研讨，提出了在加强公益服务的基础上积极开展专业有偿服务的工作方针。

1990年第二次全国气象服务工作会议提出，要紧密结合国民经济发展的需要，将做好决策服务和公益服务作为气象服务工作的主要职责，进一步提高服务能力，拓宽服务领域。

1995年第三次全国气象服务工作会议提出，坚持在公益服务与有偿服务中，把公益服务放在首位；在决策服务和公众服务中，把决策服务放在首位；在为国民经济各行各业服务中，以农业服务为重点的"两首位一重点"气象服务理念。

各级气象部门秉持这一气象服务理念，始终坚持以农业服务为重点，积极开拓城市气象服务等新的领域，为国民经济发展、国家重点工程建设和各行各业的服务不断深入、发展。为各级党政部门防灾减灾决策气象服务做出了显著的成绩；公众气象服务质量不断改进，形式更加多样，内容更加丰富；专业气象用户分布于水利、水电、保险、海陆空运输、石油、仓储、冷饮、盐业、空调生产、商业营销等行业，准确的专业预报服务为用户提供了科学的防灾措施和合理制定生产计划的决策依据；专项预报为重大国事活动、重要工程、重大军事行动等所做的时间上、区域上都更加详细的天气预报。

4　2000—2012年：提出了"公共气象、安全气象、资源气象"的发展理念，气象服务强调防灾减灾和应对气候变化

这一时期是气象事业快速发展时期，各类法规文件相继出台，气象服务坚持公共气象服务发展方向，强调防灾减灾和应对气候变化，并不断拓展气象服务领域。

1999年10月颁布的《中华人民共和国气象法》、2006年1月的《国务院关于加快气象事业发展的若干意见》、2007年国务院关于印发《中国应对气候变化国家方案》的通知、《国务院办公厅关于进一步加强气象灾害防御工作的意见》《中国气象局关于发展现代气象业务的意见》

等法律、法规和规范性文件的相继出台，标志着气象工作逐步走上了依法管理的轨道。

2003年中国气象局党组进行了中国气象事业发展战略研究，指出我国气象事业面临新的挑战，即我国社会经济的可持续发展面临着减轻自然灾害造成的损失和应对气候变化的影响等重大问题。分析了影响气象事业发展的制约因素已经从经费短缺、投入不足、基础设施落后转变为科技内涵不足、队伍素质不高、体制机制缺乏活力，气象业务水平和服务能力与经济社会发展和人民物质文化生活日益增长的需求不相适应。适应、减缓气候变化对人类社会的影响是当今国际外交斗争的热点。通过中国气象事业发展战略研究，对中国气象事业的战略定位是，中国气象事业是科技型、基础性社会公益事业，对经济社会发展具有很强的现实性作用，对国家安全具有重要的基础性作用。21世纪头20年，中国气象事业发展的战略思想是，坚持公共气象的发展方向，充分发挥气象事业在经济社会发展、国家安全和可持续发展中的重要作用。即公共气象、安全气象和资源气象的发展理念。

《国务院关于加快气象事业发展的若干意见》充分体现了战略研究的成果，明确了未来15年中国气象事业发展要坚持公共气象的发展方向，指出气象事业发展的三个方面的“迫切需要”：(1)应对突发灾害事件、保障人民生命财产的安全；(2)应对全球气候变化、保障国家安全；(3)应对我国资源压力、保障可持续发展。为此，将应对气候变化与缓解资源压力也作为气象服务的重要内容。

2007年党的十七大明确提出了要“强化防灾减灾工作”和“加强应对气候变化能力建设”。随后，在2008年1月召开的全国气象局长会议上，中国气象局党组明确提出在未来五年要进一步增强气象为全面建设小康社会服务的能力、进一步强化气象防灾减灾工作、进一步加强应对气候变化工作。在实际工作中，中国气象局坚持把气象服务作为气象工作的出发点和归宿，不断丰富服务产品，不断拓展服务领域，坚持公共气象发展方向，力求预报预测更加准确、精细，力求服务更加及时、高效，以构建防灾减灾体系、保护人民生命财产安全，加强气候变化应对，开发利用气候资源，保障国家安全和经济社会可持续发展。

5　2013—2019年：气象服务保障国家战略，服务于各行各业新需求和人民美好生活新期待

5.1　适应需求变化，引入市场机制，使气象服务供给主体多元化

中国GDP增速从2012年起开始回落，2012年、2013年、2014年上半年增速分别为7.7%、7.7%、7.4%，中国告别过去30多年平均10%左右的高速增长，是经济增长阶段的根本性转换。从中国经济发展的阶段性特征出发，2014年5月习近平主席在河南考察时首次提及“新常态”的概念。在新常态下，经济增长更趋平稳，增长动力更为多元；经济结构优化升级；政府大力简政放权，市场活力进一步释放。在新常态下，气象灾害潜在威胁和气候风险更加突出，各方面对气象服务的依赖越来越强，人民群众更加注重生活质量、生态环境和幸福指数，对高质量气象服务需求更加多样化，这些对气象服务提出了新的更高要求。

适应新常态这一变化，中国气象局提出进行气象服务体制改革。2014年10月10日：按照《中共中国气象局党组关于全面深化气象改革的意见》要求，中国气象局印发《气象服务体制改革实施方案》，这一方案主要是要深化气象服务体制改革，在坚持公共气象发展方向的前提下，围绕更好发挥政府主导作用、气象事业单位主体作用，同时发挥市场在资源配置中的作用，创造有利于多元主体参与气象服务、公平竞争的政策环境。目标是：到2020年基本建成政府

主导、主体多元、覆盖城乡、适应需求的现代气象服务体系。公共气象服务集约化、规模化水平显著提高，社会力量参与公共气象服务的积极性和活力显著提升，公共气象服务能力和效益显著提升。初步形成统一开放、竞争有序、诚信守法、监管有力的气象服务市场，市场在资源配置中的作用得到充分体现。

气象服务体制改革就是通过引入市场机制激发气象服务发展活力，拓展服务领域、创新服务产品、丰富服务方式、提升服务效益，形成结构合理、保障有力的气象服务产品有效供给。

5.2 拓展气象服务的广度和深度，保障国家战略的实施

党的十九大报告指出，我国社会主要矛盾已经转化为人民日益增长的美好生活需要和不平衡不充分的发展之间的矛盾，中国的发展要实现经济、社会、政治、文化、生态统筹发展。这一时期，国家发展正面临着动力转换、方式转变、结构调整的繁重任务，需要依靠更好更多的气象服务为经济发展提供有力保障；社会发展面临保障人民生产生活和生命财产安全、消除气候贫困等多方面挑战，需要依靠更好更多的气象服务实现经济社会协调发展；生态文明建设面临日益严峻的全球气候变化和大气环境污染，需要依靠更好更多的气象服务建设天蓝、地绿、水清的美丽中国；"一带一路"建设、京津冀协同发展、长江经济带建设、军民融合等国家重大战略需求日益增长，需要依靠更好更多的气象服务保障国家重大战略、重大工程、重大活动。

2018 年中国气象局党组提出坚持趋利避害并举，着力服务保障国家重大战略，切实发挥气象对全面建成小康社会的支撑保障作用。2019 年中国气象局党组提出要以更大的发展格局保障国家战略实施。为此，在新的时期，气象服务的领域更加宽泛，主要有：

(1)气象防灾减灾任务更加艰巨。随着城市化和现代化程度的不断提高，人类生存对自然条件和环境的制约越来越敏感。与极端天气气候相关联的自然灾害影响更加突出，防灾减灾任务日益艰巨。

(2)要满足人民追求美好生活的新需求。随着我国经济社会的快速发展进步，人民群众追求美好生活的要求越来越高，活动的方式越来越多，范围越来越大，且计划时间越来越细致、越来越长。因此，对气象相关信息的针对性和个性化要求越来越强，多元气象信息量需求越来越多，对气象信息的时、空和要素精度要求越来越高，优质的气象服务是新时代人民美好生活的直接需求，也是人民在参与经济、政治、文化、社会、生态等活动需求增长的重要保障。

(3)生态文明气象保障。新时代，更加重视合理利用气候资源，更加关注生态文明，强调人和自然和谐，更加注重绿色发展。对未来气候、环境或气候变化的关切，使得气象服务需要在地球系统框架下去统筹谋划。

(4)服务现代农业生产，助力乡村振兴和脱贫攻坚。继续推进农村气象防灾减灾工作，强化农村气象灾害监测预报预警，健全预警信息发布手段、传播机制和反馈制度；保障现代农业发展，编制乡村振兴气象服务实施方案，推进智慧农业气象核心能力建设；做好助力脱贫攻坚工作，打赢脱贫攻坚战气象保障行动，完成贫困县农村气象防灾减灾标准化建设，国家级贫困县自动气象站乡镇覆盖率提升至 95%。做好贫困地区农业气候资源和清洁能源开发利用、森林草原防火、旅游资源开发、人工影响天气等气象服务。

(5)推进气象军民融合深度发展和服务区域协调发展。推进各级气象部门融入当地军民融合发展；围绕粤港澳大湾区、雄安新区、长江经济带、京津冀协同发展、长三角区域一体化，以及西部大开发、东北全面振兴、中部地区崛起、东部率先发展等强化服务保障。

综上所述，新中国成立以来随着我国经济社会发展以及不同阶段面临的主要问题和矛盾

的不同，国家、社会、各行各业对气象服务的需求也不同，因此，我国气象服务的发展重点在不同时期有所不同，但是也有一些共同的地方，就是始终坚持气象为人民服务的思想，始终坚持公共气象服务的发展方向，始终服务于经济社会等各方面的发展需求。

参考文献

[1] 裘国庆．国家气象中心 50 年[M]．北京：气象出版社，2000.

[2] 中国气象局．中国气象事业在改革开放中前进[M]．北京：气象出版社，1999.

[3] 许小峰．现代气象服务[M]．北京：气象出版社，2010.

[4] 贾朋群、冀文彬、许小峰．气象服务理念的演进：全球课题[J]．气象科技进展，2017(1).

[5] 程建军、勇素华、龚培河．我国公共气象服务理念的历史嬗变[J]．阅江学刊，2012(6).

[6] 郭晓薇．黎真杏．简析转变公共气象服务理念之我见[J]．气象研究与应用，2014(12).

[7] 马鹤年．2000 年气象服务学术研讨会文集[M]．北京：气象出版社，2000.

[8] 中国气象局．关于印发气象服务体制改革实施方案的通知．气发[2014]91 号．

[9] 国务院办公厅．转发国家气象局关于气象部门开展有偿服务和综合经营的报告的通知．国办发(1985)25 号．

[10] 国务院．关于加快气象事业发展的若干意见．国发[2006]3 号．

[11] 中国气象局．公共气象服务业务发展指导意见．气发[2009]30 号．

[12] 中华人民共和国气象法．

[13] 第四次全国气象服务工作会议文件，2000 年 5 月．

[14] 第五次全国气象服务工作会议文件，2008 年 9 月．

[15] 第六次全国气象服务工作会议文件，2014 年 10 月．

[16] 2000 年——2019 年全国气象局长会议文件．

Overview of the History of Meteorological Service in China since the Founding of the People's Republic of China

HE Haiying

(China Meteorological Administration Training Centre, Beijing 100081)

Abstract The development of meteorological services depends on the needs of The Times, Since the founding of the People's Republic of China, the meteorological services has mainly gone through the following stages: 1. Meteorological services are based on national needs, serving both national defense and economic development; 2. Meteorological services focus on agriculture; 3. The meteorological service centers on economic construction and pays attention to the social and economic benefits of meteorological service; 4. The development concept of "public meteorology, safety meteorology and resource meteorology" is put forward. Meteorological services emphasize disaster prevention and reduction and coping with climate change; 5. Meteorological service safeguard national strategy, service in all walks of life new demand and people's new look forward to a better life.

Keywords Meteorological services, Development of meteorological services, History Overview

中国古代气象预测方法的科学性解析

姜海如

(中国气象局发展研究中心,北京　100081)

摘　要　所谓预测,就是指人们利用认为已知的知识、经验和手段,对事物的未来或未知状况预先做出推测或判断。气象预测就是指人们利用认为已知的气象知识、气象经验和气象技术手段,对事物的未来或未知气象状况预先作出判断或推测。在中国古代,气象预测是一门最古老的学问,它以推测已知或未知的天气气候变化为目的,总结形成了丰富的气象预测经验和方法,在农业经济社会活动中发挥了重要作用。如用现代气象科学理论,对古代气象预测方法解析,对提高大众的气象科学素质应具有积极的意义。

关键词　气象预测,方法,解析

1　中国古代气象预测的起源

气象预测在古代称为占候或占气,占候是指根据天象变化预测自然界的灾异和天气变化,如汉王充《论衡·谴告篇》记载:"夫变异自有占候,阴阳物气自有始终",《后汉书·郎顗传》记载:"能望气占候吉凶"。显然,古代气象预测既有以占候预测天气变化的活动,也有以通过天象或天气变化预测人事活动的情况。

1.1　占卜的起源

古代占卜,"占"字是在"卜"字下面加一个口字,以口问卜,表示用口表达卜意。"占"是一个会意字,本意为察看甲骨的裂纹或蓍草排列的情况取兆推测吉凶,如《说文》说:"占,视兆问也",《易·系辞上》说:"以制器者尚其象,以卜筮者尚其占"。"卜"就是兆的象形文字,甲骨文字形,像龟甲烧过后出现的裂纹形,是汉字部首之一,从"卜"的字多与占卜有关,其读音是仿龟甲被烧裂时发出的声音,"卜"作为名词时可以理解为火灼龟壳,如《礼记·曲礼》有"龟为卜,蓍为筮";作为动词时则意为预料,估计,猜测,如《左传·僖公四年》记有"晋献公欲骊姬为夫人,卜之,不吉,筮之,吉。"占卜合词的本义是推测吉凶,即察看甲骨的裂纹或蓍草排列的情况取兆推测吉凶。古人认为,以火灼龟壳而出现的裂纹形状,可以预测吉凶福祸。占卜在古代是一种十分普遍的现象,全世界各个时代文化中都有流行。

在我国古代,根据传说占卜应起源于原始社会末期,根据历史文献分析最初应为象占,传说伏羲创立了八卦,如《易·系辞下》说,"易者,象也;象也者,像也(即类似,好像之意)",它还包括八卦之象,即:乾(天)、坤(地)、坎(水)、离(火)、艮(山)、兑(泽)、巽(风)、震(雷)。"象分为物象和人(事)象"。《史记·龟策列传》明确记载:"闻古五帝、三王发动举事,必先决蓍龟"。这些均说明商代占卜可能由原始社会末期象占发展而来,或者说商代前已经龟卜。

原始社会阶段,先民们驾驭自然的能力极弱,常把不常见的自然现象与人事的吉凶祸福联系在一起,由此而产生了象占。象占是先民们测知未来的最原始方法,其产生应早于各种占卜。但由于古人受“天”的人格化意识观念的影响，使象占直到晚清仍然以吉瑞祥兆与灾祸凶兆的预示形式被人们所接受，直到现代社会也还可以看到这种现象的踪影。

古代占卜方式源远流长，至少在龙山文化时期已经出现骨卜方式，殷商时代已广泛使用骨卜和龟卜。现在考古学家从地下发掘出来的文物中就发现大量的卜辞。

1.2 占卜与占候的联系

占候起源于占卜，占卜是古人遇到事有疑难，设法求助于“天”而进行的各类卜筮，古人相信这是神在指示人们的活动。商代占卜的内容几乎无所不包，由于商王几乎每事必卜，故甲骨文内容涉及商代社会的各个领域，占候占气只是众多占卜内容之一，也与占政事、占人事、占物事混杂在一起，其中占天气、占雨的内容比较多。

西周以后，由于古代天文气候观测实践活动经验的不断丰富，先民根据天象、物象、光象、气象、物候等预测天气变化开始出现，在天气占卜中明显增加了先民对自然认识经验的反映，特别是进入春秋战国时期，先民形成了对日、地气候物候关系的认识总结，形成了四季《月令》，四季气候规律被基本揭示，气象预测的神秘开始被打破，一些进步的思想家还开始怀疑带迷信的占卜活动。如荀子就认为：“天行有常，不为尧存，不为桀亡。”在《荀子—天论》有曰：“雩而雨，何也？曰：无何也，犹不雩而雨也”；“天旱而雩，卜筮然后决大事，非以为得求也，以文之也”；“故君子以为文，而百姓以为神。”其大意为：求神下了雨，与不求神下雨都是一样的，都没有什么；天旱求雨并非认为可以得到祈求，只是用来文饰政事罢了；君子把它当文饰，百姓把它当作神。

“占候”一词最早出现在汉代文献之中，如《后汉书·郎顗传》：“能望气占候吉凶”。汉代占候尽管还没有完全超越迷信色彩，但与商代天气占卜相比，其来自于对预测经验的积累，其自然科学性应该说有很大超越，在科学方法上有本质性区别。从历史文献分析，到汉代可能已经出现了专司占候(预测天气变化)的职业，或者说占候已经成为一门专业性很强的职业，据《后汉书·百官志》记载：“灵台掌候日月星气，皆属太史”，灵台设有专司候气之职，而且已经出现了气候预测专用书籍，如京房所著《易飞候》。《汉书·京房》说：“其说长于灾变，分六十四卦，更直日用事，以风雨寒温为候：各有占验。”在汉代以后，中国古代气象预测一直沿着汉代的思路和经验缓慢发展，直到近代气象科学技术产生之前。

2 中国古代气象预测方法科学性解析

总结归纳中国古代气象预测预报的方法不难发现，古人十分重视观察现象与现象之间的关系变化，当现象与现象之间重复出现某种对应关系时，就被总结上升为规律性的经验，对有的经验古人也力图从原理上进行回答，但由于受科学技术发展水平限制，许多回答主要来源于经验感知，揭示现象与现象之间存在的内在规律十分有限。但是，从应用视角看，古人总结形成的许多气候预测预报经验具有较强的针对性和实用性，特别是在元代以后，大量地被总结为气象谚语，使其在实践中更易于应用和传播。

在气象科学测量技术尚未出现之前，我国古代就已经总结形成了比较有效的天气、气候预测预报方法，可以说以《相雨书》和《田家五行》两部典籍为标志，形成了中国古代比较系统的天气、气候预测预报方法。这些方法直至20世纪60、70年代，在我国县级气象站还是比较重要的补充天气预报方法，如果用现代气象科学理论解析，仍然展现出古代劳动人民的智慧。

2.1 观察天文星象预测法

主要通过观察日、月、星际变化来预测预报天气和气候。这类方法始于上古，但从秦汉至清代一直得到沿袭，直到当代在民间仍然有较多群众传播相关的知识与经验。现代气象科学研究表明，天气发生变化之前，高空气流、水汽分布和温度场都会发生变化，人们可以通过观察到的阳光、月光和星光的变化做出天气将发生变化的预判有一定的科学道理。

古代观察天文星象预测天气的经验也有分类，不仅有观日预测、观月预测、观星之区分，也有观日、月、星际的分季、分月和分时刻之变化，还有日月星与云、气、光结合之分辨。这样就使观察天文星象预测天气的方法变得十分复杂和玄奥，甚至杂合有许多迷信色彩。如《师旷占》说：候月知雨多少，入月一日二日三日，月色赤黄者，其月少雨。月色青者，其月多雨。又如《乙巳占》日月旁气占记有："日有青晕，不出旬日有大风，籴贵，人民多为病凶"，其所占内容其中既预测天气，又预测人事，类似内容很多，也包括了迷信内容。

2.2 观察节令气候预测法

主要通过天文气候节令来预测预报天气和气候。根据这种方法预测预报天气、气候和农候，在中国古代源远流长，而且在民间流传甚广，特别是节令、月令和时令基本成为古代人们掌握气候和预测预报天气的重要指南。气候节令能够用于指导预测预报天气气候的科学依据是，地球区域气候的年季变化，主要是由于因季节不同太阳照射地球的区域不同而引起的变化，如果地表没有大范围改变，那么这种变化在总体和客观上就决定了一个地区年季天气和气候变化的幅度、范围和持续时间。因此，掌握节气就可以对月令气候作相应预测。

节令就是节气时令，指某个节气的气候和物候。立春，立是开始的意思，立春就是春季的开始。我国的节气实际就是一个地区的气候状况的总结和经验概括。二十四节气就是反映黄河流域中原地区年气候特征的总结。2 月立春，立是开始的意思，立春就是春季的开始；雨水，即降雨开始，雨量渐增。3 月惊蛰，是指春雷乍动，惊醒了蛰伏在土中冬眠的动物；春分，即昼夜平分。4 月清明，即天气晴朗，草木青茂；谷雨，即雨量充足而及时，谷类作物能茁壮成长。5 月立夏，即夏季的开始；小满，即麦类等夏熟作物籽粒开始饱满。6 月芒种，即麦类等有芒作物成熟；夏至，即炎热的夏天来临。7 月小暑，即天气开始炎热；大暑，即一年中最热的时候。8 月立秋，即秋季的开始；处暑，即炎热的暑天将结束。9 月白露，即天气转凉，露凝而白；秋分，即昼夜平分。10 月寒露，即露水以寒，将要结冰；霜降，即天气渐冷，开始有霜。11 月立冬，即冬季开始；小雪，即开始下雪。12 月大雪，即降雪量增多，地面可能积雪；冬至，即严寒的将来临。1 月小寒，即气候开始寒冷；大寒，一年中最冷的时候。正常年份按照节令预测黄河流域的年气候相关很高，其他地区可以参照一候五天，三候一个节气或迟或早预测当地年气候变化。

2.3 观察旬月特定日预测法

主要通过农历一年中某旬或某月中特定日期的天气情况来预测预报未来天气气候，而且多用于中长期气候预测。这类预测预报方法起源于上古时期，一直在流传，在民间的应用和传播也十分广泛，如《田家五行》有收录曰："上元无雨多春旱，清明无雨少黄梅，夏至无云三伏热，重阳无云一冬晴"，在《田家五行》中各月旬都有类似特定日期。用现代气象科学来看，这种预报预测方法相当于概率预报，如果运用大气运动的周期、韵律、相关性等理论进行解释也有一定的道理，但是这种预测预报方法的科学性问题仍然有待探讨和研究。

古代运用观察旬月特定日预测天气在汉代以后的许多占候著作中均有大量记载，如《史记》说，汉朝魏鲜，以正月初一黎明时由八方所起的风，来判定当年的吉凶，即风从南方来，有大旱灾；从西南来，有小旱；从西方来，有战争；从西北方来，黄豆的收成好，多小雨；从北方来，是中等年成；从东北来，丰收年；从东方来，有大水；从东南来，百姓多疾病、时疫，年成不好。又说，还可以从正月初一日开始记雨日，以占候年成，如初一有雨，当年百姓每人每天可得一升的口粮，初二日有雨，每人每天有两升的口粮，一直数到七升为至。初八日以后，不再占卜。古人采用这种预测方法，今天看是否有些迷信或者说没有科学性，但仔细分析这些预测多具有警示意义，有利于提高人们气象灾害防御的警觉性，其实与今天有灾无灾作有灾准备的意义有相同或相近之意义。

2.4　观察物候变化预测法

主要通过观察自然植物变化或状态来预测预报未来的天气、气候变化。中国古代很早就注重观察物候变化与大自然的风、光、雨、露、温、湿等变化关系，并不断总结形成了许多经验，而且应用于制作天气、气候预测预报。

我国黄河流域处在中纬度地区，自然物候年季周期变化特征非常明显，一岁一枯荣的自然现象为古代先民认识时间季节变化提供客观条件，把太阳、物候、气候变化联系一起进行观察对古人来讲是一个很自然的事。因此，古代有关季节、物候和气候联系在一起的记载内容十分丰富。至元代大量被编成为农谚，这类谚语，如在长江流域至今还有实用价值的农时气象谚语，即“清明早，立夏迟，谷雨种棉正当时”“立夏到小满，种啥都不晚”“谷雨前后，种瓜种豆”，“寒露不钩头，割草喂老牛(晚稻迟种迟发)”；在梅雨带地区有“黄梅雨未过，冬青花未破”(冬青有的地方叫四季青，学名女贞，即冬青花未开，梅雨还未来)；浙江义乌一带有“荷花开在夏至前，不到几天雨涟涟”“梧桐花初生时，赤色主旱，白色主水”“枣花多主旱，梨花多主涝”等等。

现代农业气象学研究表明，物候与气候、水文、土壤条件之间有着密切关系，在气候正常年份，各种植物的生长发育都比较正常。若温湿气候出现反常或异常，植物也会反映出反常或异常现象，发育来早或来迟，花期变长或变短，花色或浅或深、或白或红。这样人们也可以通过物候变化来预测预报未来的天气与气候。

2.5　观察动物预测法

主要通过观察动物的反应来预测预报未来天气气候。中国古代虽然已经认识到通过观察动物的反应来预测预报天气，但对其所以然的解释则显不足。如《淮南子·人间训》曰：“夫鹊先识岁之多风也，去高木而巢扶枝”。[①]《论衡·变动篇》有曰“故天且雨，商羊起舞，使天雨也。商羊者，知雨之物也，天且雨，屈其一足起舞矣。故天且雨，蝼蚁徙，蚯蚓出，琴弦缓，痼疾发，此物为天所动之验也。故在且风，巢居之虫动；且雨，穴处之物扰：风雨之气，感虫物也”，[②]《论衡·实知篇》有曰：“巢居者先知风，穴处者先知知雨”。[③] 又如《五杂俎》说：“飞蛾、蜻蜓、蝇蚁之属，皆能预知风雨，盖得气之先，不自知其所以然也。”在民间有“蛇过道、大雨到”“乌龟背冒汗、出门带雨伞”“猫洗脸、青蛙叫雨必下”“ 喜鹊搭窝高、当年雨水涝，鸟往船上落，雨天要经过，喜鹊枝头叫，出门晴天报，久雨闻鸟鸣，不久即转晴”等。

从以上记述可以说明，古人已经知道通过观察动物来预测预报天气、气候，但动物为什么

---

① ［汉］刘安：《淮南子》第287页，华龄出版社，2002年。
② ［汉］王充：《论衡》第193页，岳麓书社，2006年。
③ ［汉］王充：《论衡》第336页，岳麓书社，2006年。

能感知天气、气候变化的解释则不够科学。现代生物气象学研究表明，动物对天气、气候变化的反应具有其本能性，每当天气、气候发生大的变化时，其气温、气压、湿度、燥度、风、大气氧含量、大气声光等都会发生明显变化，不同的动物会对其某一或某几项气象要素具有明显的体感反应，其行为会表现出反常或异常现象。这就不难解释，为什么能用"鸡上窝迟"来预测天气变化，因为鸡是喜干燥怕潮湿的动物，在夏季当天气将要下雨时，气压降低，湿度增大，气温升高，气流平静，鸡窝内更是潮湿闷热。因此，会出现"鸡迟上宿"的现象。所以，人们就可以通过观察动物的这些现象来预测预报天气、气候变化。

2.6 观察自然物象预测法

主要通过观察物体、水体、海洋等变化来预测预报天气、气候。如《田家五行》有"晴干鼓响，雨落钟鸣""火留星，必定晴"等谚语，《论衡·变动篇》有曰，故天且雨，"琴弦缓"，《淮南子·天文训》有曰："水胜，故夏至湿；火胜，故冬至燥。燥故炭轻，湿故炭重"，《淮南子·览冥训》曰："知不能论，辩不能解，故东风至而酒湛溢，蚕丝而商弦绝，或感之也"，即东风至，清酒会漫溢，蚕缫丝时商弦易断。由于天气变化前后温度、湿度、气压等气象要素的变化，一些物体、物象也会随着温、湿、压变化而发生相应的物理变化。因此，通过仔细观察这些变化也能用于预测预报天气、气候。

2.7 观察体感预测法

主要通过人体自身的感觉和体验来预测预报天气、气候。如《论衡·变动篇》有曰，故天且雨，"痼疾发"，即将要下雨时，一些痼疾旧病就会复发。如《春秋繁露·同类相动》篇也曰"天将阴雨，人之病故为之先动，是阴相应而起也；天将欲阴雨，又使人欲睡卧者，阴气也"。这说明古人已经非常注意人体感应与气象变化之间的关系，并应用于气象预测预报。同样，人体与自然大气之间时刻存在着一种比较平衡的物质交换，但如果天气将发生明显变化，就会打破这种平衡状态，人体就会做出调适性反应，人体的一些薄弱部位往往出现一些障碍，由此可以判断天气气候变化。

2.8 观察天气现象预测法

主要通过观察各种天气现象之间的关系来预测预报未来的天气气候变化，如观云测雨、观风测雨、观虹测雨、听雷测雨，等等，如《论衡·寒温篇》有曰："朝有繁霜，夕有列光"（即早晨有很多的霜，必定夜间的星既多而亮），《齐民要术·栽树》有曰："天雨新晴，北风寒切，是夜必霜"。在古代应用这类方法预测预报天气气候十分普遍，传播也非常广泛，人们通过总结形成了非常丰富的经验，因此被收录进入占候典籍的内容也最多。古代通过观察天气现象预测天气形成了比较系统的经验方法，对一些主要天气现象均分类形成了相应预测总结，其中对云、风、光、雨预测总结最为丰富。古代观云测天气：

（1）观辨云色，即通过观察云的五色来预测未来的天气。如有"候日始出，日正中，有云覆日，而四方亦有云，黑者大雨，青者小雨""以六甲日，平旦清明，东向望日始出时，日上有直云大小贯日中，青者以甲乙日雨，赤者以丙丁日雨，白者以庚辛日雨，黑者壬癸日雨，黄者以戊己日雨""日入方雨时，观云有五色，黑赤并见者，雨即止；黄白者风多雨少；青黑杂者，雨随之，必滂沛流潦""日没，红云见，次日雨"等等。在民间则有"乌云接日高，有雨在明朝；乌云接日低，有雨在夜里；黑云是风头，白云是雨兆；乌云接日头，半夜雨不愁；乌云脚底白，定有大雨来"等天气谚语。

(2)观辨云状,即通过观察云的形状来预测未来的天气。如有"四方有云如羊猪者,雨立至""云若鱼鳞,次日风最大""黑云如羊群奔,如鸟飞,五日必雨""暴有异云如水牛,不三日大雨"等等。在民间则有"天上堡塔云,地下雷雨淋""鱼鳞天,不雨也风颠,天上钩钩云,地上雨淋淋""天上扫帚云,三天雨降淋""天上豆荚云,不久雨将临"等天气预测谚语。

(3)观辨云位,即通过观察云的方位来预测未来的天气。如有"北斗独有云,不五日大雨""日始出,东南有黑云,巳刻雨""日入,西北有黑云覆日,夜半有雨""云在山下布满者,连宵细雨数日"等等。在民间有"云在东,雨不凶,云在南,雨冲船"等天气谚语。

(4)观辨云动,即通过观察云的流动来预测未来的天气。如有"云逆风行者,即雨也""天中有云乱扰者,风雨最多也""清晨云如海涛者,即时风雨兴也""四方有跃鱼云,游疾者,即日雨,游迟者,雨少难至"等等。在民间则有"西北来云无好天,不是风灾就是雹""云往东,刮阵风;云往西,披蓑衣"等天气谚语

(5)观辨云量,即通过观察云量来预测未来天气,具体分为四方有云、东南有云、西北有云、仅当空有云等,如有" 四方北斗中无云,唯河中有云,三枚相连,状如浴猪,后三日大雨""以丙丁辰之日,四方无云,唯汉中有云,六日风雨如常""四方北斗中有云,后五日大雨",等等。

(6)观辨云时,即通过观察云出现的时间来预测未来天气,具体分为日初出时、日已出时、日没时、日中时等时刻云的形或色状来判断预测天气,如"日没时,云暗红者,或云或雨""午刻,有云蔽日者,夜中大雨""日没,红云见,次日雨"等等。在民间则有"早起浮云走,中午晒死狗""早怕南云漫,晚怕北云翻""日出红云升,劝君莫远行,日落红云升,则日是晴天"等天气谚语。

古代观风测天气:(1)观风向。风向对于天气变化具有重要的指示意义,古人很早就开始注意风向,并对风向与天气变化的关系早有认识,至汉代各种测风工具的发明,人们对风向变化引起的天气有了更多认识。如《淮南子．天文训》说,什么叫八风?立春时条风到(即东北风),春分时明庶风到(即东方风);立夏时清明风到(即东南方风),夏至时景风到(即南方风);立秋时凉风到(即西南方风),天秋分时阊阖风到(即西方风);立冬时不周风到(即西北方风),冬至时广莫风到(即北方风)。又如《五杂俎》说:"关东,西风则晴,东风则雨。关西,西风则雨,东风则晴""谷风,东风也。东风主发生,故阴阳和而雨泽降。西风刚燥,自能致旱。若吾闽中,西风连日,必有大灾,亦以燥能召火也"。在民间则有"南风刮到底,北风来还礼;东风下雨东风晴,再刮东风就不灵"等谚语。

(2)观风力,如《抱朴子》说:风高者道远;风下者道近。风不鸣叶者十里,鸣条摇枝百里,大枝五百里,仆大木千里,折大木五千里。三日三夕,天下尽风;二日二夕,天下半风;一日一夕,万里风。在民间则有"东风急,雨打壁"等谚语。

(3)观风时,如《物理论》说:春气温,其风温以和,喜风也。夏气盛,其风熛以怒,怒风也。秋气劲,其风清以贞,清风也。冬气石,其风惨以烈,固风也。在民间则有"开门风,闭门雨";"四季东风下,只怕东风刮不大"等谚语。还有"春天刮风多,秋天下雨多""春起东风雨绵绵,夏起东风并断泉;秋起东风不相提,冬起东风雪半天"等说法。

(4)听风声,如《开元占经》说:宫日风,当日雨;徵风,三日雨;羽风,五日雨;商风,七日雨;角风,九日雨;但依日数得雨,皆解。

(5)感风湿,在民间有"旱刮东风不下雨,涝刮西风不会晴""东风湿,西风干,北风寒,南风暖"等谚语。

除此之外,观虹霓、雷电预测天气总结也非常多。如《开元占经》卷九八中有:"虹霓见,雨

即晴，旱即雨”“久雨虹见即晴，久旱霓见即雨也”。民间有雷电“东闪空，西闪雨，南闪火门开，北闪连夜来。东南方向闪电晴，西北方向闪电雨；雷打天顶雨不大，雷打云边降大雨”等谚语。

现代气象科学研究表明，一种天气现象与另一或另几种天气现象之间既存在必然关系，也存在偶然关系，如下雨必然与云有关系，可以说无云不雨，但有云则可能下雨，可能下雪、可能下雹或可能无任何降水，那么人们只要对雨云、雪云、雹云和无雨云进行长期观察和总结，就可以通过云的变化来预测预报未来天气、气候变化。在中国古代，人们已经比较普遍掌握了这种预测预报方法。

Scientific Analysis of Meteorological Prediction Methods in Ancient China

JIANG Hairu

(China Meteorological Administration Development and Research Center, Beijing 100081)

Abstract prediction is the speculation or the judgment for what will happen in the future based on the already known knowledge, experiences and methods. Weather forecast is to predict the possible future conditions of weather based on the already known weather knowledge, experiences and techniques. In ancient China, weather forecast was regarded as the scholarship with a long history. It aimed to predict the already known or the still unknown weather and climate change and accumulated abundant meteorological prediction experiences and methods. Hence, it played a key role in the agricultural, economic and social activities. To analyze the ancient weather prediction methods with the modern meteorological scientific theories has positive significance for enhancing the meteorological scientific literacy of the public.

Keywords weather forecast, method, analysis

近百年中国水利史研究的回顾与展望

吕　娟

（中国水利水电科学研究院水利史研究所，北京　100038）

摘　要　阐释了水利史发展历程和中国水利史研究的不同阶段，讨论了水利史研究方向和研究成果，提出未来学科发展展望。

关键词　水利史，阶段，回顾，展望

1　水利史专业的由来

1.1　古代的水利概念

“水利”：最早出现在《吕氏春秋·孝行览》，“取水利，编蒲苇，结罘网”，仅指捕鱼之利。《史记·河渠书》：“甚哉，水之为利害也”“自是之后，用事者争言水利”，包括水利和水害两个方面，并指出水利与国家兴衰、社会经济发展的密切关系。

《史记·滑稽列传》：“西门豹即发民凿十二渠，引河水灌民田，田皆溉。豹曰：‘民可以乐成，不可与虑始。今父老子弟虽患苦我，然百岁后期令父老子孙思我言。’至今皆得水利，民人以给足富。”指兴修灌溉工程带来的社会效益。

1.2　近代以来“水利”概念的发展

1933 年，中国水利工程学会第 3 届年会，“水利范围应包括防洪、排水、灌溉、水力、水道、给水、污渠、港工八种工程在内。”1991 年，《中国水利百科全书（一版）》：“水利事业主要包括：防洪、排水、灌溉、供水、水力发电、航运、水土保持以及水产、旅游和改善生态环境等。”1999 年，汪恕诚《实现由工程水利到资源水利的转变，作好面向 21 世纪中国水利这篇大文章》，第一次明确提出了资源水利的概念。2006 年，《中国水利百科全书（二版）》，与一版相比，一是强调了水利的非工程措施，二是突出了水资源的保护和持续利用，反映了正从过去的工程水利，逐步转向资源水利，倡导人与自然的和谐相处。

1.3　“水利史”的几种定义

《中国水利史纲要》（1987 年）：水利的兴衰及其与政治经济的关系。《中国科学技术史》（2002 年）：水利史是交叉学科，从历史学的角度讲，主要研究水利发展的历史事实和历史规律，以及如何影响人类社会进步；从水利科学的角度讲，主要研究水利自身的矛盾运动，研究水利与社会、水利与自然的相互关系。

《中国水利百科全书》（2004 年）：水利史是记述人类社会抵御和减轻水旱灾害，开发利用和保护水资源的历史过程，研究其发展规律以及与社会政治、经济、文化关系的科学。

作者简介：吕娟，水利部水利史研究所所长，教授级高级工程师，硕士生导师，专业领域：水利史，干旱、洪涝灾害与减灾。

1.4 人—水关系的认识

一部人类的历史就是与水做斗争的历史。人类的发展经历了最初的敬畏水、征服水到现在的与水和谐共处的几个过程。

2 水利史研究的发展历程

水利史研究发展历程可分为四个阶段:20 世纪上半叶,20 世纪 50 年代至改革开放前,改革开放至 20 世纪 90 年代和 21 世纪以来。

2.1 20 世纪上半叶的水利史研究(1900—1949 年)

研究方向:水利文献整理和治水方略探讨。时代背景为 20 世纪初期,随着西方水利科学技术的传入,我国传统治水手段发生了重大转变,治水事业也呈现出新的局面。1908 年,我国第一个河工研究所——永定河道开办"河工研究所"成立,主要培训河道专业管理人员;1915 年,我国第一座水利高等院校——河海工程专门学校成立,主要培养水利专业人才;1928 年,孙中山先生的《建国方略》发表,"建国方略二——实业计划"涉及多项水利工程整治计划,如开浚运河以联络中国北部、中部通渠及北方大港,整治扬子江,改良广州水路系统等;1931 年,我国第一个民间水利学术组织——中国水利工程学会成立;1934 年,我国第一座水利试验机构——第一水工试验所在天津成立,1935 年又成立了中央水利试验所。与此同时,一批忧国忧民的水利科学家引领着近代水利科学的进步,他们既学习西方的新技术,又注重对中国历史经验的研究和总结,其中的代表人物就是近代水利科学家——李仪祉,他对治黄史特别是泥沙理论研究造诣颇深。

重要事件:1936 年初,国民政府全国经济委员会水利委员会成立了整理水利文献委员会,可以说这是我国第一个水利史专门研究机构,就是现在中国水利水电科学研究院水利史研究所的前身。该委员会的主要工作是继清代编成的《行水金鉴》和《续行水金鉴》之后,续编了《再续行水金鉴》,使中国古代水利及其发展研究有了一个基本完整的系列文献。此外,该委员会还编辑有《中国水利图书提要》共 372 册,部分内容在《水利》月刊上连载 。姚汉源先生 1937 年在《清华学刊》上发表的论文"黄河旧账翻检",在当时产生了重要影响。

重要成果:《再续行水金鉴》(水利史研究所,1936—1937 年);《水经注图》(杨守敬,1905 年);《顺直河道治本计划书》(顺直水利委员会,1925 年);《淮系年表》(武同举,1928 年);《永定河治本计划》(华北水利委员会,1930 年);《水利》月刊(中国水利工程学会,1931 年创办);《河北省水利史概要》(石玉璞等,1933—1935 年);《中国水利珍本丛书》(中国水利工程学会,1937 年)等。

2.2 20 世纪 50 年代至改革开放前的水利史研究(1950—1978 年)

研究方向:水利史学科起步,整理出版水利古籍和整编水利文献资料。时代背景为新中国成立初期,百废待兴,水旱灾害频发,水利被摆到经济社会发展极其重要的位置,全国兴起整治山河、兴修水利的热潮。

重要事件:1956 年,在周恩来总理的亲自推动下,在北京成立了水利水电科学研究院,院内设立了水利史研究所(继续完成整理水利文献委员会的工作)二级机构,标志着中国水利史研究进入专业化和兴盛时期。随后,一些流域机构、地方水利部门和高等院校,成立了与水利史有关的研究机构。如黄河志总编室、长江志总编室,以及武汉水利电力学院(今武汉大学)水利史志研究室、华东水利学院(今河海大学)水利史研究室等;1982年,中国水利学会水利史研究会成立,它把全国科研、教育、管理、建设各个岗位上专业的和非专业的水利史研究人员组织起来,大大地推动了水利史研究工作。姚汉源先生为第一任水利史研究会会长,并成为全国第一位水利史专业研究生培养导师。

重要成果:从中央档案馆采集清宫档案水利资料胶片14.6万张;姚汉源关于古代黄河泥沙利用的研究,引起周恩来总理的重视;姚汉源先生在武汉水电学院招收了第一批水利史专业研究生——周魁一和郑连第;出版《中国水利史稿》上册。

2.3 改革开放至20世纪90年代的水利史研究(1978—2000年)

研究方向:历史水文调查研究;故宫洪涝档案的整理与应用;水利通史及区域水利史研究;水利专题史以及水利科技史研究方面有突破性进展;全国水利志的编修等。

时代背景:“文化大革命”结束,中国全面改革开放;1989年国际减灾十年活动开始。重要事件为1978年水利水电科学研究院恢复,水利史研究室也随之恢复。此后,相继成立了一批与水利史相关的学会组织,如中国水利学会水利史研究会(1982),中国江河水利志研究会(1984年),流域和地方的水利史研究会等,举办了20余次的学术交流会,推荐了一批古代水利工程为全国文物保护单位,如都江堰、灵渠、芍陂、它山堰、木兰陂、三江闸等。水利水电科学研究院、河海大学、武汉水电学院等设立了水利史专业,姚汉源、周魁一、黎沛虹、王绍良等培养了一批水利史专业研究生。

重要成果:《中国水利史纲要》(姚汉源,1987)、《中国水利史稿》(《中国水利史稿》编写组,上册1979年,中、下册1989年)、《二十五史河渠志注释》(周魁一等,1990)、《中国历史大洪水》(水利部暴雨洪水调查办公室和水利部南京水文水资源研究所,1988—1990)、《清代江河洪涝档案史料丛书》(水利电力部水管司科技司、水利水电科学研究院编,1988—1996)、《京杭运河史》(姚汉源,1998)、《中国科学技术史水利卷》(周魁一,2002)。此外,以姚汉源为代表的水利史学界还参与了百科全书中的水利史编写工作,包括:《中国大百科全书·水利卷》、《中国农业百科全书·水利卷》、《中国水利百科全书》以及《中国水利百科全书》(第二版),这四部百科全书均把水利史作为分卷或分支,成为全书的重要组成部分。

2.4 21世纪以来的水利史研究(2001至今)

研究方向:防洪减灾战略;防洪风险;大运河申遗;水利遗产价值分析与保护利用;水文化。时代背景为国家改革开放取得重大进展,逐步重视历史和文化工作。水问题形势严峻,治水方针开始向风险管理调整与转变;中国大运河申报世界文化遗产;国际灌排委员会(ICID)开始世界灌溉遗产评选。

重要事件:《再续行水金鉴》的整理出版(中国水利水电科学研究院水利史研究室编校,2004);《中国科学技术史·水利卷》(周魁一,2002)获郭沫若中国历史学奖;编印《中华山水志丛刊》(国家图书馆分馆,2004);2010年中国水利水电科学研究院水利史研究所获得文物保护工程勘测设计甲级资质证书;2014年大运河申遗成功;以《水文化建设规划纲要(2011—2020年)》为代表水文化研究工作在全国兴起,成立了一批水文化研究机构、水文化研究协会等。在中国的建议下,2013年国际灌排委员会(ICID)在全球范围内评选世界灌溉遗产。凤凰出版集团组织的《中国运河志》正在编撰过程中。

重要成果:《历史模型方法及应用》(周魁一,2002);《灾害双重属性理论认识》(周魁一,

2004);《中国水利志丛刊》(江苏扬州广陵书社,2006年)、《都江堰史》(谭徐明,2009);水利史研究所等一批水利史专家配合完成了《中国大运河申遗文本》;已经有17处水利工程被国际灌溉排水委员会(ICID)评选为世界灌溉遗产。

3 方向和成果

3.1 历史模型研究方法

基本概念:简单说,就是把前人的水利实践或历史上客观发生过的同类现象,作为时间比尺和空间比尺都是1:1的模型来看待。首先,采用历史学的资料搜集、校勘和考据的基本手段,对史实做出客观地评价和解释;其次,应用水利科学技术知识,对历史事实进行分析研究,重建历史的真实及其具体的发展过程,并由此建立起"历史模型"。最后,进行理论的思考和探索,进而联系今天的实际,最终得出相应的研究结论。

比如三峡岩崩问题,在三峡建设初期需要移民,移民选址不能选在易发生岩崩的地基上,否则就会带来灾难性后果。2010年甘肃舟曲泥石流灾害就是典型的例子,因为楼房建在了山洪沟上,山洪突然来袭,造成楼倒房塌,人员大量伤亡。其实,这类灾难事件可以避免,就是在建楼之前对此地的历史灾害进行分析研究。这就是历史模型研究的重要性。

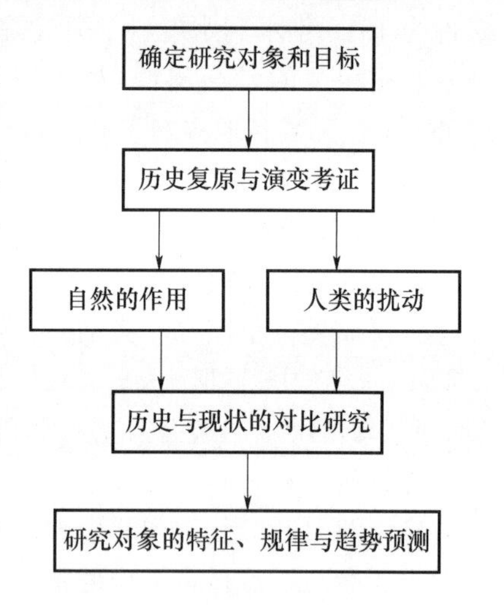

钱学森对这个方法给予了充分肯定,认为历史模型的"方法和理论对地理科学很有用""周先生的文章对我国基础设施建设很有意义,应下大力气研究发展"。

历史模型的应用领域:一是关于历史自然规律的研究。其中,既包括基本不受人类活动影响的纯自然演变,例如洪水、地震、岩崩滑坡等,也包括显著受人类活动干预的自然变迁,如河湖水系的演变等;二是历史治理经验的探讨,包括治水思想、政策法规、水利规划与管理体制、防灾减灾方略等宏观的前瞻性问题。

长江三峡大型滑坡与岩崩研究、古代鉴湖兴废及其历史教训的研究、荆江洞庭湖历史演变研究、治水方略研究等,都是历史模型方法的应用,取得了令人信服的成绩。

3.2 灾害双重属性的理论

灾害是自然和社会两方面造成的,如果灾害发生在沙漠里不会形成灾害,只有人、社会、经济等方面的承载体,造成了损失才是灾害,所以灾害具有自然和社会双重属性。

灾害双重属性研究背景:(1)基于近半个世纪各国学者对洪水灾害本质的认识。20世纪50年代,美国社会学家怀特(Gilbert White)提出:防洪减灾应看作包括自然科学和社会科学的特殊领域;1980年,美国国家科学委员会主持制定《美国防洪减灾总报告》指出:"严峻的事实是,洪水确实可能是自然现象,但其后果却常常由于人们的不明智行为和流域内的不合理占垦而大为增强";1984年,日本河川调查研究会会长高桥裕先生指出:"总的来说,灾害是接近自然科学和社会科学方面的问题。这就是说,灾害是由于自然现象引起的社会现象。";1989年,中国气象学家张家诚先生认为:"灾害不能不是自然与社会两方面的因子共同作用的结果。”这些科学理念的进步，促进了防洪减灾事业，并在许多方面形成了国际的共识，如工程措施与非工程措施相结合的政策等。(2)灾害逐渐严重的事实引发出进一步的思考。1991 年，淮河、太湖大水，淮河洪峰流量与 1954 年基本相同，而损失巨大。但防洪大坝却没垮一座，骨干堤防也没决一个口。灾害史研究表明，近半个世纪防洪工程大量兴建，但在世界范围，也并未能降低灾害的频发和损失的增长。极端地说，只要有大雨，就会产生洪水。但在没有人类活动的沙漠，再大的洪水也不会造成洪水灾害。引申出对灾害与社会关系的进一步思考。(3)中国古代对灾害本质属性的认识。汉代贾让治河三策，开篇指出：“古者，立国居民，疆理土地，必遗川泽之分，度水势所不及……使秋水多得有所休息，左右游波，宽缓而不迫”；北宋黄河频繁决溢，宋代大文学家苏轼(1032—1101)在一篇“禹之所以通水之法”的文章中提出：“治河之要宜推其理而酌之以人情。河水湍悍，虽亦其性，然非堤防激而作之，其势不至如此。古者，河之侧无居民，弃其地以为水委。今也，堤之而庐民其上。所谓爱尺寸而忘千里也”；元代延祐元年(1314)河南等处行中书省在一文书中说道：“黄河涸露旧水泊汙地，多为势家所据。忽遇泛滥，水无所归，遂致为害。由此观之，非河犯人，人自犯之”；在清代，荆江防洪形势日渐严峻。道光年间赵仁基指出的防洪减灾规划分为两部分：“治江之计有二：曰广湖潴以清其源；防横决以遏其流。治灾之计有二：曰移民以避水之来；豁田粮以核地之实。”明确提出在加强工程防洪能力的同时，必须合理控制社会经济发展以适应洪水。这些认识都是在单纯运用工程防洪措施几乎走投无路的情况下提出的。

灾害双重属性的内涵：以往将洪水灾害定义为自然灾害，强调洪水是超常量降雨所致，是自然现象。但是从气象、水文等自然条件来看，虽然洪水的年际变化较大，但从一个时段来看，各条江河自然态洪水都有相对稳定的量级和发生概率。然而，近代以来各主要洪水国家的水灾损失却无不几倍、几十倍地增长。因此，将近几十年和前几十年相比较，既然洪水量级和发生概率差不多，而水灾损失却大幅度提高，显然无法只从自然变异来解释，而应进一步从社会环境方面去寻找。洪水是一种自然现象。和洪水做斗争，控制洪水泛滥，主要是人和自然的关系。而洪水灾害则是超出工程控制能力的洪水作用于人类社会而造成对社会的损害。所以洪水灾害是以人类社会为载体而体现出来的。自然属性和社会属性都是灾害的本质属性，缺一不成其为灾害。(全文见：周魁一．防洪减灾观念的理论进展——灾害双重属性概念及其科学哲学基础[J]．自然灾害学报，2004(01)：1-8.)

水利部的评价：“这一理念在 2002 年 10 月新修订的《中华人民共和国水法》中得到了体现。”

3.3　清宫档案水利资料采集、整编

清代故宫洪涝旱档案资料的采集和整编是水利史研究的又一大型文献资料汇编工作。1950 年，毛泽东主席发出“一定要把淮河修好”的号召，随后即开始淮河流域的综合治理，各大江河的流域规划也逐步提上议事日程。由于各大江河水文实测数据很少，无法满足流域规划需要，因此，急需开展历史水文的调查研究。水利史研究者朱更翎先生在实际工作中，发现清代故宫档案包含有大量丰富的水利资料，是一座尚待开发的史料宝库。为此向水利部建议开展相关整编工作，得到了水利部批准。

1956 年，水利部专门抽调相关单位 20 余人组成整编故宫档案组，前往中央档案馆明清部(即今中国第一历史档案馆)采集数据，整个工作持续三年，到 1958 年结束，共从中央档案馆所藏的 110 多万件源文件奏折中，搜集到从清乾隆元年至宣统三年(1736—1911 年)共 176 年间

全国范围的水利史料，内容包括降水、洪涝旱灾害、河流演变和工程技术等方面。并采用照相复制等方法，共拍摄照片13.8万张，胶卷0.4万余卷，打印、抄录卡片2.6万余件。这批资料由于将全国大部分地区的洪涝详情上溯了近200年，被广泛用于流域规划、历史旱涝、气象水文，以及社会科学研究等方面。20世纪60年代竺可桢先生主持开展历史气候与黄河、长江大水和断流研究时，就参考利用了这批数据。中央气象局研究所等曾多次派人前来搜集摘录故宫档案等资料，连同地方志数据，汇集整编《华北、东北近五百年旱涝史料》，作为“内部数据”印行。此后，在此基础上绘制完成《中国近五百年旱涝分布图集》，成为以后研究历史气候、历史旱涝灾害以及旱涝变迁的经典参考数据。

20世纪70年代末以来，水利史研究所以流域或地区分类，对这批数据进行了系统整编。首先开展的是洪涝史料的整编，从1977年整编海河、滦河洪涝档案史料开始，至1998年最后一册松辽、黑龙江流域以及浙闽台诸流域洪涝档案史料正式出版，前后历时22年，最终成书6册，包括6个流域和1个地区，分别为海河滦河、淮河、珠江韩江、长江西南国际河流、黄河、辽河松花江黑龙江和浙闽台地区。与先前20世纪50—60年代的整编工作不同，此次整编工作具有开拓性意义。每册不仅有整编说明，而且每册都分县、分年详细统计了洪涝灾害发生情况，制作了分年和分县的洪涝分布表。不仅可以从全流域的角度大致了解洪涝灾害集中区域和重大洪涝灾害年份，而且还可以通过分年和分县洪涝分布表，快速检索出洪涝灾害发生的具体描述。此外，每册还列出了各流域或地区清代州县一览表和古今地名对照表，书后附有清代政区图。对于一些水利工程专业名词和档案中记载的特殊地名如工程名称、盐场、行宫等，还另外编有“附编”，如“清代档案中水利术语浅释”“清代档案中行宫所在州县表”“清代档案中南北运河的减河所在州县表”等，为读者阅读和使用提供了很大便利，特别是对于工程建设单位而言，使用非常方便。2000年开始，水利史研究所又开始清宫档案旱灾数据的整编，2013年由中国书籍出版社正式出版。与洪涝旱档案史料整编方法相同，旱灾史料整编同样按照分县、分年统计了旱灾发生情况，编制有分县和分年旱灾分布表，列有清代州县一览表和古今地名对照表。不同的是，旱灾史料的整编以现行的32个省（市、区，不包括香港、澳门）为基本单元，分别整理。

3.4 民国水利剪报资料采集、整编

20世纪80年代，水利部开展历史大洪水调查与分析研究工作。水利史研究人员在工作中，从中央宣传部图书馆收藏的自然、经济、社会和交通等剪报资料中，采集水利专题资料6万余件，内容涉及20世纪20—40年代全国各地的气象、水文、工程建设、水旱灾害、水利科研等方面。后经进一步整理，装订成册，共128卷，称为“民国水利剪报”。其中，自然剪报资料47卷，经济剪报数据43卷，社会剪报数据27卷，以及交通剪报数据1卷，另有若干散件。由于近代水利数据尚缺乏系统整理，这一数据成为研究20世纪上半叶水利史以及水旱灾害史的重要参考数据。2014年，科技部科技基础性工作专项“民国时期水旱灾害剪报资料抢救性整理”获准立项，对这批数据进行抢救性整编，最终成果是将史料价值较大的剪报资料，按类编辑成册，出版影印版多卷本资料性著作《民国时期水旱灾害剪报选编》，2018年已经由中国书籍出版社出版，向科研及相关人员提供服务。

3.5 水旱灾害网络共享数据库建设

近20年来，随着信息技术的迅速发展，古籍数字化和信息化成为时代发展的潮流。在前

辈学者史料整编的基础上，新一代水利史学人利用数据库技术等，开展了水利史料信息化建设。其中较有代表性的有近五百年水旱灾害数据库建设。

早在20世纪60年代，中国水科院水利史研究室前辈学者以地方志和正史记载为主，开展中国历代旱情年表的整编工作，共整编18册，分别为：京津冀、山西、山东、安徽、福建、江西、江苏、上海、浙江、陕西、甘蒙宁青新、四川、贵州云南、广东、广西、湖北、湖南、东北三省。20世纪80年代以来，又以清宫洪涝档案史料为基础，同时补充历史文献和近代水利档案，相继开展了全国历史水灾年表的整编工作。在此基础上，结合数据库技术，建设完成了1500—2000年分县的水旱灾害数据库。项目建设期间，还开发了基于Web/GIS的信息查询系统，实现了网络共享，用户可以方便地按年代、按流域、按行政区查询以及组合查询等，从而使得这些宝贵的历史资源得到多方面的利用，成为科研基础信息的公共资源。遗憾的是，后期由于系统维护等原因，目前该系统已停止共享服务。

此外，在科技部等相关项目的资助下，还开发了《行水金鉴》和《再续行水金鉴》的网络查询系统，研究人员可以方便地进行网上浏览。

目前，中国水科院水利史所正在开展水利史数字资源共享服务平台的建设。该平台依托水利部防洪抗旱减灾工程技术中心和中国水利水电科学院信息中心的网络平台搭建，预计形成古籍、档案、志书、舆图、专著、期刊论文、硕博论文、会议论文、报纸、年鉴、公报、标准、成果、规划等数字资源的分级分类共享体系。同时，结合当前项目开展的需要，先期建设当代水利史、洪涝灾害和水利遗产为主题的三个专题资源数据库，力争建立长期、稳定的数据共享运行机制。目前，该平台正在建设中。

3.6 城市水利史研究

城市发展与水利有着密切的关系，《管子》一书在总结当时建城的经验时，对城市建设中的水利问题就提出了若干重要原则。但是，城市水利史研究的开展，却是20世纪70—80年代以后的事情。

蔡蕃《北京古运河与城市供水研究》是城市水利史早期研究中出色的成果。该书从水利科技角度出发，对历史上北京的漕运和城市供水排水等方面取得的经验与教训进行了较为系统的研究和探讨，是从工程技术角度阐述古代北京城市水利兴衰的第一部专著，对于北京城市合理开发利用水资源，提供了历史借鉴。姚汉源《北京旧皇城区最早出现的宫殿园池——城市与水利》论述了北京城的起源对水利的依赖关系。郑连第在城市水利史研究方面发表多篇论文，《六世纪前我国的城市水利》一文以《水经注》为基础，对6世纪前我国城市水利进行了概述；《古代城市水利》则较为全面地概括介绍了古代典型城市水利的一般情况，涉及城市水利事业的概略沿革、内容、平面布置和效益等，时间限至清末，是了解中国城市水利史的一个基本线索。此外，蒋超对天津城市发展与水利的关系也进行了论述。

20世纪90年代以来，城市水利史的研究范围进一步扩大，除前一时期城市发展与水利的关系以及城市防洪方面的研究继续开展外，城市水环境与城市供水问题的研究成为新的研究领域。北京、南京、西安等城市的水利问题尤其得到学者关注。其中，谭徐明对北京城市水环境的研究尤为深入。她于1995年在《北京日报》发表《对北京城市建设中水环境保护和利用的建议》，引起钱学森的重视，并给予了积极评价，指出这篇文章“讲北京市的水环境问题，颇受启示；因为这也可以作为一篇讲‘山水城市’的好文章”。此后，她又就水环境在北京城市规划中的地位等进行了系列研究。这些研究中一些观念性的内容，引起城市规划部门的重视，其中，有关长河、通惠河整治方案和广源闸保护的建议还被有关部门采纳。

此外,历史地理学和城市建设史学界也有较多城市水利史的研究成果。其中,历史地理学科对城市水利史的研究,主要集中在对城市水系的变迁方面,尤其是大都市的水源问题、供水设施以及水运交通方面。如侯仁之先生对北京城市水利问题的研究,马正林对西安城市水利问题的研究等。城市建设史学科对古代城市水利的研究,重点关注的是城市防洪、城市供水和城市水环境问题。吴庆洲的《中国古代城市防洪研究》《中国古城防洪研究》是关于古代城市防洪研究的杰作。作者在详述历代主要城市防洪的基础上,对古代城市的防洪方略、防洪对策、防洪体系的特点等作了归纳分析,同时总结了研究古代城市防洪的意义。

3.7 古代水利工程遗产价值评估

古代水利工程从规划、建筑型式到建筑构件蕴含丰富的科学文化价值,至今仍在运用的古代水利工程及其受益区往往保留了良好的生态环境和丰富的自然与文化遗存,它们是现代水利创新的源泉,也是水利史研究的重点方向之一。这方面的工作主要包括:在用古代水利工程与水文化遗产保护与利用研究以及古代水利工程价值评估研究。

在用古代水利工程与水文化遗产保护、利用研究方面。2002 年 5 月受水利部办公厅委派,中国水利学会水利史研究会派专家会同德国专家和中央电视台记者对京杭运河济宁至扬州段进行了考察,提出"南水北调东线规划应注重文化和环境建设"的调查报告。建议在东线规划中考虑到调水与沿线环境与经济文化发展的结合,以利用推动保护,使在用的古代水利工程的保护在有利于当代经济社会发展和生态环境保护的目标下实现多赢的理念。2010 年以来,结合全国第一次水利普查工作,水利部组织开展了在用古代水利工程和水文化遗产的调查研究,水利史研究所依据各地提交的在用古代水利工程与水利遗产函调调查表,结合实地考察与文献研究等,对在用古代水利工程与水利遗产的保存、利用与管理现状进行了调研与分析。另外,2008 年,贵州安顺鲍屯古代乡村水利工程被列为国家文物局古代水利工程发明创造文化遗产科学价值研究试点之一。水利史研究所在文献考证和实地考察的基础上,对鲍屯乡村水利工程的规划、建筑特点,工程体系的运行原理,以及可持续利用原则下的保护措施等开展了较深入研究。由于在保护方面取得的成就,其中的水碾房修复工程项目获联合国教科文组织亚太遗产保护卓越奖,成为实践古代水利工程保护和利用结合理念的示范工程。其他主要成果还有:受国家自然科学基金委托,中国水科院水利史室对灵渠工程的科学价值保护与可持续运用的研究。

古代水利工程价值评估研究,主要是为古代水利工程申报世界文化遗产、全国重点文物保护单位、世界灌溉工程遗产等提供技术支撑。这方面代表性的成果首推 1999 年至 2000 年期间谭徐明参与的都江堰申报世界文化遗产名录的论证工作。该论证报告从都江堰的规划、建筑成就、文化价值和区域影响等方面进行了详细陈述,对都江堰列入世界文化遗产名录发挥了重要作用。

全国重点文物保护单位的价值评估方面,受国家文物局委托,中国水利学会水利史研究会从 20 世纪 80 年代开始着手开展古代水利工程的历史文化价值评价工作,包括工程的始建年代、工程形式、技术成就、环境价值等方面。经论证和推荐,先后有都江堰、灵渠、郑国渠、木兰陂、通济堰(浙江)、它山堰、芍陂等古代水利工程成为国家重点文物保护单位。

世界灌溉工程遗产价值评估方面,从 2014 年开始,国际灌溉排水委员会(ICID)开始开展世界灌溉工程遗产的评选工作,旨在更好地保护和利用在用古代灌溉工程。自 2014 年开始已经开展了5次评选工作，我国共有17处工程入选，它们是2014年四川乐山东风堰、浙江丽水通济堰、福建莆田木兰陂、湖南新化紫鹊界梯田入选；2015年诸暨桔槔井灌工程、寿县芍陂、宁波它山堰入选；2016年陕西泾阳郑国渠、江西吉安槎滩陂、浙江湖州溇港入选；2017年宁夏引黄古灌区、陕西汉中三堰、福建黄鞠灌溉工程入选；2018年都江堰、灵渠、姜席堰和长渠入选。

4 发展展望

4.1 学科建设

21世纪以来我们做了很多应用型的工作，但是从理论的角度，水利史学科体系还没有建立起来，整体的理论基础还比较薄弱，所以我们还要继续加强水利史学科的理论建设，与不同的学科交流，包括与气象史这边的交流。我们有很多学习和交流的空间，下一步准备做中国水利通史的编纂，姚汉源先生思想的研究，还想出版一本《水利史研究》的刊物。

4.2 基础研究

水利史基础数字资源共享服务平台和信息化建设。

4.3 应用研究

水利决策与规划、工程建设与管理、水生态文明建设、水利科教等；在用古代水利工程保护；文化遗产评估；水文化建设规划编制；水利博物馆展陈设计等。

总体来说，水利史研究有三个功能：存史、资政、教化。这是史学研究的价值和贡献值所在，比如说存史方面，国家防汛抗旱总指挥部办公室最近给我们立了一个项，要求做防洪口述史的研究。因为从新中国成立到现在已经快70年了，很多老先生经历了防洪惊心动魄的过程，希望能够把这些人的经验记录下来，留给后人；资政方面，水利史与政治史、军事史、经济史、文化史等密切相关，许多案例都可以为当今政策制度提供借鉴；教化方面，人人与水打交道，但人人并不了解水利，开展科普宣传，对于教育大众，服务社会具有重要作用。

Retrospect and Prospect of Research on History of Water Conservancy in Recent Hundred Years in China

LV Juan

(Department of History of China Water Conservancy,
Institute of Water Resources and Hydropower Research, Beijing 100038)

Abstract This paper demonstrates the development of water conservancy history in China and the different stages of the water conservancy history research. It discusses the research fields and the research results of the water conservancy history and proposes the scenario for the future development of the discipline.

Keywords water conservancy history, stage, review, expectation

《黄帝内经》中气象与人体生理病理关系初探

张书余[1,4],张夏琨[2],周　骥[3]

(1. 河北省气象局,石家庄,050021;2. 国家气象中心,北京,100081;3. 长三角环境气象预报预警中心,上海,200030;4. 河北省气象与生态环境重点实验室,石家庄,050021)

摘　要　本文通过历史记载考证,《黄帝内经》诞生、岐伯出生在丝绸之路庆阳县,此书记载了气象、气象要素与人体生理、病理的关系,提出了候、气、时、岁的划分办法,还多处谈到气候的垂直差异现象,提出了气候偏早或晚及其预期的理念。从气象要素日、月、季探讨了其变化对人类生理病理的影响机理。

关键词　黄帝内经,气象,生理,病理

在祖国传统医学史上,影响最大的医学家莫过于医祖岐伯,流传最久的医学经典莫过于《黄帝内经》。它是中医学的奠基之作,通过气象、地理、天文及人体阴阳五行学说精辟地解释了人体生理学、病理、诊断及治疗等医学理论知识,它包含着丰富的医疗气象学的内涵,是人体内外环境统一学说的典范。

据考证,岐伯出生在丝绸之路庆阳县[1],南宋郑樵所著《通志》记载"古有岐伯,为黄帝师,望出安化",清乾隆年间编撰的《庆阳县志・人物》中也记载"岐伯,北地人,生而精明,精医术脉理,黄帝以师事之,著《内经》行于世,为医学之宗"。庆阳县在秦汉时期设为北地郡,隋唐置庆州,唐玄宗天宝元年,改弘化县为安化县,现今庆城博物馆内存一块古碑,上刻八个大字:"普庆阳春,咸安化日",记载了此地的两个称谓。

《黄帝内经》分为《素问》与《灵枢》两部分,每部分各为八十一篇,在理论上建立了中医学的阴阳五行学说、脉象学说、藏象学说、经络学说、病因学说、病证、诊法、论治及养生学等学说,几千年来一直被视为中医学理论研究和临床实践的圭臬绳墨。唐代王冰所著的《黄帝内经素问・序》中指出,黄帝内经是"至道之宗,奉生之始",尽管书中没有提出医疗气象学的概念,但其内容中均包含着丰富的"医疗气象学"的思想。

1　《黄帝内经》中的气象

《黄帝内经》在论述人体与自然变化的关系及自然界万物生长、变化规律时,用到了四时、八节和二十四节气等概念。在《素问・六节藏象论》中有:"五日谓之候,三候谓之气,六气谓之时,四时谓之岁"的论述,提出了候、气、时、岁的划分办法。就是说将每五天称为一"候";每三候即十五天称为一个(节)气,一年就有二十四(节)气;每六个(节)气即九十天左右称为一个"时"(季),一年(岁)便有四季。《素问・六节藏象论》中还对气候的早与晚做出了描述,"求其至也,皆归始春,未至而至,此谓太过;至而不至,此谓不及,所谓求其至者,气至之时也。谨候其时,气可与期"。指出气候是可以预期的,从每年的立春开始,如果节气未到而实际气候先期到达,称为气候偏早,如果节气已到而实际气候还未到达,称为气候偏晚,就是要根据节气推求

气候到来的早晚，气候的到来是可以预期的。

《黄帝内经》中虽然没有现代意义的"气象"概念，然而描述气象的术语却有许多。诸如六气，即风、寒、暑、湿、燥、火等六种气候，亦称六元，如果六气太过，则为六淫。还有四时之气、四时不正之气，天地之气、天气、地气、八风、淫气、候、气、运气等。《素问·四气调神大论》还指出四时气候变化，寒暑的往来，是四时阴阳消长更胜的结果，即所谓"四时之变，寒暑之胜，重阴必阳，重阳必阴"。《黄帝内经》还对一日之中昼夜晨昏的气温变化做了说明，如《灵枢·顺气一日分为四时》篇说："以一日分为四时，朝则为春，日中为夏，日入为秋，夜半为冬"

《黄帝内经》中还多处谈到气候的垂直差异现象，如《素问·五常政大论》说："地有高下，气有温凉，高者气寒，下者气温"，《素问·六元正纪大论》也说："至高之地，冬气常在，至下之地，春气常在。"认为地势高峻之处，阴气较重，气温较低，地势低洼之处，阳气较重，气温较高，由于地势的高度不同，因而冷暖变化有别。上述这些论述，在气象科学史上都是非常重要的科学价值。

2　气象与人体生理的关系

《黄帝内经》对湿度、气温、降水等气象因素与人生命活动进行了系统的研究。《素问·四时刺逆从论》中指出"邪气者，常随四时之气血而入客也"。《灵枢·顺气一日分为四时》中云："夫百病之所始生者，必起于燥湿寒暑风雨"。《素问·生气通天论》中对每个气象要素对人体的影响进行了论述，关于湿度，"因于湿，首如裹，湿热不攘，大筋软短，小筋弛长，较短为拘，弛长为痿"，就是说如果人受了湿气，就会感到头很沉重，好像有东西裹着一样。如果不能及时排出湿气，就会出现四肢难以伸展而且无力的症状；关于寒冷，"因于寒，欲如运枢，起居如惊，神气乃浮"，就是说寒冷天气可以使人的肌肉僵直，血液循环受到影响，导致心脑血管病人病情加重；关于暑热，"因于暑，汗，烦则喘喝，静则多言，体若燔炭，汗出而散"，就是说因于暑热，汗多烦躁，口渴而喘，安静时多言多语，如果身体发高热，则像炭火烧灼一样，但是一经出汗，高烧就会退去；关于风，"因于气，为肿，四维相代，阳气乃竭"，即：由于风，可致浮肿。

《黄帝内经》也对月与人体的生理关系进行了研究，《素问·诊要经终论》中写到"正月、二月，天气始方，地气始发，人气在肝；三月、四月，天气正方，地气定发，人气在脾；五月、六月，天气盛，地气高，人气在头；七月、八月，阴气始杀，人气在肺；九月、十月，阴气始冰，地气始闭，人气在心；十一月、十二月，冰复，地气合，人气在肾"。此段话的大意是如正月、二月，天气开始有一种生发的气象，地气也开始萌动，这时候的人气在肝；三月、四月，天气正当明盛，地气也正是华茂而欲结实，这时候的人气在脾；五月、六月，天气盛极，地气上升，这时候的人气在头部；七月、八月，阴气开始发生肃杀的现象，这时候的人气在肺；九月、十月，阴气渐盛，开始冰冻，地气也随着闭藏，这时候的人气在心；十一月、十二月，冰冻更甚而阳气伏藏，地气闭密，这时候的人气在肾。可见，不同的月份，天气气候对人体不同的器官有影响。

《黄帝内经》从季节与人体生理关系的研究相对更多一些，如在《素问·脉要精微论》指出"万物之外，六合之内，天地之变，阴阳之应，彼春之暖，为夏之暑，彼秋之忿，为冬之怒。四变之动，脉与之上下，以春应中规，夏应中矩，秋应中衡，冬应中权。是故冬至四十五日，阳气微上，阴气微下；夏至四十五日，阴气微上，阳气微下。阴阳有时，与脉为期，期而相失，知脉所分，分之有期，故知死时。微妙在脉，不可不察，察之有纪，从阴阳始，始之有经，从五行生，生之有度，四时为宜，补泻勿失，与天地如一，得一之情，以知死生"。即，天地间的变化，阴阳四时与之相应。如春天的气候温暖，发展为夏天的气候暑热，秋天得劲急之气，发展为冬天的寒杀之气，这种四季的气候变化，人体的脉象也随着季节气候变化而升降浮沉，春脉如规之象，夏脉如矩之象，秋脉如称衡之象，冬脉如称权之象。四季阴阳的情况也是这样，冬至到立春的四十五天，阳气微升，阴气微降；夏至到立秋的四十五天，阴气微升，阳气微降。四季阴阳的升降是有一定的时间和规律的，人体脉象的变化，亦与之相应，脉象变化与四季阴阳不相适应，就会产生病态，根据脉象的异常变化就可以知道病属何脏，再根据脏气的盛衰和四季衰旺的时期，就可以判断出疾病发生的时间。四季阴阳变化之微妙，都是从辨别阴阳开始，结合人体十二经脉进行分析研究，而十二经脉应五行而有生生之机；《黄帝内经》有关人类体检最佳时刻与现代医学非常一致，通常在医院住院部每天主治医生均在早晨8—10时对病人进行体检，早在2000年以前，岐伯就在《素问·生气通天论》中指出，诊脉通常是以清晨的时间为最好，此时人还没有劳于事，阴气未被扰动，阳气尚未耗散，饮食也未曾进过，经脉之气尚未充盛，络脉之气也很匀静，气血未受到扰乱，因而最容易诊察出病因。

3 气象与人体病理的关系

在天气气候变化的过程中，不仅人体的生理功能随其变化而变化，他的病理变化也深受影响。《素问·生气通天论》就对在疾病发生发展过程中存在潜伏期这一病理现象早就有了记载，“因于露风，乃生寒热，是以春伤于风，邪气留连，乃为洞泄。夏伤于暑，秋为痎疟。秋伤于湿，上逆而咳，发为痿厥。冬伤于寒，春必温病”。即，由于雾露风寒之邪的侵犯，就会发生寒热，春天伤于风邪，留而不去，会发生急骤的泄泻。夏天伤于暑邪，到秋天会发生疟疾病。秋天伤于湿邪，邪气上逆，会发生咳嗽，并且可能发展为肺痨病。冬天伤于寒气，到来年的春天，就要发生温病。

不同季节发生的不同疾病何时能够痊愈或加重，《黄帝内经》在《素问·藏气法时论》有记载，“病在肝，愈于夏，夏不愈，甚于秋，秋不死，持于冬，起于春，禁当风。病在心，愈在长夏，长夏不愈，甚于冬，冬不死，持于春，起于夏，禁温食热衣。病在脾，愈在秋，秋不愈，甚于春，春不死，持于夏，起于长夏，禁温食饱食湿地濡衣。病在肺，愈在冬，冬不愈，甚于夏，夏不死，持于长夏，起于秋，禁寒饮食寒衣。病在肾，愈在春，春不愈，甚于长夏，长夏不死，持于秋，起于冬，禁犯焠(火矣)热食温炙衣”。即，肝脏有病，在夏季当愈，若至夏季不愈，到秋季病情就要加重，如秋季不死，至冬季病情就会维持稳定不变状态，到来年春季，病即好转。因风气通于肝，故肝病最禁忌受风。心脏有病，愈于长夏，若至长夏不愈，到了冬季病情就会加重，如果在冬季不死，到了明年的春季病情就会维持稳定不变状态，到了夏季病即好转。心有病的人应禁忌温热食物，衣服也不能穿的太暖。脾脏有病，愈于秋季，若至秋季不愈，到春季病就加重，如果在春季不死，到夏季病情就会维持稳定不变状态，到长夏的时间病即好转。脾病应禁忌吃温热性食物即饮食过饱、居湿地、穿湿衣等。肺脏有病，愈于冬季，若至冬季不愈，到夏季病就加重，如果在夏季不死，至长夏时病情就会维持稳定不变状态，到了秋季病即好转。肺有病应禁忌寒冷饮食及穿得太单薄。肾脏有病，愈于春季，若至春季不愈，到长夏时病就加重，如果在长夏不死，到秋季病情就会维持稳定不变状态，到冬季病即好转。肾病禁食炙过热的食物和穿经火烘烤过的衣服。

《黄帝内经》在《素问·金匮真言论》对不同季节对人体患病的可能机理进行了分析，指出东风生于春季，风邪影响肝，肝的经气输注于颈项，所以多病发生在头。南风生于夏季，暑热影响心，多病发生于心。西风生于秋季，肺的经气输注于肩背，病多发生在肺。北风生于冬季，风邪经气输注于腰股，病多发生在四肢。

《黄帝内经》在《素问・离合真邪论》中论述了医生看病，应如何把脉象与天气联系起来，推断病理病因，准确诊断疾病。比如寒冷侵入经脉，就像天气寒冷，水冰地冻，江河之水凝涩不流一样，寒使血行滞涩，血流不畅，导致心血管疾病发生。暑热侵入经脉，就像天气酷热，江河之水沸腾洋溢，要是虚邪贼风的侵入，就像江河之水遇到暴风一样，经脉的搏动，出现波涌隆起的现象，导致热伤风或中暑初期。

《黄帝内经》在《素问・逆调论》中论述了重伤风患病的成因，风寒导致人体伤风以后，四肢发热如炙如火，人多因体阴虚而阳气胜，四肢属阳，如再次感受风邪，由于风邪也属阳，两阳相并，则阳气更加亢盛，形成了阳气独旺的局面，因阳气独生而生机停止，因此四肢发热再逢风入侵，而热的四肢如炙如火，即，身体高烧，却不出汗。

《黄帝内经》在《素问・咳论》解释了肺咳的病理成因，皮毛与肺相配合，皮毛先感受了外邪，邪气就会影响到肺脏，如果再吃了寒冷的饮食，寒气在胃循着肺脉上于肺，引起肺寒，这样就使内外寒邪相合，停留于肺脏，从而导致肺咳。

《黄帝内经》在《素问・痹论》讲，痹病是怎样产生的？由风、寒、湿三种邪气杂合伤人而形成痹病。其中风邪偏胜的叫行痹，寒邪偏胜的叫痛痹，湿协偏胜的叫着痹。痹病又可分为五种，在冬天得病称为骨痹；在春天得病的称为筋痹；在夏天得病的称为脉痹；在长夏得病的称为肌痹；在秋天得病的称为皮痹。若病邪久留不除，就会内犯于相合的内脏。所以，骨痹不愈，再感受邪气，就会内舍于肾；筋痹不愈，再感受邪气，就会内舍于肝；脉痹不愈，再感受邪气，就会内舍于心；肌痹不愈，再感受邪气，就会内舍于脾；皮痹不愈，再感受邪气，就会内舍于肺。

在《灵枢・论勇》记载了同样的气象条件，对不同的人群影响不同，如有几个人在同一地方，一同行走一同站立，他们的年龄大小相同，穿的衣服的厚薄也相同，突然遭遇狂风暴雨，结果有的人生病，有的人不生病，有一部分人都生病，有一部分人都不生病，这是什么缘故呢？春季是温风，夏季是阳风，秋季是凉风，冬季是寒风。这四季的风，影响人体，所引起的疾病是各不相同的。肤色发黄、皮薄肌肉柔软的人，禁受不住春季里反常的邪风；肤色发白、皮薄肌肉柔软的人，禁受不住夏季里反常的邪风；肤色发青、皮薄肌肉柔软的人，禁受不住秋季里反常的邪风；肤色发赤、皮薄肌肉柔软的人，禁受不住冬季里反常的邪风。肤色发黑，皮厚肌肉坚实的人，当然不易被四季之风所伤。

在《灵枢・百病始生》中论述到，各种疾病的发生，都是由风雨寒暑清湿喜怒等内外诸因所致。风雨加身，乘虚而入，就会伤及人体的上部；感受了清冷阴湿之气，就会伤及人体的下部。形成的过程是清冷寒湿乘虚袭入，从足而上，则疾病起发于下部；风雨乘虚袭人，从头、背而下，则疾病起发于上部。

总之，《黄帝内经》中的气象理论说明了自然界变化有春、夏、秋、冬四时的交替，形成生、长、化、收、藏的规律，它不但对地球大气运动规律和天气变化的周期性规律进行了高度概括，而且全面论述了气候对人体生理、病理等的影响。认为人是与周围的环境有千丝万缕的关系的，即“人与天地相参也，与日月相应也”。人类的健康和疾病常常取决于外界环境的条件，气象因素是对人类健康影响最重要的环境因素。

参考文献

[1]《黄帝内经》千家碑林组委会．当代著名书法家、中医家墨书《黄帝内经》[M]．北京：中医古籍出版社，2009：1-108。

Preliminary Study on the Relationship between Meteorology and Human Physiology and Pathology in Huangdi's Canon of Medicine

ZHANG Shuyu[1,4], ZHANG Xiakun[2], ZHOU Ji[3]

(1. Hebei Meteorological Bureau, Shijiazhuang, 050021;
2. National Meteorological Centre, Beijing, 100081;
3. Yangtze River Delta Environmental Weather Forecast and Warning Centre, Shanghai, 200030;
4. Hebei Key Laboratory of Meteorology and Ecological Environment, Shijiazhuang, 050021)

Abstract Through the textual research of historical records, Huangdi's Canon of Medicine was found to be finished in the Qingyang County on the ancient Silk Road. This book recorded the relationship between meteorology, meteorological elements and physiology and pathology of human body, and put forward a method of dividing pentads, solar terms, seasons and years. It also mentioned the vertical abnormal phenomenon of climate many times, presenting the idea that climate could be earlier or later and its prediction. The influence mechanism of meteorological elements like day, month and season on human physiology and pathology was discussed.

Keywords Huangdi's Canon of Medicine, meteorology, physiology, pathology

试述南宋时期杭州灾异史料的基本情况
——兼论南宋修史的几个问题

张立峰[1]，贾　燕[2]

（1. 浙江省气象局，杭州　310017；2. 浙江省气象台，杭州　310017）

摘　要　灾异史料是了解和研究古代气候和环境问题的重要基础之一。本文以南宋时期杭州的灾异史料为着眼点，对其编撰、来源等基本情况进行了梳理。同时，结合南宋时期的修史工作，对南宋前期和后期的几个灾异史料问题及影响进行了探讨。

关键词　南宋，杭州，灾异史料，修史，问题

1　引言

北宋溃灭，汉族政权南迁，史称南宋。南宋时期，杭州为京畿所在，人口南迁和技术南传，政治中心与经济文化重心的叠加，使杭州呈现爆发式发展，达到杭州古都史的巅峰。杭州濒临西太平洋，地处季风气候区，依山傍水，地形地貌复杂多变，气相、陆相和海相灾害都有，成灾类型广，灾害链条长。在宋政权仓促南迁的历史背景下，在较低的社会生产力基础上，新生的南宋王朝是如何有效应对各类灾害挑战，适应新的地理气候环境，值得深入探究。

另一方面，关于南宋时期杭州灾异史料的专题研究尚属空白。目前，仅有方建新以大事记的形式对杭州的主要自然灾害及气候变化按照编年体方式予以记录，但较为疏略，也缺少分析[1]。徐吉军对南宋时期杭州的火灾、潮灾等进行了概述，但其他灾害涉及不多[2]。邱云飞对宋代总体自然灾害概况、成因、救灾及灾害思想进行了研究，但对南宋时期杭州的灾害“聚焦”不够[3]。付为强对宋代的气候灾害进行了总体分析，但详于北宋，略于南宋，涉及杭州的则更少[4]。

为此，对南宋时期杭州的灾异史料进行广泛收集、认真梳理和全面分析，很有必要。笔者不揣冒昧，对南宋时期杭州灾异史料的基本情况，并结合修史工作对其中的几个问题及影响进行初步的探讨。

2　所涉及的时空范围

2.1　行政区域

南宋时期的行政区划沿袭北宋“路—府（州、军、监）—县”三级制。建炎三年（1129 年），杭州升为临安府，为“两浙西路”路治。绍兴八年（1138 年），南宋“定都”临安，称为“行都”、“行在”或“行在所”。现代杭州市的地理范围主要包括两浙西路的临安府和建德府大部，以及两浙东路绍兴府一部分[5]，此为主要的地域空间。

2.2 时间纪年

靖康二年(1127年)五月,宋高宗赵构登基,改元"建炎",史称南宋。德祐二年(1276年)二月,宋恭宗率百官纳降蒙元。期间,南宋共经历七帝,一个半世纪之久,此为主要的研究时段。

3 南宋杭州灾异史料的基本情况

3.1 南宋灾异史料的编撰情况

宋代修史机构,分工细而职司专。绍兴二年(1132年)汪藻云:"书榻前议论之辞,则有时政记;录柱下见闻之实,则有起居注。类而次之,谓之日历;修而成之,谓之实录"[6]。汪藻的话表明,宋代修史的形式主要包括时政记、起居注、日历和实录等四种,它们各自具有特定的目的和要求。简单而言,前两者为史料的收集、积累过程,后两者为分类、编修的阶段性成果,这其中就包括针对灾异类史料的记录和整理。

"时政记,则宰执朝夕议政,君臣之间奏对之语也。"[7]而宋代的"起居注"并非局限于皇帝言行,"凡朝廷命令、赦宥,执政官以下进对,文臣御史、武臣刺史以上除拜、祭祀、燕享、临幸、引见之事,日月、星辰、风云、气候之兆,郡县祥瑞之符,闾阎孝悌之行,户口增减之数,皆书以授著作官"[8]。宋徽宗政和年间的《修起居注式》专门规定:"其太史占验日月、星辰、风云、气候之兆,系于日终。"[9]由此可知,太史须每日占验各类灾异事件,并记录下来。

"日历"的编修是"依时政记、起居注及诸司报状,排日甲乙,编而集之"[10]。"诸司"报状文字皆有时限和质量要求,违者将受惩罚。绍兴元年(1131)诏令:"省、曹、台、院、寺、监、库务、仓场诸司,被受指挥及更改诏条,并限当日录申修日历所……违限及供报草略者,从本所将当行人吏直送大理寺,从杖一百科罪。"[11]"凡修《日历》照用文字……风云、气候,太史局实封具报,至月终又总而申焉"[12]。在陈骙所著《南宋馆阁录》卷四《修撰上》中,还详细记载南宋修"日历"的格式,其中也包括"祥异"类。

宋代"实录"是官修编年体史书的成书,除依据日历外,还多方收集史料。以北宋《英宗实录》编修为例,其资料收集多达十四个方面。其中,第七是"命三司,将虫蝗水旱灾伤,及德音赦书蠲放税赋及蠲免欠负,并具实数,供报当院";第九"都水监有关河渠水利议论更改,礼部郡国所申祥瑞,……令仔细检寻供报,不得漏略。"[13]

宋代"国史"是官修纪传体史书的成书,当时亦称"正史"。编修国史,除以日历、实录为依据外,也广泛征集资料,访求私家著作。南宋一朝编修高宗、孝宗、光宗、宁宗《中兴四朝国史》的草稿。此外,宋代还有"会要",除了以日历、实录和国史等为凭藉之外,还汇集各级政府的档案,征集官私文字,加以考订,分类编纂而成。后世根据以上多种史料,增削删减而形成诸史。

3.2 南宋杭州灾异史料的基本情况及来源

得益于前人不懈努力,南宋史料保存相对完整,经收集整理,南宋时期杭州的灾异史料主要包括"灾异现象"和"灾异响应"两个部分,具体见表1。

表1 南宋时期杭州灾异史料的分类情况

	分项	备注
灾异现象	气象灾害	主要包括台风洪涝等水灾、旱灾、异常冷暖、沙尘、雹灾等
	海洋灾害	主要包括风暴潮、陆岸侵蚀崩塌等
	地质灾害	主要包括地震、山崩等
	生物灾害	主要指蝗灾
	火灾	主要指城市火灾
	饥荒	
	疫病	
	特殊天象	如彗星、日月食、极光等
灾异响应	灾异处置	救灾、赈灾、防灾等
	灾异影响	对社会体制、文化风俗等
	相关专题	与灾异相关的国史修撰、祭祀制度、雨水奏报制度、禁围田诏令等

南宋时期杭州灾异史料主要来源于三个方面：一是官方记载，如《宋史》或史官所修《日历》《实录》等；以及个人根据官方记载撰述的文献典籍，如《宋会要辑稿》《文献通考》等，统称之为“正史类”。二是历代地方官吏或文人编撰的地方志，如《淳祐临安志》等多达数十种，统称之为“方志类”。三是各类日记、笔记、游记、诗文集等个人记录，如《癸辛杂识》等数十种著作，以及今人所编的《中国气象灾害大典·浙江卷》《浙江灾异简志》和《杭州市水利志》，统称之为“其他类”。

笔者共收集到南宋时期杭州灾异史料2036条，部分史料有所重复，描述的为同一灾异事件，但为了对灾异史料进行校订或补充应用，仍然给予保留。全部灾异史料中，正史类1805条，占比88.7%(表2)；方志类135条，占比6.6%；其他类96条，占比4.7%。平均每年占有史料13.6条，其中，正史类12条、方志类0.9条、其他类0.7条。

显然，正史类是南宋杭州灾异史料的主要来源，其构成情况值得进一步探究。从表2可见，1805条正史类灾异史料来自十部文献典籍。这十部文献典籍中，以《宋史》贡献最多，共计829条，占比45.9%，这其中又有455条来自《宋史·五行志》，占比达到25.2%。不容忽视的是《宋史全文》《宋会要辑稿》《续资治通鉴》《文献通考》和《建炎以来系年要录》五部文献典籍，合计贡献952条灾异史料，占比达到52.7%，超过《宋史》。上述六部文献典籍合计贡献史料1781条，占正史类史料总量的98.7%，占全部史料总量的87.5%，是研究南宋杭州灾异情况的主要史料出处。

表2 南宋时期正史类杭州灾异史料情况

序号	正史名称	史料数	占比数(%)	备注说明
1	《宋史》	829条	45.9	“五行志”455条，其余散见于帝王本纪、天文志、河渠志、列传等
2	《宋史全文》	421条	23.3	
3	《宋会要辑稿》	194条	10.7	“食货志”91条，“瑞异志”64条，其余散见于“方域志”、“刑法志”等
4	《续资治通鉴》	180条	10.0	均出自“宋纪”部分
5	《文献通考》	115条	6.4	均出自“物异考”部分

续表

序号	正史名称	史料数	占比数(%)	备注说明
6	《建炎以来系年要录》	42条	2.3	
7	《宋史纪事本末》	9条	0.5	
8	《续编两朝纲目备要》	8条	0.4	
9	《续文献通考》	6条	0.3	
10	《三朝北盟会编》	1条	/	
合计		1805		

4 南宋灾异史料编撰的几个问题

4.1 高宗前期政府流徙与灾异发生地的甄别问题

由于语言本身具有模糊性,因此灾异史料可能在时间、地点、事件、强度、后果等方面存在误差。例如,《宋史·五行志》等记录原文中多有未注明地点的灾异信息,有认为未注明地点者应为当时中央政府控制的大部分地区[14]。冷暖、干旱等现象具有较大时空尺度,洪涝、沙尘相对次之,但《宋史·五行志》中还存在大量的未标注地点的"雨雹""雷""火灾"等信息,这些灾异的局地性极强,仍认为发生地点为"中央政府控制的大部分地区",显然过于宽泛。若默认为王朝所在地——都城或京畿,则更为合适。

灾异或特殊天象,被古人视为来自上天的警示,与国家安危息息相关。南宋时,灾异天象记录一般由太史局负责,"太史局每月具天文、风云、气候、日月交蚀等事,实封报秘书省"[15]。太史局天文官也随皇帝迁徙各地,甚至可以止宿大内,"太史局天文官许将带学生内中止宿,以备宣问天象"[16]。上述为建炎三年五月的诏令,但当时高宗并不在杭州,而是辗转于今天的苏南一带,故由太史局天文官记录的灾异、天象等很可能是高宗驻跸所在地的信息。

在绍兴八年(1138年)南宋"定都"杭州前,权力中心一直流徙不定,"行在"多有不同,扬州、杭州、越州(今浙江绍兴)、平江(今江苏苏州)、建康(今江苏南京)等地都曾是高宗驻跸之地,而政府机构和百官亦随行之,"銮舆一行,皇族、百司官吏、兵卫、家小甚众"[17]。在建炎元年至绍兴八年的12年中,高宗仅有建炎三年二月至四月、绍兴二年正月至四年十月、绍兴五年二月至六年九月、以及绍兴八年二月至十二月,总计5年半的时间停留杭州,具体见表3。由于宋高宗"居无定所",史料记载多有混杂模糊之处。特别是这一时期《宋史》中诸多不记地点的灾异信息,后世多将其归为发生于"行在"杭州,恐有不妥,需仔细甄别使用。

表3 南宋初期宋高宗行止情况

时间	记录	出处
1127年,建炎元年	五月庚寅朔,帝即位于应天府治。改元建炎	《宋史》卷24《高宗纪一》
	十月丁巳朔,帝如扬州	《宋史纪事本末》卷六三
1128年,建炎二年	正月丙戌朔,帝在扬州	《宋史纪事本末》卷六三

续表

时间	记录	出处
1129年，建炎三年	正月，帝在扬州	《宋史纪事本末》卷六三
	二月壬戌，上至杭州	《宋史全文》卷十七上
	四月丁卯，帝发杭州；五月戊寅朔，帝次常州；辛巳，帝次镇江；乙酉，帝至江宁府	《宋史纪事本末》卷六三
	九月辛亥，帝次平江府；十月癸未，帝至临安，遂如越州	《宋史纪事本末》卷六三
	十二月己丑，帝乘楼船次定海县	《宋史》卷25《高宗纪二》
	十二月庚子，帝移温、台	《宋史纪事本末》卷六三
1130年，建炎四年	正月甲辰朔，帝舟居于海；三月，帝发温州；四月癸未，帝还越州，升越州为绍兴府	《宋史纪事本末》卷六三
1131年，绍兴元年	正月己亥朔，帝在越州	《宋史纪事本末》卷六三
1132年，绍兴二年	正月壬寅，上御舟发绍兴；丙午，上至临安	《宋史全文》卷十八上
1133年，绍兴三年	正月丁巳朔，帝在临安	《宋史纪事本末》卷六三
1134年，绍兴四年	正月辛亥朔，帝在临安	《宋史纪事本末》卷六三
	十月，帝以刘豫入寇，诏亲征。戊戌，发临安。壬寅，次于平江	《宋史纪事本末》卷六三
1135年，绍兴五年	正月乙巳朔，上在平江	《宋史全文》卷十九中
	二月丁丑，上御舟发平江府；壬午，御舟至临安府	《宋史全文》卷十九中
1136年，绍兴六年	正月已巳朔，帝在临安	《宋史全文》卷十九下
	九月丙寅朔，上发临安府；癸酉，上次平江府	《宋史全文》卷十九下
1137年，绍兴七年	正月癸亥朔，帝在平江，诏移跸建康	《宋史纪事本末》卷六三
	三月癸巳朔，上次丹阳县；甲子，上次镇江府；乙巳晚，次下蜀镇	《宋史全文》卷二十上
1138年，绍兴八年	正月戊子朔，上在建康。二月戊寅，上至临安府	《宋史全文》卷二十中
	二月戊寅，帝至临安，自此始定都矣	《宋史纪事本末》卷六三

4.2 秦桧对高宗时期修史的破坏问题

高宗朝修史受政治影响较大。绍兴十四年(1144年)四月，权相秦桧以防止借修史诽谤朝政为由，奏请高宗禁止私人撰史。又命其子秦熺以秘书少监主撰国史，借机销毁和篡改对自己不利的日历、时政记、诏书、奏章等。“自秦桧再相，取其罢相以来一时诏旨与夫斥逐其门人章疏，或奏对之语稍及于己者，悉皆更易焚弃，由是日历、时政记亡失极多，不复可以稽考”[18]。秦桧于绍兴二年(1132年)七月罢相位，绍兴八年(1138年)三月复相位，直至绍兴二十五年(1155年)十月病死为止。绍兴二十八年(1158年)九月，起居郎洪遵上奏说：“自绍兴九年至今，起居注未修者殆十五年。乞令两制除见修按月进入外，余未毕者，每月带修两月。”高宗“从之”。[19]由此可见，自绍兴八年起，直至秦桧死后数年的绍兴二十八年，南宋修史一直受到严重的政治干扰。

考察高宗时期杭州灾异史料的年际分布情况发现，在建炎元年(1127年)到绍兴八年的12年间，共有各类史料277条，年平均占有史料23.1条。从绍兴九年(1139年)即秦桧复相位的次年，到绍兴二十七年(1157年)即起居郎洪遵上奏请修起居注的前一年，这19年间共有各类史料184条，年平均占有史料仅9.7条，与理宗时期的水平相当。从绍兴二十八年到绍兴三十二年(1162年)的5年间，共有各类史料91条，年平均占有史料恢复到18.2条。可见秦桧位居相位期间对于南宋修史工作确有明显的不利影响，这一时期很可能有大量灾异史料缺失。

4.3 南宋后期史料缺失问题

《宋史》为纪传体断代史著作，记述北宋太祖赵匡胤建隆元年(960年)至南宋赵昺祥兴二年(1279年)的历史。"《宋史》详于北宋，略于南宋，南宋后期尤疏略"[20]。特别是宋理宗以后的史料记载多有缺失，"理度两朝，事最不完。理宗日历尚二、三百册，实录纂修未成亡国，仅存数十册而已。度宗日历残缺。皆当访求。"[21]究其原因，晚宋政局动荡，故而修史大受影响。宋代修实录、国史，一般是在前一个皇帝死后，由即位皇帝下诏编修。度宗时，南宋濒临灭亡，修史陷于停顿。所以国史和会要修到宁宗朝为止，理宗朝实录不全，度宗朝连实录都还没有来得及修，更不要说以后的恭宗、端宗等。另一方面，蒙元灭南宋的战争，以及临安陷落距《宋史》修成中间又相隔69年，这一期间势必又会导致部分史料散佚。正如元代赵滂所言："理、度世相近而典籍散亡，……欲措诸辞而不失者，亦难矣哉"[22]。根据《宋史》记载[23]，南宋时期各朝日历、实录修撰基本情况见表4。

表4 南宋各时期日历、实录等修撰情况

时期	日历	实录	备注
高宗	一千卷	五百卷	绍兴十三年修成建炎元年到绍兴十二年日历590卷。绍兴三十二年，修成后续草稿830卷。1000卷为定稿卷数
孝宗	二千卷	五百卷	
光宗	三百卷	一百卷	
宁宗	五百一十卷	四百九十九册	日历重修为五百卷，实录为草稿
理宗	四百七十二册	一百九十册	日历及实录均为草稿
度宗			有《时政记》七十八册草稿
恭宗			有《德祐事迹日记》四十五册草稿

对比高宗到恭宗七位帝王在位时期的史料数量情况发现(见表5)，高宗、孝宗、光宗和宁宗各自在位时期的各类史料和正史史料年平均值都超过南宋时期的多年平均值。自理宗登基到恭宗投降的52年间，南宋的修史工作每况愈下，甚至近乎停顿。理宗时期年平均占有史料出现大幅下降，只有宁宗时期的三分之二左右。度宗和恭宗时期年平均占有史料进一步减少，仅有宁宗时期的三分之一左右。这与此前论述是一致的。

表5 南宋各时期杭州灾异史料数量对比情况

	三类合计		正史类		方志类		其他类	
	总值	均值	总值	均值	总值	均值	总值	均值
高宗(在位36年)	552	15.3	489	13.6	35	1.0	28	0.7
孝宗(在位27年)	476	17.6	422	15.6	34	1.3	20	0.7

续表

	三类合计		正史类		方志类		其他类	
	总值	均值	总值	均值	总值	均值	总值	均值
光宗(在位5年)	73	14.6	63	12.6	8	1.6	2	0.4
宁宗(在位30年)	473	15.8	433	14.4	27	0.9	13	0.4
理宗(在位40年)	406	10.2	358	9.0	23	0.6	25	0.6
度宗(在位10年)	46	4.6	30	3.0	8	0.8	8	0.8
恭宗(在位2年)	10	5.0	10	5.0				
南宋(1127—1276年)	2036	13.6	1805	12.0	135	0.9	96	0.7

故而,理宗及以后的杭州灾异史料的来源及构成情况格外值得探究。从表6可见,南宋理宗、度宗和恭宗时期(1225—1276年),共收集到各类杭州灾异史料462条,正史类共计398条,占比86.1%。这其中《宋史》贡献史料186条,占比达到40.3%。《宋史》中“理宗本纪”和“度宗本纪”合计贡献121条,其次是“五行志”53条,这与南宋中前期的情况有所不同。《宋史全文》和《续资治通鉴》合计贡献史料209条,占比达到45.2%,超过《宋史》的贡献率,且两者对此一时期《宋史》灾异事件记载简略或疏漏等情况多有补充。此外,方志类和其他类分别为31条和33条,占比分别为6.7%和7.1%,上述两类史料来源都较为分散。

表6 南宋后期(理宗、度宗、恭宗)杭州灾异史料情况

序号	正史名称	史料数	占比数(%)	备注说明
1	《宋史》	186条	40.3	其中,“理宗本纪”106条,“度宗本纪”15条,“五行志”53条
2	《宋史全文》	143条	30.9	
3	《续资治通鉴》	66条	14.3	均出自“宋纪”部分
4	《续文献通考》	3条	0.6	均出自“物异考”部分
5	地方志类	31条	6.7	《杭州府志》12条,《淳祐临安志》6条,其他散见于各地方志
6	其他类	33条	7.1	《中国气象灾害大典·浙江卷》8条,《浙江灾异简志》6条,《杭州市水利志》5条,其他散见于宋元时期文集笔记等
合计		462		

5 结语与讨论

总体而言,官方或个人根据官方记载撰述的“正史类”文献典籍是杭州灾异史料的主要来源,方志等史料具有一定的补充作用,但作用有限。“正史类”文献典籍中,《宋史》《宋史全文》《宋会要辑稿》《续资治通鉴》《文献通考》和《建炎以来系年要录》等贡献史料占比达到87.5%,是研究南宋杭州灾异情况的主要史料出处。

南宋时期史料中有大量未标注地点的“雨雹”“雷”“火灾”等灾害信息,这些灾害具有较强的局地性,特别是发生在南宋王朝的权力中心的灾害更会受到高度的重视。但是,在南宋立国初期,王朝的权力中心流徙不定,在建炎元年至绍兴八年的12年中,高宗仅有5年半的时间停留杭州。史料中诸多不记地点的灾异信息,后世多将其归为发生于“行在”杭州,并不完全妥当,对这些史料需要细加甄别使用。

秦桧对高宗一朝的修史工作具有明显的破坏作用。从高宗时期杭州灾异史料的年际分布情况看,在秦桧复相前、复相后以及秦桧死后恢复正常修史的三个时期,灾异史料年平均数量经历了从 23.1 条/年下降至 9.7 条/年,到再恢复为 18.2 条/年的过程。可见秦桧位居相位期间南宋灾异史料有明显的缺失,对相关研究有着不利的影响。

南宋后期的史料缺失问题更加突出。就杭州的灾异史料而言,理宗时期年平均数量只有宁宗时期的三分之二左右,度宗和恭宗时期年平均数量仅有宁宗时期的三分之一左右。史料的缺失直接反映在各类灾害统计数据的减少,有的研究不加甄别就得出南宋后期"灾害减少"这样的结论[24],恐有不妥。南宋后期,《宋史》《宋史全文》《续资治通鉴》等贡献史料占比达到 85.5%,是研究南宋后期杭州灾异情况的主要参考史料。

参考文献

[1] 方建新．南宋临安大事记[M]．杭州:杭州出版社,2008.
[2] 徐吉军．南宋都城临安[M]．杭州:杭州出版社,2008:190-196,301-302.
[3] 邱云飞．中国灾害通史(宋代卷)[M]．郑州:郑州大学出版社,2008.
[4] 付为强．宋人应对气候变化研究[D]．开封:河南大学硕士论文,2009.
[5] (元)脱脱,等．宋史,卷八十八《地理四》;谭其骧．中国历史地图册、第六册《宋辽金时期》,北京:中国地图出版社,1996,59-60.
[6] (元)脱脱等．宋史,卷四四五,汪藻传．
[7] (南宋)王明清,挥麈录,卷一《史官记事所因者有四》.
[8] (清)徐松．宋会要辑稿,职官二之十三．
[9] (清)徐松．宋会要辑稿,职官二之十．
[10] (清)徐松．宋会要辑稿,职官二之十七．
[11] (清)徐松．宋会要辑稿,运历一之二四．
[12] (南宋)陈骙．南宋馆阁录,卷四,修撰下．
[13] (北宋)曾巩．曾巩集,卷三二,英宗实录院申请札子．
[14] 张丕远．中国历史气候变化．济南:山东科学技术出版社,1996:439.
[15] (南宋)李心传．建炎以来系年要录,卷六七,绍兴三年七月己未诏令．
[16] (元)佚名．宋史全文,卷十七上,建炎三年五月辛卯条．
[17] (南宋)李焘．续资治通鉴·宋纪,卷一百六"建炎三年十一月吕颐浩所奏条".
[18] (元)佚名．宋史全文,卷二十一中．
[19] (元)佚名．宋史全文,卷二十二下．
[20] 白寿彝．中国通史,第七卷,五代辽宋夏金时期,甲编第一章,文献资料,第三节,宋代史料[M]．上海:上海人民出版社,2013:6.
[21] (元)苏天爵．滋溪文稿,卷二十五．三史质疑．
[22] (元)赵滂．东山存稿,卷五．题三史目录纪年后．
[23] (元)脱脱等．宋史,卷二百三．艺文二．
[24] 邱云飞．宋朝水灾初步研究[D]．郑州:郑州大学硕士论文,2006:27.

A Brief Account of the Basic Situation of the Historical Data of Disasters in Hangzhou during Southern Song Dynasty ——also Discussing Some Problems in the History Revision of Southern Song Dynasty

ZHANG Lifeng[1], JIA Yan[2]

(1. Zhejiang Meteorological Bureau, Hangzhou 310017;
2. Zhejiang Meteorological Observatory, Hangzhou 310017)

Abstract Historical records of disasters are one of the important bases for understanding and studying ancient climate and environmental problems. Based on the historical data of Hangzhou's disasters in the Southern Song Dynasty, this paper sorts out its compilation, sources and other basic information. At the same time, combined with the history revision work for the Southern Song Dynasty, the problems and influences of several disasters in the early and late periods of Southern Song Dynasty are discussed.

Keywords Southern Song Dynasty, Hangzhou, historical record of disaster, history revision, problem

浅谈中国古代生活中的“霾”

白　艺，魏嘉臻

（北京联合大学应用文理学院，北京　100191）

摘　要　近年来，我国的雾霾已经严重影响了人们的日常生活。从短期的日常出行到长久的健康状况，雾霾的治理已经成为迫在眉睫的问题。然而，在我国古代，上可追溯至阴虚甲骨刻辞，下至明清乃至近现代，不同时期都有关于坏天气的记载，其中也不乏“霾”这种天气现象。虽然古人更多的是将这些现象视为上天与人的呼应而非自然灾害，但我们依旧可以从史料中获取诸多有用信息。本文简单梳理了正史史料中所记载的与雾霾、沙尘等天气现象的资料，并对霾含义的演变进行总结，将其与现代自然灾害进行对比。

关键词　雾霾，霾，沙尘，甲骨文

近年来，大气颗粒物污染日趋严重，严重影响着人类的正常生活及工作。2013 年 1 月在京津冀及周边地区发生了一场历史罕见、长周期的大气重污染。近段时间全国许多城市雾霾天气频繁。2017 年 1 月初，华北地区出现了严重的持续性重度大气污染事件，由于超细大气颗粒物严重影响着人的呼吸系统及年轻人群肺功能的发育，$PM_{2.5}$及纳米颗粒物能够进入到呼吸系统的腔区，引起炎性应答，[1]因此空气质量问题再次引起人们的重视。根据数据，自 2014 年 1 月到 2017 年 6 月空气质量指数（AQI）天数统计，达优天数（0～50）仅占 262 天，良（50～100）占 461 天，污染天数占 552 天，其中严重污染（>500）有 83 天。（见图 1）

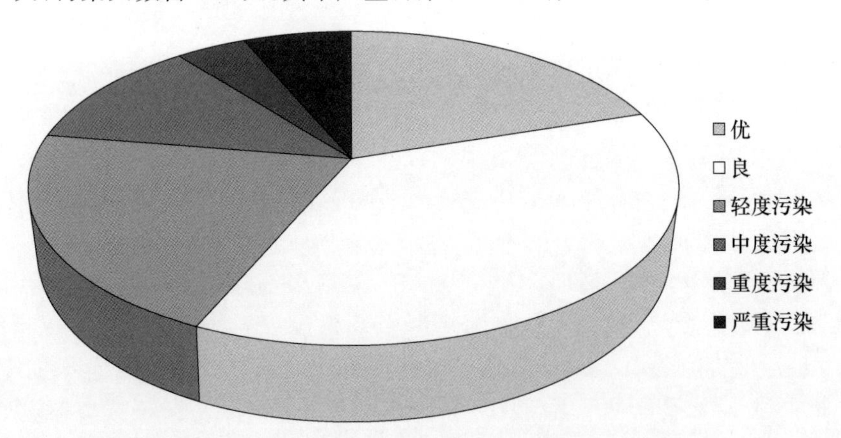

图 1　2014 年 1 月—2017 年 6 月空气质量等级天数[2]

研究表明，霾成分非常复杂，是“复合型”的，包括数百种大气化学颗粒物质。其核心物质是由空气中悬浮的灰尘、硫酸、硝酸、有机碳氢化合物（如多环芳烃）等粒子组成的。即人们常

作者简介：白艺、魏嘉臻，北京联合大学应用文理学院在读研究生，考古学专业，主要研究方向：新石器商周考古。

说的 PM(Particulate matter)——颗粒物。而霾，也称灰霾，指空气中的灰尘、硫酸、硝酸、有机碳氢化合物等大量极细微的干尘粒子均匀地浮游在空中，使空气浑浊的现象。通常能见度小于 10 km，相对湿度小于 90%时为霾。灰霾粒子的直径比较小，从 0.001 μm 到 10 μm，平均直径大约在 1～2 μm 左右，是肉眼看不到空中飘浮的颗粒物。[3]

许多人认为霾的成因是由于汽车尾气、空气污染等人为因素造成的，其实不单如此。霾根据存在状态不同主要分为两大类，第一类是大范围、短时间的霾，第二类是局地性、常态化的城市灰霾。这两类霾的机理有比较大的区别，第二类霾是人为污染为主要原因造成的，也是治理的重点，而第一类霾则可视为一种自然灾害，[4]且这种自然灾害早在古代时期就有出现。

1 甲骨刻辞中的“霾”

在商代甲骨刻辞中，就有对于“霾”的记载。商代甲骨文中被释读作“霾”的字，在《甲骨文合集》中一共有 10 例，在《卜辞通纂》中记有 3 例。这些关于“霾”字的卜辞部分句意完整，可以推测其意思和用法。

如，在《合集》13465 版中有记：“巳酉卜，争贞：风隹有霾?”释义为，“风会带来了霾么?”《合集》13467 版：“贞：兹雨隹霾? 贞：兹雨不隹霾? 明言有雨，何得有霾?”释义为：“贞人说：这场雨会出现霾吗? 这场雨不会出现霾吗? 既然说有雨，为何还有霾呢?”此外还有《合集》13466 版：“癸卯卜……王占曰：其……霾? 甲辰……”；《合集》13468 版“贞：翌丁卯酒，丁霾?”；《合集》13469 版：“……隹霾，有作(祸)?”；《合集》13470：“贞……霾”《合集》8859 版反面：“……霾……”；《合集》4762 版 ：“卜……霾辛巳……夕飨”。其中，“霾”的字体有两种，在 8859 和 13465 到 13470 这 9 个卜辞中，霾字体如：，象形字“貍”字体朝向左侧；卜辞 4762 版中字体如：，但两者都释义为“霾”。《卜辞通纂》中第四一七片(前)：“癸卯卜……王占曰：其霾甲辰”。第四一八片(前)：“隹霾㞢乍□”。第四一九片(前)：“甲申卜，争贞，貍其㞢(有)□……贞貍亡□。”郭沫若先生在这片卜辞中解释：“此片之兽形纹，以前二片霾字例之知即貍字。貍者野猫也，字在此盖假为霾。”[5]

《诗经 · 邶风 · 终风》提到：“终风且霾，惠然肯来。”《尔雅 · 释天》中对此有“风尔雨土为霾”的解释。对于“霾”字，大多学者都以《说文解字》的解释为蓝本，即：“霾，风雨土也。霾义为风刮得尘土飞扬，从上而下弥漫空中，好像天上下土一样。”[6]但在日常的地面观测中，造成视程障碍现象的天气条件有雾、轻雾、霾、扬沙、沙尘暴、浮尘等。对此有学者认为甲骨卜辞中所提到的“霾”是一种沙尘暴天气而非现如今的雾霾现象。三国时期孙炎为《尔雅》作注时所释“大风扬尘，土上下也”便有此类含义。从现代的角度看，沙尘暴是由于强风将地面大量沙尘吹起，使空气相当浑浊，水平能见度小于 1.0 km(出现沙尘暴且风力大于四级(约 10 m/s))[7]。然而将上述卜辞全部归于沙尘暴天气是有不妥的。虽然有的卜辞中提到风带来了霾，但是大风过后天上像是下土一样形成霾，与现在稳定、高湿的气象条件造成区域性低能见度和雾霾天气的形成、积聚和维持有相似之处。[8]

2 正史史料中所出现的“霾”

单从甲骨卜辞和古代文学作品中是不足以了解古代的“霾”的含义以及它与现代是否存在

差异，诸多文史古籍中也有对“霾”的描述。正史的《五行志》中记录了大量怪异事物，这些记录一般由“征”与“应”两部分构成。征应的产生建立在二者之间的因果关系上，古人相信一些自然现象是上天对人间秩序的一种警示。

例如在《汉书・五行志》中，有这样一段记载，京房《易传》曰：“有霓、蒙、雾。雾，上下合也。蒙，如尘云。霓，日旁气也 ……下相攘善，兹谓盗明，蒙黄浊。……大臣厌小臣，兹谓蔽，蒙微，日不明，若解不解，大风发，赤云起而蔽日……忠臣进善君不试，兹谓遏，蒙，先小雨，雨已蒙起，微而日不明。惑众在位，兹谓覆国，蒙微而日不明，一温一寒，风扬尘”，主要说了《易传》上说的霓、蒙、雾三种天气现象与社会生活的关系。雾，即水蒸气遇冷凝结成细微水点，上下结合成云烟状；日光不明与尘云为蒙；霓虹日光称为霓。

真正首次在正史史料中出现“霾”的记载的是《晋书・天文志》，记曰：“凡天地四方昏蒙若下尘，十日五日已上，或一月，或一时，雨不沾衣而有土，名曰霾。故曰，天地霾，君臣乖。”凡是天地四方昏暗蒙蒙像是下尘土一样，连十天五天以上，甚至一个月或一季，雨水不沾衣物并且有尘土，则称之为“霾”。这一描述与现代雾霾的特征虽有差异，但是却可以轻易地和沙尘暴区分。因为沙尘暴时常伴有大风，具有突发性和短时性的特点，而非持续数天甚至数月，下雨且雨中伴有尘土，这一现象与雾霾形成所要求的空气湿度也相近，因此，此处所指的“霾”与我们所认知的“雾霾”有着相似的特征。且这种天气也与上文提到的人间秩序相同，代表了君臣不和谐。

再往后的史料中，也不乏看到霾的出现。《新唐书・五行志》中有记：“长庆二年正月己酉，大风霾。……三年正月丁巳朔，大风，昏霾终日……中和二年五月辛酉，大风，雨土。天复三年二月，雨土，天地昏霾”等；《宋史・五行志》有“嘉祐八年十一月丙午，大风霾……乾道五年正月甲申，昼霾四塞……淳熙五年四月丁丑，尘霾昼晦，日无光……庆元九年十二月乙未，天雨霾”等记；《元史》中也有多处 “雨土霾”的记录。明清时期，《明史・五行志》中有“风霾晦冥”条，集中记载了从建文到崇祯之间出现的十余次霾现象；《清史稿・灾异志五》中也记载了从顺治到同治年间出现的“霾”。

除此之外，还有一些没有出现霾字，但天气现象与其相似的史料记载。例如《隋书五行志下》有记：“梁大同元年，天雨土。二年，天雨灰，其色黄。”前后两年的 “天雨土”和“天雨灰，其色黄”，其描述均是形容“昏黄”“阴霾”等天气状况，却用了不同的记录方式；《宋书・五行志》黄眚黄祥篇中“晋安帝元兴元年十月丙申朔，黄雾昏浊，不雨”；《南齐书・五行志》记“六年十一月庚戌，丙夜土雾竟天，昏塞浓厚，至六日未时小开，到甲夜后仍浓密，勃勃如火烟，辛惨，入人眼鼻”；《魏书・灵徵志》中“世宗景明三年二月己丑，秦州黄雾，雨土覆地”等等。

3 霾的分类与发生时间

根据上述的二十五史的资料看，古人将霾根据其具体的天气状况的不同，有“昏霾”“风霾”“雨土霾”“黄霾”等多种不同形态。其中，“昏霾”“黄霾”“黑霾”等，多与天阴、目不能视的天气状况描述有关，例如《新唐书・五行志》中有“(长庆)三年正月丁巳朔，大风，昏霾终日”，从大意上理解为，这一天大风，导致整天都深入昏霾之中。这一点解释有些类似《尔雅・释天》中的“终风且霾”，狂风席卷扬尘埃导致目不能视的天气状况。因此不将其作为雾霾这种天气现象的参数。[9]

自宋代以来，有关霾的坏天气的记载明显增多，到了明清时期更是大幅增加，因此笔者选择《清史稿》全本，统计清代发生“风霾”和“雨土”现象（见表 1）。在《清史稿》卷第八本纪第八《圣祖本纪三》中有记：“二月戊辰朔，张伯行缘事解任，交张鹏翮审理。己巳，以施世纶为漕运总督。辛未，上巡幸畿甸，谕巡抚赵弘燮曰：‘去年腊雪丰盈，今年春雨应节，民田想早播种。但虑起发太盛，或有二疸之虞。可示农民芸耨宜疏，以防风霾 。’”卷第十六本纪第十六《仁宗本纪》有四月戊辰朔，日有食之。乙亥，风霾。丙子，诏曰 ：“昨日酉初三刻，暴风自东南来，尘霾四塞，燃烛始能辨色。”由此看这几处的风霾是一种自然灾害，会破坏庄家，风霾造成尘埃满天，能见度降低。《清史稿》全本与风霾有关的记录一共 66 处，大多作为气象灾害记录。雨土的内容全篇有 17 条，如卷第五本纪第五《世祖本纪二》中“乃者冬雷春雪，陨石雨土，所在见告”，可理解为一种罕见的天气现象，即冬天打雷春天下雪，天上有石头坠落天空像雨一样下土。其余 16 条均出自卷第四十四志第十九《灾异五》，与之相关的还有“雨黄土”“雨黄沙”等，共计 23 条，记录了从顺治十五年至光绪四年这 225 年的雨土现象。笔者假设这一现象无大风、恒阴、降水等特殊原因，“雨土”虽与现代雾霾现象有所出入，但其形态都是颗粒物在空中飘浮的状态，造成能见度低，空气质量差等现象。其主要出现月份如表 1，其中还有四处分别是（康熙）六十年春，安定雨土；嘉庆十四年冬，泰州雨土；道光四年春，霑化雨土；同治三年春，麻城雨土。由此观之，雨土多发生于冬末春初的季节，这一时期气温回暖，空气湿度较大，不利于空气中污染物扩散，因此会发生天上下土的现象。

表 1　清史稿中所记“雨土”现象发生月份

月份	1 月	2 月	3 月	4 月	5 月	6 月	7 月	8 月	9 月	10 月	11 月	12 月
次数	2	5	7	2	0	1	0	0	1	0	1	0

4　霾天气的发生与传播

自然现象中的雾霾不是凭空产生的，不论是雾霾还是沙尘天气，都具有传播性。2017 年 5 月 3 日，我国北方地区遭遇了近年最大范围的沙尘天气，内蒙古、甘肃、河北等 10 余省（区、市）均出现了扬沙或浮尘，其中内蒙古西部、黑龙江西部部分地区出现了沙尘暴，局地强沙尘暴。根据卫星云图显示，2017 年 5 月 5 日，沙尘抵达上海，造成上海市空气轻度到中度污染。上海位于我国东南临海地区，不具备沙尘源这一沙尘暴形成的不可或缺的条件，因此不会产生沙尘暴天气。但当北方发生强沙尘暴天气时，如果有适宜的大气环流背景，则可将数千千米以外的沙尘输送至本地，从而产生扬沙或浮尘天气。

由于中国古代没有如现代一样发达的技术用于检测天气变化，所有的天气仅靠人工记录，因此不免有记录不全的地方。但在《明史 · 五行志三》“风霾晦冥”篇有记：“隆庆二年正月元旦，大风扬沙走石，白昼晦冥，自北畿抵江、浙皆同。”很明显，这里的“大风扬沙走石”类似现在的沙尘天气。“畿”古指靠近国都的地方。明代有“两京一十三省”的行政区划，即直隶于京师的地区的北直隶、直隶南京地区的南直隶和陕西、山西、山东、河南、浙江、江西、湖广、四川、广东、福建、广西、贵州、云南十三省。根据上述行政划分，北畿指的是北京周边的地区，明代文献里的江浙往往指代江西和浙江两大省，由此观之，隆庆二年正月的这场沙尘天气由北向南延续，形成了一场大范围传播的“风霾”天气。

5 小结

"霾"之一字从甲骨文流传至今,其含义不断丰富,人们对它的认识也不断改变。有学者认为,诗经中所指的风与早期的风神崇拜有关,这里风的颓、猋、庉、飘、暴、霾、曀等均带恶性,与《山海经》四方风的神性,也有明显的恶善之分。[10] 单从"霾"字出发,其既有扬沙之意,又可指昏暗的状态。

从上述诸多史料中不难看出,不同时间、不同地区所产生的霾,也有着不同的类型和影响。随着时代的不断发展,如今的霾也有了新的定义。正如前文提到的,局地性、常态化的城市灰霾是人类污染造成的,其治理方法是严格把控空气质量;而对于大范围、短时间的大雾霾,是自古以来的自然问题,并非一早一夕就可以解决的。因此,在解决雾霾这一问题上,对于前者,做好治理工作是有效减少空气中有害污染物的根本方法;而对于后者,它的产生及其长途传播是目前人类力量所不能控制的。我们能做的是,从时间上提前做好防护措施,做长时间的治理准备;在空间上对不同地区的雾霾污染分类研究其产生的原因及成分,将二者区别开来是当下处理雾霾污染的明智选择。

参考文献

[1] Brunekreef B, Forsberg B. Epidemiological evidence of effects of coarse airborne particles on health [J]. *European Respiratory Journal*,2005,**26**(2):309-318.

[2] 数据来自天气后报网 http://www.tianqihoubao.com/

[3] 吴兑,毕雪岩,邓雪娇,等. 珠江三角洲大气灰霾导致能见度下降问题研究[J]. 气象学报,2006. **64**(4):510-517.

[4] 夏光. 新霾说[J]. 环境与可持续发展,2016,**41**(6).

[5] 郭沫若. 卜辞通纂[M]. 北京:科学出版社,1983:385.

[6] 许慎. 说文解字[M]. 北京:中华书局,2004:1074.

[7] 高井宝,王昊,张南,等. 浅谈雾霾沙尘暴浮尘的判别方法[J]. 科技创新导报,2017(15):130-130.

[8] 张小玲,唐宜西,熊亚军,等. 华北平原一次严重区域雾霾天气分析与数值预报试验[J]. 中国科学院大学学报,2014,**31**(3):337-344.

[9]夏炎."霾"考:古代天气现象认知体系建构中的矛盾与曲折[J]. 学术研究,2014,(03):92-99,160.

[10] 宋镇豪. 夏商社会生活史[M]. 北京:中国社会科学出版社,1996: 334-335

Brief Talk on the "Haze" in Ancient China

BAI Yi,WEI Jiazhen

(College of Arts & Science of Beijing Union University,100191,China)

Abstract In recent years,haze has had great influence on people's daily lives and haze control has become an imminent problem,whether it is for the short-term daily commute or for the long-term health issues. In the ancient Chinese history,records of foul weather could be found from the inscriptions on bones or tortoise shells of the Shang Dynasty to the literature of Ming and Qing Dynasties as well as the modern times, among which "haze" could be seen. Although our ancestors interpreted the phenomena as the correspondence between the heaven and the human beings, instead of natural disasters, we could still uncover abundant useful information from the historical data. This paper offers a brief summary of the official historical data that is related to weather phenomena such as haze and sand dust. It also summarizes the evolution of the definition of haze and makes comparison between the ancient record and the modern natural disasters.

Keywords smog, haze, sand dust, inscriptions on bones or tortoise shells of the Shang Dynasty

勇为气象修新史
——二轮《北京志·气象志》编修及志书特色记述

曹冀鲁，杜春燕

（北京市气象局，北京　100089）

摘　要　《北京志·气象志》(二轮)自2011年11月启动，历时6年，近百人参与编写审修，按照北京市关于二轮修志工作的要求，经过篇目设计、收集资料、动员试写和评议，特别是编纂过程中经过初审、复审、终审以及多次增删修改后完成。该志书约34万字，传承首轮《北京志·气象志》，主要记述了1996—2010年的15年上下限时段内，北京地区的气候状况气象灾情和气象业务科研服务等方面的发展情况，是北京地区的气象发展史实的延续记录，2017年12月由北京出版集团公司印刷出版。本文介绍了该志书编修情况以及记述的上下限段内首都气象事业发展特色，可为当前和今后省级气象部门编史修志和社会各行业人员了解和研究北京地区这15年间的气候变化和气象历史发展情况借鉴使用。

关键词　北京，气象志，编修，志书特色

1　修志概况

修志是存史、资政和教化的重要载体，是国家历史文化事业的重要组成部分。特别是自21世纪以后，随着科学技术的迅猛发展，北京地区气象事业和业务工作都发生了很多变化，举办了奥运会等许多重大的历史事件。气象事业发展和服务成就需要留存记录，气象人的精神需要传承延续，做好编史修志工作意义重大。

在新中国成立以后的北京市首轮地方志修志工作大体上结束后，2008年10月6日，北京市委办公厅和市政府办公厅联合印发了《关于开展北京市第二轮地方志编纂工作的通知》(京办字〔2008〕16号)，北京市启动第二轮全市修志工作。根据北京市地方志编纂委员会办公室(以下简称“市方志办”)规划要求，第二轮修志共编纂《北京志》分志66部，各分志时间上限接续首轮分志，下限统一为2010年。其中《北京志·气象志》(以下简称“《气象志》”)排名在第6部，由市气象局承编。

2009年，市气象局按照市方志办相关要求，成立了以局长为主任、分管局办公室工作副局长为副主任、相关业务处室和直属单位主要负责同志为委员的《气象志》编纂委员会，设立《气象志》编委会办公室和编辑部，由市局办公室主任兼任编辑部主任，制定了编修工作职责及编纂计划，由一名老同志具体负责，承担日常编修任务。2011年确定并论证通过了续修篇目，进入收集资料和试写阶段。

为组织力量编写，2011年6月9日市气象局召开《气象志》编写动员与培训会，修志联络员等近80人参加，广泛动员后，启动编写工作。同年11月9日召开全局《气象志》任务部署会，部署《气象志》修志任务，把相关篇章编写工作逐一落实到各单位，分工到人。在试写阶段，

编写人员认真研读首轮志书，聘请了老专家参与编写和审稿工作。2012 年由局办公室编印了《北京市气象工作大事记》两分册，为各单位修志提供相关历史事件线索，扎实推进修志工作。

针对修志进展中遇到的诸多问题，2013 年 9 月《气象志》编委会召开推进编写工作会，对加快编纂工作提出了月月有进展的要求，期间组织了多次小范围修志业务培训。2014 年完成初写稿，印刷纸质稿 70 份，分别提交市方志办和《气象志》编委会各成员以及退休老同志等审阅修改，收到返回初写稿 64 份，提出了大小数百条问题意见。经广泛收集反馈意见和建议后，消化吸收，研究理清修改思路，分工修改。由局办公室负责督察，众手成志，共同把好史实关、时间关、内容关。把 2015 年作为初审稿定稿年，年内经由市方志办专家的初评和反馈意见修改基础上，2015 年底完成《气象志》初审稿 60 册，送交《气象志》编委会各成员并正式报市方志办 10 册审查评议。

2016 年作为《气象志》评审年，加强与市方志办的联系和沟通，推进修志进展。3 月召开《气象志》初审评议会，会后按照市方志办和相关专家的评议修改意见，组织人员对《气象志》初审稿进行了较大内容的修改调整，倒排工期做好复审稿的编写工作，采取了你来我往的交流方式，请进来和走出去，在部门内部进行频繁交流，补充核实资料，在外部积极争取市方志办的指导帮助，年内 4 次与市地方志办面对面研讨交流，吸纳采纳了绝大部分修改意见和建议，补充有关资料，及时碰头解决志书修改过程中存在的疑难问题。通过多次走访、召开小型会议，请了老师、专家和前辈们参与，不怕挑毛病，欢迎提问题，反复修改和审议，征求意见提高质量，以达到复审条件要求。12 月完成了 39 万字的复审稿，印刷 37 册，除去上报市方志办 10 册外，提交气象志编委会成员 18 册，送交中国气象局史志专家 4 册审读提意见，年底由市方志办和《气象志》编委会通过了复审。在复审评议后的具体修改中，仍采取已证实的好方法，把发现的问题逐条修改，遗漏的补记，记错的补正，经过反复打磨，按照专家和委员的意见建议进行修改，调整匹配好各章节照片，由主编对全篇内容再次通纂，2017 年 5 月印刷终审稿 20 册。编修成稿期间，为确保志书的质量，还请中国气象局四位老史志专家和局机关以及中央气象台首席预报员、国家卫星中心、国家气候中心、干部培训学院等单位领导和专家给予供稿审稿和指导把关反馈意见。

2017 年是《气象志》的出版年，7 月 26 日《气象志》终审稿通过北京市地方志编委会的审查验收，并出具了终审验收报告。随后《气象志》终审稿根据市地方志编委会验收意见修改后进入出版程序，于当年底出版问世。

2　志书内容

编纂续修工作不是简单机械地接续套用首轮《气象志》篇目及章节，而是在传承发展中有所突破和创新。《气象志》严格实行志书的述、记、志、传、图、表、录、补、考、索引体裁体例编纂，规范图表格式、文字规模。从最初的近 40 万字缩编为 34 万字，按照概述(8600 字)、大事记(5400 字)、正文(241000 字)、专记(17000 字)、气象灾害年表(48000 字)和附录(14000 字)，志补(2000 字)、索引、编后记顺序编排。

《气象志》概述中分六大段落记述了北京地区气候概况和国家与市级气象事业的巨大发展成就，统揽全书；大事记精选北京的典型气象发展事件及气象灾害。正文作为志书主题，下设气候、业务、服务、科技、事业管理 5 个篇目，共设有 23 章 94 节。其中气候篇里含气候要素、城市气候、气候资源、气象灾害 4 章 26 节；气象业务篇下含气象观测、信息网络建设、天气预报、气候监测预测和人工影响天气5章21节；气象服务篇下含公众气象服务、决策气象服务、气象科技服务、气象应急服务4章14节；气象科技篇下含综合气象观测与信息技术研发、天气预报研究与成果推广、气候与气候变化研究、应用气象研究、城市气象研究、气象科普与宣传6章22节；气象事业管理篇下含管理机构社团组织与队伍、依法行政与标准化工作、气象业务科研和服务管理、气象基础设施建设4章11节。

由于北京奥运会为北京市发展带来的巨大变化，在正文后专门设了北京奥运会气象服务专记。

气象灾害年表接续首轮志书，记载了上下限段内的旱涝、冰雹、大风、雷电四种气象灾害灾情资料，方便读者查阅使用。

附录中收录了《北京市防御雷电灾害若干规定》《北京市实施〈中华人民共和国气象法〉办法》两部本地法规以及最新的《北京市气象灾害预警信号与防御指南》。

志补内容包含补遗和考证，补充了首次北京地区空气污染气象条件预报试验和城市强降水研究等的内容，对首轮《气象志》中的极少数错误记述进行了更正和考证。

3 志书特色

本轮修志虽是继承首轮，在修志工作实践中，既要严格遵守修志规范，又要灵活运用发掘，不生搬硬套，除去续写日常和传统的工作外，更要记述气象科技的发展和进步，才能更具有存世价值和意义。

《气象志》上下限内有着许多的气象工作和事业发展新实践新成就和新亮点，通过丰富的史实展现了气象现代化进展历史进程和发挥的作用以及科研工作成就。编辑部经过多次研讨和修改，精选资料和忍痛割爱，去掉一篇，对多处章节删减或合并，使得最典型和最具代表性的资料更集中在各篇章的内容中，精简后更具专业志书特色。

《气象志》重点突出15年里气象行业特色和发展变化。例如，在气候篇里增加了沙尘和雾与霾两节。对气象事业发展的记载，尤其是记述新的预报方法和进步，重大服务和服务新手段，气象科研新进展新成果，健全气象法规建设等，是在首轮志书基础上的延伸和创新。新设置了气象法规建设、气象科普和宣传等篇章节，气象业务和科技重点记述了北京地区气象现代化能力建设和业务系统建设和数值天气预报进步等科技进展和成果，与时俱进，抓住了首都气象事业历史变化和发展的主线。

举例来说，气象观测是气象工作的基础。在气象业务篇里，设立气象遥感探测一节，记述S波段多普勒天气雷达、风廓线雷达、地基GPS水汽监测、雷电监测、微波辐射监测等新的手段。在卫星气象观测节内容中，记述极轨气象卫星和静止气象卫星发射和监测风云情况，使得读者对气象科技发展成绩倍感自豪。对于专业和专项观测，增添花粉和负离子观测、公路交通气象观测、沙尘暴观测和大气成分观测等，体现了综合气象观测的拓展。通过通信网络和高性能计算、数据存储管理与服务、电视会商系统等节记述，展现了国家和市级信息网络建设对气象预测预报提供的强大技术条件和支持保障作用。

数值预报技术是21世纪现代天气预报技术的发展方向，短时临近预报发展了预报预警技术方法，北京的天气预报代表着全国的预报水平，关注度高，影响大。《气象志》在天气预报章节中，除对短期和中期预报等做记述外，对国家和市级的数值预报和短时临近预报相关工作发展历程均进行记述。文中也记述了两则较大影响的预报失误事件，都是首轮气象志所没有涉及的。

气象服务是立业之本。北京市重大活动多，对气象服务的要求高。公众气象服务内容增加了网络和手机短信新渠道服务和生活气象指数服务、决策气象服务包括了北京地区防灾减灾和国庆50周年及60周年重大活动保障等气象服务，对气象科技服务记述了专业化多元化人性化服务，并增设气象应急服务，显现了气象服务工作的重要性，体现对国家和北京市发挥的政治经济社会巨大效益和所做的贡献。

气象科技引领着气象事业发展进步。通过综合气象观测与信息技术研发、天气预报研究与成果推广、气候和城市气象研究等章节，科技成果的推广运用，例如9210工程、MICAPS成果以及其他数值模式预报的使用，科技合作交流等，体现预报预测业务发生了巨大的变革，记录和反映这些历史性变革的实践和成就，收录省部级以上科技成果以表览的形式接续首轮《气象志》，存留于史册，服务读者。

由于北京奥运会成功举办对北京经济社会发展的巨大促进作用，本志特设了专记，比较详细地记述了北京奥运气象服务保障作用及透视奥运会给北京地区气象事业发展带来的机遇和进步，在气象发展历程上留下了辉煌篇章。

编辑部在修志中也十分关注志补和更正考证工作，对30多年前最初北京开展空气污染气象条件预报试验等工作给予补记，对首轮《气象志》发明测雨器的错误记述等给予了客观纠正，体现了志书的严谨。

4 工作体会

在编写过程中，力求做到以下几个特点：

一是领导重视，全力支持。在编纂过程中，北京市气象局主要领导从动员到完成终审稿都给予亲自审读修改，听取进展汇报，提出修改意见，编委会发挥作用，各编委会成员和单位均履行职责，多次审稿和支持，编辑部遇到疑难问题及时沟通研讨，以保证志书质量。

二是实事求是，精选资料。编写中尽量使用第一手资料，主要来源于北京市气象局气象档案馆的档案、工作报告、年度业务技术总结；正式出版的气象著作、北京地区气象行业和高等院校及科研院所提供的文档资料；《中国气象报》《中国气象年鉴》以及其他气象科技档案资料等，减免差错。

三是统筹兼顾，当地为主。北京地区科研院所和高校汇集，国家级气象业务和科研单位资料众多，首都气象科技进步和气象事业的发展有着独特的优势。遵照市方志办的意见和建议，特别是在通过终审后的修改过程中，采纳了市地方志编委会主任会议的归并整合具体意见，忍痛割爱，按事取舍，在处理国家和北京市层面气象事业的关系时，重点记述国家层面与北京气象事业发展有关的事项，国家层面有关内容在概述和各章叙述中给予综合简述体现。

四是新老结合、扎实推进。修志是个慢活，更是个细致活，所收集考证的资料均要有出处，更急躁不得，需要老中青不同年龄层次的气象人员参与具体编修。在初稿形成阶段有不少中青年人参与进来，撰写志稿与制作图表。由一位老同志始终担任志书主笔，吃透市方志办对编写工作的具体要求，并动员局机关和直属单位参与修志工作，由编委会评审把关，努力实践“众手成志，笔削一人”的编写做法。

最后要提到的是，在编写过程中，也听到过极少质疑的声音和不同的观点，笔者认为，志书在于真实，在于记述历史发展，尤其是在于抓住主线并抓大放小，只要把握好北京事业发展的脉络和记述时段内的大事要事，让读者阅读起来感到通俗清晰，方便使用和资料存世，基本上就是一部好专业志书。同时也认识到，积累了大量的资料和素材，经过补充及删减后最终形成一部志书，总难免会有一些遗憾和差错，诚恳希望气象行业和其他行业学者同仁指出，有待后续志书给予更正和补遗。

Second-run of Compilation of Beijing Climography and Its Features

CAO Jilu，DU Chunyan

(Beijing Meteorological Bureau，Beijing 100089)

Abstract Started in November 2011，the second-run compilation of Beijing Meteorology Annals took six years to compile and revise，with nearly 100 people participated. The compilation of the annals，after its contents design，data collection，trial writing and evaluation，went through four stages(first trial，retrial，final trial and many amendments)before it was completed. Beijing Climography，about 340，000 Chinese words，is a continuation of the previous Annals. It mainly records climatic conditions，meteorological disasters，meteorological services and the development of meteorological scientific research in Beijing from 1996 to 2010. The Annals provides information on various aspects of meteorological history in Beijing，and was published by Beijing Publishing Group in December 2017. The present paper introduces the second-run compilation process of the Annals of Beijing Meteorology and describes the development of meteorological services in Beijing. It can help readers to understand and study the climate change and history of meteorological developmentin Beijing during the 15 years. It can also be used as reference for editors of other provinces and municipalities.

Keywords Beijing，Climography，Compilation，features of annals

民国时期的中山大学天文台和广州市气象台

何溪澄

（广州市气象局，广州　511430）

摘　要　中山大学天文台是我国早期自主建立的天文气象机构之一，自1929年始开展业务性的气象观测，并为日后广州市气象台的成立运行提供了技术人才储备。广州市气象台建立于1935年，是抗战前我国华南、西南地区最大的气象机构，开展的主要业务有地面观测、观测资料整编、天气预报、公众服务、航空服务等。

关键词　天文台，气象台，张云

1　中山大学天文台的创建

1924年孙中山倡办了广东大学，创办时有文、理、法、农四科，其中理科有数学、物理、化学、生物、地质5系。1925年3月孙中山病逝。为纪念中山先生，1926年8月广东大学改名为国立中山大学，学校同时进行了一系列调整，数学系改成了数学天文学系，成为国内首个开设天文学科的高校，聘请了留学法国获天文学博士的张云为该系教授(图1)。

张云在教学中意识到天文学作为一门观测的科学，没有天文台以供实习而仅依理论讲述，难以取得好的教学效果，于是他开始积极筹建天文台[1]。

最初，张云建议在越秀山五层楼附近建立一个国立广东天文台兼气象观测所，因当时广州国民政府忙于北伐，该建议未获批准。经张云多次争取，学校同意在当时中大文理学院校园内建设一个规模较小的天文台，以供天文专业的教学。1927年2月，中大校办天文台建筑开始动工建设，1929年3月落成(今广州市越秀中路广东科技报社办公楼)(图2)，启用时间比南京北极阁的气象研究所晚3个月，比紫金山天文台早5年。

图1　中大天文台台长张云

图2　1930年的中大天文台

中大天文系和天文台的建立，在国内天文学界有很大影响。在1935年中央研究院评议会首届评议员的选举中，张云成为天文气象组4位评议员之一。中山大学也为我国培养了一批天文科技人才，中国第一个女天文学家邹仪新，中国科学院院士叶叔华、席宗泽，天文学家洪斯溢、郭权世、贺天健、万籁等人都先后毕业于中大天文学系。1952年大学院系调整时，中山大学天文学系和齐鲁大学天文算学系的天文部分合并转建成为南京大学天文系。

2　中大天文台的气象工作

中大天文台从教学需要出发，购置了15 cm的赤道仪和6 cm的子午仪两具主要仪器，修筑了专门的赤道仪室和子午仪室。天文台还购置了一台20 cm口径反射望远镜，这是中国人拥有的第一台实用天文望远镜。台里的天文仪器还有天体摄影机、分光仪、六分仪等(图3)。此外，天文台建成时学校将本校物理系学生实习用的气象仪器并入天文台，包括温度计、气压计、湿度计、雨量计、日照、地温、蒸发计、地震仪等，百叶箱摆放在天文台楼附近[2]。

中大数天系在教学上分数学和天文学两个组，在大二开设了气象学选修课，6个学分，气象学课程由张云主讲。

图3　中山大学天文台的气象观测设备

中大天文台在原物理系气象仪器的基础上，添置补齐了一些气象设备，从1929年6月开始进行业务气象观测，每天观测3次，后改为每天观测4次，分别为上午6时、10时，下午2时、6时，观测结果由广州市政府播音台对外发布[3]。同时，中大天文台职员还将气象观测报告整理登载于《国立中山大学天文台两月刊》(图4)和《广州国立中山大学天文台气象观测年报》，报告分逐月的天气状况总结和逐日的观测记录两类，主要项目包括雨量、气温、湿度、气压、风向、风速、蒸发、地温、云状、云量、天气现象等，这些报告为了解当时广州地区的天气状况提供了重要的参考资料。

天文台分别于1933年和1935年编著了《中国气象谚语集》(图5)《广州市二十年来平均气象图说》两本专业书籍，为当时的气象工作提供参考。

中大天文台是我国早期自主建立的天文气象机构之一。对照民国行政院下发的《全国气象观测实施规程》中提出的五级测候机构分类(表1)，可见，中大天文台的气象观测要素已超过三等测候所的要求。中大天文台建成后，在天文、测候两领域都得到稳定发展，并为日后广州市气象台的成立运行提供了技术人才储备。

表 1　全国气象观测实施规程中提出的五级测候机构

名称	观测要素	观测频次
头等测候所	雨量、气温、湿度、气压、风向、风速、蒸发、日照、云	每日 24 次
二等测候所	雨量、气温、湿度、气压、风向、风速、蒸发、日照、云	每日 9 次
三等测候所	雨量、气温、湿度、气压、风向、蒸发	每日 4 次
四等测候所	雨量、气温	每日 2 次
雨量站	雨量	每日 1 次

另外，张云还长期兼任广州航校气象学教员，因此与广东空军将领熟悉。1936 年 6 月，广东军阀陈济棠与广西桂系联合举兵反对蒋介石，史称“两广事变”，他参与策动广东空军的飞机北飞投蒋，使陈济棠兵力大大削弱，最终两广事变和平解决，张云由此获得民国政府授予的云麾勋章。

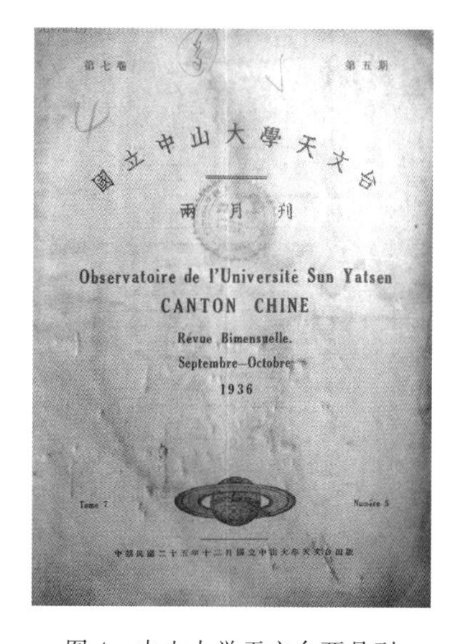

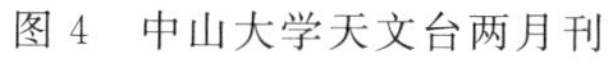
图 4　中山大学天文台两月刊

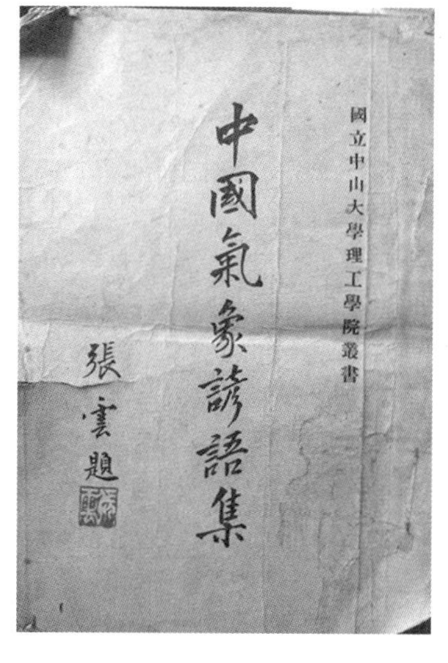

图 5　中国气象谚语集

3　广州市气象台的筹建

中大天文台在气象方面更大的贡献是孕育了专业的广州市气象台。1930 年 4 月首届全国气象会议在南京召开，会上讨论了增设全国测候机构的议案。1932 年春，民国行政院下发了由竺可桢建议并亲自参与起草的《全国气象观测实施规程》，要求各省会城市建立三等及以上的测候所，各市县建立四等及以上的测候所[4]。

广东省政府收到行政院的来文后，省建设厅农林局会同中山大学起草了《筹设广东气象台意见书》，提出“中央气象研究所邀请各省速自筹设气象台以为测候之用，查各省之已遵办者计有江苏、湖北、山东等省且已实行通报，今吾粤所处地理上之位置如是其重要，事业之需要如是共急切，是气象台之筹设实刻不容缓也”，意见书建议设立广州气象总台及海口、汕头、北海、曲江、台山、和平、德庆、茂名、汕尾一等测候所。1933 年 1 月,民国广东省政府第六届委员会第 153 次会议议决:"照办。总台由市政府办理;分台经费由建设厅制定筹款办法"。于是,广州市政府聘请张云为广州市气象台筹备主任,正式开展筹建工作。为便于保障航空安全,地址选在离西南航空公司的机场不远处(今广州市天河公园附近)。

与此同时,中大天文台一直保持与中研院气象所的通信联系,请求寄赠专业刊物,询问气象仪器,并通过气象所取得与全国其他气象台站的联系。

这时中大天文台的气象观测工作仍在继续,但计划在中大搬迁到石牌新校区时分离出去,在白云山上另择合适地点以开展高山气象观测。

4 广州市气象台成立后开展的工作

1935 年 3 月 12 日,在孙中山先生逝世十周年纪念日,广州市气象台(图 6)举行隆重的揭幕典礼[5]。市长刘纪文、教育局长陆幼刚、财政局长刘秉刚、工务局长文树声、农林局长冯锐等各界来宾几百人出席了典礼,张云在刘纪文市长的监督下宣誓就职广州市气象台台长。

图 6 广州市气象台远景

广州市气象台成立后,立即展开了观测和预报服务。观测设备有:气压计、气温计、最高最低温度表、风向风速仪、雨量计、湿度计、蒸发计、日照计、地温计、测云仪等,还有少量监测地震的仪器,并从国外购置了直流发电机和无线电器材。

气象台每天都制作广州市天气预报,当时广州市政府播音台于日间 12 时 55 分至 13 时播出东亚天气概述和本地天气预测,晚间再播出一次天气报告。除公共气象服务外,气象台另外一项重要任务是为当时总部设在广州的西南航空公司提供专业气象服务。

1936 年 2 月 10 日,广州至河内直达无线电路开通,以传递广东与越南往来报务,实时交换气象信息,便于广州市气象台为西南航空公司提供广州至河内航线的气象服务[5]。

广州市气象台成立后就创办了《广州市气象台气象月刊》,月刊内容包括每月广州天气气候概况,逐日 06 时、14 时、21 时的气象观测数据,逐日气象要素平均值等,月刊分送给省市有关部门及与外地气象机构进行期刊交换。

1937 年 1 月,张云以广州市气象台台长身份参加了在香港召开的远东气象会议。

1937 年 4 月 2 日,第三届全国气象会议在南京召开,竺可桢为会议主席,张云出席了会议并在开幕式上作了简短的致辞[6]。张云在会上提出了两个议案，一是请气象研究所继续派员检定各测候所仪器，议案写道："各国制造之测候仪器，精良者固多，而欠缺者也常有。且仪器使用日久，差误自大，即就事实而言，吾人倘每日在天气图上考查国内各地报告，其气象要素，仍不少出乎常规之外，以致绘图预报，均感困难。因此续请气象研究所派员检定各测候所仪器，实为势所必要。查第二次全国测候机关联席会议，已有此类议决案，然只限于检定各上级测候机关，其附属机关，则由上级检定，并限至少每两年一次。此种办法，本极妥善，惟至今未见实效，最好请气象研究所考查各地报告，如认为欠缺者，宜继续派员检定，或委托其附近之高级测候所负责"。

另一个议案是请军事委员会令国内各航空主要站，增设高空气象观测，以利航空，议案写道："查高空气象状况，对于航空之安全，关系最切。现全国测候所，以测高空气象者为数无多。且其结果，不能即时获得。至于测风气球之施放，则又仅限于高空之风向及风速两项。高空气象状况，既不洞悉，航空安全，难期保障。兹转请军事委员会令国内各航空主要站，除每日上下午于特定时间同时施放测风气球，测定高空气流外，并指定测候飞机及飞行员具备仪器，专职驾驶，以测定高空气压气温及湿度等要素，随时用电报拍发，以资高空气象之研究，而利空航"。

1937 年 5 月 31 日，竺可桢在致航空委员会公函中写道："本所自四月一日起，每日上午十时实行高空广播，计已报告测风气球施放结果者有北平、青岛、西安、广州等处"[7]。

第三届全国气象会议上还有一个重要议题是关于分区预报，鉴于我国幅员辽阔，气象研究所等单位提出了《天气预报工作须否分区办理案》，建议分大区设立中心气象台，经会议讨论，议决"广播中心兼为预告中心原则通过；由会函请西安测候所，武汉测候所，广州市气象台，华北水利委员会测候所从事筹备"。

以上表明，如果不计香港天文台的话，广州市气象台是抗战前我国华南地区最大的气象专业机构，当时广州市气象台的主要业务有地面观测、施放测风气球、观测资料整编出版、收发气象报文、天气预报、公众服务、航空服务等事项。

第三届全国气象会议召开后不久，就发生了"七七"卢沟桥事变，抗日战争全面爆发，气象会议的许多议决案都未能得到执行。

1938 年 10 月，日本军队侵占广州，运行了近 4 年的广州市气象台自行解散了(算上中山大学天文台的气象观测则为 10 年)，张云和部分员工跟随中山大学西迁到云南澄江。之后，张云主要从事中山大学的行政管理和天文学研究等工作，未再打理过广东气象事务。

5　中大天文台和广州市气象台的遗产

对气象史的研究，不仅是为了记录历史，也是为了文化传承和服务当代。民国时期的中大天文台和广州市气象台虽随时间远去，但还是留下了一些历史痕迹，除了上述提及的期刊、书籍和图片外，两台的遗产还表现在建筑和路名上。

5.1　中山大学天文台旧址

国立中山大学天文台旧址(广州市越秀中路 125 号大院内)，位于国立中山大学老校园，所在地原为清代广东贡院，天文台西南面即为贡院的明远楼。随着岁月的变迁，国立中山大学老校区的大部分建筑已不存。尚存的建筑物，除了贡院的明远楼和作为全国重点文物保护单位的国民党"一大"旧址(钟楼)外，另一处就是广东省文物保护单位的天文台旧址，该建筑在功能布局、建筑造型、装饰装修艺术上都具有当时西方建筑的特征，是广州现存 20 世纪 20 年代的代表性建筑之一。

1937 年国立中山大学迁往石牌新校区，天文台也迁到新校园（今华南农业大学内），原天文台建筑改为他用，其后经历了多次改造和用途变更。2009－2011 年，现使用单位广东科技报社在省财政的支持下对其进行了全面保护性修缮，基本恢复了原貌，并在旧址前竖立了一座张云的雕像，雕像下面的石块上刻着“归来：纪念中国近现代天文学教育先驱国立中山大学教授张云”（图 7）。

图 7　中山大学天文台旧址

5.2　广州市气象台建筑设计

1938 年日军侵占广州后，广州市气象台大楼被作为军用仓库的办公楼使用。抗日胜利后，该仓库被国民党军队接管，1949 年广州市气象台旧址因弹械库爆炸而焚毁。

虽然气象台旧址已不存在，但查到在 1934 年 10 月广州市政府印发的《广州市政府新署落成纪念专刊》上有一篇名为“在筹备中之重要工作”的文章[8]。文中介绍广州市气象台采用钢筋混合土结构，并附有岭南著名建筑师林克明设计的正立面图和一层、二层平面图（图 8）。林克明推崇现代建筑风格，认为建筑必须“以艺术的简洁和实用的价值，写出最高之美”，喜好对称、跌级的大平台、水平的金属栏杆、实墙与玻璃的强烈对比等手法，这些在广州市气象台的设计中都得到了充分体现。鉴于此，广州市气象台的建筑风格在今日岭南建筑史研究的文章中还常被提及。

5.3　天文台旧铁路支线名称

日本军队侵占广州后将广州市气象台大楼及其周边作为一个军用仓库。为便于军用物资的运输，1939 年侵华日军强征当地农民修建了一条铁路支线，从广九铁路的石牌站向西南出岔通向该仓库。当时，社会上多将气象台与天文台混为一谈，并且受香港天文台名称的影响，天文台的知名度更大。日军为掩人耳目，用天文台作为军用仓库对外的幌子，并将该铁路支线称为天文台支线[9]。于是，天文台支线的名称一直沿用至今（图 9）。

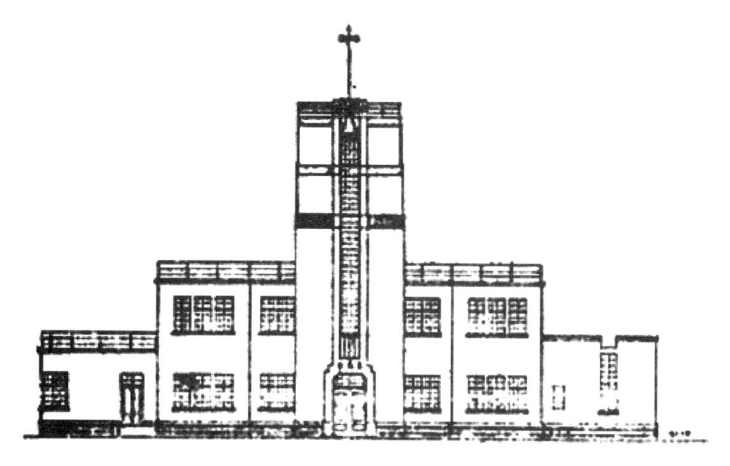

图 8　广州市气象台正立面图

图 9　广州旧铁路天文台支线现况

新中国成立后，广州市政府将天文台支线进一步延伸到天河员村的罐头厂、绢麻厂、玻璃厂。2004 年天文台支线员村段因城市道路扩建而拆除，目前红专厂创意园(原罐头厂)里仍保留一个完好的铁路站台、一段铁轨和两节火车车厢。

虽然长达 3 km 的天文台支线已经停止使用，但废弃的路基、铁轨等都较完好地保存着。天文台支线承载着广州市科技、工业发展记忆并具有爱国主义教育元素，在城市面貌焕然一新的今天，在广州旧铁路沿线改造中如何留住这些历史记忆还有待更多人的关注和研究。

参考文献

[1] 刘心霈，吕凌峰．中山大学天文台的创建、发展与历史贡献[J]．中国科技史杂志，2015，1：13-27.

[2] 本台成立始末及其概况[J]．国立中山大学天文台两月刊，1930，1：4-10

[3] 气象观测例言[J]．国立中山大学天文台两月刊，1930，1：13

[4] 全国气象观测实施规程[J]．中国气象学会会刊，1932，7：83-98.

[5] 广州市地方志编纂委员会．广州市志．卷一[M]．广州：广州出版社，1999：223-309.

[6] 中央研究院气象研究所．第三届全国气象会议特刊，1937

[7] 竺可桢．竺可桢文集(第 2 卷)[M]．上海科技教育出版社，2004：418，427.

[8] 广州市政府．在筹备中之重要工作[J]．广州市市政府新署落成纪念专刊，1934.

[9] 广东省地方史志编纂委员会．广东省志・铁路志[M]．广州：广东人民出版社，1996：110-112.

Two Observatories in Guangzhou during the Period of the Republic of China

HE Xicheng

(Guangzhou Meteorological Service, Guangzhou 511430)

Abstract The Sun Yat-sen University Observatory was one of the early astronomical and meteorological institutions in China. It had carried out operational meteorological observation since 1929, and provided technical staffs for the establishment of the Guangzhou Meteorological Observatory. Founded in 1935, Guangzhou Meteorological Observatory was the largest meteorological agency in southern and southwestern China before the Anti-Japanese War. Its main business included meteorological observation, the compilation of observational data, weather forecast, public services and aeronautical meteorological services.

Keywords astronomical observatory, meteorological observatory, Zhang Yun

浅析天气预报员职业的诞生、发展与转型
——来自职业社会学和STS(科学、技术与社会)的视角

叶梦姝,吴紫煜,费海燕,熊湑阳

(中国气象局气象干部培训学院,北京 100081)

摘 要 天气预报员作为气象行业中最有代表性的群体,以其高知识技术门槛、高度职业自主性、以及公共服务的价值取向,成了现代社会典型的知识技术型职业之一。本文借鉴职业社会学和科学、技术与社会(STS)的研究视角,浅析了天气预报员作为一个职业,伴随着20世纪以来公共服务市场化,知识经济蓬勃发展,信息技术日新月异的社会趋势,在职业与国家、职业与科学技术的互构中,寻找职业价值认同、获得职业自主性、调整职业定位的发展转型过程。

关键词 气象,天气预报员,职业社会学,科学技术史,科学、技术与社会

前 言

“职业”是指参与社会分工,用专业的技能和知识创造物质或精神财富,获取合理报酬,丰富社会物质或精神生活的一项工作。职业的核心特征是有服务他人的价值取向,从社会角度看职业是劳动者获得的社会角色,劳动者为社会承担一定的义务和责任,并获得相应的报酬。

“职业化(Professionalization)”,是一个社会学概念,任何社会分工最初产生的都是“工作”,只有经过“职业化”的过程,具备了职业意识与品格,才能够称得上是“职业”。19世纪以前,全社会劳动力的90%以上都从事农业生产,只有1%~2%的人从事所谓的职业化工作(例如律师、医生、会计和牧师等),而20世纪以来,在全球化的推动下,全世界大多数国家和地区都迈入了现代工业社会。社会分工和知识增长创造了大量“职业”,现代社会的运转依赖于许多高度专业化技能的“职业化”工作。

广义的“天气预报员”包括专业从事气象资料分析处理和预报服务等业务工作的专业人员,其工作性质具有公共服务的价值取向,需经过专业教育和培训、具备一定的知识技能才具有从业资格,并且天气预报员对于预报结果和服务产品具有自主性。

和医生、律师等职业相比,天气预报员的群体较小,但作为一个利用现代科学技术通过信息服务的方式服务公众的职业,其职业发展的路径同时受到科学、技术、社会等多种因素的复杂影响,和其他职业相比具有一定特殊性。因此,本文通过借鉴职业社会学和科学、技术与社会(STS)的研究视角,拟对天气预报员的职业化进程做粗略的梳理,尝试提炼其职业的主要特征及其发展的影响因素,并对当下技术革新的背景下职业定位的热点话题进行初步探讨。

1 天气预报员的职业化进程:科学、技术与教育

职业社会学认为,评估一项工作“职业化”进程的指标主要有五项:一是看该职业是否以

系统理论和确定的知识为基础;二是该职业是否成为一项全职工作,并获得被委托人认可的权威;三是该职业是否具有能够提供专业教育和训练的机构;四是该行业的从业者是否具备自我意识,例如建立行业协会、开展行业自律等;五是作为一种职业是否获得行业外部的认同,具有规范职业内部成员关系以及与委托人关系的伦理标准。

对于天气预报员来说,19 世纪末以来大气科学的跨越式发展、气象专业教育和培训的支撑、气象专业机构的建立、以及技术发展背景下从业群体的扩大,共同交织推动了天气预报员的职业化进程。

1.1 天气预报的科学基础

人类历史上从未停止过对天气气候信息的记录和对气象知识的探索,然而在相当长的历史时期内,天气预报的知识和技巧仅限于天气谚语中的简单规律总结。真正科学意义上的天气预报科学与技术产生于 19 世纪下半叶,1870 年之后,天气观测站网的建立和电报技术的应用改变了天气预报的科学研究"无米之炊"的状况,大气科学作为一门古老又年轻的学科,蓬勃发展了起来。进入 20 世纪,大气科学进入了快速发展时期。首先,挪威学派提出了极锋理论和锋面气旋理论,奠定了天气学的理论基础;随后,芝加哥学派利用高空天气图分析发现了大气长波理论并开拓了大尺度动力学理论基础;20 世纪 50 年代后,卫星和雷达气象资料不断丰富,数值天气预报水平飞速发展;以上三个标志性历史事件,被称为是天气预报发展史上的三个里程碑。

值得注意的是,由于天气预报工作的科学知识门槛,使得它与其他职业的发展路径有所差别。医生、会计、记者等大多数职业,都是先成为全职职业,在社会分工中获得了一定地位,通过师傅带徒弟或作坊式的人才培养模式不断积累,而后逐渐走向专业化教育培训的道路的。而天气预报员的职业化道路是教育培训先行,第一批专职天气预报员就是通过专业教育和培训走上工作岗位的。19 世纪下半叶,大气科学开始成为了物理学或地理学中一个新知识的增长点,德国洪堡大学等欧洲大陆的许多大学都开设了气象学课程,许多大学开始了校园气象观测(1862 年加拿大麦吉尔大学、1901 年英国里丁大学),20 世纪初气象学专业数量继续增加,有些甚至从其他学院中独立出来(例如挪威卑尔根气象学院是世界上第一个独立的气象学院),毕业于欧洲大学气象学专业的留学生把气象学专业建设推向了全球各个大洲(表 1),例如竺可桢在 20 年代建立了我国最早的一批气象学专业,罗斯贝在 1938 年组织创立了美国的第一所真正意义上的气象系——麻省理工学院气象系。迅速发展的气象专业教育输送了大量的具有气象专业知识的人才,例如 1941 年到 1945 年,在美国五所大学实施的气象学项目共培养了 8000 位气象工作者和 20000 名观测员,这些人成了美国天气预报队伍的主力军。

表 1 部分高等院校大气科学院系成立年份

年份	大学气象专业名称
1917	挪威卑尔根气象学校
1922	日本气象大学校①
1924	中国国立东南大学地学系气象专业

① http://www.mc-jma.go.jp/mcjma/

续表

年份	大学气象专业名称
1928	中国国立中央大学地质地理气象系
1929	中国清华大学气象系
1938	美国麻省理工学院气象系(开始属于航空系)
1940	美国芝加哥大学气象研究所(开始属于物理系)
1944	美国宾夕法尼亚州立大学地球科学学院气象组①
1947	瑞典斯德哥尔摩大学气象系②
1959	加拿大麦吉尔大学气象学院
1960	中国南京气象学院
1961	美国科罗拉多州立大学大气科学学院③
1961	美国俄克拉荷马大学气象系④

1.2 全职天气预报员的诞生

纵然坚实的科学理论基础是职业化的首要指标,但并不意味着科学知识或专业教育是“职业”诞生的必要条件。古代的气象知识非常贫乏,甚至充满谬误,但这并不妨碍拥有这些“知识”的人以此谋生,甚至位居要职,例如中国古代的钦天监(司天监,太史监,太史局),就是专门记录天文和天气气候现象、制定历法的机构,其中的工作人员食国家俸禄,官居六品至九品不等。

大航海时代以后,具备丰富气象知识并从事相关工作的人越来越多了,然而,他们并不是以此为职业,大多是因爱好或本职工作的需要,开展了相关工作,而本职工作往往是大学相关专业教授或军队的雇员。例如美国气象学家莫里是海军上将,廉姆·费雷尔在来到美国陆军信号部之前是美国航海和天文年历的全职编写人员,菲茨罗伊在成为英国气象局局长之前是海军中将,白贝罗是荷兰乌勒特支大学讲授矿物学、地理学、物理、化学和数学的教授,V·皮叶克尼斯、亥姆霍兹、魏格纳、亚历山大·洪堡、冯·诺依曼等人也都是大学教师。

19世纪下半叶到20世纪中叶,随着各民族国家的建立和世界新秩序的形成,各国相继在政府部门下成立了气象相关机构(表2),这标志着以现代气象科学为基础的工作职业化进程正式开始。天气预报员的职业工作成果,以政府部门公共服务的形式提供给社会。中央军委气象局随着新中国的建立一同成立,随后中央气象台于1950年3月成立,虽然建台之初从原华北观象台和各测候所过来的人员掌握的天气学知识和预报技术较为有限,新中国第一批预报员队伍正式组建起来,1950年6月“联心”组建后我国的天气预报技术迅速发展、预报业务规范逐渐建立。

① http://www.met.psu.edu/about-us/history
② http://www.misu.su.se/about-us/the-origin-of-misu-1.23097
③ https://www.atmos.colostate.edu/department/history/
④ http://meteorology.ou.edu/about/history/

表 2 部分国家级气象机构成立年份

年份	国家级气象机构名称①
1854	英国气象局
1854	荷兰气象局
1866	挪威气象局
1871	加拿大气象局
1872	丹麦气象局
1872	日本气象厅
1875	印度气象局
1891	美国气象局
1908	澳大利亚气象局
1942	泰国气象局
1949	韩国气象局
1949	中央军委气象局(1941 年中华民国行政院中央气象局)
1952	德国气象局
1993	法国气象局

1.3 技术变革与从业群体的扩大

随着工业革命和技术进步,出现了社会阶层的分化,一方面是理论科学家和应用科学家的分化,一方面是工程师和工人的分化。可以说,每一次工业革命后都会涌现出大量的工程师职业群体,例如第一次工业革命后出现的机械工程师,第二次工业革命后出现的电气工程师,以及信息革命后出现的电子工程师、网络工程师等等。20 世纪下半叶以来,以数值预报为基础的天气预报业务正式建立起来,并在互联网、高性能计算、大数据在内的信息技术快速发展的背景下,气象业务和服务的业态在不断改变、气象服务的种类和模式不断增多、包括政府部门和市场化机构在内的气象产业逐渐形成,天气预报职业的从业群体规模有了大幅度增长并逐渐分化转型,从传统的气象学家,转向包括大气科学应用科学家、气象设备工程师、气象数据工程师等等在内的复杂群体,他们负责包括数据采集、数据加工和质量控制、数值模式运转、业务平台运行、预报产品制作等在内的天气预报各个流程的工作。

航空工程先驱者冯·卡门曾说过,科学家研究已有世界,工程师创造未有的世界。既然天气变化遵循且只能遵循自然界已有的规律,为什么从事天气预报的人会被称为工程师呢？其根本原因可能是由于科学和技术进步带来的职业分化,20 世纪的天气预报员的工作是直接将科学知识于对天气的认识及实践相对应,而现在的预报员和大自然之间隔着很多黑箱子——准实时的自动化综合观测系统、快速循环的资料同化系统、复杂的数值预报模式、以及因地制宜的后处理系统、自动化的预警信息发布平台,没有人能成为全流程的科学家,大家都是负责系统中其中一个子模块的工程师。或者可以分为运用科学原理和数据挖掘工具对天气现象进

① https://en.wikipedia.org/wiki/List_of_meteorology_institutions

行数字化重现并能寻找新的数据洞察的“气象数据科学家”、构建或运行数据模型用于总结历史、预测未来、优化选择的“气象数据工程师”以及依据模式数据通过数据可视化和数据呈现开展行业研究、评估和预测的“气象数据分析师”。

2 天气预报员的职业价值与自主性:国家、单位与个人

职业“自主性”是职业的核心特征。以医生为例,无论外部力量如何影响医生的服务条款,医生始终保有对其工作内容的控制,能够自主决定如何应用专业知识解决问题。与之类似,虽然天气预报员的职业基础有赖于国家的支持和赋权,职业生涯基本依附于体制内的政府机构,但天气预报员在职业与国家之间的相互建构中,能够凭借技术“超然”于单位、市场和客户之外,对其工作进行合法控制,在较大程度上拥有职业“自主性”,甚至在未来气象服务市场化的趋势下,还将获得更大的职业自由度。

2.1 现代性社会中的职业价值认同

在天气预报员的职业化进程中,天气预报职业价值获得认可的道路远非一帆风顺。英国第一任气象局长菲茨罗伊就在英国国会对天气预报的使用价值的质疑中抑郁而终,从气象学专业和职业诞生以来,气象学在高考志愿填报、公务员考试报名中,都不是热门专业和热门岗位,气象学相关专业的高等教育规模较小,就业市场上供不应求,而且这种现象在50年前和在今天、在中国和在美国,并没有本质差别。

虽然天气预报工作服务国防及军事、防御气象灾害、进行生产决策的价值显而易见,但社会因素使得天气预报员在现代性社会中逐渐获得了价值认同,气象作为一个职业的价值,两次世界大战创造出了对天气预报人员的大量需求,也凸显出了天气预报作为一个职业的价值。我国气象学家章淹就是因为在西南联大读书时跑警报,总结出了飞行需要特定的天气条件,从而认识到了气象学的价值,并最终选择气象学作为专业和职业的;农业文化的社会中,天气预报的价值更容易得到认可,新中国成立后毛泽东主席将“光”和“气”加入到“农业八字宪法”中,并号召“要把天气常常告诉老百姓”,这种“知识报国”“科学救国”社会的价值肯定也会内化为职业意识;现代性社会带来的单向线性时间观、精确的时间测量、空间距离感的消失和密集的日程安排,使得天气预报成了日常生活中必需的信息,更是高度发达的产业化运作的经济模式中发达物流,期货交易所必需的保障条件。

2.2 “单位”背景下的职业生涯

天气预报员需要国家的支持,以确立其在气象领域的权威地位,包括气象设施建设和探测环境保护等。但每个国家对天气预报员的岗位权威性的保护程度不同,例如我国《气象法》就授予了政府气象部门权威信息发布的权力,即使是有专业知识和技能的天气预报员,也没有权利开设私人气象台发布天气预报和气候预测结果,而在英国等国家,允许天气爱好者自己自家院子里搭建私人气象台并通过个人博客在互联网上发布个人的预测结果。

在我国,大部分天气预报员在社会政治方面都依赖于国家,在事业单位和科研院所等公立组织中作为政府雇员,天气预报员基本上不可能退出“单位”,在“单位”中执业、沿着国家规定的技术或行政职业路径晋升是绝大部分天气预报员的职业选择。从我国目前的情况来看,各级气象机构基本能够满足天气预报员的基本生活需求,包括工资、健康保险、医疗保健、退休金、住房、贷款、教育等,且目前在方兴未艾的气象服务市场中找到其他类似工作的机会相对较

少，在制度上从“体制内”到“体制外”转换职业身份也对自由选择工作有一定阻碍，因此天气预报员对于单位的依附程度比较高。

然而，无论是经济政治上的自主性如何，天气预报员在技术或科学上一直拥有高度的自主性，能够自由地去发展其自身的知识领域、去决定什么是“科学”的分析、诊断和预报。社会上有人认为气象局极少发布超过 40 ℃的天气预报，原因是政府部门为了避免发放高温补贴，类似谣传的限制实际并不存在。事实上，只要一个职业在劳动分工中不被其他的行业来评判其表现，也不被其他的行业所控制，那么对工作的社会经济条款的缺乏控制的状态并不会改变其作为一个职业的基本性质，因此“技术自主性”的核心地位决定了天气预报员以科学为准绳、自我掌握话语权的工作性质。

2.3 气象服务市场化与自由职业者

在从传统社会向现代社会的转型中，出现了一种具有开放性、灵活性、多样性的就职形式——“自由职业者”。目前自由职业者比例较高的职业群体包括律师、会计、记者、演员、设计师、作家和学者等，他们通过职业协会自我组织，制定教育与执照制度，职业生涯相对独立，可以自我雇佣。据统计，目前发达国家就业人员一生之中平均转业 6～7 次，对于自由职业者，可能转换“雇主”或“客户”的次数更多、方式更加灵活。自由职业的方式改变了传统社会封闭结构中劳动力结构同质化和单一化，具备社会结构分化的合理性和价值选择的合理性，是职业的类型不断丰富、价值选择多样化的结果，也是未来职业形态的发展趋势之一。随着公共气象服务市场化，气象人才就业行业和领域更加多元，职业群体流动性增强，部分具有专业知识和技术背景的自由职业天气预报员，选择在市场化的气象服务公司或者咨询公司工作。对于政府气象部门来说，人才流入与流失，对人才队伍管理和教育培训来说是一项新的挑战。

3 技术革新：天气预报员会被技术取代吗？

据统计，20 世纪 80 年代全国气象部门编制内从事信息采集、传递的业务人员占全部气象业务人员的 55.8%，这些岗位大多面临取消或转型。在技术变革的背景下，天气预报员的职业在发展中不断转型。

3.1 信息化、自动化与预报员的第一次转型

过去，气象业务环节存在着大量的技术性手工劳动，如观测数据读取、发报、收报、填图、统计等，在新中国成立之初，天气预报员甚至有时要自己进行收发电报、手工填图、数据统计等工作。随着气象现代化水平不断提高，20 世纪 90 年代上线了现代化人机交互气象信息处理和天气预报制作系统 MICAPS，2014 年实现了地面要素观测自动化，过去测报员的工作逐渐被自动化综合观测系统取代，填图员和统计员的工作逐渐被信息化的业务平台所取代，天气预报员也从“红蓝铅笔＋白大褂”的时代，进步到了“业务系统平台＋异地同步会商”的时代，计算机操作成了 90 年代预报员的必修技能，也是技术革新为预报员带来的第一次挑战。

3.2 数值预报与预报员的第二次转型

20 世纪 90 年代以来，数值预报对天气形势的分析就已经超过了经验丰富的预报员水平，数值天气预报在业务预报中逐渐占据主导地位，目前基本取代了预报员的形势预报工作。未来预报员的价值主要体现在如何在数值预报的基础上提高预报准确率和提升服务效果，可以说，以高性能计算与高分辨率数值模式为代表的新技术，带来了预报员职业转型发展中的第二

次挑战。

理论上来说，数值天气预报技术的提升可以无限接近大气运动的真实情况，但实际操作中面临许多制约，包括气象观测误差和时滞、资料同化造成的误差、参数化方案中的近似处理、模式物理框架中的误差等，都决定了数值预报模型不可能绝对完整地将大气状况模拟出来。因此，一般的综合气象预报系统目前仍难以全面取代预报员的工作。客观预报与主观预报相结合的方式对各种气象资料进行综合分析，预报准确率是最高的。预报员在数值预报结果的基础上，结合多种复杂的物理过程和局部地理环境等复杂因素，根据知识和经验进行主观检验订正，这也是目前我国气象部门制作天气预报的主要方式。预报员在天气预报制作过程中仍占主导地位。

2004年，在西雅图举办的美国第84届气象学会年会上，预报员在天气预报中的作用成为了人们热议的焦点。主流观点认为，未来10～20年，由于高分辨率模式预报、中尺度集合预报和模式后处理技术的发展，预报员要超过客观预报水平越来越困难，有的人甚至认为将来的中尺度集合预报将是人不可能超越的。预报员将放弃除临近预报之外更长时效的大多数预报，集中精力于临近预报(3小时之内)，解释和帮助用户使用大量的气象信息，发展新的创新的应用以及与其他环境预测系统的整合，对预报模式进行检验以改进模式和后处理系统等，这些观点在目前来看已经在逐步实现。

3.3 人工智能与数值预报的结合

人工智能是通过计算机来模拟人脑的学习、推理、思考规划等某些思维过程和智能行为，使计算机实现更高层次的应用。目前，人工智能的应用领域包括机器翻译、智能控制、专家系统、语言和图像理解、自动程序设计、巨量信息处理、储存与管理及人类无法执行的或复杂或规模庞大的任务等。在气象领域，天气预报专家系统、智能天气信息采集系统、智能预报系统、智能气象信息发布系统以及应用在天气预报中的人工神经网络等都属于人工智能的范畴，人工智能的应用大大减少了预报员的工作量，提高了天气预报的效率。

2014年"彩云天气APP"采用多层卷积神经网络算法，通过深度学习分析气象雷达基本反射率建立预测模型，对雷达回波强度和移动趋势进行短时天气预测，人工智能模拟预报员外推方法进行临近预报，将预报服务精确到1 min、预报范围缩小至1 km。2015年7月，IBM利用机器学习法研发云预测模式，这一模式比目前其他云预测模式准确率提高了30%。气象部门也已经发展了结合物理机理与数值预报大数据挖掘应用的智能预报技术。一方面，基于数值预报机理的数理统计形成复杂预报模型、预报方法；另一方面，基于大数据技术的数据挖掘、机器学习等方法，研究深度学习预报模型或预报机器人。人工智能技术的发展将为预报员的工作带来巨大变化。

未来，如果将人工智能技术应用于数值预报，在模式框架和物理模型的基础上建立学习、推理和订正能力，将会使数值预报准确率进一步提升，预报员将有更多的时间和精力投入到研究、开发等创造性工作中。虽然人工智能可以模拟人脑的部分智能行为，但是计算机的本质仍然是高速计算的电子计算机，需要人类创造和制定运行规则。计算机已经可以代替预报员完成大量数据分析处理工作，帮助预报员提升数据分析能力，人工智能也是将预报员的知识和经验转化成计算机的规则，通过大数据强化将已有知识经验矫正完善的过程，本质仍然是数据分析处理。目前的数值天气预报制作主要依靠模式框架和物理模型推算而来，并非通过计算机学习而来，这也是为什么数值天气预报对于宏观天气形势的分析较为准确，而临近预报和局地天气预报仍然需要依靠预报员来完成。临近预报需要预报员具有深厚的理论功底和丰富的预报实践经验，尤其是对极端天气的预报，对预报员模糊判断能力和决策能力都是很大的考验，人工智能很难达到人类综合思考研判的能力。例如目前我国地铁的自动化程度很高，大部分地铁都是自动驾驶的，但仍需配备驾驶员，有些特殊情况，比如需要紧急制动，或者前方事故等待都必须第一时间处理，意义就在于应对突发的极端小概率事件。人工智能会促使预报员角色的转变，预报员对天气过程的主观判断和开发创造性工作是无法被取代的。

4 初步结论

回顾150多年来天气预报职业的诞生、发展与转型的全过程，可以得出以下几点初步结论供探讨：

首先，大气科学的发展是天气预报员职业诞生的基础，但不是充分条件，科学的发展是渐进式的，大气科学的发展不是天气预报员职业诞生最终决定因素和标志性事件。

第二，气象专业机构的建立意味着全职天气预报人员的出现，标志着天气预报员职业的诞生。

第三，技术是职业发展的关键性要素，在技术变革的背景下，天气预报员的职业在发展中不断转型，经历了以观测自动化和业务平台信息化为代表的第一次转型、以高分辨率数值预报为代表的第二次转型，未来可能还将面对以人工智能为代表的第三次转型。

第四，天气预报员的职业会不断调整以适应新的需求，专业继续教育将成为决定天气预报员转型效果的关键因素。目前来看，天气分析、诊断与预报的专业技术在社会劳动力市场中不会被淘汰，不断增加的社会需求反而会拉动对气象专业人才的需求。

对以上过程中，天气预报员职业的工作内容、工作单位、教育培训情况等各相关要素进行初步分析，可以看出天气预报员职业有以下几个特征：

1. 天气预报职业有着显著的时代性特征，其职业活动内容和活动方式随着不同的时间和时代发生变化。

2. 天气预报职业有着很强的技术导向性，技术变革对天气预报员职业群体的工作内容、工作性质产生决定性影响。

3. 天气预报职业发展中有重视教育培训的传统，由于职业科学门槛高、专业性强，第一批天气预报员就是通过高等教育和专业培训培养出来的。

4. 天气预报职业拥有高度的职业自主性，虽然在一定程度上依附国家与单位，但是对核心知识和技术的掌握赋予了天气预报职业相当的话语权。

结语：未来的天气预报员

麦肯锡全球研究院2017年1月发布了一篇题为《未来的工作——自动化、就业和生产力》的报告，它测算了800个工种、2000多种工作行为的自动化风险指数，目前，仅有不足5%的职业完全实现自动化。但是，几乎每个职业都有一部分具有自动化的潜力。预计半数劳动力从事的活动可以实现自动化。然而大部分被替代的人并不会失业，而是和机器一同工作，或者转而从事自动化创造的新的职业。因此，未来的天气预报业务将是“人机融合”发挥各自优势的过程，预报员将充分利用计算机技术，从制作天气预报转换为管理天气预报的角色。预报员将会分化为研究型气象业务人员、技术型气象业务人员和服务型气象业务人员。研究型气象业务人员将主要承担天气系统演变和基础理论研究工作,从根本上改善模式预报的偏差,促进天气系统框架的细化完善。技术型气象业务人员将在数值预报产品后处理和释用技术方面发挥重要作用,结合最先进的计算机技术,结合天气动力、数理统计知识,发展更有效的解释应用方法,提高天气预报的客观化水平,同时参与预报系统平台的设计和开发,提高预报流程的现代化水平。服务型气象业务人员将利用丰富的经验从事对关键转折性天气过程的分析以及天气预报的社会化应用等的气象服务工作,促使气象与多学科相融合,拓展天气预报在各领域的应用,优化预报流程,促进气象预报产业升级。总的来说,未来预报员将更专注于那些非标准化和充满不确定性的工作,预报员这一职业将更具专业性和挑战性,新的知识领域的探索以及专业技术的市场服务需求尚未完全被挖掘出来,未来天气预报员大有可为。

参考文献

[1] 王惠．医生职业耗竭及社会、组织影响因素研究[D]．南京医科大学，2008.

[2] 陶宇．单位制变迁背景下的集体记忆与身份建构——基于H厂的口述历史研究[D]．吉林大学，2011.

[3] 姚泽麟．近代以来中国医生职业与国家关系的演变——一种职业社会学的解释[J]．社会学研究,2015,(3).

[4] 张斌贤．学术职业化与美国高等教育的发展[J]．北京大学教育评论,2004,(2).

[5] 樊亚平．从历史贡献研究到职业认同研究——新闻史人物研究的一种新视角[J]．国际新闻界,2009,(8).

[6] 方艳,申凡．我国新闻职业形成于民初的社会学解读[J]．新闻与传播研究,2011,(6).

[7] 刘思达．职业自主性与国家干预——西方职业社会学研究述评[J]．社会学研究,2006,(1).

[8] 贾朋群．气象学先驱和教育家罗斯贝[N]．中国气象报,2014-03-13.

[9] 姜海如,龚江丽．气象信息化对气象职工分工的影响分析[J],阅江学刊,2017,(1).

[10] 叶梦姝．天气信息传播史——论社会变革与天气信息传播观念的变化[D]．中国人民大学，2011.

[11] 叶梦姝,马旭玲,等．新任预报员上岗培训试点评估报告(2014稿)．中国气象局干部学院2014年评估报告汇编,2014.

[12] 叶梦姝,钟琦．应用"四成分课程设计模型"浅析COMET课程设计——以"在天气预报中有效利用数值预报"系列课程为例,2014年度教学研究学术及经验交流会,中国气象局干部学院,2015.

[13] 叶梦姝．COMET"在天气预报中有效利用数值预报"课程设计思路浅析,2015(2).

[14] 叶梦姝．Principles and methods of continuing professional education curriculum development,15th World Conference on Continuing Engineering Education

[15] 叶梦姝．欧美数值预报应用培训进展概述,第33届中国气象学会年会报告汇编,2016.

[16] 叶梦姝．天气预报员继续教育课程体系建设模式初探[J]．气象继续教育,2016(1)

[17] 俞小鼎．天气预报发展史上的三个里程碑．中国气象局气象干部培训学院第一届气象科技史研讨会,2012年4月20日．

[18] https://www.mckinsey.com/ A Future That Works: Automation, Employment, And Productivity.

[19] 黄中庸．论工程师职业群体[D]．沈阳:东北大学，2004.

[20] 叶至诚．职业社会学[M]．台北:五南图书出版有限公司,2002.

[21] Freidson E. Profession of Medicine: A Study of Applied Knowledge[J]. *Social Forces*, 1970, 49(2).

[22] Harper K. Weather by the Numbers[M]. MIT PRESS, 2008.

[23] 李孟植．数值预报及预报员的作用探讨[J],海洋开发与管理,2010,(11).

[24] 章国材．预报员在未来天气预报中的作用探讨[J],气象,2004,(7).

[25] 薛纪善．和预报员谈数值预报[J]．气象，2007，33(8):3-11.

[26] 曾庆存．天气预报—由经验到物理数学理论和超级计算[J],物理,2013(5).

[27] 马学款,对提高年轻预报员应用数值预报能力的一点体会和思考,2012年全国预报经验交流会会议报告．

[28] 毛恒青,王建捷．集合预报业务使用现状和趋势[J]．气象,2000,26(6).

[29] 漆梁波,如何提升数值模式时代的预报员价值,2012年全国预报经验交流会会议报告．

[30] 沈桐立．数值天气预报[M]．北京:气象出版社,2010.

[31] 孙继松．首席预报员应具备的科学素养,2012年全国预报经验交流会会议报告．

History of Weather Forecast as a Career: from the Perspective of Professional Sociology and STS

YE Mengshu, WU Ziyu, FEI Haiyan, XIONG Yuyang

(China Meteorological Administration Training Center, Beijing 100081)

Abstract With high knowledge threshold, high degree of professional autonomy and the value orientation of public service, weather forecaster has become one of the typical occupations of modern society. This paper analyzes the emergence, development and transformation of the weather forecasters as a career since late 19th century, along with the social trends of public weather servicesmarketization, knowledge economy development and information technology revolution. From the perspective of professional sociology and STS (science, technology and society) this paper summarize the characteristic of weather forecast as a career in the process of seeking for professional value recognition, gain professional autonomy, adjust the career orientation and so on.

Keywords Weather Forecasters, Professional Sociology, History of Science and Technology, Science, Technology and Society (STS)

民国初期《观象丛报》中力学文章的科学史意义

徐悦蕾[1*]，于　鑫[1]，白　欣[2]

(1. 首都师范大学物理系科学技术史专业，北京 100048；
2. 首都师范大学初等教育学院，北京 100048)

摘　要　本文对中国最早的天文和气象类期刊《观象丛报》作了历史性考察，并运用文献分析法对其所载天体力学、气象观测学、地球磁力学和大地测量学等方面的论文作了解读，侧重于有关天体力学和地球磁力学的内容，涵盖重力学、地磁学、相对论等知识。经与同时期发表的相关文章相比较，认为《观象丛报》发表的这些力学论文，完全不同于晚清时期的粗浅知识介绍，它促进和深化了天文学与力学之间的学科渗透，在近代中国天文学的多元化发展中具有重要科学价值。

关键词　《观象丛报》，天文学，地球物理学，相对论，蒋丙然(1883—1966)

《观象丛报》创刊背景

创刊于1915年的《观象丛报》(英文名 *The Astronomical and Meteorological Magazine*)是中国最早的天文和气象期刊，由我国现代天文学家奠基人高鲁、胡文耀、蒋丙然等人创办。《观象丛报》的前身是《气象月刊》，1915年7月扩充为《观象丛报》，增加了天体力学、地震、地磁场、历象等知识。《观象丛报》作为学术性期刊，其内容主要为气象学、天文学、地球物理学等方面的论文和西方译著。自1915年7月创刊以来，直至1921年10月因经费问题停刊，共发刊75期。

《观象丛报》作为我国最早的气象学学术期刊，它的作者群仅由数十人组成，其中主要作者有蒋丙然、胡文耀、高鲁、王应伟、谈镐生、叶青、常福元、叶志、高均、省吾等数十人。其中气象部分执笔者一般固定为蒋丙然、王应伟两人，从1915年创刊至1920年完整六卷内容合计60期366篇论文中，他二人就发表文章94篇[1]。《观象丛报》的执笔者虽不多，但大多为专业人士。其中有很大一部分作者是近代中国知名的天文学家和气象学家。他们发表的文章通俗易懂，语言凝练准确，由他们引进和翻译的国外译著不仅为当时的国民普及了很多天文学的基础知识，并且有的译著还介绍了当时世界前沿的科学知识，由他们执笔的《观象丛报》真实地反映了当时中国天文学界的文人学者们严谨的治学态度和较高的工作水平。《观象丛报》诞生之时恰逢辛亥革命刚结束不久，当时中国为了学习西方先进的科学技术，大规模引进了西方的科学译著，并成立了专门的译书机构。正是在这样一个求知若渴的年代，大批青年学子不惧辛苦，

基金项目：国家自然科学“20世纪上半叶中国力学学科发展状况研究”基金项目资助(批准号：11372200)。

作者介绍：徐悦蕾，1993年生，首都师范大学物理系硕士研究生。

*通讯联系人白欣，博士，教授。

本文已经发表《首都师范大学学报》(自然科学版)，2017年第4期。

远赴重洋。一些学子出国后认识到科学技术的重要性，便把理工科定为了自己学习工作的主攻方向，其中一部分优秀的留学生甚至在国外获得了硕士、博士学位，如《观象丛报》的创刊人之一的蒋丙然先生，1908 年赴比利时双博罗农业大学学习气象学，获气象学博士学位，又如《观象丛报》另一创始人高鲁先生，1909 年获比利时布鲁塞尔大学工科博士学位。正是因为这些优秀留学生对天文学的热爱，才使得《观象丛报》作为专业的气象天文专刊不仅在数量还有质量上都远远超过了当时很多其他期刊。虽然目前，《观象丛报》并未引起学术界的广泛关注和足够重视，民国之后学者对它的研究也少之又少，仅有零星几篇的专门研究，分别是《〈观象丛报〉与中国传统天文学的整理和研究》[2]、《〈观象丛报〉与西方气象学知识的传播与普及》[3]、《〈观象丛报〉与西方天文学知识的传播与普及》[4]。本文旨在对《观象丛报》与天体力学和地球物理学的传播与普及进行分析探讨。内容主要分为如下几个主题：

1 天体力学研究

据统计，《天体力学》连载于《观象丛报》的第一卷的一、二两册，分别为天体力学的历史篇和天体力学的学理篇，所占篇幅共 15 页，我们知道天体力学是力学和天文学的交叉学科，它主要运用力学规律来研究天体的运动和形状。早在 17 世纪英国科学家牛顿就提出了万有引力这一经典力学史上最伟大的发现，直到 19 世纪天体力学一词才首次传到中国，由近代中国著名的学者李善兰与伟烈亚力合译的英国天文学家 J. F. 赫歇耳(1792—1871)所著 *Outlines of Astronomy*[5]一书。中译本名为《谈天》[6]，于 1859 年刊行。李善兰执笔时作了删略[7]。该书不仅把近代天文学第一次系统地介绍到中国，而且引进了有关万有引力的学说和天体力学的内容。有些力学专门术语如摄动、章动等都最早见于《谈天》一书。时隔半个世纪，《观象丛报》分别从历史和理学的角度对天体力学做了一种详细的概述，其中历史篇着重对“重力”“引力”“潮汐说”三个概念进行了论述，文中对万有引力定律是这样描述的：“空中物体互引之重力，与其质量成正比例。与其距离之自乘数成反比例。”[8]这样一来就清楚地将万有引力定律 $F=GMm/R^2$ 中 F 与天体质量 M(m)、天体间距离 R^2 之间的关系表达出来，其中空中物体互引之重力指的是太空中两个天体之间的吸引力即万有引力，由于当时的翻译水平有限，著名的万有引力说也被译作“重力渐减之说”。对比同一时期的同类文章，刊载于《科学》1915 年第 1 卷第 1 期胡明复的《万有引力之定律》[9]，文章亦直接引用万有引力定律的说法，并未具体解释说明，可见当时人们对万有引力定律还停留在初步的认识阶段。

不同于天体力学历史篇着重于对万有引力，潮汐运动的现象描述和解释，第 1 卷第 2 期的天体力学学理篇则从数学中微分学的角度对开普勒三定律分别进行了数学证明。我们知道，天文学的发展离不开数学、物理学。文章通过精密的数学演算，成功地推导出了开普勒三定律。值得一提的是，这些文章都配以大量插图，使得读者在阅读具体数学算法的时候能够参照图示便于理解，甚至可以根据图示自己进行推导，这样无疑减少了阅读难度。同样是关于天体力学的文章，天文学家李晓舫先生发表的《介绍一种新的天体力学》[10]以数学微积分的思想针对恒星辐射问题进行了力学推导，进而引入了一种全新的视角将恒星辐射与质量变化联系起来，这篇文章发表于 1936 年的《科学思潮》。时隔 21 年，天体力学已经从引入和介绍万有引力定律，推导和证明开普勒三定律发展到能熟练应用微积分原理对质量变化的力学问题进行分析。可见中国天体力学虽然起步晚，但是发展快，这与当时天文学家们所做出的不懈努力密不可分。

2 地球磁力学和磁力学

在中国天文学发展前进的大道上，涌现出了一批成绩卓越的科学家，他们对推动中国天文气象学的进步发挥了不可磨灭的作用。1915 年由蒋丙然、高鲁和王应伟等在北京创刊的《观象丛报》一经出版就吸引了许多天文学爱好者的关注。除了引进天文气象方面的知识外，该期刊还介绍了大量物理学知识，包括力学、地磁学、电动力学等方面内容。

蒋丙然翻译的《实用磁力学》[11]连载于《观象丛报》1920 年第 6 卷第 2 期和第 4 期，原著是由英国作家 Sabine 所著。文中详细地描述了有关磁力的基础知识，分别从磁力的观测、地磁力方向及水平分力、地磁力的磁偏度等十个方面对磁力进行了研究。由于当时技术水平有限，还没有专业人士从事天文气象观测工作，人们对地磁场的认识几乎都来自于航海人员总结的经验，而且仅有的几台观测仪器都是从国外引进的。据调查，直到 1915 年，中央观象台气象观测才正式开始，自 1916 年起，由蒋丙然领导的中央观象台气象科对社会公开发布天气预报，每天两次，在中国领土上开创了中国人发布天气预报的新纪元。[12]因此在这样发展严重缓慢的条件下，当时的学者只能通过引入和翻译西方磁力著作和总结航海经验为民众普及和传播地磁学的相关知识，可谓十分艰难，任重而道远。

《观象丛报》中关于磁力学介绍的论文还有零星几篇，其中《七十年前之中国磁力学》这篇文章记载了中国人其实早在 19 世纪中叶就对地磁偏转角进行过观测，观测时间长达三年，从 1852 年 1 月 1 日到 1855 年 10 月 31 日[13]。我国首次提出磁偏转现象是出自北宋学者沈括的《梦溪笔谈》，书中说到地磁的南北极与地理的南北极并不完全重合，存在磁偏角。这也是当时世界关于磁偏转现象最早的记录，比欧洲关于磁偏转现象的记载要早 400 年，但直到 1852 年中国才有学者对地磁偏角进行记录观测，《观象丛报》发表的这篇《七十年前之中国磁力学》是对其观测工作进行的一个汇报，可见地磁学在当时还处于萌芽状态，关于磁偏转的观测工作也未能得到国民应有的关注。再如刊登在 1917 年第 2 卷第 1 期《大地磁力质疑》，该论文详细描述了磁偏角是如何变化的。有意思的是在文章最后，作者胡文耀还提出自己的疑问，“太阳与地球相去一百四十九兆公里之遥，电力竟能经此长程而至耶?”，并认为此事确有研究之价值，希望得到读者的解答。但是由于民国初期从事地球磁力学研究的学者寥寥无几，此问题短时间内未能得以圆满解决，实属遗憾。

《观象丛报》中关于地球磁力的文章还有《地球磁力浅说》(1917 年 2 卷 11 期)、《地转偏向力之几何的说明》(1918 年 4 卷 5 期)、《地球自转公转之势力》(1919 年 4 卷 11 期)、《地磁气之理论》(1921 年 7 卷 3 期)、《亲测水平地磁力之公式》(1920 年 5 卷 9 期)五篇，除了蒋丙然的《地球磁力浅说》，其他 4 篇论文均为西方译著，可见当时中国天文学家对磁力这一现象还处于简单分析和描述的阶段，但同时期的国外天文学家对地磁学的研究已经能通过数学的微积分方法对其进行分析和计算。

值得一提的是我国科学家对磁力这一术语翻译仍存在很大的争议。据调查，早在 1903 年《新民丛报》就有《磁气之奇用》一说，一直到 1941 年的《科学教学季刊》仍有《磁气共鸣加速器及其作用》这一说法。民国时期引入的自然科学期刊，根据译书者的水平和文化背景的不同，人们习惯性把“力”这种无形的东西翻译成同样无形的“气”或者“波”，如电气、地磁气、声波、波浪力学等等，这种叫法很长一段时间没能统一，仅仅在《观象丛报》同一期中就出现了磁力和磁气两种叫法。

3 高鲁与爱因斯坦之重力新说

《爱因斯坦之重力新说》[14]一文，载于6卷6册，作者高鲁是中国现代天文创始人。高鲁，字曙青，号叔钦，福建长乐人，经常以曙青为名发表文章，1912年，受民国教育部总长蔡元培的委派成了新成立的中央观象台台长。1922年，高鲁发起成立中国天文学会，并任首任会长。在几十年的天文生涯中，高鲁不仅做了大量革故鼎新的组织工作，而且还发表翻译了很多天文论著，主要有《日晷通论》《相对论原理》《图解天文学》《星象统笺》《中央观象台的过去与未来》等[15]。他是我国最早传播爱因斯坦相对论的学者之一，1920年在《观象丛报》发表了《爱因斯坦之重力新说》，1922年他编译出版了《相对论原理》一书，并亲自做科学演讲，向国民宣传和介绍爱因斯坦理论，为爱因斯坦相对论在中国的传播产生过积极的影响。

爱因斯坦一生从未在中国进行过任何正式的讲学，虽然在北大校长时任教育总长的蔡元培先生的几次邀请下，爱因斯坦答应于1923年初来北大讲学，但由于种种原因最终没有来成。虽然这是中国科学界的一大憾事，但是当时为了迎接爱因斯坦的到来，北京大学诚邀了国内当时一流的学者进行了一系列关于相对论的讲座，其中有高鲁的《旧观念之时间和空间》、丁西林的《相对论以前的力学》、文元模的《相对通论》、夏元瑮的《爱因斯坦生平及其学说》、何育洁的《相对各论》、张竞生的《相对论与哲学》等。这些讲座场场爆满，在中国学界掀起了一股“相对论热”，从而让相对论这一艰深学问为不少人了解，这本身就是一种收获了。正如刊载在《观象丛报》6卷6期的《爱因斯坦之重力新说》所述，“欲草此篇为爱氏新说之介绍，引起国人研究此说之趣味。”

爱因斯坦的狭义相对论发表于1905年，又经过多年的努力，于1915年完成了他的广义相对论。据不完全统计，在广义相对论发表十年期间，发表在中国期刊上有关相对论的文章、译著、报告、通讯等不下100篇。然而，发表在《观象丛报》的这篇《爱因斯坦之重力新说》是较为专业的一篇，标志相对论在我国传播的逐渐深化。这对于时局动荡的中国来说并不是一件易事，可见当时科学家对这一新兴理论有着非常浓厚的兴趣。

结 语

《观象丛报》作为中国最早的天文和气象类期刊，内容涉及天文学、气象学、大气测量学等内容。近年来，人们对《观象丛报》的研究也主要集中在天文气象方面，关于天体力学和地球磁力学的论文鲜少有人分析，其内容涉及天体力学、地磁学、磁力学和重力学说等经典力学知识，通过对比同一时期发表的相关力学文章，可以看出《观象丛报》作为民国时期较早刊登力学文章的期刊之一，从一定程度上促进和深化了力学与天文学的学科渗透，在近代中国天文学的多元化发展中具有重要的科学价值。虽然在《观象丛报》的发刊初期我国天文学和力学尚处在萌芽阶段，专业人才也相对匮乏，但是在其发刊期间吸引了很多读者，为我国天文学和力学的发展奠定了基础。中国学者通过阅读该期刊，能够及时了解当时的一些先进的西方科学理论，并在很大程度上提高了民众的科学素养。

参考文献

[1] 中华文化通志编委会．中华文化通志 69 第七典科学技术建筑志[M]．上海：上海人民出版社．2010.

[2] 万映秋，唐泉．《观象丛报》与其中国传统天文学的整理与研究[J]．西北大学学报：自然科学版，2011，41(4)：742-746.

[3] 万映秋.《观象丛报》与西方气象学知识的传播与普及[J]. 咸阳师范学院学报,2013,(6):69-74.
[4] 万映秋,唐泉.《观象丛报》与西方天文学知识的传播与普及[J]. 内蒙古师范大学学报:自然科学汉文版,2014,(4):506-511.
[5] 樊静. 晚清天文学译著《谈天》的研究.(Doctoral dissertation,内蒙古师范大学). 2007.
[6] (英)侯失勒(J. F. W. Herschel). 谈天[M]. 伟烈亚力,李善兰译. 商务印书馆,1934.
[7] 郭世荣. 李善兰是如何"删述"《谈天》的[C]. 纪念中国近代科学先驱李善兰诞辰二百周年暨学术研讨会,2011.
[8] 天体力学(史历篇)[J]. 观象丛报,1915,1(1):9-16.
[9] 胡明复. 万有引力之定律[J]. 科学,1915,1(1)
[10] 李晓舫. 介绍一种新的天体力学[J]. 科学思潮,1936,20(6).
[11] (英)萨平(Sabine). 实用磁力学[J]. 蒋丙然译. 观象丛报,1920(6).
[12] 杨萍,叶梦姝,陈正洪. 气象科技的古往今来[M]. 北京:气象出版社,2014.
[13] 七十年前之中国磁力学[J]. 观象丛报,1921,7(3):23-24.
[14] 高鲁. 爱因斯坦之重力新说.[J]. 观象丛报,1920,6(6):9-24.
[15] 佘之祥. 江苏历代名人录科技卷[M]. 南京:江苏人民出版社,2011.

Historical Meaning of Science on Mechanics Articles in the Astronomical and Meteorological Magazine during the Early Period of Republican China

XU Yuelei[1*], YU Xin[1], BAI Xin[2]

(1. Department of Physics, Capital Normal University, Beijing 100048;
2. Department of Elementary Education, Capital Normal University, Beijing 100048)

Abstract This paper aims to make a historical studying on the Astronomical and Meteorological Magazine, the magazine is the earliest astronomical and meteorological magazine in China. Using the method of literature analysis, we unscramble the papers on the celestial mechanics, meteorological observation, geomagnetism and geodesy, especially focusing on celestial mechanics and geomagnetism, and containing the gravitation, magnetics and the theory of relativity. Compared with the relevant articles in the same period, Mechanical articles published by the Astronomical and Meteorological Magazine are totally different from those shallow knowledge introductions in the late Qing Dynasty, which pushes toward and improves the discipline infiltration between astronomy and mechanics, and has vital science value on the diversified improvements of modern Chinese astronomy.

Keywords *The Astronomical and Meteorological Magazine*, astronomy, geophysics, the theory of relativity, Jiang Bing-ran(1883—1966)

中国古代历法中的“气候”

武家璧

（北京师范大学历史学院，北京　100875）

摘　要　中国古代的二十四节气、七十二候合称“气候”，是历法中阳历因素。“气候”起源于《夏小正》，形成于《逸周书·时训解》，以《月令》形式传承后世。无论历史气候怎样变化，作为儒家经典的“七十二候”不再改变。《夏小正》的星象主要是周初天象，但保存有上古星象的遗留和物候记录，是夏朝后裔杞国在周初始封时颁行的历法。关于西周“寒冷期”的说法在文献上很难成立。《诗经·豳风》与《夏小正》采用相同的天象、物候和历法，《夏小正》物候比《时训解》稍微温暖。利用入春和入冬时间等值线图可以判断古代“气候”起源于中原和关中地区。

中国古代历法是阴阳合历。阴历以月亮的晦、朔、朏、弦、望等月相为基础，以一个朔望月为周期。阳历以太阳在黄道上的运行为基础，以一个回归年为周期。天文学上把赤道与黄道的交点称为春分点（升交点），太阳从春分点出发再次回到春分点是一个回归年。把一回归年内太阳在黄道上的运行轨迹平分为二十四等分，就是二十四节气；每节气又平分为三候，共计七十二候。如《黄帝内经·素问》言“五日谓之候，三候谓之气，六气谓之时，四时谓之岁。”二十四节气与七十二候合称“气候”。因此气候是阳历因素，本质上与太阳位置相关联，由太阳运行的周期性决定了气候的周期性，反映比较稳定的平均天气状况。

中国古代的气候用具体的气象和物候来表示，称为“候应”，意为“应期而至的征候”。一般以《礼记·月令》的七十二候为定本，形成程式化的时令。汉武帝制《太初历》正式把二十四节气订于历法，明确了二十四节气的天文地位。北魏《正光历》首次将七十二候载入历书。“七十二候”体系形成之后，一般不再修改，是为中国古代历法的一大特色。这一“气候”体系是怎样形成的？它与天象有怎样的关系？早期的气候知识形成于哪个时代？“气候”系统反映了哪个地域的气候特征？等等。本文尝试对这些问题进行探讨。

1　古代“气候”体系的形成

中国古代的物候记录最早见于《大戴礼记》收录的《夏小正》，它是最早结合天文、气象、物候知识指导农事活动的历法，其物候反映了一年中气候变化的一般情况，相传是夏朝的历法，其本质特征就是气候的周期性，是历法中的“阳历”要素。为研究方便，将《夏小正》文本分类列表如下（表1）。

基金项目：国家社科基金冷门“绝学”专项：《基于考古材料的〈颛顼历〉复原研究》（2018VJX017）。

表1 《夏小正》天象气候分类表

月份	天象	气象	物候	民事
正月	鞠则见　初昏参中　斗柄县在下	时有俊风　寒日涤冻涂	启蛰　雁北乡　雉震呴　鱼陟负冰　囿有见韭　田鼠出　獭祭鱼　鹰则为鸠　柳稊　梅杏杝桃则华　鸡桴粥	农纬厥耒　农率均田　采芸　缇缟
二月			祭鲔　荣堇昆蚳　抵蚳　玄鸟来降有鸣仓庚　荣芸　时有见稊	往耰黍　初俊羔　绥多女士　丁亥万用入学　采蘩　剥鱓
三月	参则伏	越有小旱	螜则鸣　田鼠化为鴽　拂桐芭　鸣鸠	摄桑　委杨颁冰　采识　妾子始蚕　执养宫事　祈麦实
四月	昴则见　初昏南门正	越有大旱	鸣札　囿有见杏　鸣蜮　王萯秀　秀幽	取荼执陟攻驹
五月	参则见　时有养日　初昏大火中		浮游有殷　鴂则鸣　乃瓜　良蜩鸣鸠为鹰　唐蜩鸣	启灌蓝蓼种黍　煮梅　蓄兰　菽糜　颁马
六月	初昏斗柄正在上		鹰始挚	煮桃
七月	汉案户　初昏织女正东乡　斗柄县在下则旦	时有霖雨	秀雚苇　狸子肇肆　湟潦生苹　爽死　荓秀　寒蝉鸣	灌荼
八月	辰则伏　参中则旦		丹鸟羞白鸟　鹿人从　鴽为鼠	剥瓜　玄校　剥枣　粟零
九月	辰系於日		遰鸿雁　陟玄鸟蛰　熊罴貊貉鼬鼬则穴　荣鞠　雀入于海为蛤	内火　树麦　王始裘
十月	初昏南门见　织女正北乡则旦　时有养夜		豺祭兽　黑鸟浴　玄雉入于淮为蜃	
十一月			陨麋角	王狩　陈筋革　啬人不从
十二月			鸣弋　玄驹贲　陨麋角	纳卵蒜虞人入梁

《夏小正》共有55条物候记录，包括植物物候18条，动物物候37条。《论语·八佾》载：“子曰：夏礼吾能言之，杞不足徵也……文献不足故也。”《礼记·礼运》载“孔子曰：我欲观夏道，是故之杞，而不足徵也，吾得《夏时》焉。”郑玄《注》“得夏四时之书，其存者有《小正》。”《史记·夏本记》载“孔子正夏时，学者多传《夏小正》云。”现观其物候，与今本“七十二候”存在较大差异，可知孔子“正夏时”之时，并未改动《夏小正》的物候体系。

东周至西汉早期出现四种“七十二候”文本：第一种是《逸周书·时训解》，相传是孔子删削

《尚书》的《周书》所剩余的部分(详下)。第二种《月令》体系出自《礼记》,该书传为孔子的七十二弟子及其学生所作,最后由西汉戴圣编辑成书,故又名《小戴记》,所著“七十二候”与《时训解》基本相同,首次将七十二候归于“月令”之下。第三种出自《吕氏春秋·十二纪》,在七十子之后,应是抄录《礼记·月令》而成。第四种出自《淮南子·时则训》,恢复《逸周书》“时训”的名义,形成于《吕氏春秋》之后,应是删削前三种文本而得。从称谓来看“七十二候”就是“时训”、“月令”,合称时令。为了研究方便,兹将《月令》的二十四气、七十二候及其“候应”列为下表(表2)。

表2 《月令》气候“候应”表

	节气	立春	雨水	惊蛰	春分	清明	谷雨
春季	初候	东风解冻	獭祭鱼	桃始华	玄鸟至	桐始华	萍始生
	中候	蛰虫始振	候雁北	仓庚鸣	雷乃发声	田鼠化为鴽	鸣鸠拂奇羽
	末候	鱼陟负冰	草木萌动	鹰化为鸠	始电	虹始见	戴胜降于桑
	节气	立夏	小满	芒种	夏至	小暑	大暑
夏季	初候	蝼蝈鸣	苦菜秀	螳螂生	鹿角解	温风至	腐草为蠲
	中候	蚯蚓出	靡草死	鵙始鸣	蜩始鸣	蟋蟀居辟	土润溽暑
	末候	王瓜生	麦秋至	反舌无声	半夏生	鹰始挚	大雨时行
	节气	立秋	处暑	白露	秋分	寒露	霜降
秋季	初候	凉风至	鹰乃祭鸟	鸿雁来	雷始收声	鸿雁来宾	豺乃祭兽
	中候	白露降	天地始肃	玄鸟归	蛰虫培户	雀入大水为蛤	草木黄落
	末候	寒蝉鸣	禾乃登	群鸟养羞	水始涸	菊有黄华	蛰虫咸俯
	节气	立冬	小雪	大雪	冬至	小寒	大寒
冬季	初候	水始冰	虹藏不见	鹖旦不鸣	蚯蚓结	雁北乡	鸡使乳
	中候	地始冻	天气上腾	虎始交	麋角解	鹊始巢	鸷鸟厉疾
	末候	雉入大水为蜃	闭塞而成冬	荔挺生	水泉动	雉始雊	水泽腹坚

上所列“气候”包括植物候应,如“桃始华”“萍始生”“苦菜秀”“草木黄落”“菊有黄华”等;候鸟类,如“玄鸟至”“仓庚鸣”“鸿雁来宾”“玄鸟归”“鹊始巢”等;昆虫类候应,如“蛰虫始振”“蜩始鸣”“寒蝉鸣”“蛰虫咸俯”等;大型动物候应,如“鹿角解”“豺乃祭兽”“虎始交”“麋角解”等,以及气象候应,如“东风解冻”“雷乃发声”“虹始见”“大雨时行”“水始涸”“地始冻”等。此外,还有两条“变化”候应,如“雀入大水为蛤”“雉入大水为蜃”等,现代科学知识表明这种“变化”事实上并不存在。这些候应形成了一个完整严密的系统。可以肯定七十二候的定本是作为儒家经典而固化的。秦朝焚书坑儒,汉初盛行黄老之学,儒家经典并不受重视。至汉武帝时“罢黜百家,独尊儒术”,设“五经博士”传承儒家经典,其中博士夏侯昌的两位弟子戴德、戴圣兄弟各自编纂了《礼记》,分别称为《大戴记》和《小戴记》,从此作为儒家经典的《月令》文本被固定下来。即使气候发生较大变化,与现实产生显著差异,作为儒家经典的“七十二候”也不可能做出修改;还有明显错误的候应“雀入大水为蛤”、“雉入大水为蜃”,也不可能得到修正,因为人们不会怀疑“圣人之书”有错。因此“七十二候”的年代下限,不晚于汉武帝时期。

最早的二十四气、七十二候见于《逸周书·时训解》,与今本《月令》所记略同,故考察《逸周书》的成书年代,对探讨七十二候的起源具有重要意义。《逸周书》的名称最早见于东汉许慎的《说文解字》,西晋郭璞《尔雅》注亦见称引。《汉书·艺文志》载“《周书》七十一篇”并自注“周史记”。颜师古《注》引刘向云“周诰誓号令也，盖孔子所论百篇之余也。”《隋书·经籍志》亦曰：“似仲尼删《书》之余。”蔡邕《明堂月令论》云“《周书》七十篇，《月令》第五十三”，今本《逸周书·月令解》仍在第五十三。由此可知汉人所称的《周书》并非《尚书》中的周代部分，而是今本《逸周书》。《史通·六家》云：“又有《周书》者，与《尚书》相类，即孔氏刊约百篇之外，凡为七十一章。上自文武，下终灵景……至若《职方》之言，与《周官》无异；《时训》之说，比《月令》多同。”古人已指出《月令》文本可以追溯至《逸周书·时训解》，是为孔子删《书》之余，为其弟子所记载传习。

《逸周书》最晚篇目是《太子晋解》“晋平公使叔誉于周见太子晋”。东汉王符《潜夫论·志氏姓》“晋平公使叔誉聘于周，见太子……其后三年而太子死。孔子闻之曰：‘惜夫！杀吾君也。’”太子晋(约前564—前547)《左传》称“隐大子”，俗称王子乔，为周灵王(？—前545)太子，约长于孔子(前551—前479)14岁，太子晋死时孔子约5岁，若不早逝，将与孔子同时。由此可知孔子所删之《逸周书》止于其生前闻见所及。

综上所述，《夏小正》的物候是中国古代“气候”的源头，而“气候”框架体系的形成，不得晚于东周孔子删《书》之后。

2 《月令》与《夏小正》星象的年代

宋高承《事物纪原·正朔历数·气候》云：“《礼记·月令》注曰：‘昔周公作《时训》，定二十四气，分七十二候，则气候之起，始于太昊，而定于周公也。’”。这里高承提出“气候”起源于太昊氏时期，而形成于西周初年。今本《月令》注，并无此语，我们不知北宋人高承有何依据作此判断。

考证“气候”年代最客观的依据是天象。《逸周书》的天象与祭祀部分记录在其第五十三篇《月令解》中，物候部分记录在其第五十二篇《时训解》中，今本《礼记·月令》将这两部分合并抄录而成天文与物候合历。为了比较研究，将《逸周书·月令》与《大戴礼记·夏小正》的星象列如下表(表3)。

表3 《月令》与《夏小正》星象对照表

《月令》				《夏小正》			
月名	日在	昏中	旦中	月名	见伏星	昏旦中星	其他星象
孟春	营室	参	尾	正月	鞠则见	初昏参中	斗柄悬在下
仲春	奎	弧	建星	二月			
季春	胃	七星	牵牛	三月	参则伏		
孟夏	毕	翼	婺女	四月	昴则见	初昏南门正	
仲夏	东井	亢	危	五月	参则见	初昏大火中	
季夏	柳	火	奎	六月			初昏斗柄正在上
孟秋	翼	建星	毕	七月		汉案户	初昏织女正东乡　斗柄悬在下则旦
仲秋	角	牵牛	觜觿	八月	辰则伏	参中则旦	
季秋	房	虚	柳	九月			辰系于日
孟冬	尾	危	七星	十月		初昏南门见	织女正北乡则旦
仲冬	斗	东壁	轸	十一月			
季冬	婺女	娄	氐	十二月			

《月令》记载有通过昏旦中星测得的太阳位置，而冬至点的太阳位置最为关键，即“仲冬，日在斗。”史载“黄帝以来诸历以为冬至在牵牛初”（《宋书·历志》），即先秦古历采用冬至时刻太阳位置在牵牛初度这一数据，据研究“冬至牛初”符合战国初期（公元前450年前后）的实际天象[1~4]，这与孔子生活的年代非常靠近。《月令》为什么记冬至月（仲冬）“日在斗”而不是在“牵牛初”呢？过去这个问题说不清楚，因为学界认为“黄道”用于历法是东汉贾逵以后的事情，实际上战国石申已经使用“黄道规”观测天象了。

《尔雅·释天》“星纪，斗、牵牛也。”郭璞《注》：“牵牛斗者，日月五星之所终始，故谓之星纪。”实际上，日月五星的共同起点——“历元”只有一个，不可能既在牵牛、又在斗。出现不同起点的原因是由于采用了黄道和赤道两个不同的坐标系。《后汉书·律历志》记载“贾逵论历”引“《石氏星经》曰：‘黄道规牵牛初直斗二十度，去极二十五度。’”明确指出石氏时代黄道的“牵牛初度”等于赤道的“斗二十度”；两者去极度差（黄赤交角）二十五度。又逵论曰“古《黄帝》《夏》《殷》《周》《鲁》冬至日在建星，建星即今斗星也。”这是先秦古历用赤道表示的冬至点位置，《月令》就是这种表示方式，等同于黄道的“冬至牵牛初度”。因此我们认为《逸周书·月令》的天象经过孔子的改定，符合当时的实际情况。

过去只知孔子“正夏时”，但不知做了怎样的工作，现在可知是根据实际天象重新拟定了昏旦中星和日在位置。那时人们并不知道“岁差”原理，对古代天象与今不符的现象还不能作出科学解释，孔子在重新拟定《月令》天象的同时，对《夏小正》文本记载的原始天象并未作出改动，这是很科学的态度。

计算天象的年代需要考虑二十八宿的距度，我们并不知道孔子及其以前的距度数据，也许东周以前尚未进入定量观测时代，但肯定会以亮星作为标准进行观测，这些亮星实际上就是定量观测时代的距星，我们引用东周以后的距度数据对年代作大概的估算，应该是可行的；个别年代可能存在问题，但不会出现系统性错误。我们主要依据《开元占经》所引《洪范传》古度以及西汉夏侯灶墓出土星占圆盘的二十八宿古度，作为参考标准，列如下表（表4）。

表4　二十八宿古度表

东方	圆盘	洪范	北方	圆盘	洪范	西方	圆盘	洪范	南方	圆盘	洪范
角		12	斗	22	22	奎	11	12	井	26	29
亢	11	[9]	牛	9	9	娄	15	15	鬼	5	5
氐		17	女		10	胃	11	11	柳	18	18
房	7	7	虚	14	14	昴	15	15	星	12	13
心	11	12	危	6	6	毕	15	15	张		13
尾	9	9	室	20	20	觜	6	6	翼		13
箕	10	11	壁	15	15	参	9	9	轸		16

夏侯灶墓圆盘古度与《洪范传》古度大同小异，但出土时已有损坏，有六个星宿的距度缺失，而《洪范传》古度比较完整，仅一个星宿（亢宿）缺失距度，可根据周天度数将其补齐，故此我们选定《洪范传》古度作为计算基础。

《月令》与《夏小正》可以直接比较的天象有四条，讨论如下：

第一条，《月令》正月“昏参中”，《夏小正》正月“初昏参中”。参宿的古距度为9°。假设《夏小正》正月节的昏中距度为参宿末[9°]，由于“岁差”原因，冬至点向西退行（每70余年退行

1°)，至《月令》时的昏中距度已退行至参宿初[0°]，那么两者之间允许的距度差值最大为9度。根据“岁差”理论（每70余年差1°），计算其年代差的最大值，大约相隔600多年。自孔子前推600多年，约在公元前1100多年，相当于商周之际，大致符合前引高承所言“气候之起…定于周公”的说法。

第二条，《月令》五月“昏亢中”，《夏小正》五月“初昏大火中”。“大火”即二十八宿的心宿二，西名“天蝎座α”。自亢宿至心宿的古距度分别为：亢宿[9]—氐宿[17]—房宿[7]—心宿[12]。两“中星”距度差的最小值为：17°+7°=24°，最大值为45°，年代差约1700～3100年，自孔子前推1700年约在公元前2200年左右，当在夏朝以前。《国语·楚语》载：“颛顼受之，乃命南正重司天以属神，命火正黎司地以属民……尧复育重黎之后不忘旧者，使复典之，以至于夏商。”以其最小年代差估计，“大火昏中”，符合尧帝时羲和氏所测天象。

第三条，《月令》八月“旦觜觿中”，《夏小正》八月“参中则旦”。古距为觜宿[6]—参宿[9]，两“中星”距度允差最大为15°，相应的年代允差约1000年，自孔子前推1000年，约在公元前1500多年，当在商朝前期，符合《楚语》所说的“尧复育重黎之后……以至于夏商”。

第四条，《月令》九月“日在房”，《夏小正》九月“辰系于日”。《春秋·昭十七年》“有星孛于大辰”。《公羊傳》“大辰者何？大火也。”何休《註》“大火谓心星。”房宿[7]与心宿[12]之间最大距度差为19°，相应的年代允差约1300年，自孔子前推1300年，约在公元前1800多年，当在夏朝后期。符合《楚语》所说的“以至于夏商。”

以上四条可分为两类：第一类星象是第一条、第三条、第四条的“中星”或“日在”是在同一宿内或相临两宿之间，上文所考仅列出其年代上限；至于年代下限，它们年代差允许的最小值等于或近似为零，即以最小允差而言可以看作是同时代的。若以最大允差而言，它们共存的年代是商末周初。第二类星象是第二条，同月节气的“中星”最少差24°，它们绝不可能同时，最少差1700年，自孔子前推1700年，当在夏朝以前。

结合文献记载，我们判定《夏小正》星象包括两类，一类是夏朝以前的古星象，另一类集中在商周之际。《礼记·乐记》“武王克殷反商……下车而封夏后氏之后於杞。”《史记·陈杞世家》“周武王克殷纣，求禹之后，得东楼公，封之於杞，以奉夏后氏祀。”《汉书·地理志》载陈留郡“雍丘县，故杞国也。周武王封禹后东楼公，先春秋时徙鲁东北。”杞国始封地在汉代的陈留郡雍丘县即今河南杞县。考古出土铜器证实春秋时期杞国都城在山东新泰一带[5,6]，离鲁国都城曲阜较近。孔子踏访并得到《夏小正》的杞国，当在新泰地区。东楼公立国时即颁行《夏小正》，以奉夏朝正朔，故其星象多为周初天象，但有一点没有改动，即《小正》历法源于颛顼时的“火正司地以属民”，大火星是“火正”取法的标准星，故此从上古流传下来的五月“大火昏中”标准星象未做改动。至孔子删书时，发现这一星象与实际天象相差太大，故径直改为“昏亢中”。

综上所述，孔子参照《夏小正》重新拟定了符合实际天象的《月令》星相，其改动包括三个方面：其一是废弃《夏小正》对晨见、昏伏星，正北、正东向星，以及斗柄指向的观测，统一采用昏旦“中星”以测“日在”位置；其二是对《夏小正》反映的周初星象在相邻星宿内略作调整，使之符合实际天象；其三是对遗留的远古星象（大火昏中）大幅改动为当时的时令星象（昏亢中）。至于物候现象，周初与春秋晚期所见应是基本相同的。

3 西周“寒冷期”问题

竺可桢先生在其著名论文《中国近五千年来气候变迁的初步研究》中指出：自仰韶文化到

安阳殷墟是五千年来的第一个温暖期，也是最温暖时期，年平均温度高于现在(0 线)2 ℃左右；自西周早期开始持续约 1～2 个世纪是第一个寒冷期，年平均温度低于现在的平均水平；到了春秋时期(前 770—前 481)，又和暖了(图 1)[7]。按这一观点，西周初期的“气候”，与孔子时代有显著差异。

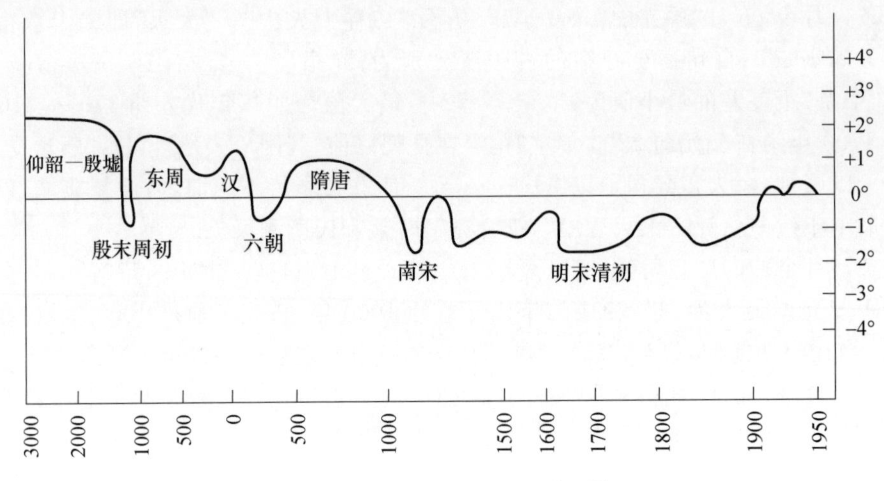

图 1　近五千年中国温度变迁图(竺可桢 1972)

竺可桢先生作出这一判断的主要依据是《诗经・豳风・七月》：

八月剥枣，十月获稻。

为此春酒，以介眉寿。

他认为周初至春秋初期使用建丑而不是建子的历法，周初阴历以现今阳历十二月(建丑之月)为岁首，所以《豳风》的八月等于阳历九月，十月等于阳历十一月。依据竺文可以这样理解：诗文中的“剥枣”“获稻”等收获季节被普遍推迟一个月，故此气候变冷。实际上，下半年物候的延迟与上半年物候的提前一样，是持续温暖天气增多也就是气候变暖的表现。更何况《豳风・七月》使用的历法与《夏小正》(建寅)相同，不存在收获季节延迟的问题(详下)。

又《七月》诗云：

二之日凿冰冲冲，三之日纳于凌阴。

四之日其蚤，献羔祭韭。

九月肃霜，十月涤场。

依据竺文，凿冰、藏冰原本应是冬至以后、数九寒天从事的工作，豳地提前到十月(阳历十一月)，冬至以前，因此是整个气候变冷的证据。我们认为这个判断也很难成立。首先，对“二之日”“三之日”的解释历来存在疑义，是否应归之于十月，是很难确证的；其次，退一步说，即使把“凿冰”“纳于凌阴”放在十月，也不能说明气候很冷。因为据《夏小正》记载“五月，时有养(长)日”，“十月，时有养(长)夜”，分别指夏至白昼最长，冬至夜晚最长，按《夏历》是阴历，节气与月份不固定，因此冬至可以出现在十月，那么在冬至以后凿冰、藏冰就很正常了，不能作为气候变冷的证据。

我们认为确认《诗经・豳风》使用何种历法的最可靠方法，是全面比较《七月》和《夏小正》的物候，列如下表(表 5)。

表 5 《七月》与《夏小正》物候对照表

《豳风·七月》	《夏小正》
春日载阳　有鸣仓庚	二月有鸣仓庚
春日迟迟　采蘩祁祁	二月采蘩
蚕月条桑	三月摄桑
四月秀葽	四月秀幽
五月鸣蜩	五月良蜩鸣
七月萑苇	七月秀萑苇
八月剥枣	八月剥枣
九月授衣	九月王始裘

由表 5 可知，诗《七月》与《夏小正》的月名、物候与民事等基本相同，这说明两者所用的历法是一致的。两者都使用《小正》历法，即正月建寅的历法，与现今行用的《农历》或《夏历》没有什么不同。

《七月》开篇叙天象曰“七月流火。”毛《传》曰“火、大火也，流、下也。”郑《笺》云“大火者，寒暑之候也。火星中而寒暑退，故将言寒，先著火所在。”孔颖达《疏》“于七月之中有西流者，是火之星也，知是将寒之渐。”依《夏小正》“五月初昏大火中”，即大火星（心宿二，西名天蝎座 α）在五月的黄昏终止时刻出现在南中天（子午线）上，以太阳日行 1°（赤道度，下同）、中星距度随之前进 1°的速率计算，六月初昏大火已离开中天、向西偏约 30°左右；七月昏时大火星已偏西约 60°左右，故称“七月流火”。八月昏时大火星应距天顶约 90°（赤道度），大致位于地平线附近，故《夏小正》曰“八月辰则伏”。“辰”是大火星的另一称谓，如《公羊传·昭十七年》曰“大辰者何？大火也。”“伏”是天象专有名词，指黄昏时出现在西边地平线附近、即将隐没的星象。《夏小正》天象与《七月》天象如此符合，似乎前者不是夏朝天象而是周朝天象。事实正是如此，《夏小正》就是周初杞国东楼公始封时颁行的历法，用《夏正》之名以奉夏朝正朔，实际为周初天象。

如上所考，《豳风》与《夏小正》使用相同的天象和物候，因此我们不能依据《夏小正》的物候推论说夏朝是温暖期，又根据《豳风》物候推断说西周是寒冷期，这是自相矛盾的。我们认为西周“寒冷期”的说法，在文献考据上很难成立，有待环境考古或气候考古学予以证明。

4 《逸周书》与《夏小正》物候的比较

《夏小正》有上古星象的孑遗，已由天象年代的计算得到证实，同样地《夏小正》的物候包括有上古的遗存，这是完全有可能的。晚出的《逸周书》的物候，反映周代实际，包括东周和孔子时代在内，也在情理之中。把《逸周书·时训解》与《夏小正》的物候进行比较（表 6），可以得到有益的结论。

表 6 《逸周书》与《夏小正》物候对照表

月份		《时训解》（见《夏小正》者）			《夏小正》		
	节气	初候	中候	末候	提前	同《时训解》	延后
正月	立春	东风解冻	蛰虫始振	鱼上冰	鹰则为鸠 桃则华	启蛰　鱼陟负冰 时有俊风　獭祭鱼	雁北乡
	惊蛰	獭祭鱼					

续表

月份		《时训解》(见《夏小正》者)			《夏小正》		
二月	雨水	桃始华	仓庚鸣	鹰化为鸠		玄鸟来降 有鸣仓庚	
	春分	玄鸟至					
三月	谷雨	桐始华	田鼠化为鴽		螫则鸣	田鼠化为鴽 拂桐芭　鸣鸠	
	清明		鸣鸠拂奇羽				
四月	立夏	蝼蝈鸣		王瓜生		鸣蜮　王萯秀	
	小满						
五月	芒种	螳螂生	䴗始鸣			鴂则鸣　良蜩鸣 唐蜩鸣	
	夏至		蜩始鸣				
六月	小暑			鹰乃学习		鹰始挚	
	大暑			大雨时行			
七月	立秋			寒蝉鸣		寒蝉鸣	时有霖雨
	处暑						
八月	白露		玄鸟归	群鸟养羞		丹鸟羞白鸟	
	秋分		蛰虫培户				
九月	寒露	鸿雁来宾	爵入大水为蛤	菊有黄华		遰鸿雁　蛰　荣鞠 雀入于海为蛤	陟玄鸟
	霜降	豺乃祭兽		蛰虫咸俯			
十月	立冬			雉入大水为蜃		玄雉入于淮为蜃	豺祭兽
	小雪						
十一月	大雪					陨麋角	
	冬至		麋角解				
十二月	小寒	雁北乡					
	大寒						

前文已述《逸周书·时训解》已形成完整的七十二候体系(参见表 2),对照表 6 可知,《夏小正》与《时训解》共有的物候约 30 种,但后者对这些“候应”发生的先后顺序有所调整。其中被调整到不同月份的有 7 条,试分析如下。

首先看《夏小正》比《时训解》提前的三条候应,均发生在春季。《夏小正》三月“螫则鸣”是唯一没有在《时训解》中找到完全对应的候应。《夏小正》注曰“螫,天蝼也。”《尔雅·释虫》“螫,天蝼。”郭璞《註》“蝼蛄也。《夏小正》曰‘螫则鸣’。”《时训解》四月立夏初候为“蝼蝈鸣”,《礼记·月令》“蝼蝈鸣”郑玄《注》“蝼蝈,蛙也。”此与《夏小正》四月“鸣蜮”当为同一候应,《夏小正》注曰“蜮也者,或曰屈造之属也。”《說文》“蜮…蝈,蜮又从国。”徐铉《注》“以为蝦蟆之别名。”《周礼·蜮氏》郑司农云“蜮读为蝈。蝈、蝦蟆也。”综上,与“螫则鸣”最靠近的是《时训》的“蝼蝈鸣”,但“蝼蝈鸣”已与“鸣蜮”对应,故不可能与“螫则鸣”完全等同。如果把“蝼蝈鸣”分解为“蝼、蝈鸣”,其中蝼鸣代表蝼蛄鸣,蝈鸣特指蛙鸣,似乎是比较好的解决办法。诚如是,则“蝼蝈鸣”稍微提前几日就出现在三月,变成“螫则鸣”了。春季若干候应提前到来,应是气候变暖的证据。

再看《夏小正》比《时训》延后一个月的四条候应,都发生在下半年,自七月以后到正月截止。下半年候应的推迟到来，与上半年候应的提前发生，具有同等效应，都是气候变暖或持续温暖天气加长的表现。在竺可桢先生的古今气温变化趋势线(图1)中，东周秦汉温暖期比夏商温暖期的平均气温低约0.5 ℃，这个判断与上述物候比较分析得到的结论是符合的。

周初杞国重新行用《夏小正》时，仅对与实际情况明显不符的星象部分作了改正，物候部分大致与实际情况符合，没有必要改动。孔子“正夏时”是在《周书》的《月令》部分对星象作了改正，删定了《时训》的七十二候文本，没有改动杞国的《夏小正》。

5 “气候”起源的地区

上文所考，古代历法中的“气候”起源于《夏小正》。《夏小正》的星象虽然经过了周初的改定，但仍保存有上古星象的遗留，其物候则基本源自夏朝以前，显示出比《时训解》比较温暖的特征。因此考察“气候”起源的地区，主要依据《夏小正》的物候。

夏纬瑛《夏小正经文校释》主张《夏小正》的物候主要发生在淮海地区，理由大致有以下四个方面[8]：

第一、经文有曰“雀入于海为蛤”“玄雉入于淮为蜃”，直接点出了淮海地名；

第二、“正月……梅、杏、杝桃则华”，这个花期太早，在现在的黄河流域看不到，而淮河流域则有可能；

第三、“剥鱓”，鱓是扬子鳄，活动在长江中下游地区，在长江支流的岸边生活，淮河流域可能出现了它的踪迹；

第四、“七月……时有霖雨”，不是江南的梅雨，是淮北大平原的雨季。

上引夏玮瑛先生依据现代的气象与物候推断《夏小正》的物候适用于淮海地区，而不在黄河流域。但是行用《夏小正》的杞国无论在周初的始封地(今河南杞县)，还是东周的迁居地(今山东新泰)，都属于黄河流域，说《夏小正》不适合黄河流域，于情理不通。夏先生的结论也有矛盾的地方：扬子鳄现今生活在长江中下游地区，在别的地方没有发现它的踪迹；而“七月霖雨”是淮北雨季，不可能出现在长江流域，两者基本上没有交集。问题出在现代气象和物候与古代气候发生了很大变化，可以运用现代资料数据作为研究古代气候的参考标准，但不能简单地等同。

我们发现利用现代入春和入冬时间等值线图[9]，对研究古代气候的发源地有参考意义。我国气象学家张宝坤先生根据各地区的气候差异并考虑我国的历史文化传统，在20世纪30年代提出以“候平均温度”为指标划分四季[10]，具体做法是把连续5天日平均气温(候平均温度)低于10 ℃视为冬季，高于22 ℃视为夏季，介于10～22 ℃之间为春季或秋季，故又称为“温度四季”。前文已述古代“七十二候”在历法中是“阳历”因素，理论上只与太阳位置和地理纬度相关，其变化应是稳定而连续的。“候平均温度”可以反映气温稳定而连续变化的过程，实际上是对古代“气候”观念的一种定量表达。

先看我国东部地区的入冬时间等值线图(图2)，在阳历11月1日以后、11月15日以前进入冬季的地区，大致呈向东扩大的角状形(图2中的阴影部分)分布，黄淮平原及山东半岛的大部分包括在这一入冬区域内。这一区域的南边，淮河作为气候分界线的地位非常明显，这条分界线大致与纬度平行，反映太阳斜射对地面温度的影响。这一区域的北边，受到太行山脉对气流的阻隔作用，影响了等温线的纬向分布。图2显示，在冬季，关中地区南部、黄淮平原和山东半岛的气候是近似的。

再看我国东部地区的入春时间等值线图(图3),在阳历3月15日以后、4月1日以前进入春季的地区,大致呈三角形状(图3中的阴影部分)分布,关中盆地、黄淮平原及长江三角洲包括在这一入春区域内。淮河作为气候分界线不复存在,这是因为春季我国东部地区普遍受到东南季风的影响,季风从长江三角洲地区登陆,吹向西北方向,受到太行山脉的阻隔,造成早春地区由东南向西北呈喇叭状张开,北部抵达冀中平原,西部深入关中盆地,中部与中条山、太行山脉的弧形走向大体一致。图3显示,在春季,黄淮平原与关中地区、长江三角洲的气候是近似的。这就解释了为什么《诗经·豳风》与《夏小正》的物候相同,《夏小正》中为什么有扬子鳄的记载等疑难问题。

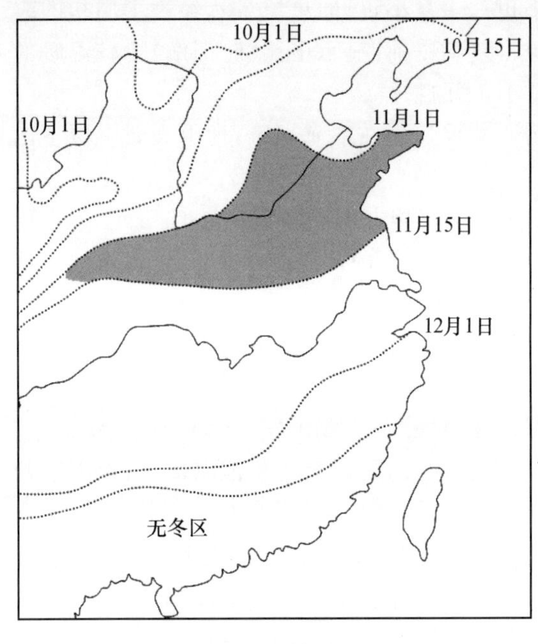

图2　入冬时间等值线图

图3　入春时间等值线图

综合参考我国东部地区的入冬时间和入春时间等值线图,我们认为黄淮平原和关中地区是《夏小正》物候及《逸周书》七十二候的起源地区。我国东部地区气候的区域性特征,主要受地形大势、海陆位置和季风的影响,虽然古今气候发生了较大变化,但造成气候区域性特征的这些主要因素并未改变。如竺可桢先生的气温变化趋势线显示,东周秦汉仍然是比较温暖的时期,年平均气温约高于现代1～2℃,也无非是使入春时间提前、入冬时间延后若干天而已,黄淮平原与关中地区的气候仍然比较近似。

仰韶文化的中心区域在河洛和关中地区,夏朝兴起于伊洛河地区,关中是周朝的发源地,古代“三河”地区号称中原,位于“天下之中”,在这里建立的中央政权号称“中国”“上国”“天朝大国”等。关中和中原地区是夏商周文明的发祥地和主要分布区,也是中国古代“气候”的发源地,这一集中连片地区为中国古代文明的起源和早期发展提供了优良的气候环境。

参考文献

[1] 关于“冬至牛初”的讨论,参见:何妙福. 岁差在中国的发现及其分析[J]. 科技史文集,第1辑(天文学史专辑),上海科学出版社,1978.

[2] 中国天文学史整理研究小组．中国天文学史[M]，科学出版社，1981. 91-93.
[3] 李鉴澄．岁差在我国的发现、测定和历代冬至日所在的考证[M]，中国天文学史文集第三集，科学出版社，1984.
[4] 潘鼐．中国恒星观测史[M]，学林出版社，1989：32～38.
[5] 王恩田．从考古材料看楚灭杞国[J]. 江汉考古，1988(2).
[6] 钱益汇．杞国都城迁徙及相关历史地理问题疏证[J]. 首都师范大学学报(社会科学版)，2011(4).
[7] 竺可桢．中国近五千年来气候变迁的初步研究[J]. 考古学报，1972(1)；转载于《中国科学》1973年(16卷)第2期；收录于《竺可桢文集》，科学出版社，1979年。
[8] 夏纬瑛．夏小正经文校释[M]. 农业出版社，1981.
[9] 本书编委会．中华人民共和国气候图集・四季起始期及日数[M]. 气象出版社，2002.
[10] 张宝堃．中国四季之分配[J]. 地理学报，1934(1)(创刊号)。

Qihou(climate) in the Traditional Chinse History Calendar

WU Jiabi

(Beijing Normal University, Beijing 100875)

Abstract the 24 solar terms and the 72 pentads (five days as a pentad) in the traditional Chinese history were combined together into the term of “Qihou” (climate). Both of them were factors of the solar calendar. “Qihou” originated from *Xiaxiaozheng*, evolved into《The book of Zhou Dynasty/The Interpretation of Time》and passed on to the later dynasties as the form of *The Interpretation of Months*. No matter what has happened in the history of climate, the 72 pentads remained the same as the Confucian classics. The astrology of *Xiaxiaozheng* is mainly about the celestial phenomena occurred in the early period of Zhou Dynasty, but it also covers some residual information from the ancient astrology and the phenological record. *Xiaxiaozheng* was the official calendar of the Kingdom of Qi, where the descendents of Xia Dynasty settled down. It was issued when the kingdom was first enfeoffed in the early period of Zhou Dynasty. The evidence concerning the “cold period” of the Western Zhou Dynasty is hardly found in literature. The astrology, the phenology and the calendar in the two books, namely *The Book of Songs/Binfeng* and *Xiaxiaozheng*, are the same. However, the phenology in the latter book is slightly warmer than that in the former one. With the isopleths of the starting time of spring and that of winter, it is shown that the “Qihou” in the Chinese history originates from the Central Plains and the Central Shaanxi area.

20世纪前半期张家口地区旱涝灾害时空特征探析*

刘晓堂，刘静静

（包头师范学院，包头　014030）

摘　要　本文通过20世纪前半期张家口地区历史资料的搜集整理，统计分析了该地区旱涝灾害的时空分布特征，对张家口地区16个县的旱涝灾害进行逐年、逐县统计分析。研究结果表明，50年间张家口地区旱涝灾害十分频繁，灾害的发生具有阶段性、交替性和明显的季节性特征，主要集中在春夏两季。春旱、夏旱和夏涝最易发生。区域内部仍有差异，张家口地区北部旱灾程度要比南部严重很多，而张家口地区南部涝灾程度则要比北部严重。

关键词　张家口地区，旱灾，涝灾，时空特征

张家口地区位于河北省西北部，地处太行山和燕山环抱的盆地北沿，蒙古高原与太行山区、燕山山区衔接地带，东与首都北京接壤，西与煤都大同相邻，南抵华北腹地，北靠内蒙古自治区。位居京畿要塞的张家口，有着灿烂的历史文化。张家口自19世纪中后期已成为中国北疆草原丝绸之路张库大道的枢纽和重要的国际经贸城市，有“中国陆上的上海、广州”之美誉。根据国务院发布的《京津冀协同发展规划纲要》和国家“一带一路”发展倡议，作为2022年冬季奥运会举办地，张家口地区不仅是环首都经济圈的重要一环，同时也是京津地区的重要水源区与生态安全屏障，必将在中蒙俄经济走廊建设和京津冀一体化进程中扮演重要角色。该地区属于寒温带大陆性季风气候，年降雨量少，雨季集中且年际变化大，极易形成气象灾害，是旱涝灾害多发区。因此对该地区旱涝灾害的探讨具有极其重要的现实意义。然而，就历史时期张家口地区的旱涝灾害而言，相关研究成果并不多见。有鉴于此，本文提取和扫描民国时期张家口地区旱涝灾害信息，对该地区范围内旱涝灾害产生原因、时空特征和发生规律进行典型性研究，以期为该地区旱涝灾害预测与防治提供借鉴，为有关部门更好开展防灾、预灾、减灾工作提供参考。

民国时期，张家口地区县级行政区域数次发生变更。至1928年，张家口地区隶属察哈尔省。1934年，张家口地区范围内有16县和化德、崇礼、尚义3个设治局(1947年改县)。结合历史和现实实际情况，为便于叙述和统计，本文确定张家口地区范围内的县数为16个，包含了民国时期属于张家口地区范围而20世纪50年代分别划给内蒙古自治区和北京市的商都、多伦、宝昌与延庆等4个县。另外，崇礼、尚义和化德3县分别计入张北、商都和康保三县。以此为前提，本文对50年间这16个县的旱涝灾害进行量化统计与分析，复原其时空特征。

作者简介：刘晓堂，1985年生，男，内蒙古赤峰市克什克腾旗人，历史学博士，包头师范学院历史文化学院讲师，研究方向为区域社会史。

刘静静，1984年生，女，山西省大同市阳高县人，包头师范学院历史文化学院助教，研究方向为中国近现代史。

＊本文系内蒙古高校“创新团队发展计划”项目——阴山文化研究(NMGB1612)、包头师范学院专门史一流学科建设项目(2016YLXK002)与包头市2017年创新人才青年项目“民国时期察哈尔地区社会问题及其治理研究”成果之一。

1 研究方法

1.1 指标

根据历史资料与文献记载[1~14]，参考卜凤贤先生的自然灾害等级量化标准[15]，首先对分别对1900—1949年张家口地区各县历年旱涝灾害划分等级，得出每年全地区和每县50年内的灾害等级累计值，以此来反映灾害的烈度。

根据卜凤贤先生自然灾害等级量化标准，依据史料中有关旱灾的强度、受灾程度的记载和描述，我们将20世纪前半期张家口地区旱灾等级划分为小旱灾(1级灾害)、中旱灾(2级灾害)、大旱灾(3级灾害)和特大旱灾(4级灾害)四个级别，若灾害产生的社会效应过重，则在原灾度基础上再加一等。

1级小旱灾：史料中多简单记载为"旱""大旱"，但未明确记载旱灾的成灾程度和对人民生活和农业生产所产生的影响。如阳原县1918年、1919年、1920年连续三年大旱。

2级中旱灾：文献中多表述为"严重旱灾""减产过半""收半数"等记载，已造成农业减产，对人民生活造成影响。1938年，张北县旱，收半数。

3级大旱灾：文献记述多表现为"秋大歉""秋收大歉""收成大歉"等，严重影响人民生产生活，农业生产歉收。1919年，怀安县三伏无雨，秋大歉。万全县1919年，6月、7月两月无雨，秋收大歉。

4级特大旱灾：较3级旱灾破坏性更大，主要表现为"亢旱极烈""禾稼全枯""已种禾苗，均行枯槁"等，灾民"饥毙者无数"。1929年大旱，怀安秋收绝望，各村贫民逃荒及行乞者，计有万余人，饥毙者无数。1930年，仅万全一县，饿毙者已有五百余人，极贫待赈者数万人。

与旱灾等级划分相似，根据灾情程度和社会效应，张家口地区涝灾可以划分为小涝灾(1级灾害)、中涝灾(2级灾害)、大涝灾(3级灾害)和特大涝灾(4灾害)四个级别。

1级小涝灾：史料记载为"水患""被潦成灾"等，未明确记载涝灾影响程度。怀安县1912至1918年，迭遭水患，民商痛苦已极。

2级中涝灾：文献多表述为"形成水灾""秋雨连绵"等，已形成涝灾，造成一定社会后果。1934年，沽源、宝昌两县已成涝灾。

3级大涝灾：主要表现为"大水成灾""冲毁田地甚多"，严重影响农业生产。1917年，怀安红塘河水暴涨，泛入左卫镇，毁屋伤田甚多。

4级特大涝灾：文献多记述为"人畜淹死无数"等，造成巨大人员和财产损失，极其严重的社会后果。1924年，洋河洪水泛滥，万全房屋倒塌，人畜淹死无数。

需要进行说明的是，根据旱涝灾害的不同特征，我们在统计时加以区别对待。对一些相对模糊的文献记载如"桑干河大水""洋河洪水泛滥"等均不计入统计，而若有"察哈尔全省亢旱极烈"，则判定此年张家口地区各县旱灾程度为4级特大旱灾。

1.2 数据库的建立与制图

根据相关文献和指标，确定建立数据库的字段为年份、县份、旱涝灾害等级、灾次、成灾范围等，分别建立旱涝灾害数据库。在建立数据库的基础上，用Microsoft Excel和GIS软件制图。

2　旱涝灾害的时间分布特征

2.1　旱涝灾害年际变化

在数据库中将每一年各县的灾害等级逐一相加，得出当年张家口地区的灾害等级累计值（X），生成1900—1949年50年的时间序列（图1）。

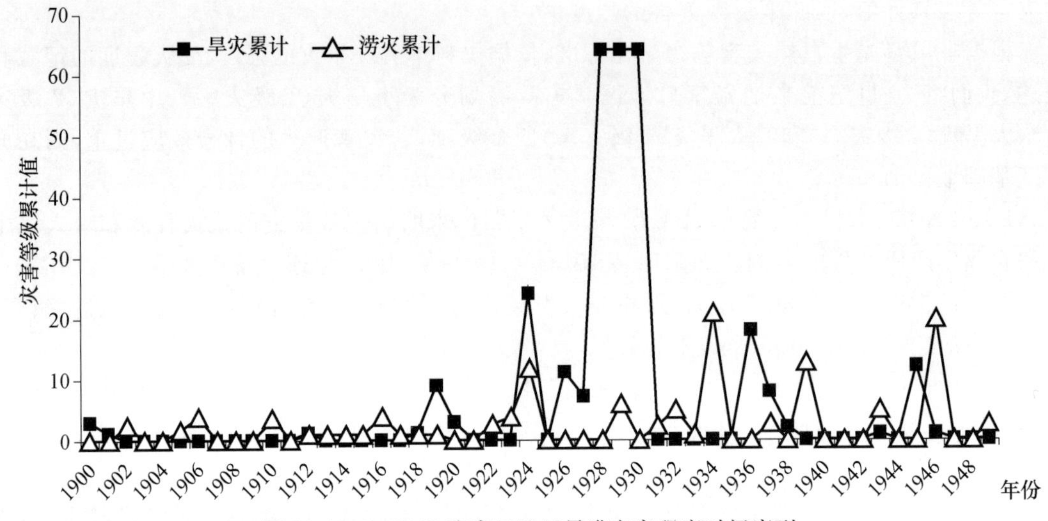

图1　1900—1949张家口地区旱涝灾害程度时间序列

2.1.1　旱灾

根据图1历年灾害等级累计值得分情况，对张家口地区旱灾等级进行划分，$0<X\leqslant15$为1级，$15<X\leqslant30$为2级，>30为3级（表1）。旱灾受灾程度要严重于涝灾。

表1　1900—1949年张家口地区各级旱灾的发生概率及分布特征

等级	年份	年次	发生概率(%)
1级	1900、1901、1912、1918、1919、1920、1927、1937、1938、1943、1945、1946	13	26
2级	1924、1936	2	4
3级	1928、1929、1930	3	6

根据表1，50年中张家口地区1级小旱灾13年次，占旱灾总年次的72%，发生概率26%，平均3.8年一次；2级中旱灾2年次，占旱灾总年次的11%，发生概率4%，平均25年一次；3级大旱灾3年次，占旱灾总年次的17%，发生概率6%，平均17年一次。说明大旱灾出现频率较高。其中，1924—1936年的13年是旱灾的重灾期。与此相契合的是，大约自20世纪20年代初开始，我国南北大部分地区气候出现突变性质的干旱化趋势。与前一个时期相比，干旱指数迅速上升，梅雨期降雨明显减少，梅雨的持续期在1909年、1919年前后分别达到20世纪前半期的最高峰（平均38天）和次高峰（平均为28天），到20—30年代明显缩短到25天左右。直到40—60年代，梅雨期梅雨量才开始明显回升，干旱指数相对下降。[16]由此可见，旱灾与气候突变紧密关联。需要指出的是，这一时期军阀混战、政局动荡、社会失控，人们抗灾能力低下使得灾害异常严重。

2.1.2 涝灾

1900年至1949年的50年中，张家口地区共有25年发生了不同程度的涝灾，出现频率50%，可谓两年一涝。涝灾发生频率远远高于旱灾。由图1涝灾发生规律确定张家口地区涝灾的级别，$0 < X \leqslant 10$为1级，$10 < X \leqslant 20$为2级，> 20为3级(表2)。

表2 1900—1949年张家口地区各级涝灾的发生概率及分布特征

等级	年份	年次	发生概率(%)
1级	1902、1905、1906、1910、1912、1913、1914、1916、1917、1918、1919、1922、1923、1929、1931、1932、1933、1937、1943、1949	21	42
2级	1924、1939、1946	3	6
3级	1934	1	2

根据表2，50年中张家口地区1级小涝灾21年，占涝灾总年次的84%，发生概率42%，平均2.4年发生一次；2级中涝灾3年，占涝灾总年次的12%，发生概率6%，平均16.7年发生一次；3级大涝灾1年，发生概率2%，占涝灾总年次的8%，平均50年发生一次。1934年至1946年的13年是涝灾重灾期。

2.2 季节变化

对历年各县次旱灾季节分别进行统计，得出各季旱灾的发生概率(图2)。50年之中，张家口地区56%的旱灾发生在夏季；42%旱灾发生在春季；秋旱次之；冬旱发生概率为零。

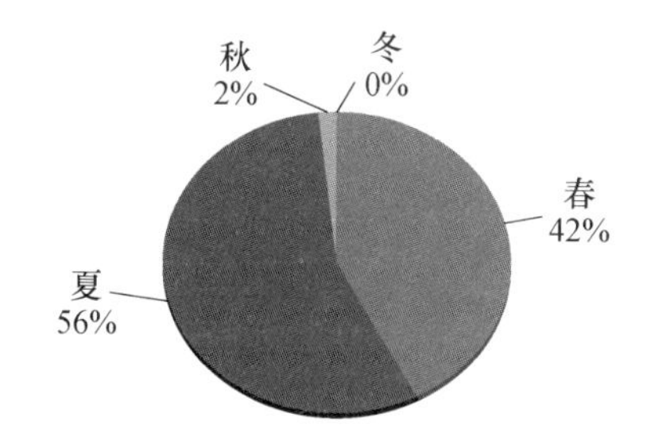

图2 1900—1949年张家口地区旱灾发生季节概率

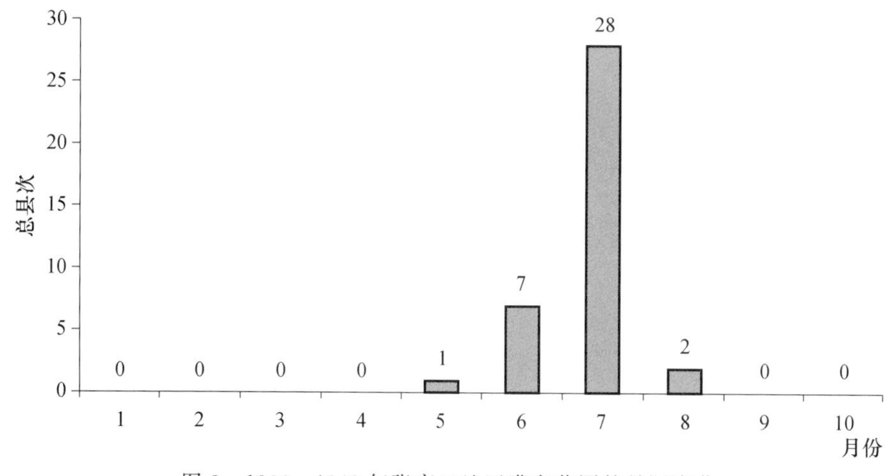

图3 1900—1949年张家口地区涝灾范围的月际变化

我们对涝灾发生的时间进行了逐月统计(图3)。由图3可见,张家口地区涝灾主要集中于6月、7月份,以7月份最多,5月、6月、8月份次之。其余月份无涝灾记载。可见,几乎所有的涝灾都发生在夏季。

3 旱涝灾害的空间分布特征

3.1 旱灾的空间分布特征

表3 1900—1949年张家口地区各县旱涝灾害等级累计值

县别	旱灾	涝灾	县别	旱灾	涝灾
康保	18	1	赤城	15	8
多伦	26	1	宣化	14	9
沽源	18	2	龙关	17	9
宝昌	18	2	涿鹿	20	10
商都	21	3	阳原	22	11
张北	31	4	蔚县	15	12
怀来	12	5	怀安	21	21
延庆	15	8	万全	25	28

表3是50年间张家口地区各县旱涝灾害的等级累计值统计。由表3可以看出,旱灾等级累计值最高的县为31,最低为12,差幅为19,每县平均差幅为1.2,可见张家口地区各县的旱灾程度相差较大。按照空间上的差异性,可以将累计值按照张家口地区内的五个地理亚区进行分别统计后,得出以下结果:张北高原亚区6县(张北、康保、沽源、宝昌、多伦、商都),占县总数的38%,累计值总计132,占累计总值(308)的43%,平均值22;崇礼、赤城中山亚区2县(赤城、龙关),占县总数的13%,累计总计32,占累计总值(308)的10%,平均值16;洋河间山盆地亚区3县(怀安、万全、宣化),占县总数的19%,累计总计60,平均值20,占累计总值(308)的19%;桑干河间山盆地亚区4县(阳原、涿鹿、怀来、延庆),占总县数的25%,累计总计69,占总值(308)的22%,平均值17.3;壶流河间山盆地亚区1县(蔚县),占总县数的6%,累计值总计15,占总值的9%,平均值15。说明张北高原亚区的旱灾程度远高于张家口地区的其他地理亚区(图4a)。另外,张家口地区北部旱灾程度要比南部严重很多。

3.2 涝灾的空间分布特征

表3中累计值最高的为万全县(28),最小的为多伦县和康保县(1),相差27,每县平均差幅1.7,由此可知张家口地区各县的涝灾程度亦相差较大。按空间的分布划为3个层级(图4b)。由图表中可知,在累计值$X \geqslant 10$的5个县中有2个县沿洋河分布,即受灾最严重的万全和怀安。2个地处桑干河沿岸,1个沿壶流河分布。可见,洋河沿岸是张家口地区洪涝灾害的重灾区。而地处张北高原亚区的6县(张北、康保、沽源、宝昌、多伦、商都),因为地势较高,河流稀少,受灾程度轻微。

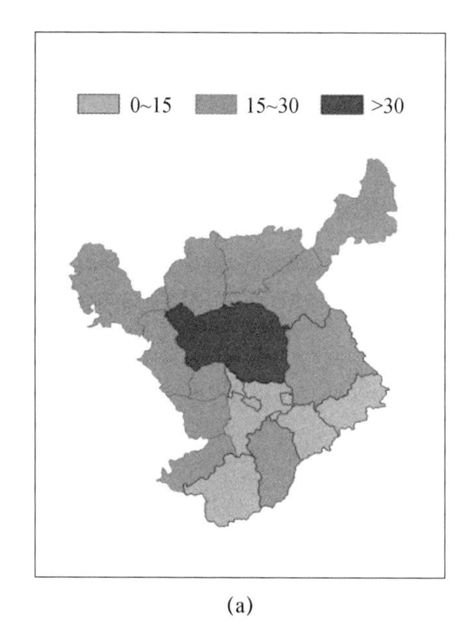

(a)

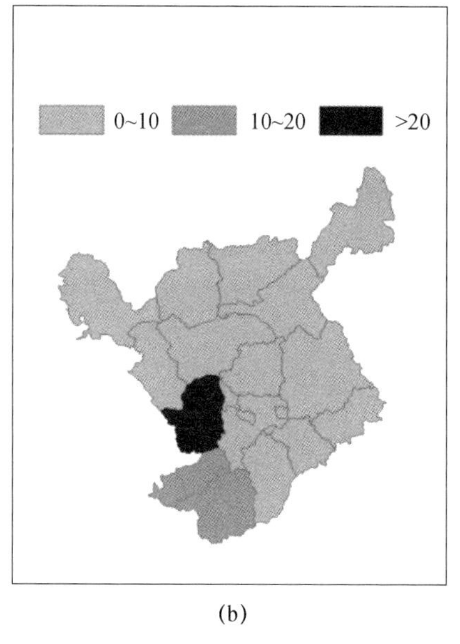

(b)

图4 张家口地区旱涝灾害程度的空间差异((a)旱灾,(b)涝灾)

4 旱涝灾害对社会经济发展的影响

20世纪前半期,张家口地区交替而至的旱涝灾害产生了严重的社会后果,对人民的农业生产和生活造成严重影响,进而影响到该地区社会经济的发展与进步。

4.1 旱涝灾害造成了人口大量死亡,严重威胁人民生命安全

在社会救灾机制不完善、农民抗灾能力较弱的情势下,骤然而至的旱涝灾害往往导致大批人口死亡。《华洋义赈会民国十三(1924)年度赈务报告书》载1924年,万全山洪暴发,造成3000余人死亡。关于此次涝灾,华洋义赈会的报告称:"二十年来所未有,水涨之高达二十英尺[①](6.1 m),巨潮若城,冲没张镇城东一部者历三小时之久……内有三千人民猝尔丧命。"《张家口地区水利纪事》载1924年6月,赤城县"白河、汤泉河大水,冲坏岸坝400余丈,水进东关,有300男女丧生"。《申报年鉴1933》记载,1930年大旱灾中"万全一县报告,饿毙者已有五百余人,极贫待赈者数万人。"面对严重的旱灾,由于生存机会的急剧减少和食物的极度匮乏,灾民已达饥不择食之地步,其况至惨。民国《万全县志》记载1928年,万全县"收成平均不足二成,食糠之人十有六七。"民国《怀安县志》则载1928年,怀安县"秋收不及二成,饥甚,民将树皮草根,剥剜殆尽。"

4.2 频繁的旱涝灾害造成巨大的经济损失

对于旱涝灾害造成的经济损失,我们从以下数字可窥其一斑:

据《张家口水灾之影》记载,1924年,万全县遭受水灾,"死者3000余众,露宿于外之难民约5000人,损失2000余万元。"

据国民政府实业部中央农业实验所调查,1936年,张家口地区遭受旱灾,"受灾面积达

① 1英尺=0.3048 m。

184.44 万市亩，损失稻谷、高粱、小米、玉米、大豆、甘薯等多种农作物 155.02 万市担①，价值 717.15 万元。”

《张家口地区水利纪事》记载，1943 年，万全县暴雨为灾，“西沙河洪水冲入美人沟、白家沟、新华街、武城街、小河套，坏房 4281 间，死 400 多人，损失财物甚重。”

4.3 造成大量田地荒芜

频仍的自然灾害，尤其是涝灾，严重破坏了农田生态系统，对田地造成巨大破坏。一方面，涝灾等自然灾害直接摧毁、淹没田地，使大面积田地荒芜；另一方面，灾荒引起农村劳动力的大量流失，导致田地因无人耕种而荒芜。据民国《怀安县志》记载，1914 年 6 月，怀安“红塘河水暴涨，泛入左卫镇，毁屋伤田甚多。”民国《阳原县志》记载，1924 年阳原县“五马坊因水峪口沟洪水扩大，沙河附近地亩之毁伤，不计其数。大渡口村因河水暴发，冲毁田地亦多。”民国《万全县志》记载，1929 年，该县“洋河北岸各沙河山洪暴发，田地多被冲毁，新河流域受害更钜。”该县志又载，1931 年 6 月，万全县大水，冲毁农田无数。《张家口地区水利纪事》载 1933 年，“西洋河、南洋河、洪塘河、壶流河发水，桑干河大水冲没涿鹿县南关河滩地。” 1937 年，洋河“洪水冲南兴渠、沙岭子、样台一带河滩地一万亩。主河道移至沙岭子老岸下。” 1948 年，蔚县暴雨，桃花、左家庄、代王城等地被水冲毁田地 5500 亩。民国《西北问题季刊》则记载 1934 年 7 月，桑干河水暴发，怀来县“站庄村被水冲去田地二顷五十余亩皆成沙砾，三年后方可耕种。”同月，怀安县河水暴涨，“城西乔家坟旱地四十余亩秋禾淹没，地亩沙压不能垦复。”灾荒之下，为寻求一线生机，灾民将“耕牛畜犬屠宰一空”，继而逃荒而去，也是导致大片田地荒芜的重要原因。

4.4 旱涝灾害造成灾民流离失所，农村劳动力大批流失和减少

频繁的旱涝灾害打击下的灾民，衣食无着，无处安身，为求一线生机不得不四处逃亡。翻检方志，我们可以看到一幅幅灾民流离逃亡的惨痛图景。民国《怀安县志》载，1929 年大旱，怀安“秋收绝望，各村贫民逃荒及行乞者，计有万余人，饥毙者无数。”民国《万全县志》载，1929 年，万全“全县秋收平均不满三成，赴口外就食者约计不下三千余人。”

旱涝灾害是造成农民离村的最重要推动力之一，造成了农村劳动力的大批流失。据国民政府实业部中央农业实验所调查，在 1931—1933 年张家口地区农民离村的原因中，“农村经济破产占 5.1%，水旱灾害、其他灾患及农产歉收占 30.9%，匪灾占 33.3%，贫穷而生计困难占 15.4%，捐税苛重占 5.1%，农产物价格低廉占 5.1%，其他占 5.1%。”[17]

5 讨 论

近年来，学界关于历史时期张家口地区旱涝灾害研究的文章较少，而该地区作为京津地区的重要水源区、生态安全屏障与环首都经济圈的重要组成部分，对其旱涝灾害的时空分布特征及形成原因的研究显得尤为重要。全面观之，导致张家口地区旱涝灾害频发的因素，既包括自然因素，如气候、地形等因素，同时也包括社会因素，如大规模无序开垦、人们环保意识淡薄等等。

由上文分析可知，20 世纪前半期张家口地区旱涝灾害频繁且多集中在春夏季节，分析 20 世纪前半期大的气候背景以及人类社会活动可知，导致旱涝灾害发生的首要因素是气候条件，

---

① 1 市担＝50 kg。

与此相契合的是,大约自20世纪20年代初开始,我国南北大部分地区气候出现突变性质的干旱化趋势。与前一个时期相比,干旱指数迅速上升,梅雨期降雨明显减少,梅雨的持续期在1909年、1919年前后分别达到20世纪前半期的最高峰(平均38天)和次高峰(平均为28天),到20—30年代明显缩短到25天左右。直到40—60年代,梅雨期梅雨量才开始明显回升,干旱指数相对下降。[16]由此可见,旱灾与气候突变紧密关联。同时,该地区属于寒温带大陆性季风气候,年降雨量少且年际变化大。张家口地区的年"平均降水量为350～480 mm,一般年降水量只有华北平原的二分之一,长江流域的三分之一。"[18]另外,该地区雨量集中,"仅6月、7月、8月三个月降雨量就占到全年的70%左右,而7月、8月两月降雨量就占到全年的50%以上。雨量这样集中,在全国是比较突出的。"[19]年降雨量少而集中,加之季节性暴雨和大暴雨,由于突发性强、降雨强度大,使得径流量和泥沙量季节分配不均匀,从而加剧涝灾的频发和受灾程度。可见,气候条件是导致张家口地区旱涝灾害频繁的重要原因。

另外,人类自身活动对生态环境的不断破坏,人类活动作用加剧旱涝涝灾害频发的现象不容忽视。清末民初以来,张家口地区土地受到大规模无序开垦,生态环境受到严重破坏。同时,民众环境保护意识淡薄和对森林的乱采滥伐亦是造成张家口地区生态恶化主要因素。民国《宣化县新志》记载,"近年植树令下,村民稍不动机而无赖之徒任意樵折,不讲公理。数十小栽不足供一夕之薪爨。村长村佐照例补栽,成活甚少。若不严加取缔欲其成材难已。"据民国《怀安县志》载,怀安县西南黑龙寺附近桦树林原本非常繁茂,且邻近山西天镇县。黑龙寺"左右有大沟六道,满山悉为桦树,而因附近居民,不时任便砍伐,以致惹起构讼",清光绪三十一年(1905)天镇县与怀安县曾会同勘验明确界限。然而此后近20年中"天镇人民盗伐如故。"因此,20世纪30年代,陈赓雅先生在《西北视察记》中就曾指出,张家口地区"天然森林,近数十年来,采伐罄尽,且因气候土质不良,植树不易成活,造林一事向不注意,以致童山秃岑,满目荒凉。"需要指出的是,这一时期军阀混战、政局动荡、社会秩序失控,人们抗灾能力低下使得灾害异常严重。

6 结论

(1)20世纪的前50年中,张家口地区的旱涝灾害频繁,几乎每年都有不同程度的旱灾或涝灾。

(2)灾害的时间分布的阶段性和交替性特征明显。1924—1936年的13年是旱灾的重灾期。20世纪20—30年代是旱灾多发期。1932年至1946年的15年为涝灾重灾期,20世纪00—10年代为少发期。旱涝灾害交替出现,大旱之后必有大涝。

(3)旱涝灾害的发生具有明显的季节性,主要集中在春夏两季。春旱、夏旱和夏涝最易发生。20世纪前半期张家口地区旱涝灾害集中在夏季暴发,这种看似极其矛盾的情况,恰恰说明此时期该地区气候的极端复杂性和生态环境的脆弱性。

(4)在空间分布特征上,张家口旱涝灾害具有区域内部差异性。以旱灾而言,张北高原亚区程度重于张家口其他自然区,而张家口地区北部要比南部严重很多。就涝灾而论,洋河、桑干河、壶流河沿岸各县程度最重。防灾、减灾工作应予以高度重视。

(5)20世纪前半期张家口地区旱涝灾害造成人口大量死亡,田地大量荒芜,灾民流离失所,从而迟滞了该地区的社会经济发展。

参考文献

[1] 郭维城,王告士,等. 宣化县新志[M]. 台北:成文出版社,1967.

[2] 路联逵,任守恭. 万全县志[M]. 台北:成文出版社,1967.

[3] 陈继淹,许闻诗. 张北县志[M]. 台北:成文出版社,1967.

[4] 刘志鸿,李泰棻. 阳原县志[M]. 台北:成文出版社,1967.

[6] 景佐纲,张镜渊. 怀安县志[M]. 台北:成文出版社,1967.

[7] 刘德宽. 龙关县新志[M]. 1934年铅印本.

[8] 申报年鉴社编辑. 申报年鉴(1933)[M]. 上海:申报馆特种发行部,1934:1-1278.

[9] 南京国民政府振务处. 各省灾情概况[M]. 1929:1-212.

[10] 李文海,等. 近代中国灾荒纪年续编[M]. 长沙:湖南教育出版社,1999:1-681.

[11] 张家口地区行政公署水利水保局. 张家口地区水利纪事[G]. 1993:1-489.

[12] 张家口水灾之影[G]. 1924:1-31.

[13] 臧建升. 中国气象灾害大典河北卷[M]. 北京:气象出版社,2008 :1-372.

[14] 沈建国. 中国气象灾害大典内蒙古卷[M]. 北京:气象出版社,2008 :1-384.

[15] 卜凤贤. 中国农业灾害史料灾度等级量化方法研究[J]. 中国农史,1996(4):38 -46.

[16] 叶笃正,陈泮勤. 中国的全球变化预研究(第二部分,分报告)[M]. 北京:气象出版社,1992:56-56.

[17] 国民政府实业部中央农业实验所. 农民离村之原因[J]. 农情报告,1936(7):179-179.

[18] 岳愚. 张家口地区水利志[M]. 天津:天津大学出版社,1993:11-11.

[19] 河北省张家口地区气象台. 张家口地质区气候手册[M]. 1973:4-4.

Exploration and Analyses of the Spatial and Temporal Distribution of Drought and Flooding in Zhangjiakou Area in the First Half of the 20th Century

LIU Xiaotang, LIU Jingjing

(Baotou Teacher's College, Baotou, 014030)

Abstract The paper analyzes the spatial and temporal distribution of drought and flooding in each of the sixteen counties every year in Zhangjiakou area through the historical documents in the first half of the 20th century. The study shows that frequent disasters mainly occurred in spring and summer in this area in the fifties years, and they display the obvious stages, alternating and seasonal character. But the drought disaster is more severe in the northern part than the southern part, while the flooding in the southern part is more severe than the northern part.

Keywords Zhangjiakou area, drought, flooding, spatial and temporal distribution

竺可桢气候变迁思想的来源

孙萌萌，江晓原

（上海交通大学科学史与科学文化研究院，上海 200240）

摘　要　竺可桢《中国近五千年来气候变迁的初步研究》一文，在20世纪70年代初为反驳"世界气候异常"和"新冰期恐慌"提供了思想资源，甚至也为质疑当前的"全球变暖人为说"提供了依据。本文以《竺可桢日记》为线索，探讨竺可桢气候变迁思想的来源，发现其受到1961年联合国教科文组织与世界气象组织联合举办的"气候变化"会议（罗马）主流观点的影响，并在亚欧大陆气候变迁的时间和空间规律问题上受到英国气象学家兰姆（H. H. Lamb）的启发。他对"气候突变"理论表现出的保守态度，不能排除"文革"时期意识形态的影响。

关键词　气候变迁，气候异常，竺可桢，文革

1　问题的提出

中国的历史气候研究最早可追溯至20世纪20年代，而其真正的兴起则要到20世纪70年代初。在萌芽和兴起的两个阶段中，竺可桢都做出了重要贡献。[1]最能代表他在气候变迁方面成就的，是他于1972年发表的《中国近五千年来气候变迁的初步研究》（下称《初步研究》）一文。由于《初步研究》发表于意识形态批判盛行的"文化大革命"时期，科学和文化事业受到极大限制，因此直到竺可桢逝世之后四年、"文革"结束的1978年，对竺可桢气候变迁研究的评价才开始在公开刊物上出现。[2,3]

在竺可桢逝世十周年之际（1984年），吕炯等人发文纪念，认为竺可桢最宝贵的学术思想之一，是"从中国的实际出发"，在研究方法上以文献资料上的优势弥补仪器设备方面的劣势。[4]由于"文革"时期"反对资产阶级反动思想"和"体现社会主义优越性"的意识形态，国内学者倾向于突出评价竺在中国历史气候上的研究，而忽视他将中国历史气候变迁置于世界气候变化的全局，试图寻找气候变迁规律的目标。不过，海外学者对竺可桢工作的评价则更倾向于后者。1976年（国内于1981年翻译发表），谢觉民在英国皇家地理学会会刊《地理杂志》上对《初步研究》做了介绍，并认为其学术价值在于将中国历史上的气候变化"看作是全球性的，并试图用这种观点去解释它们"。[5]这种由意识形态造成的"冲突"，在1988年王鹏飞撰写"怎样继承竺可桢的开拓性精神"一文时仍有体现：他提出"在气象史研究中爱国主义、国际主义如何和实事求是结合"是需要开拓的课题，意在消除将竺可桢作为"科学权威"所造成的不良影响。[6]直到竺可桢逝世20周年（1994年）时，施雅风指出竺可桢"一直密切注视国际上古气候学的新进展和新技术的应用"，并认为他所做的研究是为"预测未来气候变化服务"[7]，这和10

作者简介：孙萌萌，1987年生，山东人，博士研究生，研究方向为气候变化研究史。江晓原，1955年生，上海人，教授，研究方向为科学技术史和科学社会学。本文已经发表于《自然科学史研究》第37卷第1期（2018）：104-116.

年前吕炯等人所说的竺可桢气候变迁研究是“出于当时社会生产的需要，或出于他对科学发展的预见”[4]有所不同①。

尽管已有施雅风等学者认识到，竺可桢十分关注当时国际上气候变化研究的前沿，但关于它们如何影响竺可桢对气候变迁的认识等问题，还没有充分的探讨。若结合当前关于气候变化的争议来看，竺可桢关于气候变化的某些观点仍然在起作用。例如，葛剑雄曾在质疑“全球变暖人为说”时提到：

在20世纪后期，中国已故的气象学家竺可桢对中国7000年来的气候变迁发表过重要的论著。……中国当代的气象学家、地理学家、历史地理学家又进行了大量研究……历史地理的研究成果也还无法圆满地解释气候和环境长时段变迁的原因和规律，但足于质疑现在视为定论的“全球变暖”预测和温室气体是全球变暖的罪魁祸首的结论。[8]

历史地理的研究成果之所以能“足于质疑”全球变暖，早在竺可桢《初步研究》一文中得到体现。但在“全球变暖”争议之前，20世纪70年代初尚有“新冰期”之论，而这正是《初步研究》最初对“未来气候灾变”的想法提供质疑和反驳的思想资源。正是出于这一事实，才更有必要对竺可桢气候思想的来源进行深入探讨，《竺可桢日记》为此提供了一个可靠的途径。

2 《初步研究》的刊发与“世界气候异常”

在竺可桢一生仅有的10篇气候变迁论文中，《初步研究》是其“尽毕生之作”([9]，42页)，被认为是他“最为光彩影响最大的学术论文之一”[4]。文章成稿于1966年，是竺可桢作为新任罗马尼亚科学院外籍院士，为参加罗马尼亚科学院一百周年纪念会而作的。由于全国正在开展“文化大革命”，该文章当时并未打算在国内发表。他在当时的日记中说：

此英文稿只拟向国外出版或交给《中国科学》专门对外，不拟译成中文。因为毛主席说：“对人民群众和青年学生主要的不是要引导他们向后看，而是要引导他们向前看”，这理由是很充足的。([10]，159页)

到了20世纪70年代初，国际、国内形势都发生了变化。1971年，中华人民共和国加入联合国，1972年2月成为世界气象组织成员国；在国内，林彪“反革命集团”于1971年被粉碎，出现了一次纠正“极左”、调整政策的机会。[11]从1971年后半年开始，“文革”中停刊的期刊纷纷复刊，并有新期刊创办，其中大部分是自然科学和技术类刊物[12]。尼克松于1972年访华前夕提出中美科学交流，而中国科学院因期刊长久停刊，无法满足中美交换刊物的要求，因而也提出要恢复刊物。[9]在这样的背景下，竺可桢于1972年2月26日将《初步研究》英文稿寄给夏鼐，预备将译文登在复刊的《考古学报》[9]；《中国科学》(1973年3月2日)、《气象科技资料》(1973年12月31日)等刊物也都在复刊后不久就发表了该文章。[13~14]

与1966年初稿相比，20世纪70年代的修改稿并未在核心思想及论证上有重大区别。英文初稿先由他人翻译成中文，再由竺可桢在这份“译稿”基础上修改。出于对翻译水平的不满，竺可桢几乎又自己重译一遍。[9]在修改过程中，竺可桢意识到中国气候变化不一定与欧洲相同，且欧洲的材料也不如国内材料可靠，因而必须“依靠自己的材料”。并决定“把国外材料减少到最少限度”。[9]虽然比起初稿，修改稿增加了许多内容，但其核心观点并无较大差别。竺可

① 文中所谓“社会生产的需要”指的是1959—1961年困难时期出现的灾荒，以及毛泽东对此问题的关注；“科学发展的预见”则指的是20世纪70年代气候学在世界范围内的兴起。

桢于1973年将1966年初稿赠予其秘书李玉海时，曾在这本小册子上写道："1972年写的中文本是这英文本的译文，只有在人名方面，中文有时加添几个历史人物。此外英文每句必须有名词动词，在文法上与中文不同，所以每句的意义虽同，但不是直译，次序有颠倒。只是到最后总结时加上一段，是原本英文所没有的(此外表4、表5、表6的位置有了改变)"。李玉海比较两个版本后认为"文章的主要内容、结论及精华所在都是1966年已经完成的"。[15]

在1973年的日记中，竺可桢罗列了《初步研究》"颇为时人所看重"十六例([9]，392页)，这些人中既有气象、地理等自然科学学者，也有历史学者。对这篇文章，时人有几个不同的关注点。除了"中国古代的气候"之外，从气候学的角度看，对于"当前的气候变化"问题，这篇文章也从侧面给出了它的回答。这一回答颇具现实意义——从20世纪60年代末开始，关于"气候异常"的说法就引起国际气候学界的关注，甚至引起一些国家政府的重视。60年代末，北半球大部分地区自40年代开始的变冷趋势越来越明显，而关于世界各地灾荒的报道也不绝如缕。一些学者将"气候异常"与气候变冷联系起来，开始担心这是地球进入一个新冰期的前奏。[16]

吕炯等人认为，竺可桢发表《初步研究》是对科学发展的敏锐预见，因为在该文发表之后，马上就"发生了世界性的灾难性气候"[4]。但实际上关于"气候异常"的报道并不是发生在《初步研究》发表之后，竺可桢本人也是在1969年就注意到了国外媒体的报道，并开始记录这些报道直到离世。不过，对于国外的言论竺可桢有自己的判断：

据日本《每日新闻》报道(见星期六日记)，苏修气候界又在宣传气候变冷消息，说列宁格勒近五年比1940年左右低1 ℃，但我在《中国五千年气候变迁的初步研究》中早已指出，这类1 ℃上下的变迁，过去五千年中极为普通，算不了为地球变冷的证据，冰河时期地球高纬度比现在冷8°，中纬度也有4°，苏修宣传是"杞人忧天"之谈。[9]

这种对气候会突然变冷的否定性表述，在《初步研究》中并未直接出现。但《初步研究》对中国历史气候变迁的研究本身，正是证明了小幅度的气候波动在历史上"极为普通"，所谓的"气候异常"从历史的角度来看却又是正常的。另一方面，由于在20世纪60年代末到70年代中期，"地球将进入新冰期"的说法传播甚广，对"温室效应导致全球变暖"的关注从一定程度上受到了削弱。在《初步研究》中，竺可桢提到了中国近80年来天山雪线上升及冰川后退的现象，这当然是气温上升的指标，但他对这一观察事实的关注点并不在于气候最近的变暖及其原因，而在于天山上的冰川是"1100—1900年的寒冷期所成，而不是第四纪冰川期的残余"，这同样是历史上气候上下波动(而非单向变化)的证明。而更能进一步表明竺可桢对真正的"气候灾难"的理解来自他紧接着指出的："十年滑动的平均曲线使我们看出了一个地方的气候变化趋势。其缺点是它掩盖了个别的严冬。"也就是说，即使在气温上升的阶段，真正的威胁在于"寒潮入侵"。

《初步研究》对气候变化的原因主要提到了日中黑子，但又指出"其关系相当复杂，到目前我们还没能探索出一个很好的规律出来"[13]。至于为何不谈原因，在给吕炯的信中竺可桢解释到：

关于气象记录，仪器记录我们也远不及西洋，但是十六世纪以前历史时代的气候文献，恰恰远胜于西洋，我们应该利用我们的所长方能取胜于人。同时也批判地接受了古代文化遗产。所以《五千年中国气候的变迁》，文中只谈历史上气候如何变迁，而不涉及历史时代气候为什么变迁。只谈'How'而不谈'why'…… [4]

对于气候可能会持续变冷的说法，竺可桢早在1964年就有所了解。这一年，他开始大量搜集有关气候变迁的材料，其中有一条笔记提到："The present situation could be the start of a long term decline toward a colder climate."(目前的情况可能是向一个更冷气候过渡的长期降温的开始。)([17],338～339 页)这条笔记,是从英国气候学家兰姆(Hubert H·Lamb,1913—1997)1964 年的一篇文章[18]中摘录的。到《初步研究》发表前后,兰姆成为在世界上宣传"新冰期"将要降临的主要人物之一。

对新冰期的担忧促使一些国家开始重视气候变化的政治影响,并促成气候学的真正兴起。[19]1973 年 5 月 14 日,周恩来"在登有气候异常变化材料的一个内部刊物上作了批示,'要气象局好好研究一下这个问题'……"[20]其中所指材料是《参考消息》上的两篇关于气候异常的报道,一是日本气象厅的报告,一是路透社对各国灾情及气象学观点的报道。[21,22]它们都提到了国外学者对"下一个冰河期即将到来"的猜测。同年 6 月,国内气象学者在北京召开了"气候异常座谈会"。年底,中央气象局气象科学研究所成立了气候变迁研究小组——中国的气候变化研究正是从此时才兴起。

《初步研究》用历史时期中国的气候波动否定了"仅根据零星片断的材料而夸大气候变化的幅度和重要性"[13]的做法,在当时产生了极大影响。气象学者引用竺可桢《初步研究》指出:

有的气象学家认为,今后气候将进入"小冰河期"或"冰河期"。他们表现出了恐惧和忧虑。这是缺乏充分根据的。……"间冰期"的相对寒冷阶段即所谓"小冰河期"。在竺可桢同志所分析的五千年气候变化中就已经历过几个这样的时期。即使在这样的时期中,我国农业照样有丰有歉,气候也不是漫无止期地一直恶化下去的。[23]

值得注意的是,1973 年 6 月由"四人帮"操控的"上海市委写作组"在上海创办《自然辩证法杂志》,于第 2 期上也刊登了关于"气候问题"的两篇文章。这份期刊原意是对西方"资产阶级"的科学研究进行哲学批判,由于与 1973 年 7 月之后以批判周恩来为目的的"儒法斗争"及"批林批孔"运动相重合,也被认为是"四人帮"用来反对周恩来的;[24]这两篇文章正是在周恩来做了研究气候异常问题的批示之后刊发的。未署名文章《人类在战胜异常气候中前进》,几乎复述了《初步研究》关于"物候时期"的研究成果,以此来说明:"近年来的气候异常只不过是世界气候波浪式发展变化漫长过程中的一个短期起伏,一个小小的插曲,根本不值得大惊小怪"。[25]然而通篇并未提及竺可桢之名。

另一篇文章则不仅批判了"资本主义国家"对"新冰期"的恐慌,还认为由二氧化碳引起的全球暖化、进而导致冰川融化海平面上升,也同样是"危言耸听":

"变冷"说和"变暖"说从相反的方面引出了"世界末日"的相同结论……有些人就从政治上加以利用……他们的目的,是企图利用气候的一时异常情况,转移人们视线,掩盖腐朽没落的资本主义制度的固有矛盾,为真正制造饥饿的罪魁祸首开脱罪责。[26]

3 20 世纪 60 年代对持续暖化的反驳:气候是波浪式的行进

在 1966 年《初步研究》写成之前,竺可桢还曾于 1962 年发表《历史时期世界气候的波动》一文。在这篇文章中,关于气候是波动的而不是朝一个方向发展的观点就已经形成。

吕炯等人曾指出,竺可桢发表此文是"出于当时社会生产的需要",即"1960 年前,我国出现了连年干旱等气候反常现象,对农业生产和国民经济造成很大损失"[4]。这是极有可能的。在三年困难时期,《人民日报》共有 3 篇文章直接或间接提到全球暖化问题,其中一篇是由中央气象局局长涂长望在离世前一年于病榻上完成的。[27]不过,除了灾荒引起人们对气候问题的关注以外,苏联参加国际地球物理年所得到的气候研究方面的成果也是引起人们兴趣的原因。

1957 年 7 月到 1958 年 12 月,苏联在国际地球物理年中的南极勘探活动,在《人民日报》

上连载了近两年时间。1959 年《人民日报》总结苏联在国际地球物理年所取得的成就时就提到南极冰川的融化。[28]尽管关于气候变暖、冰川融化并未被判断为一件“好事”，但在《人民日报》看来，南极融化意味着“实际利用南极的问题已经提到日程上来了”[29]；而人类活动正“愈来愈有力地改善气候。”[30]

1961 年 1 月涂长望《关于二十世纪气候变暖的问题》一文，主要回答了三个问题：第一，我国的气候是否变暖；第二，气候长期变化的特点；第三，气候变化的原因。涂长望认为，“19 世纪末至 20 世纪四十年代，气候是变暖的，但在以后变冷了。最近的三四年又有变暖的现象”；“如果气温上升的趋势继续下去，那么，20 世纪以来我国气温的变化就可能进入第三个时期——又一个变暖的时期”。涂长望这段表述的目的，并不是强调“未来气候将变暖”，他也没有任何理由这样认为——而是要表明，气候的长期变化是“波浪式地进行的”，“有些甚至是周期性的变化”，而就地域来说，地球上所有地方也不是同时变暖或变冷：

在过去几千年人类历史时期内，气温可以在一定时期内变暖或变冷，但没有持久不变地朝着一个方向的变化。我国大部分地方在 20 世纪初期的变暖，已在 40 年代中止，并向相反的方向变化。苏联广大地方气温在 20 世纪 30 年代有所升高，以后，虽然其十年平均气温仍然维持在多年平均气温之上，但已有若干下降。如果气候向一个方向变化的时期过长，那么，在若干年以后，生活和生产的自然条件就会有显著改变。实际上并没有这样的情况，也没有发生这种情况的征象。

至于气候变化的原因，涂长望列出了包括温室效应在内的四个方面，同时指出：“近几十年的气候变化，哪些原因占主导的地位，目前尚未研究清楚”。[1]

对此，竺可桢在《历史时期世界气候的波动》发表之前的 1961 年 1 月 24 日[32]、7 月 19 日[32]，曾做过关于二氧化碳理论的笔记，前者认为南极的增温略同于全球煤炭燃烧所排放二氧化碳数，而后者则测得南极高纬度温度增加少，并对当时研究二氧化碳气候影响的卡伦德(Guy S. Callendar，1897—1964)、普拉斯(Gilbert N ·Plass，1920—2004)、弗隆(Hermann Flohn，1912—1997)等人的观点做了记录。不过，这些观点显然并未说服竺可桢。与涂长望一样，竺可桢也未将大气中的二氧化碳等温室气体看作是影响气候变化的主要原因，并认为对于气候变暖导致冰川融化将带来灾难的设想，不必“作杞人忧天的想法”[33]。

必须要说明的是，这些观点与国际气象学界当时的普遍看法基本一致。就在 1961 年 10 月 2—7 日，联合国世界气象组织与教科文组织合作举办了一场以“气候的变化”(Changes of climate)为主题的学术会议。竺可桢对这次会议相当重视，不仅在 1962 年《历史时期世界气候的变迁》一文中提到此次会议即将召开的消息，在“文革”时期(1967 年 2 月 9 日至 3 月 3 日)对其中多篇论文做了笔记[10]，甚至在《初步研究》的开篇，也仍然认为这是世界上地球物理科学家关注古气候的发端。

这次会议，来自 36 个国家的 115 位科学家共发表了 45 篇论文。对这些论文的主题进行简单的统计即可发现，在 9 篇(20%)以“气候变化的理论”(Theories of changes of climate)为主题的论文中，只有加拿大气象局的戈德森(Warren L ·Godson，1920—2001)和德国气象局的弗隆较为具体地提到二氧化碳等温室气体对气候的影响，但二人对这一理论都抱有怀疑。苏联学者 1960 年最新数据得出结论，二氧化碳的作用“迄今为止被大大高估了”，戈德森据此认为“当考虑到反馈机制(比如，包括水汽和云)，显然，二氧化碳理论本身并不足以解释气候在过去的主要变化”[34]；弗隆也认为“二氧化碳不能作为气候变化的唯一(甚或主要)原因”，并举了两个例子作为理由：一是50°S以南并未发现与北半球同一时间的显著升温，但其二氧化碳含量并不比北半球低；二是不仅在工业化之前世界气候就经历过几次明显的波动，并且在工业燃烧增长最快的最近十年，气温不升反降。[35]这次会议上大部分学者专注于描述气候变化本身，即使论及原因，也都将自然原因放在首位。

但也应注意到，虽然气候大会上大部分科学家并不看重人类活动对气候的影响，作为联合国组织下的会议，其主旨却并不仅限于描述气候的"自然"变化。时任世界气象组织气候委员会副主席的沃伦(Carl C ·Wallén，1917—2010)在总结发言中强调了"气候与人类活动的关系"，并提出虽然这并不是大部分气象学家有特别的理由要去关注的，但是"过去的十五年中，地理学家以及一些关心人类事务的国际组织，都对人类与自然的关系产生了极大的兴趣"。[36]

这些"人类活动"不只包括工业二氧化碳排放，还包括工业气溶胶、热岛效应、森林砍伐、农业等等。这一关注是与西方环境运动相一致的，它们认为，人类活动会破坏"自然平衡"。"平衡"及"对平衡的破坏"进而引导弗隆提出"全球能源开支"(Global energy budget)的气候变化研究思路，在他所描述的包含大量气候影响因子的复杂系统中，人为因素是不应被"先验地"(a priori)排除的；不仅如此，它们还可能"在不知情的情况下产生违背人类利益的不可逆转的影响"，人们应该"认清这种危险"。[35]

4 气候变迁的空间传播与全球一致性

竺可桢关于气候变化全球一致性的看法在《初步研究》中表达得相当充分，其最引人注目的结论即亚欧大陆气候变迁的时空规律。[5]与气候的"波动"规律类似，这一"规律性"带给人们的"安全感"也被视为反驳"气候异常"和"灾变说"的理由。《人民日报》1973年发表匿名文章指出：

我国有的气象工作者，根据历史上气候波动多次起伏的事实，以及20世纪世界温度的变化情况，认为：(一)历史上欧洲骤寒，并不都对应中国气候的异变。……(二)温度升、降区是同时存在的。……因此，目前气候变化仍只是历史上气候波动规律的正常延续。[37]

《初步研究》认为：

在同一波澜起伏中，欧洲的波动往往落在中国之后。如12世纪是中国近代历史上最寒冷的一个时期，但是在欧洲，12世纪却是一个温暖时期；到13世纪才寒冷下来。如17世纪的寒冷，中国也比欧洲早了五十年。……任何最冷的时期，似乎都是从东亚太平洋海岸开始，寒冷波动向西传布到欧洲和非洲的大西洋海岸……[13]

这个气候变迁模式，使一些学者"很受启发"。南京气象学院分析了中国近代气候振动，得出了一些自称"极为初步"的结果，其中有："由增温转为降温的年份，东部大体上是在40年代初，有向西推迟的趋势。"[38]但是这种变动模式并未得到学界的一致同意。例如，高由禧就曾对当时讨论气候变迁时不注意时间和空间在尺度上的区别而发表自己的看法，他根据"某些气候异常先在欧洲出现，几十年之后在亚洲出现。有的相反，先在亚洲出现，过几十年后，在欧洲出现"的现象，认为"各种不同尺度的气候异常有无一定的空间移动规律"的问题是尚不清楚的。[39]

在20世纪60年代科学交流极为匮乏的环境中，《初步研究》能从有限的材料中得出关于欧亚大陆气候变迁规律的结论是极不容易的。这一过程在竺可桢日记中有迹可循——一条针对兰姆的读书笔记这样写道：

他并指出历史上气候变迁首先从东面起，渐渐向西行进，如东经50° 13世纪开始冷，但到英国延迟至16世纪始冷是也。

竺可桢于1964年记录了这段话[17]，并在撰写《初步研究》初稿时将其誊抄在有关气候变迁的材料集里[10]。查阅兰姆的这篇论文，相应段落表述如下：

有明显的迹象表明，欧洲异常变化的峰值在气候恶化的1300—1600年向西移动；而在1700年之后气候回暖期又向东返回。[18]

兰姆对欧洲气候变化规律的观察，使竺可桢得到了"历史上气候变迁由东向西行进"的印象。① 在竺可桢看到挪威雪线图时，这个印象进一步加深了：类似的经向上相位相反的变化是否也存在于中国与欧洲之间？1966年5月16日，竺可桢见到由挪威冰川学家利斯托尔（Olav Liestøl，1916—2002）绘制的一万年来挪威雪线高度图，发现其所表示的温度变化与他在中国历史所推情况很相吻合。[10]于是次日便约气候室的二人谈话：

我问他们一个问题，即是从气候变迁看来，太阳辐射的多少应是一个基本问题。8000年以前冰川退出高纬度后，气温渐渐变暖，太平洋白令海峡地区变暖是在大西洋两岸变暖为早。而中世纪气候变冷，我国在南宋时代12世纪，而西洋要迟，太平洋岸似较大西洋西岸为早，这是何故？是否太平洋容量大的缘故？[10]

可见，此时竺可桢尚认为亚欧大陆两端气候相位相反的变动，可能是由于海陆分布的影响；但在《初步研究》发表时，这一观点被舍弃了，最后选择了"移动说"，因为他找到苏联、德意志、奥地利和英格兰这几个从东向西的点，在"小冰期"时气候恶化由东向西的先后顺序。对这个模式的解释，竺可桢认为应归结为西伯利亚高压的强弱和位置。

兰姆后来在他的著作《气候的变迁和展望》中谈到竺可桢的这个观点。他将同一半球气候变化不一致的情况归结为所研究的时间尺度不同：在几十年或几百年内的相反，在几千年以及更久远来看，总体趋势又是一致的。[41]这样我们就可以理解，高由禧所提出的气候变化的尺度问题正是针对当时用"各地气候变迁不一致"或"气候是波动变化"来反对"小冰期"时所产生的概念混乱。

5 民国时期与新中国成立后气候变迁思想的断裂

竺可桢对气候变迁是波动起伏的认识是否有更早的来源？在"气候决定论"流行的民国时期，学者强调气候变迁对文明的影响，似与后来所强调的波动说有明显不同。作为1910年第二期庚子赔款留美学生的一员，竺可桢于1918年在哈佛大学获气象学博士学位，其早期对于气候变迁的认识与其在美国所受的教育关系紧密。

概而言之，19世纪末到20世纪初，对地理决定论的产生及传播起到关键作用的有3位地理学家——德国地理学家拉策尔（Friedrich Ratzel，1844—1904）、美国地理学家森普尔（Ellen C. Semple，1863—1932）和亨廷顿（Ellsworth Huntington，1876—1947）；由于三人的师承关系，拉策尔关于环境与文化关系的观点深刻影响了美国地理学领域。[42~45]通常认为，拉策尔关于人地关系的理论并不适宜被简单地定义为"环境决定论"，但后继的学者在继承和发展其观点的过程中，对拉策尔的理论有所曲解，特别是亨廷顿，是更为接近所谓"决定论"的学者，并在当时就受到其他学者如美国人类学家鲍阿斯（Franz Boas）的严厉批评。[46]然而这并未影响当

① 兰姆的名字最早出现在竺可桢日记中，是在竺可桢1961年访英之后。1960年，中英双方互派科学家（英国外交部承担了皇家学会的费用，使此事的性质具有明显的政治色彩，参见文献[40]），继吴有训等五人代表团参加皇家学会300周年纪念会之后，竺可桢等人组成的科学家小组于1961年10月17至23日赴英。虽然当时互相了解的重点并不在气候学方面，但这次外交活动使竺可桢注意到英国气象局的工作，以及其中专注于历史气候研究的兰姆。参见文献[32]，153页。

时任教于哈佛大学的亨廷顿对中国的地理学者产生重要影响，特别是他对中国新疆地区气候与文明关系的研究[47]。

竺氏最早论及气候变迁的数篇文章常常引用拉策尔或亨廷顿的观点。《南宋时代我国气候之揣测》[48]一文提及拉策尔《人文地理》一书[49]，认为自此书出版之后，“世人始恍悟于地理于一国文化之影响”。对于气候与文明的关系，更直接的影响来自亨廷顿。1924 年，亨廷顿在东南大学史地学会发表演讲，题为《新疆之地理》，使竺可桢相信气候变迁对文明的影响[48]，尽管与亨廷顿相比，其观点要温和许多。①

“气候决定论”（或环境、地理决定论）并不只体现在竺可桢的个人兴趣上，而是在 20 世纪 20—30 年代之间流行于中国文化界，也有学者将这一思潮的流行追溯至梁启超。[51]而同一时期在欧美诸国，“气候决定论”已成为“过时”的学说，被认为存在理论上的缺陷。张九辰认为，这一观念在中国的流行主要源于“超越学术的研究动机”，即从各个方面寻求中国“落后”于西方的原因，以及由此找到“救亡图存”之路的政治诉求。[52]

“气候决定论”在 20 世纪 30 年代之后渐趋没落，其原因通常认为是由于这一理论所推论出的种族主义结论。[53]在苏联，20 世纪 20 年代被认为是科学领域、尤其是地理学领域相对较为自由的时期，“很多不同的思想和理论被接受”，包括“气候决定论”；但至 20 年代末，随着斯大林将国家发展的目标向工业化及军事化倾斜，这种稍显自由的氛围便被更为保守的观念所取代。[54]具体到地理环境决定论，斯大林在《论辩证唯物主义和历史唯物主义》一文中对此持批判态度，影响了一批苏联地理学者。这些批判不可避免地影响了中国地理学界。[55]一篇典型的以批判地理决定论为主题的文章论述如下：

作为资产阶级地理学派核心的地理环境决定论，与一切资产阶级社会学一样，公开为资本主义制度辩护。……它用地理环境来解释社会现象，以自然发展的规律代替社会发展规律，夸大了地理环境的作用，而没有从分析社会内部矛盾来寻求社会发展的真正原因。因此，这种学术观点是建立在唯心主义和庸俗唯物主义结合的世界观和形而上学的思想方法的基础之上的，是和马列主义学术观点根本相反的。[56]

因而，当看到竺可桢在 1965 年 1 月的日记中重新提起“气候决定论”时一改之前的信服与推崇，也就不足为奇了：

阅 E. Huntington 著《气候与文化》，其中歪曲历史上文化之动力甚多。他是主张气候有变动的，当时许多人不相信。但三十年代以后气候的变动如此明白，不得不承认气候有变动，但因而把他错误的地方也全盘接受下来。所以历史学家，如英国 Toynbee 在 A Study of History，医生如 Clarence Mills 在 Medical Climatology 中都相信他的学说，但实际是言过其实，而且所作结论是全盘错误的。[17]②

“文革”时期创办的《自然辩证法杂志》，有两篇批判“气候问题”的文章，其主要论点正是：资本主义国家“利用气候的一时异常情况，转移人们视线，掩盖腐朽没落的资本主义制度的固有矛盾，为真正制造饥饿的罪魁祸首开脱罪责”。[26]简言之，“明明是人祸，岂能归罪于天灾”[25]。“彻底的唯物主义者是无所畏惧的，马克思主义者不怕天，不怕地，不怕鬼，还能怕

① 吴传钧等学者即认为中国那一时期的“人地关系”观念是一种温和的“人地相关”观念，而不是真正的气候决定论，参见文献[50]。

② 这段日记中的内容后于 1965 年 5—7 月由中国科学院哲学研究所自然辩证法所等单位联合举办的“自然辩证法座谈会”上公开发表，该会议旨在“讨论在科学技术工作中如何自觉地运用唯物辩证法的问题”。参见文献[57]。

冰川?”[25]

在这种环境中,竺可桢不可能仍然像民国时期一样,认为气候变化能左右人类历史,而这与“气候灾变说”的逻辑仅一步之遥。

6 结 论

20 世纪 70 年代初,国际气候学界已从 60 年代初以历史时期的气候波动否定气候“稳定说”转为对气候变化长期趋势的重视,从对气候“自然”变化的关注转为对人为因素的担忧。而此时竺可桢的《中国近五千年来气候变迁的初步研究》在国内发表,其关于历史气候变迁波动性的看法为随后几年国内否定“气候异常”或“灾变说”提供了思想资源。这一观念在 60 年代初竺可桢反驳西方“气候将持续变暖”之说时已经形成。竺可桢 1961—1966 年、1972—1974 年的日记及为撰写论文而留下的笔记,充分证明了其观念形成所受的西方影响。在这些影响中,最为关键的是以“气候的变化”为主题的 1961 年罗马会议,及英国气候学家兰姆关于气候变迁规律的探索。尽管竺可桢不止一次地接触到关于二氧化碳导致气候暖化的学说,但 20 世纪初至六七十年代一暖一冷的气候“波动”,使竺可桢足于忽视这一假说,并坚持气候是波动的而无一定之趋势的观点。

另外,竺可桢对“气候异常”及“气候灾变说”背后的政治因素十分敏感,从而认定“新冰期”是苏联的“宣传”,不足为惧。孙萌萌、江晓原认为,20 世纪 70 年代国际上有关“新冰期”的广泛传播,与美苏之间在粮食问题上的博弈有关,特别是 1972 年的“粮食危机”。[19] 从这个角度来说,竺可桢的判断是准确的。20 世纪关于“人地关系”的讨论显示了不同文化及社会背景下人们的看法会非常不同。① 作为“人地关系”的子项,气候与人类的关系问题同样深受社会思潮的影响。正如气候科学史研究者弗莱明(James R. Fleming)惊叹的那样:“在几十年、几百年的尺度上,气候观念(Climate ideas)变迁的程度令人震惊”,“看法和理解的转变可能比气候变化本身快得多”。[59]

参考文献

[1] 周书灿 . 20 世纪中国历史气候研究述论[J]. 史学理论研究,2007(4):127-136.
[2] 匿名 . 中国近代地理学的奠基人——竺可桢同志[J]. 地理学报,1978(1):1-9.
[3] 匿名 . 卓越的科学家竺可桢同志对我国气象科学的重大贡献[J]. 气象,1978(8):1-4.
[4] 吕炯,张丕远,龚高法 . 竺可桢先生对气候变迁研究的贡献[J]. 地理研究,1984,**3**(1):19-25.
[5] Hsieh C M. Chu K'o-chen and China's Climatic Changes [J]. *The Geographical Journa* ,1976,**142**(2):248-256.
[6] 王鹏飞 . 在中国气象史研究中怎样继承竺可桢的开拓性精神? [J]. 南京气象学院学报,1988,**11**(3):263-268.
[7] 施雅风 . 竺可桢教授开拓了中国气候变迁研究的道路[J]. 地理学报,1994,**14**(2):172-176.
[8] 葛剑雄 . 从历史地理看长时段环境变迁[J]. 陕西师范大学学报(哲学社会科学版),2007(5):5-8.
[9] 竺可桢 . 竺可桢全集(第 21 卷)[M]. 上海:上海科技教育出版社,2011.
[10] 竺可桢 . 竺可桢全集(第 18 卷)[M]. 上海:上海科技教育出版社,2010.
[11] 程晋宽 ."教育革命"的历史考察:1966—1976[M]. 福州:福建教育出版社,2001. 409-437.
[12] 方厚枢 ."文革"十年的期刊[J]. 编辑学刊,1998(3):4-7.

① 吴传钧等学者在概括 20 世纪中国地理学研究时指出:“德、美学者注重地理环境,无论是环境决定论,还是二元论和适应论,都认为地理环境对人类社会的影响无处不在,自然的力量是无法抵御抗拒的,人类只能想尽办法去适应;苏联学者,则侧重于人类社会,认为地理环境既可了解和认识,还可利用和改造,对地理环境决定论、人口论进行政治性批判,甚至完全漠视地理环境在人类社会发展中的应有作用……”参见文献[50],7 页。

[13] 竺可桢．中国近五千年来气候变迁的初步研究[J]. 中国科学，1973(2)：168-189.

[14] 竺可桢．中国近五千年来气候变迁的初步研究[J]. 气象科技资料，1973(S1)：2-23.

[15] 李玉海．刍议竺可桢成功之路——以他的代表作为例[C]//刘纪远．现代中国地理科学家的足迹．北京：学苑出版社，2002：27-31.

[16] Reeves R W，Gemmill D，Livezey R E，*et al*. Global Cooling and the Cold War-And a Chilly Beginning for the United States' Climate Analysis Center [EB/OL]. (2017-03-02) http://www.meteohistory.org/2004polling_preprints/docs/abstracts/reeves&etal_abstract.pdf.

[17] 竺可桢．竺可桢全集(第 17 卷)[M]. 上海：上海科技教育出版社，2010.

[18] Lamb H H. Trends in Weather [J]. *Discovery*，1964(2)：34-39.

[19] 孙萌萌，江晓原．全球变暖与全球变冷：气候科学的政治建构——以 20 世纪冰期预测为例[J]. 上海交通大学学报(哲学与社会科学版)，2017，**25**(1)：77-87.

[20] 上海市气象局．文痞谈天，意在变天——批判姚文元授意炮制的《人类在战胜异常气候中前进》的黑文章[J]. 气象，1977(6)：1-2.

[21] 匿名．日本气象厅提出报告：世界气象变化反常可能持续一个时期[N]. 参考消息，1973-05-14：4.

[22] 匿名．路透社报道：亚非拉许多地区气候反常[N]. 参考消息，1973-05-14：4.

[23] 张家诚、朱明道．近年气候变化问题的探讨[N]. 人民日报，1973-07-21：3.

[24] 孙光萱．《自然辩证法杂志》搞些什么名堂[J]. 书屋，2007(1)：55-58.

[25] 匿名．人类在战胜异常气候中前进[J]. 自然辩证法杂志，1973(2)：399-407.

[26] 张秀宝，金守郡，周淑贞．气候异常问题浅说[J]. 自然辩证法杂志，1973(2)：19-29.

[27] 赵九章．悼念涂长望同志[J]. 气象学报，1962，**32**(3)：195-198.

[28] 匿名．观天测地探得许多奥秘，苏联在国际地球物理年内成就巨大[N]. 人民日报，1959-12-31：5.

[29] 匿名．冰雪南极宝藏多，苏联科学家说，实际利用南极的问题已经提到日程上来了[N]. 人民日报，1960-02-01：6.

[30] 柳风．春满人间[N]. 人民日报，1960-02-10：8.

[31] 涂长望．关于二十世纪气候变暖的问题[N]. 人民日报，1961-01-26：7.

[32] 竺可桢．竺可桢全集(第 16 卷)[M]. 上海：上海科技教育出版社，2009.

[33] 竺可桢．历史时代世界气候的波动[J]. 气象学报，1962，**31**(4)：275-288.

[34] Godson W L. The influence of the variability of solar and terrestrial radiation on climatic conditions [C]//*Changes of Climate*：*Proceedings of the Rome Symposium*(*organized by Unesco and WMO in* 1961)，1963，473.

[35] Flohn H. Theories of climatic change from the viewpoint of the global energy budget[C]//*Changes of Climate*：*Proceedings of the Rome Symposium*(*organized by Unesco and WMO in* 1961)，1963，342、343.

[36] Wallén C C. Aims and methods in studies of climatic fluctuations [C]//*Changes of Climate*：*Proceedings of the Rome Symposium*(*organized by Unesco and WMO in* 1961)，1963，327.

[37] 匿名．世界气象异变的概况和趋势[N]. 人民日报，1973-07-21：3.

[38] 南京气象学院．对我国近代气候振动的初步分析[J]. 气象科技资料，1973(3)：37-42.

[39] 高由禧．有关气候变迁问题的一些看法[J]. 气象科技资料，1974(5)：3-4；42.

[40] Collins P. The Royal Society and the Promotion of Science since 1960[M]. Cambridge：Cambridge University Press，2016. 181-185.

[41] H. H. Lamb. Climate：Present，Past And Future，Vol. 2：Climate History and the Future [M]. London：Methuen，1977. 401-402.

[42] Spate O H K. Toynbee and Huntington：A Study in Determinism[J]. *The Geographical Journal*，1952，**118**(4)：406-424.

[43] Peet R. The Social Origins of Environmental Determinism[J]. *Annals of the Association of American Geographers*，1985，75(3)：309-333.

[44] Livingstone D N. Race，Space and Moral Climatology：Notes toward a Genealogy[J]. *Journal of Historical Geography*，2002，**28**(2)：159-180.

[45] Judkins G，Smith M，and Keys E. Determinism with Human-Environment Research and the Rediscovery of Environmen-

tal Causation[J]. *The Geographical Journal*, 2008, **174**(1): 17-29.

[46] Livingstone D N. The Geographical Tradition: Episodes in the History of a Contested Enterprise[M]. Oxford: Blackwell, 1992. 291-294.

[47] Huntington E. Archaeological Discoveries in Chinese Turkestan[J]. *Bulletin of the American Geographical Society*, 1907, **39**(5): 268-272.

[48] 竺可桢．南宋时代我国气候之揣测[J]. 科学, 1925, **10**(2): 151-164.

[49] Ratzel F. Anthropogeographie[M]. Stuttgart: Verlag von J. Engelhorn, 1882 -1891.

[50] 吴传钧，刘盛佳，杨勤业．20世纪中国地理学研究[G]//吴传钧．20世纪中国学术大典（地理学）. 福州：福建教育出版社，2002: 1-18.

[51] 宋正海．地理环境决定论的发生发展及其在近现代引起的误解[J]. 自然辩证法研究, 1991, **7**(9): 1-8.

[52] 张九辰．中国近代对"地理与文化关系"的讨论及其影响[J]. 自然辩证法通讯, 1999(6): 62-68.

[53] Blacksell M. *Political Geography* [M]. London: Routledge, 2005: 140.

[54] Oldfield J D and Shaw D J B. A Russian geographical tradition? The contested canon of Russian and Soviet geography, 1884～1953[J]. *Journal of Historical Geography*, 2015(49): 75-84.

[55] 曹诗图．关于"地理环境决定论"批判的哲学反思[J]. 世界地理研究, 2001, **10**(4): 100-106.

[56] 刘清泉，刘惠君，钟志楷，等．地理环境决定论的实质和根源[J]. 西南师范学院学报, 1959(2): 44-50.

[57] 胡世华，关肇直，朱照宣，等．北京自然辩证法座谈会上的一部分发言[J]. 自然辩证法研究通讯, 1965(4): 1-21.

[58] 于建勋．从《中国救荒史》看邓拓反共反人民反革命的真面目[N]. 人民日报, 1966-06-10: 3.

[59] James R. Fleming. Historical Perspectives on Climate Change[M]. Oxford: Oxford University Press, 1998. viii.

The Source of Co-Ching Chu's Thought on Climatic Change

SUN Mengmeng, JIANG Xiaoyuan

(School of History and Culture of Science, Shanghai Jiao Tong University, Shanghai 200240, China)

Abstract In the early 1970's, the paper "A Preliminary Study on Climatic Fluctuations During the Last 5,000 Years in China" by Chinese geographer Co-Ching Chu (Zhu Kezhen) became a weapon for refuting the prevalent view of "world climatic anomaly" and the "new ice age". Nowadays it has even become a basis for someone to question the theory of "man-made global warming". In order to find out the source of Co-Ching Chu's thought on climatic change, this paper analyzes *The Diaries of Co-Ching Chu*, and finds that he was mainly influenced by the mainstream view at the conference on "the change of climate" hosted by UNESCO and WMO in Rome in 1961, as well as being inspired by H. H. Lamb in some key point. It also cannot be excluded that Co-Ching Chu's attitude to abrupt climate change was influenced by the ideology to disasters in the "Great Cultural Revolution".

Keywords climatic change, climatic anomaly, Co-Ching Chu, Great Cultural Revolution

明末清初中西气象学识之交流

刘昭民，郎炜

（台湾“中华科技史学会”会员，台北，中国）

摘　要　明末清初，西方传教士利玛窦、汤若望等人纷纷来到中国传教，并将西方科技带到中国来，明末徐光启等人在北京为官，曾经参加教会活动，并和西方传教士们并进行学术交流活动，西方气象学识也是在明神宗万历二十八年左右（1600 年左右）由意大利传教士高一志（Alfonso Vagnoni，1566—1640）介绍到中国来。吾人分析明末清初的文献《空际格致》《格致草》《物理小识》等书中之气象学识，可以了解当时的气象学识是高一志在山西省传教时，常与北京的中外人士交流，他首先从西方将二千多年前先秦时代古希腊的亚里士多德（Aristotle，公元前 384—前 322）和提奥夫拉斯托斯（Theophrastus of Eresus，公元前 372—前 287）的气象学识介绍到中国，并将古希腊的天气预报方法和中国传统的阴阳五行和传统的天气预报方法合著成《空际格致》一书的一部分。明末清初的中国学者熊明遇和方以智也曾经在北京为官，和西方传教士们接触，讨论中西气象学识，著作专书时，对西方和中国气象学识都有加以参考引用批判，著成《格致草》和《物理小识》等书，成为明末清初中西气象学识交流的结晶。

本文首先介绍高一志其人其事和他的著作《空际格致》中的气象学识，再介绍熊明遇和方以智的气象学识，可以明了近代西方气象学识诞生以前中西气象学识交流之情形。

关键词　高一志，空际格致，熊明遇，格致草，方以智，物理小识，气象学

1　前言

过去中国气象史学者多认为近代气象学术传入中国明显的转折点是在清康熙时南怀仁将西方温度计、湿度计以及虹、霓、晕、珥等大气现象介绍到中国[1,2]。不过，如吾人研究，明末高一志所撰《空际格致》一书以后，就会发现该书比南怀仁更早将西方近代气象学识介绍到中国来。接着清初的熊明遇和方以智也分别撰成《格致草》和《物理小识》两书，不但传承中国两千年来的气象学识，对中国传统气象学识有所批判，也有所传承，而且对西方传来的气象学术也有所批判。

2　《空际格致》一书中的气象学识批判评论

高一志（Alfonso Vagnoni，1566—1640）比南怀仁（1623—1688）出生早数十年，其著作《空际格致》一书（合作者韩云之资料不详）完成的年代无从考察，但大约在明神宗万历二十八年（1600 年）左右，比南怀仁撰《灵台仪器图》《验气图说》《新制灵台仪像志》等书，至少早 30～40 年。和明末来华传教的利玛窦等人比较，也差不多同一时候。徐光启的《农政全书》完全没有提到西方的气象学识，所以《空际格致》更显重要。高一志糅合古希腊的气象学识和中国自古以来的气象学识，撰成《空际格致》一书，在当时是创举。

高一志的《空际格致》[3]一书共两卷，卷上介绍当时西方盛行二千年之古希腊的亚里士多德(Aristotle，公元前384—前322)和提奥夫拉斯托斯(Theophrastus of Eresus，公元前372—前287)所提倡的四元素(土、水、气、火)理论，说明空气寒热燥湿和水文循环之理，并与我国古代阴阳五行理论互相比较，例如："以太阳熏蒸地湿乌云，云稀，属气，故轻而浮，雨密，属水，故重而坠。"

"赤道下之和，其故有五：一曰昼夜均平，盖昼所致阳气之恒盛，有夜之凉以节之，而夜所致阴气之盛，有昼之热以调之，乃气得其平，非他方所可比。二曰恒有雨泽盖日，既行顶上，其照直下，多吸阴气以成雨而调热。三曰受造之初，原得温和，故非特足育人物，且善于他方矣。四曰地近沧海，日汽和暖，五曰地多凉风以定时来往。"

说明赤道地区一年四季气候炎热多雨的原因，见解虽不正确，但是仍有探讨气象气候之精神。《空际格致》卷上还谈到大气层之分层说："气层分上中下三域：上域近火，近火常热。下域近土，土常为太阳所射，足以发暖，故气亦暖；中域为上城，风雨所不至，气甚清，人物难居，下为中域，雨雪所结，由此以下为下域。夫第其寒暖之分处，又有厚薄不等。若南北二极之下，因远太阳，则上下暖处薄，中寒处厚；若赤道之下，因近太阳，则上下暖处厚，中寒处薄，以是知气域之不齐也。"

可见《空际格致》卷上将大气层分为上、中、下三层，一如今日大气层分为对流层、平流层、中间层、暖层、外层等层次一样，并说明下层多雨雪，相似于今日之对流层。该书还解释上中下三域(层)寒暖不同之原理，已经提到南北极和赤道地区气温之不同，乃因距离太阳远近不同所致。这一段说明极有道理，所以后来被南怀仁进一步申论于《验气图说》一书中。也可看出基本上和古希腊亚里士多德之见解一样。

至于天气现象和光象方面的探讨和研究，高一志在《空际格致》卷下里有很多科学性之解释，例如谈到雷时说"旱地发燥热之气，渐冲入大厚云中，被云之寒湿围绕攻迫，若欲开散不容郁于内，以故冲击至为轰雷。……春夏多于秋冬，赤道下多于两极下，盖春夏之月，赤道之下，生燥热之气甚频，易结为轰雷故也。"

由此可见高一志所写的雷电起因，基本上是爆炸起电说，前文中提到雷电春夏多于秋冬，赤道地区多于南北极地区，乃春夏两季及赤道地区的暖湿气团之故，而非"燥热之气甚频，易结而轰雷"，似为亚里士多德的说法。

高一志在《空际格致》卷下写有"空际异色"一节，讨论大气光象(天空中发光之大气现象)，首先讨论虹霓，当时西人已透过三棱镜色散之观察，了解到虹霓之结构，他说：

"虹色虽繁，而其要者分半圈为三，其上如香圆色，中如青草色，下如红花色。若其所以不同，于云之厚薄异势，盖云之上由略薄，故接日照即显黄色，中体略厚，故显绿色，下面更厚，故显红色矣。"和今人所见相同，他还指出虹霓及润云被日对照所成多色之弧。虹朝西而暮东，虹之异色皆幻而非真，如灯燃，或见多色围绕。又对日喷水，见多色于空中。基本上和中国古代对虹的观察和解释相似。他并指出虹霓之出现可用作气象预报，他说："螮蝀为雨兆，盖云必润而将化雨，方可成虹，则虹于午后显发，必主雨必多……霓虽主雨，不能大且久也。"

华之大小在古代常被西方和我国先民用作晴雨之兆，高一志在《空际格致》卷下"气属物象·围光"条文中说："地气多积于空中，或结云与否，但其气周围均齐厚薄不至相胜于此，忽被日月或大星从上来照，其光不能通透气，乃退而闪散于周围，致圈光之象也。此象月不多，而日下少者，因日光之力厚大，化散其气，不能结成圈矣。若月光不然，倘光圈渐密，必为雨之兆，盖验湿气上升之象气众，必多结云而生雨，倘是圈又从三方化散，必为多风之兆，若又自化而开散，必验天晴之意。”

按上述内容系解释日华和月华之成因，围光即光环，因为日华太阳光线太强，所以不容易看清，月华则容易看清。华圈大，表示高空稳定，水汽和冰晶逐渐消散，故未来可维持晴朗之好天气。华圈渐小，则表示水汽和冰晶渐多，云层加厚，大气变得不稳定，未来天气将转坏。

《空际格致》卷下“气属物象·坠条”还谈到“光柱林立”现象，文曰：

“气至结云时，其厚薄不齐，则承日之旁照而其光深浅不等，因所致之，伪色亦甚异，然其色承云势，退而下垂，正似日射之晕，故成坠条之象，其色与其体俱无定数，而其光多类虹也。”

按这是冬季天空降落冰针时，阳光透过冰针所产生之坠条形光柱。

至于晕，《空际格致》卷下“气属物象·多曰之象”描写更为生动，它说：

“太阳行时，不拘南北，忽遇润云在旁，其云间日之面为薄，故深受日光及像，其背日之面为厚，故所受之光与像不能通透，乃退而不及人目，与成虹之云相似，故见日有二，其一系本轮，乃真者，一系旁云，乃伪者。”

说明太阳被卷层云掩盖时，太阳光在六角形冰晶上发生反射形成两个假日的晕。由于晕多产生于卷层云，乃坏天气(暴风雨)来临之前兆，所以此条又说：

“凡见日多者，必为雨来之兆，盖湿气众也。若伪日在真日之南，其雨更多，因南来之云尤湿而易化为雨故。”

说明晕出现时，天气将转阴雨，如果伪日在真日之南，因西南气流比较潮湿，故所下之雨量将较多。

以上说明西人对各种光象之解释有源自“月晕将弄湿牧羊人”和中国古代气象谚语“月晕而风”者。唐代房玄龄在《晋书天文志》上所描述之两个假日之晕相同。

至于由高气压流向低气压所形成之风，高一志仍用“气”来解释，一如我国古代先民对风之解释，《空际格致》卷下“气属物象·风”条说：

“古者多以风为充塞空际之气也，静则为气，动则为风，此说非也。盖无风时，空际之气由多端可动。”

“干热气腾上至于中域，为冷寒气所扼，既不得上，而性轻，又不得下，则必至横飞也。……气动为风。”

“风之情势必随其气之元质或干或湿，或热或冷，则其所生之风亦然，又因所经之地，而风必滞其势，如北风、西风多经雪山干地，故寒且干，南风、东风多从海出，又经赤道下之热地，故热且湿也。”

按第一段说明大气静止不动时，就是空气，大气流动时，就是风；和现代气象学之解释相近。第二段说明大气层低层产生辐合作用，高层产生辐射作用之情形。第三段说明气流(风)之源地与天气及气候之关系，北风和西风源自内陆多雪干燥之地，故寒且干。南风及东风源自赤道和海洋，故热且湿。与现代东季盛行东北季风和夏季盛行西南季风原理相同。

水象系指大气中水汽因凝结或升华之任何产物，不论在大气中或地面生成或风自地面吹起之任何水质点，都算水象。《空际格致》卷下《水属物象》篇对此有相当多的讨论，它说“水属物象”约有十种，即云、雨、雾、雪、雹、冰、霾、霜、露、蜜(花蜜)等，它说雨云之成因为：

“云乃湿气之密且结者也，地水之气被日曝暖冲(冲)至空际中域，一遇中域之寒，即失所带之热，而反原冷之情，因渐密凝结成云……。云若厚密者多含润泽，故易化雨而益物，则雨无他，乃施雨之云耳。云……有两种：一细而蒙蒙，则验云质之薄，一大而易过，则验寒气逼云之急。……雨或红如血，或白如乳，而实非真雪或真乳也。真血与乳非得话物必无由生，乃雨中一时或带出虫鱼等物或得生物之诸所以然，故生于空际与地水中生无异，或被旋风从地水中取携而置之他方，使并雨而降，亦未可知矣！"

古代西人早就有水文循环原理，说明地球表面上的水汽遇热则上升至高空中，然后乃冷却凝结成云，云滴厚密时则合并成水滴，并下落成雨。又对各池红雨、白雨、鱼雨、虫雨之成因加以科学性解释，认为是地面之生成或物质被龙卷风或大气旋卷上空中，带到别处，再伴随云雨落下之结果。这些天上之云雨与地面上降雨之水文循环原理，中国人自先秦时代以来，就有很多人讨论过，对红雨、白雨、鱼雨、虫雨等现象也早就有合理地解释。

至于《空际格致》卷下《风雨预兆》篇中所写的，利用自然界景象之变化，例如星辰、太阳、云形、云状等之变化，以及自然界动物之特殊行为等，来预测天气变化的气象谚语，也相当多，都是承袭中国古代先民所留下之气象谚语，而古代希腊人和西人之气象谚语则极少，例如："蚂蚁急急风戶，主雨。""海静时，若见鱼跃，主风。""星光昏暗，主雨。""云坐山头，主雨。""燕切水面飞，主雨。"等之类。

《空际格致》卷下《水属物象》篇对雾、雪、雹、冰等之成因，也都有合理的解释。例如：

"雪，润云正在中者，或为本域之冷寒所迫，不能化水，乃结成雪，乃云之冻结耳。"

对至于露和霜之解释，则古代西人和中国人之解释都不正确，他们说露霜是地面上水汽漂浮到空中冻结而成者是不对的，应该说，是近地面之水汽在夜间产生冷却作用后，达到饱和时，附着在地表地物或植物上之水象，如果大气温度降到接近 0 ℃时，这种达到饱和之水滴—露，即冻结成霜。

3 《格致草》一书中的气象学识及评论

《格致草》作者熊明遇，以中国人的身份，承袭中国古代传统气象学术及思想，著述《格致草》。成书于明神宗万历年间，于清世祖顺治五年(1648 年)出版。本节先介绍熊明遇之生平，再介绍《格致草》之内容大要，并加以评论。

熊明遇，明末江西进贤人，字良孺，号石山主人，明神宗万历年 29 年(1601)进士，由长兴令，行取给事中，多所论劾，疏陈时弊，言极危切，坐东林党，再谪再起，累官至兵部尚书[4]。他在北京为官期间，曾像徐光启一样与利玛窦、汤若望、高一志等人密切交往，进行中西学识交流。所著《格致草》一书，共六卷，内容多为天文、学识及天文观测仪器与观测方法等，其中卷三、卷四、卷五内容则包含有地理、气象、气候知识，多为中国古代以来之既有知识，也有来自西方之见(例如四元行说)并以"格言考信""渺论存疑"加以批判、评论，富有科学研究精神。

熊明遇在《格致草》卷五中解释"塔放光"现象，说是：

"京省各寺院多有塔放光，神其说者则曰：下藏舍利子(佛教徒所言之佛力)乃佛力使然，又或曰：地方祥瑞之气上烛依卒堵波涌出耳，其实非也。盖地中真火以上腾为本性，而壅阏和合于水土，故蒸房温气，……此塔有蕴腻凝滞之气，相触则附丽发光，与野磷同理。"

说明这是静电放电现象，并非是鬼火。他并以阳焰描述说：

"燕赵齐鲁之郊，春夏间野望旷远处，如江河白水荡漾，近之则视复不见，土人称之阳焰。盖真火之气，望日上腾，而为湿润之水土所郁留，摇扬熏蒸，故远见其动。……"

这是今日气象学上所言之下现蜃景，熊明遇并收集古代中国人所做的天气预报方法——利用雨征。

"灶突发烟平远，望之亭亭直上，晴之候也。蜿蜒而起，如遇上不得者，雨微也。盖云将成雨，空中气行皆成湿性，烟为湿碍，不得上升，故至宛曲，将雨。础润将雨，灯爆理可同观，朝日出光黯淡色苍白者雨征也。日出时，云多破漏，日光散射者，雨征也。密云四布，牛羊吃草如常者，不雨。若啖食勿遽似求速饱，雨征也。朔日至千，上弦视月，两角近日，一角稍丰满，雨征也。月晕白主晴，赤主风，色如铅者，雨征也。"

以上所言，都是传承中国古代先民用以作气象预报之规则，以今日言之，不一定正确。他又举"格言可信"说明"诗曰：鹳鸣于垤，语曰巢居之风穴处知雨"。又举"渺论存疑"痛批"诗曰月离于毕，俾滂沱矣"不一定正确。在《南北风寒温之异》一节中，他指出"东风温润，西风高燥""海气在东故温润，山气在西故高燥"，说明东风和西风性质不同，最后，他以古希腊四元行说明天地浑圆之说一圆地总无方隅。

4 《物理小识》一书中的气象学识及评论

方以智对科学的研究，可举《物理小识》为代表，这是方以智在明思宗崇祯四年(1631年)21岁时为其师王暄印行《物理所》一书后，随闻随记而成，崇祯十六年(1643年)撰序，并由三子中德、中通、中履编录，于清圣祖康熙五年(1664年)刊行[5]，全书共十二卷、十五类，即天类、历类、风雷雨旸(阳)类，地类、占侯类、人身类、兽医类、饮食类、衣服类、金石类、器用类、草木类、鸟兽类、鬼神方术类、异事类等，类似今日之百科全书，卷二风雷雨旸类和占侯类系讨论气象学上问题，地类之海市山市，阳焰水影亦为气象学上问题，方以智父子将我国古代传统的气象学识以及明末清初传教士自西方传来的气象学识加以比较和评判，虽然部分掺杂有我国古代阴阳五行和迷信色彩，但也有很多合乎气象学原理的，兹略举数例，以示一斑。

4.1 认为以天干地支占候，不足信

方以智的老师王暄在卷二风雷雨旸类中说："以各方云物验雨晴者，十应七八。以各方之时令晦朔验雨晴者，十应一二。以干支合者，不应也。"这种看法是正确的。

4.2 说明南北风寒温之异

方以智他们认为"何以南风温北风寒？日为君火，地发燥热，横被直骛，(东西交驰)，从日而嘘，则为南风，从日而吸，则为北风，君火(日)既缩，而吸动地面飘扬之气，故寒。……中国所处，日常在南，是以有嘘吸之异。"

上述所言似乎和今日季风之原理相似，即冬季陆地气温较低，故为高气压分布所在，海洋面气温较高，故气压较低，季风乃自陆地吹向海洋，是为冬季季风。夏季则情况相反，故盛行南来季风——西南季风，故言"有嘘吸之异"。又言："东风温润，西风高燥，何言？曰海气在东，故温润，山气在西，故高燥。"此说与熊明遇在《格致草》中所言相同，是正确的，因为我国东部濒临太平洋，故"东风温润"，西部多高山沙漠，故"西风高燥"。

4.3 列举甚多雨征

方以智等人在《物理小识》卷二《风雷雨旸类》中列举甚多雨征，和熊明遇在格致草中所言一样，本文不再重复，不过《物理小识》中增加甚多雨征，例如汉代京房之《易飞候》，宋代《侯鲭录》，明代《田家五行》等书中所举之雨征。

4.4 说明局部地区气候之不同

《物理小识》卷二《地类》一节有云："冯时可言：滇中裘葛可无备，一雨成秋，夜则拥绵，惟永昌临安夏间差热耳。然无日无风，春尤癫狂。凡风皆西南风，若东南风即媒雨，大约正月半后至四月多风。旧志曰：雨师好黔，风伯好滇。冬日不短，……而徐勃记之。庚寅大雪，荔枝尽死。……"

这是说明各地风雨特性不同，若明白各地风雨之特性，则可对各地之气候特性加以了解。

4.5 对海市蜃楼现象更加了解

我国古代先民很早就已经对海市蜃楼的现象观察很仔细，文献记载也很多，笔者曾撰文讨论过[6]。明末清初，方以智在《物理小识》卷二〈地类〉对海市蜃楼的描述也很多，也很详细。"山市海市：泰山之市，因雾而成，或月一见。尝于雾中见城阙旌旗弦吹之声最为奇。海市或以为蜃气，非也。张瑶下星日登洲（山东蓬莱）城署后太平楼，其下即海也。楼前对数岛，海市之起，必由于此。每春秋之际，天色微阴则见，顷刻变幻，鹿征亲见之，岛下先涌白气，状如奔潮，河亭水榭，应目而具，可百馀问，文窗雕阑，无相似者，又一次则中岛化为莲座，左岛立竿县（悬）幡，右岛化为平台，稍焉，三岛化为城堞，而幡为赤帜，睢阳袁可立为抚军，时饮楼上，忽艨艟数十扬幡来，各立介士，甲光曜目，朱旆蔽天，相顾错愕，急罢酒，料理城守，而船将抵岸，忽然不见，乃知为海市。……暄曰：气映而物见，雾气白涌，即水汽上升也，水能照物，故其气清明上升者，亦能照物，气变幻，则所照之形亦变幻。……中通曰：空气之摄影自下而上，故影皆倒，山海之气，山海之气，横摄市影，故影皆顺，暄曰：倒影者，转摄则顺。"

按以上所述古人和张瑶星所见登洲（山东蓬莱）海市和现世所见相同（见图 1），就是上现蜃景（见图 2），他们包括张瑶星、王暄、方中通都已注意到这种上现蜃景与蓬莱之庙岛群岛有关。

图 1　1988 年 6 月 17 日下午，山东蓬莱阁北方海面上出现之海市蜃楼—岛屿幻景
（山东电视台孙育平/摄）

还有一种下现蜃景，方以智在《物理小识》卷二地类《扬焰水影旱浪》条中说：

"燕赵齐鲁之郊，春夏间野望，旷远处如江河，白水荡漾，近之则视复不见，土人称之阳焰。盖真火之气，望日上腾，而为湿润之水土所郁留，摇扬熏蒸，故远见其动莽苍之色，得气而凝厚，故又见其一片浩然如江河之流也。晋符坚载记曰：建元十七年，长安有水影，远观若水，视地则见，人至则止，亦谓之地镜。陆友仁曰：宋宝祐六年四月，常州晋陵之黄泥岸亦有此异，相传呼为旱浪。愚者曰：日中野马飞星烨然者，阳焰之端也，奇者为水影旱浪。实则凡光柱生焰，焰自

图 2　上现蜃景说明图

属阳，凡光似镜，镜能吸影，光与光吸，常见他处之影于此处，云分衢路，日射回薄，其气平者为阳焰旱浪，其气厚者为山市海市矣！”

按上一段所言即为下现蜃景，见图 3。实为天空之像倒映在地面上之影像，夏日炎炎，在地面上所见之下现蜃景。

图 3　下现蜃景说明图

其他如卷二《风雷雨旸类》一节之《虹霓》《野火塔光》，都与《格致草》中所者相同，故从略。

5　结论

由本文所论，可知明末西方传教士利玛窦、汤若望等人虽然先来到中国传教，但是所介绍的西方科技是利玛窦向中国人演示三棱镜色散现象，汤若望向中国人介绍望远镜，邓玉函向中国人介绍力学知识和简单机械原理，幸而有意大利人高一志等人著有《空际格致》向中国人介绍传承古希腊亚里士多德、恩贝多克利斯、提奥夫拉斯托斯等人的气象学识，并和中国两千年来所传承的预报天气的方法交汇在一起，接着熊明遇著的《格致草》和方以智父子所著《物理小识》等书，也以“中学为体，西学为用”的精神，批判中国和西方气象学识，例如诗经上所说的“月离于毕，俾滂沱矣！”并不正确，古代中国人使用天支地支占候，也不足信等，对古代西方所缺少的，中国古代特有的海市蜃楼上现蜃景和阳焰（下现蜃景）现象也记述很多，解释很详细，充分显示明末清初中西气象学识，有很多的交流成果。可惜后来中国受到清初雍正禁教的影响，西学传输工作因而中断，而西方气象仪器，无论是湿度计，风向风速器，温度计等一件一件发明出来，接着又有绘制天气图进行天气预报，中国气象学识从此就远落后西方了。

参考文献

[1] 刘昭民，1980. 中华气象学史[M]. 台北：台湾商务印书馆.

[2] 洪世年，陈文言，1983. 中国气象史[M]. 北京：农业出版社.

[3] 高一志，1600左右. 空际格致. 成书年代不详，大约在明神宗万历二十八年(1600年)左右，全书共分上下两卷.

[4] 熊明遇. 1648. 格致草，共六卷，卷四和卷五含中西气象学识.

[5] 方以智. 1664. 物理小识. 共十二卷十五类。卷二包含风雷雨旸类、地类、占候类三节，多为气象学识.

[6] 刘昭民. 1990. 我国古代对蜃景现象之认识[J]. 中国科技史料，**11**(2).

The Interchange of Meteorological Knowledge between Western and China during the Final Period of the Ming Dynasty and Early Chin Dynasty

LIU Zhaoming，LANG Wei

(The Committee of History of science，Taibei，China)

Abstract Alfonso Vagnoni(高一志，1566—1640)is one of the Italian missionaries arriving in China during the final period of the Ming Dynasty. He had introduced the earliest meteorological knowledge of ancient Greek's Aristotle and Theophrastus of Eresus into China from Europe in his book-“Kong JiGeZui”(空际格致). In the time，Chinese scholar XIONG Mingyu (熊明遇)'s “GeZhiTsao”(格致草)and FANG Yizhi(方以智)'s “Wu Li Hsiao Shih”(物理小识)also had introduced these meteorological knowledge. The article comments on the knowledge.

Keywords AlfonsoVagnoni，KongJiGeZui，XIONG Ming-yu，GeZhiTsao，FANG Yizhi，Wu Li Hsiao Shih，Meteorology

二十四节气与农时的关系及其时空变化

潘学标[1]，董宛麟[2]

（1. 中国农业大学资源与环境学院，北京 100193；

2. 中国气象局气象干部培训学院，北京 100081）

摘 要 节气能指示地球围绕太阳运动的相对位置，能表征平均气候特点。在日常生活中，人们利用其当地多年平均气候状况预知冷暖雪雨、指导农业生产。但随着全球气候变化，以往与节气相关联的农事活动已不适宜。本文从农业气候学发展角度和基于节气的农事活动的时空变化特征，阐释二十四节气的农业气候学意义，以期为科学地理解二十四节气及其与农业生产的关系提供理论依据。

关键词 节气，农业气候学，农事活动

节气是指太阳历中表示季节变迁的24个特定节令，是根据地球在黄道上的位置变化而制定的。中国古人把太阳周年运动轨迹划分为24等份，每一等份称为一个“节气”，每一个节气分别相应于地球在黄道上每运动15°所到达的一定位置。二十四节气是上古时代通过观察太阳周年运动，认知一年中时令、气候、物候等方面变化规律所形成的知识体系，早期通过利用圭表测量日影进行划分。每月有“节令”与“中气”之分，“节”为月之始，“气”的最后一日为月之终。节气始于立春，终于大寒，周而复始。二十四节气既是历代官府颁布的时间准绳，也是指导农业生产的指南针，是中国传统历法体系及其相关实践活动的重要组成部分，主要反映的是黄河中下游自然季节物候的特征。

1 延续二千多年的古代农业气候科学

二十四节气是中国先秦时期开始订立、汉代完全确立的用来指导农事的补充历法，是通过观察太阳周年运动，认知一年中时令、气候、物候等方面变化规律所形成的知识体系，是汉族劳动人民长期经验的积累成果和智慧的结晶。

1.1 数百年的发展才成形

我国现存文化主流源于黄河流域，地处中纬度地区，是人们通过生活体验记录下来的经验和知识。远古的时候，先民过着“日出而作，日落而息”的生活，人们注意到太阳东升西落、西落又东升，白天黑夜不断更替的现象，于是有了一天的概念，每个太阳升落的周期就是“日”。晚上发现月亮从圆到缺到无，又再重圆，一个周期的时间比日长得多，要经历29～30日，逐渐有了“月”的概念。后来又发现存在从冷到暖、又到冷的周期，草木从发芽、开花结籽到落叶枯萎，形成了一个比日、月更长的时间单位，即“年”。于是就有了用日、月、年来计算时间，就是历法。历法在世界上和中国历史上有很多种，中国的传统历法是农历，用天干地支纪年、纪日，旧称“夏历”，据说在夏朝就使用了。明朝的“授时历”也用了360多年。我国古人慢慢发现，月亮的变化周期与太阳的变化并不吻合，如果只看月亮的话，每12次月亮的圆缺周期后，就会比太阳

的一个周期差出一段时间来。日积月累，差距越来越大，农业生产完全得不到指导。

古人慢慢发现，在每一年中，白天和黑夜的时间长短是不一样的。先是白天越来越长、黑夜越来越短，直到某天（夏至）时，白天最长、黑夜最短。之后白天越来越短、黑夜越来越长，直到某天（冬至）时，白天最短、黑夜最长。之后又开始白天越来越长、黑夜越来越短……周而复始。阳光下的影子也有类似的变化规律。夏至时，影子最短，说明阳光最“正”；冬至时，影子最长，说明阳光最“斜”。因此，最早定下来的两个节气，应该是夏至和冬至，大概是在春秋时期确定夏至和冬至2个节气。随着夏至和冬至的提出，相当于把一年作了二等分。战国到秦时期，人们又发现有两天白天和夜晚时间相等，也就是春分和秋分。到了战国后期，古人进一步把一年作了八等分，于是有了立春、春分、立夏、夏至、立秋、秋分、立冬、冬至，一共八个节气。

《吕氏春秋》开始出现节气名称，前12卷为12个月，分别为孟春、仲春、季春，孟夏、仲夏、季夏，孟秋、仲秋、季秋，孟冬、仲冬、季冬。每卷开篇都论述了气候和物候。出现立春、立夏、立秋、立冬、日夜分、日长至、日短至、霜始降、小暑至等与节气相关的名称。《黄帝内经》中也记载了“五日谓之候，三候谓之气，六气谓之时，四时谓之岁。”将时序-气候与人生联系起来。汉代时期《淮南子》中天文训卷记录了与现在名称和顺序相同的二十四节气。《周髀算经》也有记录根据日晷的影响来确定二十四节气。

1.2 延伸意义

根据二十四节气，进一步又可划分出七十二候，5日为一候，三候为一个节气。《逸周书》记录了七十二候及各候现象；《礼记》中月令篇记载各月的物候每候都有相应的物候现象，如立春之日东风解冻，又五日蛰虫始振，又五日鱼上冰（鱼陟负冰），表示天气在逐渐回暖中；春分之日玄鸟至，又五日雷乃发声，又五日始电，表示春天来到了。二十四番花信风也反映物候，花开与时令的自然现象，每年冬去春来，从小寒到谷雨这八个节气里共有二十四候，每候都有某种花卉绽蕾开放，一年花信风梅花最先，楝花最后二十四番花信风之后，迎来立夏。人们利用这种现象来掌握农时、安排农事。

2 二十四节气的农业气候学意义

二十四节气的实质是时序，反映天文气候的特征，而各地的气候受天文气候的影响，因而其命名能体现出时间和空间的气候特点。根据季节的不同变化，二十四节气又可以分为几类表示寒来暑往变化的有：立春、春分、立夏、夏至、立秋、秋分、立冬、冬至这八个节气；象征温度变化的有：小暑、大暑、处暑、小寒、大寒五个节气；反映降水量的则是：雨水、谷雨、白露、寒露、霜降、小雪、大雪七个节气；反映物候现象或农事活动的节气有：惊蛰、清明、小满、芒种四个节气。

二十四节气在很多地方受天文气候总体的影响，各地又有自己的特征，所以二十四节气命名有地域性的特点，能大致反映黄淮地区的平均气候和物候现象。各地根据自己地区的气候特点总结出相应的农谚指导农事活动。有关播种的农谚“寒露到霜降，种麦日夜忙”，表示这段时间要尽快将麦子种到地里，防止霜降后无法种植；“清明早，小满迟，谷雨种花正当时”指谷雨时节正是种棉花的时候。有关收获的农谚“麦到芒种，谷到秋，过了霜降刨白薯”，即要赶在霜降前收割麦子。有关生产过程的农谚“处暑见新花”表示处暑节气棉花长成。在南方双季稻地区，有“谷雨栽早秧，节气正相当”和“秋前插秧谷满仓，秋后插秧草盖房”的农谚，意思是稻栽秧必须在谷雨前完成，而晚稻栽秧则要在立秋前完成，过了立秋插下去的秧苗光长秸秆不结穗，只能收获稻草了。而在长江流域的单季稻地区，则有“过了芒种不种稻，过了夏至不栽田”的农谚，就是要求在芒种前播下稻种，在夏至前插完秧苗，这样才能获得好的收成。此外，还有一类授时农谚，是专门针对特定地区特定作物的。例如，华北地区有“立秋摘花椒”“白露打胡桃”“霜降摘柿子”“立冬打软枣”“立秋忙打靛”“处暑动刀镰”“白露割谷子”“秋分无生田”等相应作物的农谚。

3 基于节气的农事活动时间和空间变化

二十四节气具有普遍性和特殊性。气候年内变化演进特点有共性，但各地演进程度有差别，因而同一节气的气候和物候特征不同，各地的农事活动也不同。各地小麦播种时间也不一致，一般是越冬区小麦要求冬前长出 5～6 片叶，3～4 个分蘖。北京地区关于小麦播种的农谚“白露早，寒露迟，秋分种麦正当时”即秋分节气种小麦，播种时间是 9 月 22 日左右，所在节气旬日平均温度为 17.2 ℃；郑州、西安地区农谚“秋分早，霜降迟，寒露种麦正当时”，即寒露时节种小麦，播种时间是 10 月 9 日左右，所在节气旬日平均温度为 17.0 ℃；合肥地区农谚“寒露早，立冬迟，霜降前后下当时”，即霜降前后种小麦，播种时间是 10 月 24 日左右，所在节气旬日平均温度为 15.2 ℃。南昌地区农谚“霜降早，小雪迟，立冬种麦正当时”，即立冬前后种小麦，播种时间是 11 月 7 日左右，所在节气旬日平均温度为 15.9 ℃；福州地区农谚“立冬早，大雪迟，小雪种麦正当时”，即小雪节气种小麦，播种时间是 11 月 22 日左右，所在节气旬日平均温度为 15.5 ℃；厦门、广州地区农谚“大雪种麦正当时”，即大雪节气种小麦，播种时间是 12 月 7 日左右，所在节气旬日平均温度分别为 16.1 ℃、15.8 ℃。小麦的收获时间也存在地域上差异。北京、郑州、西安地区关于小麦收获的农谚有：“芒种三天见麦茬”“小满麦丰仓，芒种见麦茬”“小麦不过芒种”，即芒种节气收小麦，收获时所在节气旬日平均温度分别为 22.4 ℃、23.3 ℃、21.1 ℃。合肥、南昌等地区在小满节气收小麦，收获时所在节气旬日平均温度分别为 18.8 ℃、20.5 ℃[1]。

但随着气候变化，气候增暖使二十四节气内的热量资源也必然因此发生改变，各地农事活动时间也有所改变。研究表明，反映物候现象的四个节气（惊蛰、清明、小满和芒种）普遍存在温度比之前升高的趋势，许多与节气相关的农谚和经验可能变得不再适宜[2]。近 50 多年，终霜期提前了 11 天，初霜期推迟了 10 天（图 1）[3]，生长季延长，北方冬麦区小麦晚播。原来的北京农谚“白露早，寒露迟，秋分种麦正当时”已不合时宜，目前小麦播种已后延一个节气。此外，农事活动还受技术进步的影响。因此过去的农谚也不太适合指导现代的农业，也应该有所改变。

4 从科学走向文化遗产

二十四节有着丰富的内涵，关乎历法、天文、气象、物候与节令，延展到生活中，事关农历节日、农耕时序、民俗活动、民间宜忌、饮食养生等等。2016 年 11 月 30 日，二十四节气被正式列入联合国教科文组织人类非物质文化遗产代表作名录。在国际气象界，二十四节气被誉为“中国的第五大发明”。2017 年 5 月 5 日，“二十四节气”保护联盟在浙江杭州拱墅区成立。

气候存在年际变化。存在不同的年型，用节气指导农业，仅能反映多年平均的状况，目前已不适宜。由于气候变化使以往的节气农谚过时，应根据农业气象预报，进行智慧气候农业生产管理。未来人工智能用于农业气候分析和管理决策是发展方向，节气指导农业就像用过去用银子作为货币交易，而现在已用移动支付，二十四节气指导农业生产应以不变应万变，如果现代指导农业生产还仅靠二十四节气而没有改进，就还停留在古代的水平。需对二十四节气内光、温、水等气候要素进行更深入的综合分析，为各地因地制宜提前布局相应的农事活动提供科学依据，以适应气候变化对农业生产的影响。

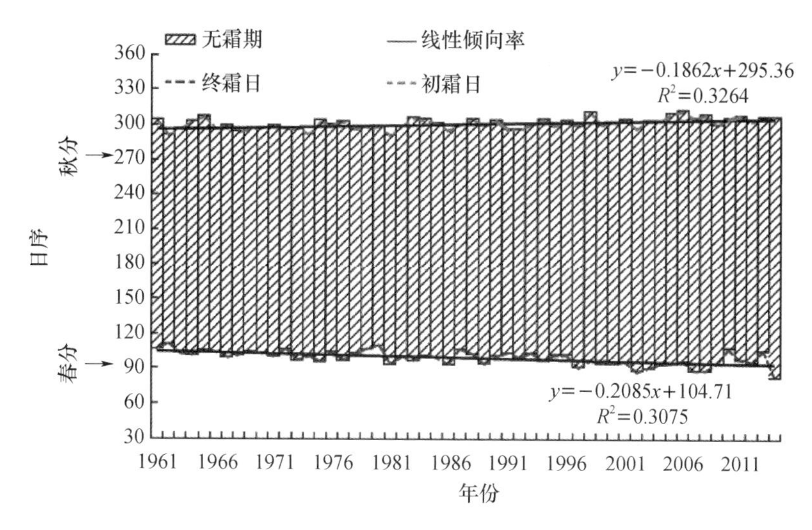

图 1　逐年平均初/冬霜日的变化过程及线性趋势(1961—2014 年)[3]

二十四节气与人们生活的各个方面也息息相关。各地民俗与节气也有关系,如清明扫墓祭祖、踏青赏春、植树种草等。在广西下雷镇,有“壮族霜降节”;立冬时节有“送寒衣”;小雪到,吃糍粑;冬至到,家家户户吃水饺等。现在流行养生也与二十四节相关,《黄帝内经》中记录了中医关注气候与建康,根据节气变化,通过养精神、调饮食、练形体等达到强身益寿的目的。

总之,二十四节气是传播气候和农业气象科普知识的有效工具,是科学与文化的结合,是中国农耕文化的一部分,已融入人们的各个生活中。二十四节气作为中国的优秀传统文化,我们应继承和拓展。

参考文献

[1] 韩香玲,马思延. 二十四节气与农业生产[M]. 北京:金盾出版社,1991.

[2] 钱诚,严中伟,符淙斌. 1960—2008 年中国二十四节气气候变化[J]. 科学通报,2011,**56**(35):3011-3020.

[3] 董蓓,胡琦,潘学标,等. 1961—2014 年华北平原二十四节气热量资源的时空分布变化分析[J]. 中国农业气象,2017,**38**(3):131-140.

The Spatiotemporal Change of 24 Solar Terms and the Relationship between It and Agricultural Time

PAN Xuebiao[1], DONG Wanlin[2]

(1. College of Resources and Environmental Sciences, China Agricultural University, Beijing 100193; 2. China Meteorological Administration Training Centre, Beijing 100081)

Abstract The solar term indicates the relative position of the earth around the sun and represents the average climate characteristics. In daily life, people always use it to predict the weather(cold, warm, rainfall, and snow) and guide agricultural production based on the local average annual climate. However, the agricultural activities associated with solar terms are no longer appropriate at now under climate change. In this paper, the meaning of agricultural climatology of 24 solar terms was explained under the development angle of agricultural climatology and agricultural activities' spatiotemporal characteristics based on solar terms. It provided theoretical basis in order to scientific understand 24 solar terms and the relationship between it and agricultural production.

Keywords Solar term, Agricultural climatology, Agricultural activities

中国科学院接收“中国西北科学考查团”的经过

张九辰

（中国科学院自然科学史研究所，北京　100190）

摘　要　“中国西北科学考查团”（也称“中瑞西北科学考查团”）是中国近代首次由中外学者联合组建、规模大、学科多的学术考察团体。考察团的野外工作结束之后，中瑞双方各自进行了资料的整理与研究。1949年，中国科学院接收了“中国西北科学考查团”，正式宣布考察团工作结束，同时批准袁复礼和黄文弼继续从事资料的整理与研究工作。中科院的接收工作，促进了该团资料的收集、整理与研究。但是，由于当时未能给予其恰当的评价，从而没有能够在后来的西北考察中，充分地研究和利用“中国西北科学考查团”的资料和成果。

中瑞联合组建的“中国西北科学考查团”（The Sino-Swedish Scientific Expedition to the North-Western Province of China）（以下简称“西北考察团”），是中国首次与外国学者联合组织的大规模学术考察团体。它自1927年成立，到1933年部分欧洲团员离开中国，共经历了6年的时间①。考察团对中国的西北地区进行了多学科的学术考察，取得了举世瞩目的成就，并且产生了广泛的社会影响。民国时期唯一发行的与科学有关的纪念邮票，就是“中国西北科学考查团纪念邮票”。目前，已有不少学者对西北考察团进行了研究[1~9]，本文仅重点分析中国科学院接收西北考察团的过程及其后续研究工作。希望通过这项研究，能够反映出新中国成立初期对历史上中外学术合作的定位及其影响。

1　西北考察团的后续研究

瑞典地理学家斯文赫定（Sven Hedin，1865—1952）是自19世纪末期以来，在中国西部从事探险考察的著名西方学者之一。1926年冬，斯文赫定受德国汉莎航空公司的委托再次来到中国，准备为开辟柏林至上海的空中航线作一次横贯中国内陆的考察。

斯文赫定在北京与1927年3月成立的北京学术团体联席会议（后改称为中国学术团体协会）谈判，商讨双方合作考察的可能性。经过40多天的谈判，中国学术团体协会与斯文赫定于1927年4月签订了《中国学术团体协会为组织西北科学考查团事与瑞典国斯文赫定博士订定

作者简介：张九辰，中国科学院自然科学史研究所研究员。主要研究方向为20世纪中国地学史和中外地学交流史。本文已经发表于《中国科技史杂志》2006年第3期。

基金项目：中国科学院知识创新工程重要方向资助项目（编号：KZCX3-SW-349）

① 按照中外合作协议，考察团成员于1933年5月前后结束了野外工作。但是1933年10月至1935年2月间，斯文赫定在中国政府的资助下又组织了一个汽车考察团，在中国西北地区开展野外考察。两项考察工作在人员和考察内容等方面有着一定的重叠，部分考察资料也难以明确区分。例如，瑞典方面出版的56卷《斯文赫定博士所率中国西北科学考查团报告集——中瑞联合考查团》中，就包含了1933－1935年考察期间收集的资料。因此，也有学者将西北科学考察团的工作认定为8年[7]，本文仍取6年说，但是在对后续工作的分析上，有时涵盖了1933－1935年间野外收集的资料。

合作办法》。这项协议以中外合作、并以中方为主的形式圆满结束①。1927 年 5 月 9 日，外方团长斯文赫定和中方团长徐炳昶(1888－1976)共同率队，离京前往包头，开始了首次大规模的、中外合作的科学考察。

西北科学考察团沿途进行了地质学、地理学、考古学、气象学、地形测量学、动物学、植物学和人类学等多方面的科学考察。这次考察经历地域辽阔，参加人数众多，涉及学科广泛，考察时间较长。考察团取得的成就更是令世人瞩目：白云鄂博铁矿的发现、古生物标本的采集、气象观测站的建立，以及在沿途进行的地形测量、对罗布泊变迁及额济纳河流域变迁的实地考察与研究，都是开拓性或具有世界性影响的工作。另外，在额济纳河发现的一万多枚居延汉简，在罗布泊发现的土垠遗址等，也都有着难以估量的价值。

西北科学考察团的野外工作结束后，中国方面曾经设想将采集品分类，“制成永久编目及永久登记，以便随时陈列，著述方面全体团员各就本人工作分段分类而作，每册二三百页不等，凑成一巨帙，而由徐炳昶及赫定两氏著一通论，冠之篇首”[10]。而实际上，中外考察团成员却各自开始了漫长的资料整理和研究工作。

瑞典方面，自考察结束后便开始了资料的整理与研究，并连续出版了工程浩大的 11 大类 56 卷的考察报告：《斯文赫定博士所率中国西北科学考查团报告集——中瑞联合考查团》(*Reports from the Scientific Expedition to the North-western Provinces of China under the leadership of Dr. Sven Hedin, Sino-Swedish Expedition*)。其中前 5 卷考察报告于 1937 年正式出版。直到 20 世纪 50 年代初期，基本上每年都有考察报告出版，这项工作一直持续到 20 世纪 90 年代。

中国方面，考察团的工作在中国社会产生了广泛的影响。考察团成员徐炳昶、袁复礼(1893－1987)、丁道衡(1899－1955)等在考察结束后，都曾经在多种场合做过报告，讲述考察经过和成果。他们的报告不但“唤起学术界之倾倒”[11]，而且“听众踊跃情况，为历来集会所未有”[12]。考察团还举行过考察成果展览会，其成果也引起了社会的广泛重视。但是，考察后的资料总结与研究，则出现了很大的困难。

野外工作结束后，在中国学术团体协会理事会的组织下，北京大学和清华大学曾经拨出房间、配备工作人员，以支持整理野外考察的采集品和编写研究报告。理事会还专门向中华文化教育基金会申请补助，以支持考察团的后续工作。为此，考察团成立了 4 个文献资料整理小组：甲组，由马衡、刘复负责整理汉简；乙组，由黄文弼(1893－1966)负责整理考古资料。这两组的工作地点都在北京大学；丙组，由袁复礼担任整理地质资料，地点在清华大学地学系；丁组由丁道衡负责整理地质资料，地点在北京大学地质系。②

对于后续工作，考察团成员做出了很大努力。袁复礼的古生物和地质学研究、黄文弼的考古研究、丁道衡的地质考察报告、李宪之和刘衍淮的气象学研究、陈宗器的地理学研究等成果，

---

① 有关具体的谈判经过，在 1928 年 2 月印制的《中国学术团体协会西北科学考查团报告》(中国科学院办公厅档案处档案：49-2-32)中已有详细阐述；现代学者也根据不同的资料来源，对此过程做了分析[7~9]。

② 《中科院接管西北科学考察团的有关文件》，第 1 册，北京：中国科学院办公厅档案处档案：50-2-27。

自20世纪30年代开始在国内相关学术刊物上陆续发表①。

遗憾的是,自野外考察工作结束后,考察团成员都在各自的工作岗位上担负着繁重的教学或科研任务,后续工作没有足够的时间保障。

袁复礼于1932年从新疆考察回京后,即参与了创办清华大学地学系的工作,并亲自担任了系主任和繁重的教学任务。他只能在教学之余,从事资料的整理和研究。在女师大等校任教的黄文弼,只能利用教书之余夜以继日地从事研究。丁道衡于1930年由西北考察回京后,先在北京大学地质系任教,后于1934年考取公费留学德国。1937年回国后,先应聘于云南省建设厅任技术指导,后又应聘为高校矿冶系教授,长期在中国西南地区从事教学和研究工作;陈宗器于1935年从野外返回后,参与了中国人自己修建的第一座地磁台的筹建工作,并于1936年赴德国留学。李宪之和刘衍淮于考察结束后,直接赴德国留学。胡振铎结束考察工作后,又被派往北京主持气象台工作。徐近之在考察结束后,返回中央大学地学系学习并任教,并于1934年被派往西藏筹建气象站。总之,考察团成员基本上是利用业余时间从事后续研究,因此后续研究工作持续了很长时间。

1937年抗日战争的爆发,更使中国学者的后续工作被迫中断。为了躲避日机的轰炸,考古及地质资料被安置在不同的机构当中,一些标本在转运过程中也不幸丢失。

抗战胜利后的一段时间,考察团的后续研究工作也未能走上正轨。直到1948年1月,教育部才补助了工作费5亿元;7月中美文化基金董事会补助印刷费法币26亿元;12月教育部补助金圆券4000元,考察团的标本资料整理及研究工作才得以恢复。当时只有甲、乙、丙三组恢复了工作,丁道衡因执教于贵州大学,他负责的丁组未能开展工作。②

2 中国科学院接收西北科学考察团的过程及对它的评价

中华人民共和国成立后,很快组建了直属于国务院领导、全国性的科学研究和领导机构——中国科学院。中国科学院成立后的首要任务,就是接收旧有研究机构,安排全国的科学人才。西北考察团即在接收之列。

2.1 中国科学院的接收经过

西北科考察团虽然不是学术研究机构,但是它的理事会还在,而且仍然在积极组织后续研究。1949年11月,中国科学院(以下简称"中科院")刚刚成立,"中国西北考查团理事会"常务理事马衡(1881—1955)、徐炳昶、袁复礼、理事兼干事黄文弼即联名致函中科院院长郭沫若(1892—1978)提出:

"本团同人不避艰险,辛苦工作至六年之久……现整理工作虽已有相当成绩,而离工作结

① 中国团员在1949年以前正式发表了许多研究成果,其中袁复礼的成果主要有:The Great Unconformity between the Late Paleozoic and Mesozoic Rocks in Sinkiang. *The Science Reports of National Tsing Hua University*,1936,Ser. C. 1(1),9—16;The Geology of Dsungaria Part 1. *The Science Reports of National Tsing Hua University*,1948,Ser. C. (3),215-228)。丁道衡的成果有:新疆矿产志略,《地学杂志》,1931年,第4期;《天山逆掩断层之研究》,《地质学会会刊》(北京大学),1931年,第5期;《绥远白云鄂博铁矿报告》,《地质汇报》,1933,第23号。黄文弼仅1931年、1933年、1948年在《西北科学考查团丛刊》中就发表了4册考古研究文章。李宪之在考察结束后在德国留学期间,分别在《德国气象学报》和《德国柏林大学特刊》上发表了气象学研究成果。刘衍淮在30年代的《北师大月刊》《南京气象杂志》等刊物上发表了气象研究论文。陈宗器也于20世纪30年代在《地理学报》和《方志》等刊物上发表了研究论文。

② 《中科院接管西北科学考察团的有关文件》,第1册,北京:中国科学院办公厅档案处档案:50-2-27。

束则仍有相当程途。现中央人民政府已成立，对于创造我国新文化工作竭力倡导，不遗余力。本团同人极感兴奋，愿以此项辛苦搜获与整理之材料，呈请贵院接管。在科学院领导之下，期能继续努力，进行工作”[①]。

理事会最初的理想，是能够得到中科院的支持，继续推动考察团的工作。但是中科院认为：

“西北科学考察团现已无存在之必要，应即结束。所有资料应责成黄文弼、袁复礼两人从速整理……总之，此项整理工作早应结束，今后应当加紧完成”[②]。

为此，中科院专门成立了“西北科学考察团结束工作小组”，由副院长陶孟和（1887—1960）、院办公厅秘书处副处长汪志华（1917—1967）和西北考察团团长徐炳昶 3 人为委员，陶孟和为小组召集人。陶孟和与考察团成员徐炳昶、袁复礼和黄文弼进行了多次磋商，最后就考察团的结束办法达成了一致的意见。

1949 年 12 月 21 日下午，中科院办公厅举行了西北科学考察团结束会议。出席会议的有陶孟和、汪志华、徐炳昶、袁复礼、马衡、黄文弼，文教委计划委员会派代表夏康农也参加了会议。会上接收了保存于考察团成员及各单位的档案、刊物及地图资料，点收了袁复礼交出的资料、卷册，批准袁复礼和黄文弼继续从事资料的整理与研究工作，并宣布了结束办法：

西北科学考察团自即日起宣告解散。关于该团的事业及资料、财产，采取如下处置：

(1)由中国科学院接收下列各项：

① 该团及各团员所保存的有关该团的文书档案。

② 该团所印行的各种刊物，包括其他机关代该团所印行的刊物。

③ 该团所存图书，包括其他机关、即瑞典方面赠予该团的刊物。

④ 已经整理研究完了的古物及地质标本。

⑤ 存美国国会图书馆的汉简。

(2)尚待整理研究的古物及地质标本，暂请黄文弼、袁复礼两先生负责保存，并提出整理研究工作计划尅期完成。工作计划连同所需费用，由史学研究所提出，科学院核准照付。此项资料整理完成时，陆续交由中国科学院接收。[③]

在考察团成员的共同努力下，中科院详细清查了古物、地质标本的去向问题；列出了已损失的采集品、流失在国外的采集品以及可能找回的资料清单；并为找回采集品及资料做了大量的工作。

瑞典方面曾于 1935 年将部分采集品运往瑞典研究。中科院接管后经多方交涉，曾由瑞典运回两批采集品，现藏中国历史博物馆和中国社会科学院考古研究所。中方保存的标本，在抗日战争爆发之际，考察团成员从中挑选较好的地质、考古标本 17 箱，分别运往青岛和武汉，但不幸全部遗失；留在北京的标本幸得保存。新中国成立后袁复礼将标本整理后于 1955 年、1958 年和 1975 年分别送往考古所保存。20 世纪 50 年代初期，考察团成员交给中科院相关研

---

① 《中科院接管西北科学考察团的有关文件》，第 1 册，北京：中国科学院办公厅档案处档案：50-2-27。

② 《中科院接管西北科学考察团的有关文件》，第 1 册，北京：中国科学院办公厅档案处档案：50-2-27。

③ 《中科院办公厅 1949 年至 1950 年汇报、会议记录》，北京：中国科学院办公厅档案处档案：50-2-5；《中科院接管西北科学考察团的有关文件》，第 2 册，北京：中国科学院办公厅档案处档案：50-2-28。

究所的古生物学的化石标本也有 40 多箱。中科院古脊椎与古人类研究所也保存有部分标本。①

中科院接收后重新收集起来的采集品，成为重要的学术研究资料。直到 20 世纪 80 年代，还有学者在从事这些资料的研究，并发表了研究论文[13,14]。

2.2 对考察团的评价

西北考察团取得了丰硕的成果，具有广泛的社会影响，也开创了中外科学合作的成功先例。但是考察团生不逢时，在结束野外工作后不久，中国社会即笼罩在战争的阴影之中。多年的战争不但影响了考察团的后续工作，甚至连野外获得的资料也多有散失。中科院接收该团后，有力地促进了资料的收集与清理工作。但是，在当时的政治环境下，却没能给予考察团充分的肯定。

在中科院接收西北科考团的文件中，我们曾看到这样的描述：

“中国西北科学考察团系由若干文化学术机关组成。其组成极散漫，故参加的人虽有很多位，但始终没有专人负全责的。此团成立在二十余年以前，在此长的时期里，人事变迁，有的已经病故，有的已经不在国内，现在在京、与此团有关，并且曾经参加考察的，只有徐炳昶、袁复礼、黄文弼。”

基于上述认识和当时的社会政治环境，考察团得到的总体评价是：

“西科团成立时的动机是好的，是想要抵抗帝国主义的，但可惜结果依然是与帝国主义妥协的”②。

这种评价再加上当时的政治环境，使中外团员之间的学术交流变得十分困难。1950 年底，85 岁高龄的斯文赫定致函黄汲清，打听他的中国朋友陈宗器的下落。黄汲清将此信转交给正在中科院办公厅工作的陈宗器。但是陈宗器没有给斯文赫定回信，并在后来“向组织交代的自传里”提到了此事。而黄汲清也是直到 1987 年，才“第一次向公众谈起了这件事”。曾经给自己的儿子取名为“斯文”的陈宗器，到了 50 年代，他的子女“从来听不到父亲关于赫定、罗布泊只言片语”[15]。

中科院接管后继续支持了考察团的后续工作，但是后续工作所取得的成果却没能冠以西北科学考察团的名称。1949 年以前，考察团曾经出版过《西北科学考查团丛刊》，也曾经印制过单册的《西北科学考查团短篇论文》，将部分团员的考察成果编入其中。1949 年以后，随着西北考察团的结束，《西北科学考查团丛刊》也就不复存在。1949 年以后的研究成果，分散地发表于各专业学术刊物，或单独印制成册出版，但是却没有再冠以“西北科学考查团”的名称。至今，国内也没有整理出一个考察团成果的完整目录③。

3 中国科学院领导下的后续工作和西北考察

3.1 中国科学院组织开展的后续工作

中科院接收西北科学考察团后，推动了后续研究工作。院属历史研究所曾经补助黄文弼

① 除了文中所述的资料外，居延汉简在抗战期间经香港转运美国，保存在美国国会图书馆。后由胡适带往台湾，保存在台湾中央研究院历史语言研究所。1957 年，台湾出版了《居延汉简图版》。

② 《中科院接管西北科学考察团的有关文件》，第 1 册，北京：中国科学院办公厅档案处档案：50-2-27。

③ 文献[17]的作者初步整理了“中国团员有关著作目录”，但是仍有一些成果尚未收入。

研究经费，从事考古资料的整理与研究；考古研究所也曾补助袁复礼部分经费，并配备了助理员和绘图员协助袁复礼从事考古资料的整理工作。

黄文弼的整理与研究工作进展顺利。中科院成立时，黄文弼在历史所任研究员。此时的历史研究所，本打算组织队伍到甘肃和陕西一带开展考察，以推动西北考古历史研究。但是刚刚成立的中科院因支持该所的经费有限，无法开展野外工作，于是该所将工作重点转放在整理旧有材料上[16]。黄文弼从事的西北考古资料的整理研究工作，得到了历史所的有力支持，工作条件也大为改善。在黄文弼的辛勤努力下，50 年代相继出版了 3 部研究专集。

相比之下，袁复礼的资料整理与研究工作则遇到了很大的困难。袁复礼处保存有大量的采集品，当时他正在清华大学执教，清华大学曾经为他提供了 3 间房和部分家具。中科院接收后，指定考古研究所为袁复礼提供部分研究经费，支持他的工作。因此，袁复礼首先将考古标本进行了初步的整理，并于 1955 年、1958 年和 1975 年将整理后的标本陆续送交考古所保存。作为地质学家的袁复礼，也为中国的考古学事业做出了重要的贡献。但是他在这一领域发表的研究成果却很少。正如当代考古学者对他的评价："只是由于'述而不作'没有得到考古学界的充分重视"[14]。

袁复礼领导的后续工作进展并不顺利。首先，过去的标本底稿，在抗日战争初期南迁的过程中遗失。袁复礼不得不从标本的登记整理开始入手，工作任务之繁重可想而知。更为困难的是，袁复礼作为教育工作者，他的主要精力必须放在教学上。1949 年后，他曾先后为学生开设了地形学、构造地质学、地球投影和岩石学等课程，并在此期间，多次带领学生到野外实习或是应地质机构的要求到野外考察。袁复礼从事西北考察团的资料整理工作，多是在完成繁重的教学和野外考察任务之余，挤出时间完成的。

虽然袁复礼与工作人员"已尽最大之努力"①，但是考古所对于袁复礼领导下的后续工作的进展情况似乎并不满意。经过一年多的时间，袁复礼领导的资料整理工作尚未完成，进一步的研究也没能展开。考古所认为："标本登记是一项必须经过的初步工作，但是袁先生没有能在整理登记后，接着把研究论文写出，势必要延迟工作的完成。应努力克服这种拖延的倾向"②。

除了整理考古方面的标本和资料外，袁复礼的主要工作是在地质学和古生物学领域，但是这些研究不属于考古所的资助范围。1951 年 7 月，考古所在致函中科院办公厅的信函中指出："袁复礼先生远在西郊清华大学工作，我所对其工作之检查本已困难。地质、古生物又在业务范围之外，更无法照顾……两项工作如能由古生物或地质研究所接管，最为妥当。"③

在考古所不再予以经费支持的情况下，袁复礼转向请地质研究所予以适当补助。而此时，由于地质人才的缺乏，中科院地质学方面的研究机构暂时划归中国地质计划指导委员会管理。为此，中科院于 1951 年 7 月致函地质计划指导委员会，希望能够从其领导的地质学研究所补助部分研究经费。但该委员会在复函中指出："为了使袁同志早日完成工作，能予以经费补助，当然很好。只是地质研究所经费甚有限，目前照顾其本所工作，尚有不足之感，势难再从中拨

① 袁复礼，1950 年工作总结报告。参见《中科院接管西北科学考察团的有关文件》，第 1 册，北京：中国科学院办公厅档案处档案：50-2-27。

② 《中科院接管西北科学考察团的有关文件》，第 1 册，北京：中国科学院办公厅档案处档案：50-2-27。

③ 《中科院接管西北科学考察团的有关文件》，第 1 册，北京：中国科学院办公厅档案处档案：50-2-27。

款补助袁同志。不知你院是否可另行设法”[1]。

在缺乏经费支持的情况下，袁复礼只好克服困难继续工作，并在50年代撰写、发表了多篇西北地区地质报告[2]。

3.2 中国科学院组织的西北考察与西北科学考察团工作之差异

1949年以后，西北地区还有很多考察工作需要去做。中科院接收西北科学考察团后，考察团成员即向中科院提出组团考察西北的建议。1950年10月，黄文弼致函中科院，建议成立“西北调查团”[3]。他指出：西北资源丰富、又居中西交通枢纽；国家建设需要以科学为基础，西北特殊的形势更需要深入进行科学调查与研究工作。黄文弼建议，调查团设立6个组：(1)专业组；(2)地理组；(3)地质组；(4)气象组；(5)生物组；(6)民族组。

继续开展西北地区的考察研究工作，其学术价值不言而喻。早在1949年11月院办公厅第18次汇报中，在谈到接收西北科学考察团时，陶孟和副院长也曾提到：中科院将来可以组织西北、东北科学考察团[4]。但是，无论从对于西北考察团的评价问题，还是从中科院当时的人力和物力基础来看，都还没有在西北地区开展大规模工作的条件。黄文弼的建议，也就成为一纸空文。

新中国成立后，西北地区90%以上的地区还没有经过系统的勘察，给国家的经济建设造成了很大的困难[5]。因此，无论在学术方面还是在国家建设方面，西北考察都有着重要的意义。中科院虽然没有接受黄文弼的建议，组建“西北调查团”，但是西北地区的考察工作势在必行。中科院自1953年开始，即派考察队前往西北地区从事考察工作。1954年，中科院开始筹建西北分院，并先后建立起一批研究机构、地震台站、气象观测站、考古工作站等。1956年国家制定了科技发展12年远景规划之后，西北地区的考察工作，才得以大规模地展开[6]。但是由于目的和任务的差异，新时期的工作已与西北科学考察团有了很大的差别。

中科院组织的西北考察，与西北考察团的任务不同。中科院组织的考察是“为确定重要的国民经济建设措施和国家经济发展的远景，提供科学的论据”[7]，因此考察队的专业构成也与西北考察团有了一定的差别。考察队中不再有考古专业的学者(考古工作已另行专门展开)，

---

① 《中科院接管西北科学考察团的有关文件》，第1册，北京：中国科学院办公厅档案处档案：50-2-27。

② 袁复礼在20世纪50年代撰写的地质报告主要有：应燃料工业部陈郁部长委托而写的“新疆煤田地质概况和对今后的意见”(北京地质学院，1954年)；“内蒙古地质报告”(初稿)(北京地质学院，1954)；“新疆山岳与盆地的介绍”(1957年)；“新疆阿尔泰专区的地层”(1959年)。正式发表的地质报告有：《新疆济木萨县三台以南大龙口及水西沟一带地质、岩层及构造》[《石油地质》，1955，(20)：4—8]；《新疆准噶尔东部地质报告》[《地质学报》，1956，30(2)]；《新疆天山北部山前拗陷带及准噶尔盆地陆台地质初步报告》[《地质学报》，1956，30(2)]；《中国西北地区第四纪地质的一些资料》[《第四纪研究》，1958，1(1)]。参见：杨遵仪主编，《桃李满天下——纪念袁复礼教授百年诞辰》，中国地质大学出版社，1993年。

③ 《中国学术团体协会西北科学考查团报告及该团团员黄文弼报告》，北京：中国科学院办公厅档案处档案：49-2-32。

④ 《中科院办公厅1949年至1950年汇报、会议记录》，北京：中国科学院办公厅档案处档案：50-2-5。

⑤ 《中国科学院西北分院筹备委员会主任委员张德生在西北分院筹备委员会成立大会上的报告》，王少丁、王忠俊编：《中国科学院史料汇编·1954年》，中国科学院院史文物资料征集办公室，1996年12月。

⑥ 1956年制定《1956—1967年科学技术发展远景规划》(简称12年远景规划)时，在57项重要科学任务中，即有西北地区的考察任务。为此，中国科学院分别于1956年、1958年、1959年、1961年成立了新疆综合考察队、青海甘肃综合考察队、治沙队和内蒙宁夏综合考察队。这些考察队在西北地区开展了大规模的考察工作，取得了丰硕的成果。

⑦ 科学规划委员会：《1956—1967国家重要科学技术任务说明书·第4项·新疆、青海、甘肃、内蒙古地区的综合考察及其开发方案的研究》，1956年6月。中国科学院地理科学与资源研究所资料室。

而是增加了第四纪地质、石油地质、冰川学、沙漠及高山自然地理学、气候学、土壤学、动植物学、经济地理学等方面的专家学者。

中科院组织的西北考察，在中外合作形式上也发生了根本性的变化。这时的西北考察，不再依靠国外的资金。政府有力的支持和有效的组织，使西北考察规模宏大。考察队一般由几十个单位的上百名、甚至上千名考察队员组成[18]。

这一时期西北考察的国际学术合作，由于政治倾向鲜明，合作的国家并不广泛。在西北考察规划中，与中国合作的国家以苏联为主，另外也曾计划与罗马尼亚、波兰和东德等社会主义国家开展学术合作。而瑞典作为非社会主义国家，在规划中没有被列入合作之列①。

西北考察团的工作和已经取得的成就，在新中国初期的西北考察工作中没有得到应有的重视。虽然在12年远景规划西北考察的任务说明书中，注意到了中瑞西北科学考察团曾经在这一地区开展过工作，并肯定了该团在地质学考察方面所做的工作。但是后人并没有很好地总结中瑞西北科学考察团的工作，甚至对考察团收集的资料和西方团员的研究成果，都没有充分地加以研究和利用。这对于经济基础薄弱、又急需开展大规模经济建设的新中国来说，无疑是资源上的浪费。如何更好地对待历史、总结经验教训，也是西北考察团留给后人深入思考的问题。

参考文献

[1] 刘衍淮．中国西北科学考查团之经过与考查成果[J].（中国台湾）师大学报，1975(20).

[2] 袁复礼．三十年代中瑞合作的西北考察团[J]. 中国科技史料，1983(3).

[3] 傅振伦．西北科学考察团在考古学上的重大贡献[J]. 敦煌学辑刊，1989(1).

[4] 中国地质学会．开创中外科技合作的先驱[M]. 北京：中国科学技术出版社，1991.

[5] 杨光荣，陈宝国，袁鼎．中国西北科学考察促进了中外地球科学交流[A]. 中外地质科学交流史[C]. 北京：石油工业出版社，1992.

[6] 刘进宝．中瑞西北科学考察团及其成就[J]. 西北史地，1993(1).

[7] 邢玉林，林世田．西北科学考察团组建述略[J]. 中国边疆史地研究，1992(3).

[8] 李学通．中瑞西北科学考查团组建中的争议[J]. 中国科技史料，2004(2).

[9] 张九辰．中国现代科学史上的第一个平等条约[J]. 百年潮，2004(10).

[10] 袁复礼谈西北考察，注意考古地质采集成绩极丰，万里壮游五年工作[N]. 大公报，1932-05-12：4.

[11] 西北科学考查团之功绩与教训大公报，1929-01-31：2.

[12] 西北考查团重大发现，掘得举世未见之古物[N]. 大公报，1929-01-23：2.

[13] 李凤麟．袁复礼教授在古脊椎动物研究上的贡献[A]. 杨遵仪．桃李满天下——纪念袁复礼教授百年诞辰[C]. 北京：中国地质大学出版社，1993.

[14] 安志敏．袁复礼教授和中国考古学[A]. 杨遵仪．桃李满天下——纪念袁复礼教授百年诞辰[C]. 北京：中国地质大学出版社，1993.

[15] 陈雅丹．走向有水的罗布泊[M]. 北京：昆仑出版社，2005. 476-478.

[16] 竺可桢．竺可桢日记[M]. 第2卷．北京：人民出版社，1984：1302.

[17] 王忱．高尚者的墓志铭——首批中国科学家大西北考察实录(1927－1935)[M]. 北京：中国文联出版社，2005.

[18] 中国科学院－国家计划委员会自然资源综合考察委员会．中国自然资源手册．北京：科学出版社，1990：837-839.

① 科学规划委员会：《1956－1967国家重要科学技术任务说明书・第4项・新疆、青海、甘肃、内蒙古地区的综合考察及其开发方案的研究》，1956年6月。中国科学院地理科学与资源研究所资料室。

The Course of Taking over the Sino-Swedish Expedition by CAS

ZHANG Jiuchen

(Institute for the History of Natural Science,CAS,Beijing 100190)

Abstract Sino-Swedish Expedition was the first large-scale,multi-disciplines expedition co-operated by Chinese and foreign scholars. After the survey, Chinese and Swedish scholars sorted out and studied the data and specimen individually. The Expedition was taken over by CAS and was terminated in 1949. CAS also supported Chinese scholars and promoted their follow-up researches. But inappropriate evaluation resulted that the achievement haven't been fully utilize during the upcoming survey.

Keywords Sino-Swedish Expedition,Chinese Academy of Sciences(CAS),the Survey in the North-west Region of China

漫谈二十四节气

崔　曼[1]，胡　楠[2]，姚　萍[1]

(1. 江苏省东台市气象局，东台　224200；2. 江苏省睢宁县气象局，睢宁　221200)

摘　要　二十四节气是指中国农历中表示季节变迁和气候变化的24个特定节令，至今已经沿用了两千多年，是传统中国农历的重要补充。本文主要介绍了二十四节气的历史渊源，以及它与农业、文化的关联。农耕时代中国农民一直依靠二十四节气来安排生活和生产，因此流传有许多跟二十四节气有关的农谚和歌谣。但由于地域差异，同一节气，各地进行的农事并不一致。二十四节气历史起源较早。随着气候变化，二十四节气的适用性也发生了变化，从历史发展来看，不同地区、不同时代的老百姓结合当时的气候及农业种植条件，与时俱进地将二十四节气本地化，二十四节气的内涵是动态的、不断丰富的。在二十四节气中有很多的非物质文化遗产，其中不仅包括了歌谣、传说以及谚语等，还包含了我国传统的生活器具、工艺品、书画等艺术作品，以及与节气关系密切的节日文化、生产工具、民间风俗、周易八卦、观赏娱乐活动等众多内容。从气候学角度看，二十四节气是中国人在长期的生产实践中逐步认识到的季节更替和气候变化规律，凝聚了中国人对大自然的科学态度和正确的观点及方法。它不仅是人类的非物质文化遗产，还是中华民族的祖先历经几千年的农业生产实践创造出来的宝贵科学遗产。

关键词　二十四节气，季节，气候变迁，传统文化

"春雨惊春清谷天，夏满芒夏暑相连。秋处露秋寒霜降，冬雪雪冬小大寒。"这首二十四节气歌暗含了二十四节气的先后顺序，始于立春，终于大寒，周而复始。它表明了季节的更替和作物的不同生长阶段，例如大寒、大暑、惊蛰、芒种等。在二十四节气中，表明季节更替的有两分、两至；反映温度变化的有小暑、大暑、处暑、小寒、大寒；反映水汽凝结与温度、湿度关系的有白露、寒露、霜降；反映降水的有雨水、谷雨、小雪、大雪；反映物候的有惊蛰、清明、小满、芒种。以现代气象学的观点来看，气候的形成主要受太阳辐射、地球运动、大气环流等影响，二十四节气虽没有从这些角度去解释，但也从自然现象中反映出中国古代民间对气候的认知，客观反映了我国独特的气候特点等。

1　二十四节气的历史

二十四节气起源于黄河中下游地区，古人通过土圭测日影的方法，确定了表示冷热和四季的四个主要节气：夏至、冬至与春分、秋分。到了春秋时代，人们在"两分""两至"的基础上增加了"四立"，把一年分为8个相等的时段，四季的时间范围便确定了下来。随着农业生产力的不断提高，技术的不断改进，在秦末至西汉初期应运而生了二十四节气[1]。二十四节气是指中国农历中表示季节变迁的24个特定节令，是根据地球在黄道(即地球绕太阳公转的轨道)上的位置变化而制定的，它把太阳周年运动轨迹划分为24等份，每一等份为一个节气，每个节气有三

个候。古人以五日为候，三候为气，六气为时，四时为岁，每岁二十四节气，七十二候应，气候的实质是地球与太阳的相互运动，以及农业生产实践过程中物候与气象的有机组合。二十四节气的划分，充分考虑了季节、气候、物候等自然现象的变化，并综合了天象、气象与物象，并通过对时间的掌握，来指导传统农业生产和日常生活。二十四节气自秦汉时期至今已经沿用了两千多年之久，成为传统中国农历的重要补充。农耕时代中国农民一直依靠二十四节气来安排生活和生产，这种科学认识然后又远播海外各大洲，影响了全世界。2016年，“二十四节气——中国人通过观察太阳周年运动而形成的时间知识体系及其实践”被联合国教科文组织列入了人类非物质文化遗产代表作名录。

2　二十四节气与农业

中国千百年来以农业立国，直到今天人们仍然用二十四节气指导农业生产。纵观二十四节气，能清楚地看出一年中冷暖雨雪情况，四季的转变及各个时期气候转变的特征，人们据此安排作物的种、管、收、藏等农事活动。二十四节气是先人几千年积累下来的智慧，虽然历史上会出现一些极端气候，但是现在全国的农业生产仍然在二十四节气的框架内运作。在农村地区，有许多跟二十四节气有关的农谚和歌谣，如“雨水种瓜，惊蛰种豆”“小满麦子黄，夏至稻谷香”等等，反映了在上溯两千多年的农业生产史上，中国人将二十四节气与农业生产条件结合在一起，有效地、科学地指导农事活动。二十四节气包含着朴素的农业气候分析和农业气象预报的知识，是我国古代最早的朴素的农业气象学，是我国古代劳动人民伟大的文化遗产。

二十四节气在农业上的应用主要是通过各种广为流传的农谚指导生产，但现代农业科技发展对农时的要求更加具体和严格，加上气候的变迁，在现代农业生产中，应充分考虑二十四节气的适应范围。

2.1　节气中的地域差异

二十四节气是以黄河中下游地区的天象、气温、降水和物候的时序变化为基准，而我国幅员辽阔，各地气候差异很大。对于其他地区来说，同一节气所描绘的情况可能有很大不同。明代冯应京在《月令广义》中述“按天道，自南而北，凡物候先南方，故闽越万物早熟，半月始及吴楚。”这说明古人早已察觉节气自南向北推迟的气候规律，在一些农谚上得以体现。例如冬小麦的播种期，河北省平原地区“秋分种麦正当时”；而河南中部有“骑寒露种麦”；湖北则为“霜降到立冬，种麦莫放松”；华南是“立冬麦”。同一农事，各地劳作的节气却不同。同样的，同一节气，各地进行的农事也不尽相同。

2.2　节气中的气候变迁

二十四节气起源于二千多年前，反映的是当时的自然季节。二十四节气未能将气候变化的因素考虑在内。北京等地有句谚语“喝了白露水，蚊子闭了嘴”，意思是9月初，蚊子就不叮人了。但现在基本都是“喝了寒露水，蚊子闭了嘴”，过了“十一”一段时间，蚊子才不咬人了。在当前的全球变暖趋势下，二十四节气的适用性也发生了变化。桃花常常在惊蛰节气到来前就红了；清明节后时常出现气温飙升，一日入夏；夏天雨日少了，暴雨强降水多了；冬天里冷空气频数小了，寒潮强度变弱了，暖冬成为新常态。这些都说明了气候变化对二十四节气产生了影响。中国科学院大气物理研究所的钱诚等人收集了1960年到2008年中国549个气象站的气温数据，以确定反映季节更替的平均气温变化情况。他们的研究表明，中国的平均气温升幅明显，致使进入春夏的时间提早，秋冬两季的时间推迟。这种急剧变化意味着，需要调整与节气有关的农耕习惯。与20世纪60年代相比，过去十年中小寒、大寒天气减少，大寒的冷天减少了56.8%，而大暑期间的热天增加了81.4%。研究人员得出结论认为，这种变暖的趋势更明显地影响了春夏而非秋冬的节气。其中雨水、立春、惊蛰节气的增温最快。惊蛰、清明、小满和芒种这四个反映物候的气候节气在全国各地普遍提前，在北方的一些半干旱地区，与20世纪60年代相比，这四个节气的发生日期提早了最多16天[2]。

在区域和全球变暖的大背景下，整个季节循环趋于整体增暖，对气候学意义的节气而言，全国平均状况下的早春到初夏节气提前了6天至15天，夏末到初冬的节气推迟了5天至6天；从白露到寒露显著推迟了5天左右。节气与气象的研究从气候变化的角度提供了一种决策参考。这些定量化的节气气候变化分析结果，可为适应气候变化、适时调整相应农事活动提供决策依据。

而从蛰虫始振、蝼蝈鸣、白露降、鸿雁来等七十二物候来看，气候变化导致物候变化，由二十四节气划分的物候是最直接、最易被普通人感知的指示标志，如果使用二十四节气时充分考虑到气候变迁对自然物候的影响，而非机械地遵循二十四节气，会更好地适应气候变化的趋势，才能不失时机地搞好农业生产。

2.3 节气内涵的自进化

尽管如今“二十四节气”时间已经固定，但从历史发展来看，二十四节气的内涵是动态的、不断丰富的。不同地区、不同时代的老百姓结合当时的气候及农业种植条件，与时俱进地将二十四节气本地化。近现代以来，农民也根据气温、降水、物候的变化不断赋予节气新的内涵，动态地修改和完善了与节气相关的农谚。在广大农村地区，二十四节气仍深受农民朋友们的认可和喜爱。“立春春打六九头，春播备耕早动手”“谷雨雪断霜未断，杂粮播种莫延迟”等节气谚语朗朗上口、广为流传，成为农民安排农事的依据。正是由于二十四节气动态变化的内涵，它依然可以为当前人们的生产生活提供参考。

3 二十四节气与文化

二十四节气不仅能指导人民的农事活动，为千家万户的衣食住行提供保障，而且还蕴藏着我国浓厚的历史文化，它是中国人时间框架的一部分。虽然外国也有春分、秋分、冬至、夏至这样的划分，但是能再细分出二十四节气、七十二物候，使生产生活与自然结合得如此紧密的，只有中国人，而这对于国人的文化认同和国家凝聚力，具有极为重要的意义。二十四节气现已发展成为了一种民族的文化时间，中国二十四节气是独特的、完整的，已经浸润到我们的血脉甚至基因中，使得中国人的生活具有韵律之美，可以说是中国人生活的“标点句读”。

在二十四节气中有很多的非物质文化遗产，其中不仅包括了歌谣、传说以及谚语等，还包含了我国传统的生活器具、工艺品、书画等艺术作品，以及与节气关系密切的节日文化、生产工具及民间风俗，如清明祭祖踏青、谷雨前喝雨前茶、立秋时吃瓜等。可以说，二十四节气就是我国古代农业文明的具体表现，其丰富的内涵与广阔的包容性对现代文明有着很高的研究价值，对构成我国丰富的现代文明有着积极的作用。

3.1 节气与诗歌

在数千万的诗歌当中，有相当多的诗歌与二十四节气相互联系。很多古代诗人会随着节气的变化而产生出一种独特的情怀和感悟，进而创作出不同人群、阶层对于二十四节气变化感知的诗歌。例如，《诗经》中《七月》展现了古代农民在一年二十四节气变化过程中的农事活动，"无衣无褐"展现冬日生活、"春日载阳，鸟鸣仓庚庚"展现春天万物复苏；又如《诗品序》中写道"气之动物，物之感人，动摇荡性情，形诸舞咏"，全诗中运用二十四节气的变化展现了一种人事变迁、年华逝去和时间流逝的感受[3]。另一方面，也有其他诗人通过诗歌展现二十四节气与生活的关系，抑或者运用二十四节气展现诗歌中一种社会压迫的反抗精神。"好雨知时节，当春乃发生"夸赞春雨应时而落。"处暑无三日，新凉直万金"感叹处暑炎热期盼凉爽。"邯郸驿里逢冬至，抱膝灯前影伴身"感慨冬至团圆夜却孤身一人。"微雨众卉新，一雷惊蛰始""萧疏桐叶上，月白露初团""大雪江南见未曾，今年方始是严凝"则是描述节气时分的物候：草木一新，露水初现，大雪纷飞等等。因此，就现如今流传至今的诗歌当中，二十四节气与其传承和发扬是密不可分的。时至今日，音乐创作、歌唱演绎也会受到二十四节气和诗歌中蕴含二十四节气的内容影响，使得现代文明艺术的发展更为多元化。

3.2　节气与民俗

围绕着二十四节气中的主要节点还形成了众多与信仰、禁忌、仪式、养生、礼仪等相关的民俗活动。二十四节气中很多节气与众多民俗相互依存、相依相融，立春对应春节、惊蛰与"龙抬头"、春分和社日、夏至跟端午节、秋分与中秋节等都有着直接的内在关系；而立春、清明、立夏、冬至等，早已形成丰富多彩的民俗传习，成为东亚乃至东南亚各民族的文化与感情纽带。

依照节气到来的时间，在特定的方位举行隆重的迎节气仪式，是古老的时令仪式，其中春天最为隆重。民国之前，各地仍有"打春牛"的习俗。人们用泥土做成春牛，涂上五彩，还要做一个芒神。在立春这天，由县令在衙门内主持鞭春仪式。县令用彩鞭鞭碎春牛，众人争抢"牛肉"（即土块）带回家，寓意会有好收成。周代在夏至日举行地神祭祀仪式，同时驱除疾疫、荒年与饥饿[4]。《史记·封禅书》："夏日至，祭地祇。皆用乐舞。"冬季，是冬藏的时节，北风呼啸，大地冰封。人们为了缓解生存的紧张情绪，举行迎冬与祭祖的仪式，以求与上天的沟通，获取祖灵的福佑。

"故天有时，人以为正"。在中国传统社会里，节气天时是一个个重要节点，围绕这些节点形成了系列信仰仪式活动。现代社会有些迷信的节气民俗渐渐消失，而有些则形成了独特的文化符号得以保留。人们通过仪式信仰的表达，取得与天地的沟通，从而实现与社会人事及自然的协调。

3.3　节气与养生

二十四节气作为中医养生术中代表性的方法，备受医学家和养身家的推崇。比如大暑节气时，根据二十四节气明文记载，此节气多湿土，气候干旱，期间经过三伏天的末伏，伴有"秋老虎"的现象[5]。因此，在此季节时人们就需要注意避暑，吃些香燥事物，以放湿浊内滞。这即是二十四节气与现代养生的结合。

二十四节气养身法主要根据天人合一、合于四时、顺应自然的原则，并依据不同自然天气状况和节气下人体四时经络气血运行的规律，从而采取不同时令对应不同方法。所谓"春生夏长，秋收冬藏""冬季进补"等只是笼统的说法，细究起来会发现，如"冬藏""冬补"也是有很多讲究的。在天地之气闭藏的冬月，万物蛰伏，大雪之日标志着一年最冷的时候开始到来，最好此时开始进补，要注意补阳护阴；而冬至则是"终藏之气至此而极"。二十四节气养身方法，讲求的是“天人合一、按时行功、分经治病”,能够有效地促进人与自然、人与社会间的协调性、适应性。比如从现在中医养生来看,秋季起于立秋节气,紧邻大暑,又热又湿;秋季结束于霜降,已近立冬,气候又干又冷。秋初和秋末虽然同在一个季节,但气候却完全相反,医生遇到的季节病和中医养生需要预防的病也截然不同。所以,治病和养生更要跟着节气走。比如“白露身不露,寒露脚不露”,就是指白露之后不能打赤膊,寒露之后不能再赤脚,人们要根据节气的变化增减衣服。“天人合一”的理论,不仅仅是一种理论,更是一种实实在在的,与生命、身体、生活息息相关地存在。因此,根据二十四节气进行中医的传承与发展,目的就是要“顺应自然、效法自然”,感悟天地自然之道,成为应天地之运、顺四时之气的智者,从而达到修身、齐家、治国、平天下的素质要求[6]。

3.4 节气与饮食

节气也与人们的饮食生活息息相关,比如清明要吃青团子,立秋要吃西瓜叫‘啃秋’,而冬至时人们会吃饺子或汤圆。传统时令饮食原则是“必先岁气,毋伐天和。”《黄帝内经》载:“春省酸增甘以养脾气,夏省苦增辛以养肺气,长夏省甘增咸以养肾气,秋省辛增酸以养肝气,冬省咸增苦以养心气。”即按照四季阴阳二气升沉流转与五行属性,调整饮食性质、内容。春季养生,依据的是顺应春阳、提振精神的原则。咬春、尝新是春季饮食养生的主要方式。夏天是高温潮湿的季节,为防止“疰夏”之疾(夏天不适应症),人们提前在立夏日进行饮食的预防保健。江南立夏饮“七家茶”,也称“立夏茶”等。秋季凉爽,秋季时令养生,重视对夏天身体能量耗损的补充、身体的调养,以及为未来冬寒的能量贮备。冬季严寒,冬令养生,重在闭藏蛰伏,饮食以保暖御寒为主。民间在立冬酿酒、腌菜、舂米,准备过冬。大寒是最寒冷的时节,寒气之极。古代的腊日就在这一时节,腊日的腊鼓就在于驱除寒气,召唤阳春。“腊鼓鸣,春草生”。大寒临近年节,谚语有:“小寒大寒,就要过年;杀猪宰羊,皆大欢喜”。现代社会物质富足,贮藏技术先进,购买便利,节气饮食不再如古时那般重视,但人们依然会习惯性地遵循节气规律,“夏吃萝卜冬吃姜”即是如此。

3.5 节气与其他传统文化

节气还与周易八卦相关。一阳初生,对应复卦;接下来的小寒则为“二阳之候”,为临卦;到正月即为泰卦,所谓“三阳交泰,阴消阳长”,则是进入了春季。

节气时令是自然节律,也是传统中国人亲近自然的季节提示。人们依照春秋冬夏的天时,安排着四季的娱乐与休闲。因此节气与观赏娱乐活动也有关。“二十四番花信风”是中国人特有的花事时间,花信从大寒梅花开始,一节三候,一候一花,直到谷雨牡丹花结束,共有二十四番花信。在不同节气人们或是赏花,或是踏青出游,或是放风筝娱乐,不一而论。而霜降之后,秋收结束,农人开始休息,工人也停止了工作。民间的数九游戏,是从冬至开始数起,俗谚有:“算不算,数不数,过了冬至就进九。”

“二十四节气”的一些文化符号,依然是维护社会生活秩序的重要依据,并内在激励着民族精神。例如,“一年之计在于春”,督促我们顺应天时、勤奋有为;“春生夏长秋收冬藏”,提示我们认知和尊重生命节律;“大雁南飞、春燕归巢”,发酵着海外游子对祖国的情思。可以说,它是中国人的生存智慧和生活哲学,是中国传统文化的重要符号。

4 结 语

二十四节气不仅是人类的非物质文化遗产,还是中华民族的祖先历经几千年的农业生产实践创造出来的宝贵科学遗产。从气候学角度看，二十四节气是中国人在长期的生产实践中逐步认识到的季节更替和气候变化规律，凝聚了中国人对大自然的科学态度和正确的观点及方法。历经千百年，二十四节气对于今天的中国人来说，仍具有生活节奏的提示与生活方式调节的指导意义，它在中国人的生产生活中持续发挥着作用。如“立春天渐暖，雨水送肥忙”“清明断雪，谷雨断霜”“白露天，带鱼满船尖”“过了白露节，夜寒白昼热”“小雪腌菜，大雪腌肉”，至今还广泛地指导着我们的生产和生活，就是生动的例证。二十四节气在当代中国人的生活中依然具有多方面的文化意义和社会功能，它鲜明地体现了中国人尊重自然、顺应自然规律和可持续发展的理念，彰显了中国人对宇宙和自然界认知的独特性及其实践活动的丰富性。不过，不可否认的是，一些地方的节气传统正在消失，年轻人对节气的认知逐渐模糊，感情逐渐淡薄。二十四节气中有些节气非常有名，但有些节气已经逐步淡出人们的视线，被人们遗忘。千年文明，生生不息。无论社会怎样发展，时代如何变迁，科技怎样发达，守住了传统文化之脉，才能筑牢民族之魂。因此，二十四节气理应通过与时俱进的方式弘扬、传承下去。二十四节气要适应现在经济社会发展，要继承和发展，首先需要加强宣传，从与人们生活息息相关的养生、娱乐方面入手，将节气养生、节气活动与现代生活结合起来，多做宣传多做科普推广，提高人们对二十四节气的认识，强化人们的节气观念。在二十四节气的提示下，生活的变化和时间的流转更清晰地呈现出来，因此对于现代经济社会发展来说，将二十四节气作为一个必要的时间尺度，人们能更加了解丰富多彩的自然，在天地和自然中找到自己的位置。其次需“本地化”和“现代化”，需要将二十四节气的内涵与时俱进。需要总结当地的独特物候标志物，需要对节气农谚的再创造再丰富，从而强化对本地农业的指导作用，使其具有现实意义和实际作用；对节气中存在的局限和偏差，要根据科学认知纠正它，要利用现代气象科技手段加强气象因素对节气内涵的修正。

参考文献

[1] 陈丹.二十四节气在现代农业中应用须注意的问题[J].气象研究与应用，2001，**22**(2)：63-64.

[2] 钱诚，严中伟，符淙斌.全球变暖背景下中国二十四节气气候变化[C].第28届中国气象学会年会——S4应对气候变化，发展低碳经济，北京，2011：70-83.

[3] 崔玉霞.二十四节气中的文化底蕴[J].农业考古，2009，**103**(3)：162-166.

[4] 萧放.二十四节气与民俗[J].装饰，2015，**264**(4)：12-17.

[5] 储晓春.简谈二十四节气[J].贵州气象，2012，**36**(2)：63-64.

[6] 刘建平，彭先兵.建设和谐文化与继承传统文化的方法路径[J].攀登，2007，**156**(6)：159-162.

Talking on the Twenty-Four Solar Terms

CUI Man[1], HU Nan[2], YAO Ping[1]

(1. Dongtai Meteorological Bureau of Jiangsu Province, Dongtai 224200, China;

2. Suining Meteorological Bureau of Jiangsu Province, Suining 221200, China)

Abstract The Twenty-four solar terms refer to the 24 specific festivals which represent the changes of the seasons and climate in the Chinese lunar calendar. It has been used for more than 2,000 years and it's an important supplement to the traditional Chinese lunar calendar. This article mainly introduces the historical origin of the Twenty-four solar terms and its connection with agriculture and culture. In the farming era, Chinese peasants have always relied on the Twenty-four solar terms to arrange life and production. Therefore, there are many peasant songs and songs related to the Twenty-four solar terms. However, due to geographical differences, the farming activities carried out in different places are not consistent with the same solar terms. The twenty-four solar terms have a long history. With the change of climate, the applicability of the Twenty-four solar terms has also changed. From the perspective of historical development, people of different regions and different eras combined with the climate and agricultural cultivation conditions at that time, then the Twenty-Four solar terms have been localized with the advance of the times. The connotation of the twenty-four solar terms is dynamic and constantly enriched. There is much intangible cultural heritage in the 24 solar terms, including not only songs, legends, and proverbs, but also traditional Chinese living utensils, handicrafts, paintings and other works of art, as well as festival cultures closely related to the solar terms. Production tools, folk customs, Zhouyi gossip, viewing entertainment activities and many other things. From the perspective of climatology, the Twenty-four solar terms is a seasonal change and climate change law gradually recognized by the Chinese in the long-term production practice. It embodies the Chinese people's scientific attitude and correct views and methods. It is not only the intangible cultural heritage of mankind but also a valuable scientific heritage created by the ancestors of the Chinese nation after thousands of years of agricultural production practices.

Keywords Twenty-four solar terms, season, changes of the seasons and climate, traditional culture

二十四节气内涵的当代解读

杨　萍[1]，王邦中[2]，邓京勉[1]

（1. 中国气象局气象干部培训学院，北京　100081；2. 辽宁省气象局，沈阳　110001）

摘　要　二十四节气是我国古代劳动人民对气象、天文、农事进行观察、探索、研究和总结的产物，是中华民族悠久的民俗文化和历史沉积。随着时间的推移和时代的发展，挖掘二十四节气在当代社会中的内涵有助于人们正确理解和认识二十四节气，并推动现代文明。本文从科学性、社会性、文化性这三个角度尝试深度挖掘和解读二十四节气的特征和内涵，试图站在当代社会视角下，重新思考二十四节气的内涵与价值，以期为更全面地理解和阐释二十四节气提供理论依据。

关键词　二十四节气，内涵，科学性，社会性，文化性

0　引　言

二十四节气是中国科学史上一个辉煌成就，是中国传统历法体系及其相关实践活动的重要组成部分。在国际气象界，这种对时间的认知体系被赞誉为“中国的第五大发明”[1]，并于2016年正式列入联合国教科文组织人类非物质文化遗产代表作名录。

二十四节气形成于中国黄河流域，以观察该区域的天象、气温、降水和物候的时序变化为基准，作为农耕社会的生产生活的时间指南逐步为全国各地所采用，并为多民族所共享[1]。随着现代城市化进程的加快和现代农业气候学发展及农业技术的快速更新，二十四节气的农事指导功能有所减弱，不少人对二十四节气的认知逐渐模糊甚至曲解。事实上，二十四节气鲜明地体现了中国古人先进的科学思想以及适应自然的可持续发展理念，体现了人类与自然和谐相处的智慧和创造力，随着社会的进步和发展，其内涵被赋予了新的价值和含义。

本文在简要介绍二十四节气由来的基础上，重点站在当代社会的视角下解读和挖掘二十四节气的深层次内涵，为更全面地理解和阐释二十四节气提供理论依据。

1　二十四节气简介

1.1　二十四节气概述

二十四节气是中国历法所特有的，其划分以太阳年为基础，根据太阳在黄道上的位置进行划分，视太阳从春分点（黄经零度，此刻太阳垂直照射赤道）出发，每前进15度为一个节气；运行一周又回到春分点，为一回归年，合360°，因此分为24个节气，其实质属于阳历范畴。其中，

基金项目：本文得到中国气象局气象干部培训学院科技史专项课题“多维视域下二十四节气研究”的资助。

作者简介：杨萍，女，研究员，主要从事极端气候事件及气象科技史的研究工作。

本文已经在《气象科技进展》2019年第2期发表。

“节”指一年中的一个节段，表示一段时间，“气”指气候，表示天气的变化。四季八节(立春、立夏、立秋、立冬、春分、夏至、秋分、冬至)表征季节，是二十四节气的骨架，其他十六个节气则是骨架上的枝条，是天文四季通向气象四季的桥梁[2]。由于二十四节气是按太阳在天空走过大圆的24个等分角度来定义的，所以各个节气的时间间隔为15天或16天不等。每个等分点设有专名，包含了气候变化、物候特点、农作物生长等意义，以立春为首，二十四节气依次为立春、雨水、惊蛰、春分、清明、谷雨、立夏、小满、芒种、夏至、小暑、大暑、立秋、处暑、白露、秋分、寒露、霜降、立冬、小雪、大雪、冬至、小寒、大寒。

1.2　二十四节气的建立过程

人们对二十四节气的认识来源于对自然现象运动和变化的长期思考和积累，早在三皇五帝时期，帝王就非常重视天文农时的观测和记录，《尚书·尧典》已经出现“日中、日永、宵中、日短”的记载，对应着现代的二分二至(春分、夏至、秋分、冬至)这四个重要的节气，山西襄汾陶寺古观象台的发现，进一步印证了《尚书·尧典》“历象日月，敬授人时”的记载。公元前7世纪中国古人就开始采用“立竿测影”的方法来判断太阳影子的移动状况，竿影长度的变化是古人测量二十四节气的重要依据，河南登封市遗存的古观象台就是周朝时期周公“垒土为圭，立木为表，测日影，正地中、定四时”的地方，这也进一步证实了古人利用圭表测日影的文字记载。

夏历先书《夏小正》被认为是我国最早记录节气以及物候变化的里程碑式的文字，所记载的内容和观察的范围是后来二十四节气形成的基础，其中依据天象位置记载的物候变化，与现代七十二候的很多内容相近，该书的出现体现了中国古人对星辰尤其是北斗的变化规律已经达到了非常高的水平；记录周朝大事的《逸周书》一书，明确了中气在每个月中的使用顺序，战国末期《吕氏春秋》除了明确提到冬至、夏至、春分、秋分四个节气，还记载了“四立”(立春、立夏、立秋、立冬)，共计8个节气。不难发现，古人早期观察天象、记录自然、创新观测方法的过程为后面二十四节气的产生奠定了科学合理的前期基础。

经过长期积累，汉朝建立后，中国结束了长期战乱局面，西汉淮南王刘安召集大量文人墨客创作《淮南子》，其中有一卷《天文训》，详细列出了二十四节气的名称，这是我国历史上第一次出现的与现代二十四节气完全相同的记录。该书详细地介绍了节气推算的方法和节气的有关内容，论述了天地日月、风雨雷电等自然现象的生成，以及对人类和社会生活秩序与农业生产的影响。公元前104年，由邓平制定的《太初历》，正式把二十四节气定为立法，进一步明确了二十四节气的天文学地位。

2　二十四节气内涵的当代解读

2.1　科学性

二十四节气体现中国古人超前的科学认知水平。二十四节气是中国古人在多个领域中科学认识的集中体现，反映了中国古人对气候、天文、农业等领域的认识水平和能力。中国古代的农业在世界是处于领先地位的，相应地，对气候的认识客观上看在当时也达到了世界领先的水平。因为在人类尚未具备生产力的原始时期，只能够是对气候的本能适应，不太可能产生对自然现象的科学认识，对气候的认知必然是与农业、畜牧业等密切相关的。中国作为典型的季风区，季节变化是季风区域最重要的气候现象，它决定着农事安排和收获成败。二十四节气中的“二分二至”客观反映出了一年的四季变化，其形成与太阳照射地球的时间长短相关，正是因为古人能够正确地认识季节，才能提出对农业发展具有重要意义的节气概念。此外，中国古人在天文学上的造诣超越了同一时期的古希腊和古罗马，春秋战国时期已经出现各大诸侯国都热衷进行天象研究的热潮，通过对天象的研究，古人在二千年前就已经明白地球绕太阳公转的原理，这比十五世纪哥白尼提出的日心说早了一千多年，可以看出中国古人在日地关系的认知上也是远远超出时代的[2]。由此可见，二十四节气体现了中国古人在多个领域上超前的科学认知水平。

二十四节气体现对农业生产的科学指示作用。科学的农时在农业生产过程中具有关键性的指导作用，而农业发展水平又影响着农时制定的水平。在农业发展初期，由于人们对气候的认知水平不足，只能够利用自然条件最为优越的地方开展农事活动，当农业发展到一定水平后，人们除了能够进一步利用更先进的工具扩大耕地、提高产量，也有力量更深入地认知气候并分析农事活动和气候之间存在的联系。二十四节气中的惊蛰、清明、小满、芒种这四个节气都是与农业生产密切相关的节气。惊蛰说明土地解冻，天气转暖，冬眠生物要开始出土活动；清明是景象清新草木繁盛的象征，除了“清明前后，种瓜种豆”的农谚外，中国还有踏青扫墓的习俗；小满说明麦类等夏熟作物的籽粒已经开始饱满，在中国的南方，已经进入了夏收夏种的季节；芒种表示大麦、小麦、蚕豌豆等有芒作物已达到成熟期，这个时期也是晚稻插秧和晚谷、黍稷等播种最忙的时候[3~5]。这些表征物候的节气都说明中国当时的农业已经高度发达，因而农业生产所必需的气候知识也趋向了系统、详细和科学。

二十四节气集中体现了中国古代气候学的发展高度。中国隶属于于季风区域，季风变化是中国最重要的气候特征，决定着农业活动的日程和收获成败。从《诗经》开始，已经体现了中国古人对气候的认识和感受，战国时期吕不韦主编的《吕氏春秋》一书中的《十二纪》记录了各个月份正常气候和异常气候适宜的各项活动以及气候对社会可能产生的影响。这些记录和书籍都是二十四节气最后完整提出的前期基础[7]。到汉代，古人已经完全确定了二十四个节气的具体名称以及内涵，并沿用至今。二十四节气能够维持长久的生命力，进一步说明了中国古人对气候学认识的高度和深度，体现了中国古代气候学的发展水平和高度，其科学性不言而喻。

2.2 社会性

二十四节气反映了社会经济基础和发展水平。从古至今，人类社会一直是一个不断进步和发展的社会，自然界也是持续发展的，不断地总结对自然界的认识，能够推动人类社会的不断发展和进步。一般来说，社会发展到什么水平，人类对自然界的认知也会发展到相应的水平。中国有十分悠久的农业发展历史，最早的农业出现在山区或者高地边沿，体现了人们生产力不足和对自然条件抗争力的不足，随着农业发展水平越来越高，农业开始向平原地区发展，平原土地利用越来越大，游耕农业向定地农业的转变，迫使中国古人不断总结对自然规律的认识，促进农产品的收成，于是开始出现农时，如《诗・豳风・七月》就比较系统地反映了农事历。到了春秋战国时期，农业工具的进步大大促进了生产条件的改善，人们对农事季节有了更多的认识，秦汉时期《吕氏春秋》、《淮南子》对二十四节气的记录逐渐成熟和更加准确[8]。此外，古人利用二十四节气进行“测天占候”，总结归纳出的一系列谚语对农事活动进行预警，大大提高了农作物产量，减少了经济损失。可以看到，中国古人对气候、农时、历法的认识伴随着社会进步和发展而不断地提升，也反映出了中国作为农耕大国，在古代是高度发达和具有先进水平。

二十四节气对社会的影响体现在方方面面。二十四节气来源于中国古代劳动人民在农业生产过程中对自然规律的总结和认识，但其影响不仅仅停留在对农事的指导上，而是体现在了社会的方方面面。如在建筑领域，二十四节气深刻影响着祭祀建筑领域的设计思路，不同节气的清燥与湿浊程度不同，建筑材料的选取材料也会不同，如《淮南子·天文训》记载："阴气极，则北至北极，下至黄泉，故不可以凿地穿井，阳气极，以夷丘上屋。"表达了在环境不一样的节气下，所能从事的建筑工作也不同；二十四节气还影响着中国古人的饮食养生理念[16]，唐代在不同节令人们准备不同的饮食，以康健体魄；古代中医也很注重具有转折意义的节气，因为节气更替时对疾病尤其是慢性病影响很大，如二至、二分等可使很多重病患者死亡[9]。此外，在茶道、服装等很多领域，都能够看到二十四节气的影响[10]。

二十四节气的生态观对现代社会仍具启示意义。二十四节气作为对自然规律的总结，充分体现了广大劳动人民对自然生态的重视，折射出他们朴实的生态观。流传至今的大量民谚都能看出中国劳动人民观察自然生态的用心，饱含着中国古代人们勤于敬畏自然的生态意识[11]。除了对自然的敬畏，古人一直尝试和自然融合，和自然对话。以柳树为例，柳能预示清明时节的季节交替，传统习俗"清明插柳"就反映了人们将柳树作为精神寄托和情感寄托，同时也传递着古人对话自然的愿望[12]，体现了人与自然统一和谐的生态观。两千多年前的荀子提出"天行有常"，主张"制天命而用之"，表达了人们应该掌握、利用自然规律而加以运用的观念。二十四节气提倡努力观察自然规律，并能够趋利避害、让自然规律为我所用的生态意识，这些对自然生态的理解和认识，对现代社会人们加强生态意识仍具有很多的启示作用。

2.3 文化性

从诗词曲赋看二十四节气的文化底蕴。古代诗词曲赋中与二十四节气相关的作品不胜枚举，这是因为节气的变化更容易引发古代诗人独特的情怀和感悟。形成于春秋时期的《诗经》中《七月月》展现了古代农民在一年二十四节气变化过程中的农事活动，如"春日载阳，鸟鸣仓庚庚"展现了春天万物复苏之景象。自汉代二十四节气完整提出以后，随着其社会影响力和关注度的不断提高，利用二十四节气抒发情怀的各类作品也越来越多[13,14]。如白居易在"和梦得夏至忆苏州呈卢宾客"中写道"忆在苏州日，常谙夏至筵。粽香筒竹嫩，炙脆子鹅鲜"，其描述丰富而富有情感，展现二十四节气与美好生活的关系。二十四节气在古代中国已不仅仅是指导农事活动的时令口诀，而具有其特定的文学属性。时至今日，音乐创作、歌唱演绎也会受到二十四气节和诗歌中蕴含二十四气节的内容影响，使得现代文明艺术的发展更为多元化。

从传统节日看二十四节气的文化传承。所谓节日，是历法的岁时周期(一年 365 日)中的一些具有特殊意义和标志性的日子，按照习俗和传统在这些日子里要进行某些特定的民俗活动，赋予时间以特定的节律和周期[15]。中国长期以来处于自给自足的封建农业社会和自然经济中，其传统节日具有浓厚的农业色彩，体现出农耕文明的社会特征，故以节气为代表的农耕历法自古就是节日设置的核心[16]。以清明为例，清明是冬至后的第 104 天，在仲春与暮春之交，是中国最重要的祭祀节日之一，从其发展历史来看，是融汇了寒食节、上巳节两个古老节日精华[16]。在古时，夏至、冬至也是重要的节日，被称为"夏节"和"冬节"。古代曾有"冬至大如年"的说法，自汉代起都要举行庆贺仪式，高峰时期放假五天至七天，热闹程度不亚于过年[17]。人们在重要节气时候的庆祝活动所体现出的已不仅仅是对二十四节气的季节变化认知，而是演变成了一种社会性的民俗活动，对这种民俗文化的传承也从侧面展现了二十四节气已成为人们生活中不可缺少的文化符号。

从国际传播看二十四节气的文化交融。二十四节气由于其深刻的科学内涵和对农业生产及相关领域的有效指导，在东亚季风气候区的日本、朝鲜、韩国、越南等国家得到广泛传播。二十四节气在隋唐时期传入日本，至今有 1300 多年。日语表达二十四节气的 48 个汉字和汉语完全相同，日本还根据本国气候的实际特点，增加了一些独特的节气，比如八十八夜、土用、入梅等，被统称为“杂节”。和食文化的源泉是对二十四节气的独特理解和习俗传承[18]。韩国的二十四节气的汉字名称与中国完全相同。古代的朝鲜各个王朝以农业生产为主，按照我国二十四节气来安排生产，《七政算内篇》《七政算外篇》解决了与中国农时的差异。越南至今流传着关于清明的诗歌，在霜降节期间当地侬族也会积极参加当地的贸易活动，购买生活用具。正是通过人与人之间的文化与贸易交流，为二十四节气的国际传播提供了可能。

3 总结

经过千百年的传承和发展，二十四节气从黄河流域扩展到中国各个地域，不同地区不同民族的劳动人民根据当地特点，对二十四节气进行地域性改良，使其具有了强大生命力，具有了放之四海而皆准的适应性。本文从科学性、社会性、文化性这三个角度挖掘和解读其内涵构成，试图重新思考和审视二十四节气在当代社会中的价值。从二十四节气的丰富内涵中能够看到，作为中华民族智慧的结晶，二十四节气对现代社会的生产、生活、生态观等多个方面都有很多启示和借鉴意义。因此，对中国传统文化的尊重、敬畏、继承和创新，并与时代发展特点相结合合理地加以利用，必然能够更好地推进社会的发展和进步。

参考文献

[1] 徐旺生．中国的“二十四节气”正式列入联合国教科文组织人类非物质文化遗产代表作名录[J]．古今农业，2016(4)：118-119.

[2] 王修筑．中华二十四节气(第二版)[M]．北京：气象出版社，2013.

[5] 王振鸿．二十四节气的气候意义[J]．南京师院学报(自然科学版)，1982(2)：35-44.

[6] 韩香玲，马思延．二十四节气与农业生产[M]．北京：金盾出版社，1991.

[7] 张家诚．气候与气候学[M]．北京：气象出版社，2011.

[8] 张苏，曹幸穗．节气与农业：不知四时，失国之基[J]．农村农业农民，2015(9A)：59-60

[9] 庄苏．节气与生命科学[J]．学会，1999(12).

[10] 韩养民，郭兴文．中国古代节日风俗[M]．西安：陕西人民出版社，1987.

[11] 陈立浩，范高庆，苏鹅程．黎族文学概览[M]．海南：海南出版社，2008.

[12] 吴晓雪．从清明插柳看我国传统生态观[J]．绿色科技，2016，**19**(10)：120-122.

[13] 崔玉霞．二十四节气中的文化底蕴[J]．农业考古，2009(3)：162-166.

[14] 周红．二十四节气与现代文明传承的现实意义研究[J]．吉林化工学院学报，2015，**32**(3)：90-96.

[15] 杨琳．中国传统节日文化[M]．北京：宗教文化出版社，2000.

[16] 吴文瀚．中原农耕文明背景下传统仪式与节日文化的现代性表达研究[J]．学习论坛，2016(4)：51-55.

[17] 张勃．清明作为独立节日在唐代的兴起[J]．民俗研究，2007，1：169-181.

[18] 刘敬者．中国的节气，日本的“和食”[J]．泛读地带，70-71.

Contemporary Interpretation of the 24 Solar Terms

YANG Ping, WANG Bangzhong, DENG Jingmian

(China Metrological Administration(CMA) Training Center, Beijing 100081, China)

Abstract The 24 solar terms are the products of observation and study by the working people in ancient China. They are the folk culture and historical deposits of the Chinese nation for a long time, including wisdom of the ancients. As time goes on, the connotation of the 24 solar terms need to be re-understanded in contemporary society, which can help people realized its nature correctly. We try to deeply explore and interpret the characteristics and connotation of the 24 solar terms from the three aspects, including its scientific, social, and cultural nature . We also try to rethink the value of the 24 solar terms from a contemporary perspective, for understanding the 24 solar terms better.

Keywords The 24 solar terms, Connotation, Scientific nature, Social nature, Cultural nature, Ecological nature

1743年华北夏季极端高温灾害事件再探讨

董煜宇

（上海交通大学，上海　200240）

摘　要　发生在清代乾隆八年(1743)华北夏季极端高温灾害事件，是中国历史气候资料记载中最严重的高温天气灾害之一。本文在前人研究的基础上，结合中、日、韩三国的历史时期相关灾害气象资料，从东亚区域气候变迁的宏观视野重新审视此次高温灾害的成因、涉及范围、干旱高温灾害造成的社会危害。

本文得出结论认为：1743年的夏季高温事件，其影响范围不仅涉及中国华北，而且涉及朝鲜大部分地区和日本部分地区，是东亚区域内的极端高温事件。其夏季高温天气持续的时间也非常之长，不限于7月，而是从春末夏初就开始酝酿。东亚季风的异常及长时间干旱是导致极端高温的重要原因，结束这场极端高温天气灾害的重要因素是当时东亚区域内的一场台风而导致的降雨。

关键词　极端高温，东亚，干旱，台风

发生在清代乾隆八年(1743)华北夏季极端高温灾害事件，是中国历史气候资料记载中最严重的高温天气灾害之一。张德二、哈恩中、张祥稳、汪波等学者分别从历史气候变迁、灾害社会应对等方面进行了研究，[1]对了解当时极端高温灾害的成因、波及的范围、受灾程度、灾害应对的举措等，提供了很好的基础。笔者在检索同时期相关的历史文献记载时，发现同时期朝鲜、日本均有相关气象灾害史料记载，因而，结合中、日、韩三国的历史时期相关灾害气象资料，从东亚区域气候变迁的宏观视野重新审视此次高温灾害的成因、涉及范围、干旱高温灾害造成的社会危害，做进一步探讨仍有必要。

1　长时间干旱：华北夏季极端高温天气形成的重要因素之一

从史料记载看，华北夏季的高温事件是逐渐形成的，而北方的长时间干旱也是重要的因素之一，北方较大范围的干旱应该从春节就开始，中国相关文献资料中只有现在直隶、河间、天津、山东的记载，如关于河北河间记载：自春正月至于六月，不雨。东光县记载：春旱。《学士録》记载："乾隆八年奏准直隶、河津两郡旱灾，将沧州改筑土城，景州土城亦于开春修筑残缺，灾民俱得佣趁自给。"[2]这是明确的记载旱灾确实是从春天开始的。

而同时期朝鲜记录中也有比较详细的资料，据《李朝实录》记载："英祖十九年，闰四月四日(5月27日)，以旱气渐甚，命行再次祈雨祭。英祖十九年，闰四月十日(6月2日)，命停九营缮，以旱灾也。英祖十九年 闰四月十九日(6月11日)，壬申，时旱气太甚，祈雨四次无验，上将亲祷于太庙。领议政金在鲁请寝亲祷之命，上不许。"又"闰四月二十日(癸酉)(6月12日)。癸酉，上将行祈雨祭，御步舆，不许张伞。大臣、承旨力请，始许张伞，旋命去之。入斋殿，出示御制一小纸于承旨曰：'古之人有以农具，遗子孙者。今以此授问安官，归遗东宫，俾知重民忧

劳之意也’”。[3]从史料可以出，到初夏时朝鲜已经出现了非常严重的干旱，祈雨停营缮等措施看，也反映了当时的旱灾已经是非常严重。

综合史料来看，中国北方的部分地区和朝鲜从春天就发生了严重的干旱，持续时间较长，而持续的干旱天气无疑会对气温的升高带来影响。张德二曾指出，由历史气候记载的历史旱涝分布图显示，1743 年的华北大范围干旱，这干旱已经持续两年，1741—1743 年各年旱涝分布图，皆呈现华北干旱、长江流域或江淮地区多雨的分配格局，1743 年为典型的南涝北旱的格局[1]。

2 覆盖范围广、持续时间长：华北夏季极端高温呈现出的特点

关于此次高温灾害的范围，张德二曾根据历史史料作了较为详细的统计，记载高温的中国历史文献记录共 56 条，剔除重复，实际记载高温的地点共 48 处，广及北京、天津、河北、山西、山东。根据《清通典》等有关史料记载除京城地区外，山东、山西、河南、河北、陕西等地区均有因极端高温出现灾情，《清通典》记载："又谕：今年天气炎热甚于往年，闻山东、山西、河南、陕西民人有病暍或至伤损者，此等最苦之人，无所依倚，全在地方官善为抚恤，可令各该督抚转饬有司悉心查办，有应动存公银两者即行动用，嗣后如有类此之事，无得膜视。"[4]从史料看，河南、陕西民众也有因灾热死热伤的情况，皇帝下令地方官应该妥善抚恤，今后如有类似事情，地方官不得置若罔闻，要妥善处置。从河南、陕西的民众也都有受灾的情形看，高温天气也波及河南、陕西的部分地区。

而同时期的朝鲜也有高温的记录，据《李朝实录》记载："英祖十九年，五月戊子，上以步舆，诣北郊，入幕次。时天气甚热，上犹不释法服，端拱危坐，又不使宦侍挥扇，盖悯旱虔祷之意，当炎热处，幽独之际，亦不敢少懈。"[3]从史料看，朝鲜国王在非常炎热的天气里，坚持穿着厚重的法服去郊祀，以示虔诚之意。

综上来看，1743 年极端高温的范围不仅限于华北，朝鲜也有比较严重的灾情，很可能也会波及东北部分地区。

关于高温的持续时间，张德二根据相关资料分析认为：1743 年炎夏事件，6 月下旬至 7 月下旬天气炎热，7 月 13—25 日是异常高温时段，7 月 25 日最为炎热。她依据的资料是历史文献记录、清代宫廷晴雨录观测记录以及当时在京传教士的仪器观测资料。尤其是她发现的当时在京的传教士与巴黎法国科学院的通信，更是明确地记录了用温度计观测的数值，经过换算后她推出从 7 月 20—26 日的温度观测值为摄氏温度 41.6°、41.6°、42.5°、42.5°、43.1°、44.4°、31.9°。法国传教士 A. Gaubil1 寄往巴黎的目击报告所证实报告中写道"北京的老人称，从未见过像 1743 年 7 月这样的高温了""7 月 13 日以来炎热已难于忍受，而且许多穷人和胖人死去的景况引起了普遍的惊慌。这些人往往突然死去，尔后在路上、街道、或室内被发现，许多基督徒为之祷告""奉皇帝的命令，官吏们商议了救济民众的办法，在街上和城门发放药物"。[1]

张德二的研究为我们了解当时的高温状况提供了非常可靠的基础。唯异常高温开始的时间，史料有不同的记载，如当时在京城留居的戴亨在诗序中言："癸亥五月二十后 酷热异常。"五月二十阳历是 7 月 11 日，法国传教士记载是从 7 月 13 日，中间隔了两日，原因何在？根据钦天监的晴雨录记载史料来看，7 月 12 日晚 19：00 左右北京有片刻微雨，而朝鲜的《李朝实录》记载："五月壬寅(7 月 12 日)，时，乍雨旋旱，上将祷雨于先农坛。领议政金在鲁陈箚请寝，

上不从。政院启言:'坛之东西,有疠死者之草葬,近处民亦多染痛。请寝亲祷之命。'遂命大臣替行,遣左议政宋寅明为献官。而上于后苑焚香露祷,是日果得雨。"[3]从史料看朝鲜当天也下了雨,高温已经造成了灾情,不过从能下雨的情况推断,7 月 12 日的气温应该比 7 月 11 日的气温略低。传教士有温度计测温度,故此他报告给法国科学院的情况说是从 13 日之后是比较可信的。

3 危害性大:华北夏季极端高温造成社会影响的特征

1743 年华北夏季极端高温造成的社会影响非常之大,法国传教士曾报告说:"高官统计 7 月 14—25 日北京近郊和城内已有 11400 人死于炎热。"其他历史文献也有记载,如杨钟羲《雪桥诗话续集》记载:"乾隆八年五月天气亢旱,以暍,命省释徒杖以下,日给重囚冰水药饵,二十后酷热异常,死者万计。"如《庆芝堂诗集》记载:"癸亥五月二十后,酷热异常,死者万计。六月五日,恭遇皇上省躬求言,是夜北风大作,继以膏雨,沴戾顿除,仰见圣主至诚格天,捷于影响,赋此记异,且私幸其安全也(十四韵)。旱魃自古有,骄阳似此无。乾坤三昧火,昼夜一洪炉。督亢山疑灼,桑乾水渐枯。褊蒸当五月,瘴疠遍燕都。烈日焦躯体,炎飚中暍痛。书斋团火狱,天意欲焚儒。声怵街邻哭,心茫去住图。阴阳无间隔,人鬼但须臾。精祷诚能格,苍生遣顿除。大风驱沴戾,霖泽沃膏腴。势定方妻子,身存再发肤。亲知相庆吊,远迩尽欢娱。羁魄惊初复,香膠喜亦沾。高穹呼吸接,兹理甚非诬。"[5]作者戴亨,字通乾,号遂堂,沈阳人,原籍钱塘。康熙六十年的进士。曾任山东齐河县知县,后来因为抗议直言触怒上司,被解职而寄居京师。从诗序及诗文内容看,他对当时旱灾肆虐、高温炙烤、疾疫流行以及高温开始结束的时间、京城受灾的状况,都做了较为详细的描述。从史料看京城地区的单单高温天气影响,死亡的就达到了万人。

除京城及附近地区外,山东、山西均有明确的关于高温天气致人死亡的记载,如乾隆《青城县志》记载:"大旱千里,室内器具俱热,风炙树木向西南辄多死,六月间自天津南武定府逃走者多,路人多热死。"乾隆《浮山县志》记载:"夏五月大热 ,道路行人多有毙者。京师更甚,浮人在京贸易者亦有热毙者。"[6]如前所述,除京城极其附近地区外,山东、山西、河南、陕西都有因高温热死热伤的奏报,其影响可见一斑。张德二指出:对比 15—19 世纪各例炎夏事件的实况记述,以酷热程度、暑热伤害景况和高温范围、持续时间等来判断其严重程度,可见皆未有超过 1743 年的。由此初步认为,1743 年华北的炎夏是 15—19 世纪最严重的高温事件[1]。从这一时期的记录来看确实是最严重的。

面对因高温天气造成的灾害和影响,政府在京城地区也采取了一定的紧急应对措施。五月二十六日(7 月 17 日),高温天气已经给京城带来了影响,乾隆皇帝下令释放罪行较轻的罪犯,对那些重案犯,每天派发冰水、药物,防止因中暑而死亡。对当时正在京城访问的苏禄国使臣等,安排礼部派官员加意照看。多给冰水及解暑药物。并派遣医务人员不时看视,以免出现意外。京城的城门内外、流动人口较多,中暑的人可能也比较多,六月一日(7 月 21 日)乾隆皇帝下令赏发库银一万两。分给九门。每门各一千两。正阳门两千两。并预备冰水药物,以防中暑,并指令让步军统领舒赫德即速遵旨办理。圆明园附近的地方也赏银两千,参照类似的方法办理。当时有很多考生参加殿试考试,皇帝命令工部尚书哈达哈多备茶冰,让广大参见考试的士子都能得到,并防止出现意外。夏至时,一般前往方泽致祭,皇帝考虑到斋宫是去年刚刚新修而成,树木也是新栽种的,尚未成荫,天气炎热,参加祭祀活动的随从就有不少中暑的,而今年天气比往年更热,就不必前往新斋宫去祭祀了,就在宫内的斋宫即可,等树木成荫之后,再按照惯例去祭祀。今年去祭祀和祈雨连在一起,不乘辇、不设卤簿等仪仗队,以免出现随从中暑现象的发生[7]。

4 突然降雨:华北夏季极端高温天气解除的重要因素

高温天气的解除得益于,7 月 26 日的突然降雨,张德二根据“晴雨录”记载与传教士记载指出:“北京 7 月 20—25 日连续 6 日晴天,26 日晨 09 : 00 降小雨;与之相佐证的是 A. Gaubil 教士的观测簿记录有:‘7 月 20—25 日连日高温 25 日夜间出现东北风,然后降雨’”。因此她推测在酷热消解的日期 7 月 26 日,各地的记录显示了一次冷锋天气过程。她指出:“该日的风向转变时间自北而南的推迟,降雨也自北而南递次发生:09 : 00 北京降小雨,至 13 : 00 河北南部的元氏县等地相继降小雨等等,正好反映典型的冷锋活动”。[1]

但是检索朝鲜的史料记录,并没有关于降雨的记录,据《李朝实录》记载:“英祖十九年,六月癸亥(8 月 1 日),上闷旱,将亲祷于雩坛,先以责躬之意,下手书纶音,命京兆预为清道。”[3] 从史料看,到 8 月 1 日朝鲜高温干旱的情况依然比较严重,国王要亲自祈祷于雩坛。而日本的赞岐国却记录了 7 月 26 日也降雨的情形,《日本气象史料》记载:“宽保三年(1743)七月七日(二十六日)讃岐国风水,是岁北海道寡雪。”[8] 从大风水的记载来看,很可能是台风雨,位于华北地区的北京也会受到台风的影响,综合史料来看 1743 年 7 月 26 日华北的降雨也可能是受东亚地区台风影响的台风雨,尽管晴雨记录记载的是小雨,但从一些史料描述称为“膏雨”的情况看,雨量应该不算太小,至少对缓解当时的高温起了非常重要的作用。

高温天气消除,但干旱的情形还在延续,如《赈纪》记载:“乾隆八年六月二十一日(8 月 10 日)奉上谕:河间、天津地方今年雨泽愆期,米价昂贵,不得不速筹接济。上年通仓存贮有口外采买备用之粟米,着先拨十万石运送天津,其何以分贮平粜赈恤,听总督高斌酌量办理。钦此。”[9] 从史料看到了 8 月 10 日左右,河间、天津等地方因干旱成灾,乾隆皇帝下令调拨粮食赈济。到了七月十三日,乾隆皇帝再次下诏,调拨粮食赈济河间、天津等地区。同时,山东省也有因旱灾导致秋收无望,而民众外出谋生的现象。这些记载都说明,高温天气之后,旱灾的情形依然延续。如前所述,8 月初朝鲜的干旱灾情也依然延续。

5 结语

综上所述,1743 年华北夏季高温具有持续时间长、范围广、破坏性大等特征,张德二把其称之为 700 年来最严重的高温事件,确实不为过。无论是关于灾害发生的情形、还是关于灾害发生的原因,前人作了比较深入的研究,对了解当时极端高温灾害的成因、波及的范围、受灾程度、灾害应对的举措等,确实提供了很好的基础。但这些研究多局限于中国范围之内,如果视野稍加扩大,从东亚范围去重新审视这次极端高温事件发生的过程及前因后果,应该能有更全面的认识,特别是这种极端灾害天气,其波及的范围可能不仅限于中国范围之内,如 1743 年的极端高温事件,朝鲜关于干旱高温都有比较详细的记录,而日本也有相关联的记录,比如 1743 年日本虽然没有关于干旱的详细记载,却有“北海道寡雪”记载,它也应该是天气异常具体表现,从历史资料看,极端灾害天气的例子不只是 1743 年华北极端高温这一例,结合中、日、韩三国的历史时期相关灾害气象资料,从东亚区域气候变迁的宏观视野重新审视水、旱等极端灾害天气的成因、时间及范围、造成的社会危害,当有助于更清楚地了解极端灾害天气的特点及气候背景。

参考文献

[1] 张德二．1743年华北夏季极端高温：相对温暖气候背景下的历史炎夏事件研究[J]．科学通报 2004，**49**(21)．

[2]（清）戴肇辰．学仕録[M]．清同治六年刻本，卷十三．

[3]（朝）李朝实录[M]．北京：国家图书馆出版社，2012：英祖卷五十七．

[4]（清）官修．清通典[M]，清文渊阁四库全书本，卷十七食货．

[5]（清）戴亨．庆芝堂诗集[M]，辽海丛书-民国辽海书社刊本，卷十六：五言排律．

[6] 张德二．中国三千年气象记录总集(三)[M]，江苏：凤凰出版社，2004：2346-2347.

[7]（清）清实录．高宗实录[M]．北京：中华书局，2008：卷一百九十四．

[8]（日）中央气象台、海洋气象台．日本气象史料(三)[M]．京都：原书房，1976：p101.

[9]（清）方观承．赈纪[M]，清乾隆刻本，卷一．

[10] 汪波．乾隆八年京畿旱灾应急体系初探[J]．甘肃社会科学，2009年，(06)．

[11] 张详稳．乾隆时期的自然灾害与荒政研究[D]．博士论文 2007，(06)．

[12] 哈恩忠．乾隆八年酷热天[J]．紫禁城，2003，(03)．

Re-Analysis of North China Extreme High Temperature in 1743

DONG Yuyu

(Shanghai Jiao Tong University, Shanghai 200240)

Abstract The North China extreme high temperature happened in 1743, was the one of most serious disaster weather caused by high temperature. This paper based on historical records of meteorological data in China、Korea and Japan, combining the study of scholars, gives a new idea of studying the event form the East Asia climatic change. The paper draws conclusion that: The area of effect the North China extreme high temperature happened in 1743, not only spread to North China , but also grater part of Korea and part of Japan. The duration of hot and dry weather last a long time from spring to summer. The anomalistic atmosphere circulation of East Asia area induced the event. Typhoon storm was an important contributor to end the extreme high temperature.

Keywords Extreme High Temperature, East Asia, Drought, Typhoon

中国古代气象灾害防御制度研究

张　娜[1]，刘　浩[1]，崔　巍[2]

（1. 河北省气象灾害防御中心，石家庄　050021；2. 赵县气象局，河北赵县　051530）

摘　要　中国古代对气象灾害防御有着较为深刻的认识，并形成了一套独具特色的防御思想和制度。随着对自然界认识程度的加深，自先秦起，中国古代对气象灾害防御就呈现出灾后救济与灾前预防两种思想同时快速发展的局面，有些思想还被统治者所采纳，得以上升为法律制度，为安抚、救助灾民以及预防灾害和及时掌握灾情提供指导。论文通过对这些思想和制度的分析研究，提炼出值得我们继承发扬的内容，作为当今气象灾害防御工作的借鉴。

关键词　气象灾害，灾害防御，灾荒赈救，法律制度

1　引言

近年来，灾害史学界对自然灾害与人类社会之间的互动及其影响等方面，开展了许多有学术价值和现实意义的探索与探讨。但是，将气象灾害防御的思想和制度作为一项专门性工作进行系统研究还比较少见，这一现状为论文的研究留下了诸多空间。中国自古以农业为主，对气象条件依附性很大，若风调雨顺则国泰民安，若灾害频发则祸国殃民，但因版图辽阔，自然条件复杂，中国气象灾害频繁发生。为了生存和发展，我们的先民一直与气象灾害做着顽强的斗争，并在斗争中积累了大量的宝贵经验，其中的很多思想和制度对我们今天防御气象灾害仍有着积极的资鉴作用。通过对这些思想和制度的分析研究，可以为今后气象灾害防御体制、机制、法制体系的建设与完善提供有益参考，使之更加契合中国文化传统，更适合于中国的气象灾害特征。

2　中国古代气象灾害防御思想基础

中国气象灾害防御思想的发展，大致可分为先秦、两汉、魏晋南北朝、隋唐、宋元、明、清七个阶段。[1]其中先秦为灾害防御思想初步形成时期，这一时期的很多防灾救灾思想，成了后世灾害防御思想和制度发展的理论依据，为中国气象灾害防御思想的发展奠定了基础。

先秦时期的统治者和思想家对气象灾害防御已经非常重视。随着对自然界认识程度的加深，人类由被动的依赖、顺应自然，发展到主动与自然界抗争。具体到防御气象灾害上，便出现了灾后救济与灾前预防两种思想同时快速发展的局面。《周礼》中提出的“以荒政十二聚万民”，便是这一时期比较有代表性的救灾思想。

十二荒政“一曰散利，货种食也，丰时聚之，荒时散之。二曰薄征，薄轻也，轻其租税也。三曰缓刑，凶年犯刑，缓纵之也。四曰弛力，弛放其力役之事，息繇役也。五曰舍禁，山泽所遮禁者，舍去其禁，使民取蔬食也。六曰去几，几查察也，谓关市去税，而仍几察之。七曰眚礼，谓吉礼之中，眚其礼数也。八曰杀哀，谓凶礼之中，杀其礼数。九曰蕃氏，谓闭藏乐器而不作。十曰

多昏，谓凶荒则眚礼，故婚者多。十一曰索鬼神，谓凶年祈祷鬼神，搜索鬼神而祈祷之。十二曰除盗，饥馑则盗贼多，不可不除也。”[2]

“索鬼神”是指在受灾后向鬼神祈求，以免鬼神再次发怒降祸。这种思想是天命主义禳灾说的体现，与当时人们对自然界的认识程度有很大关系，带有较重迷信色彩，对气象灾害防御的积极意义不大。而“散利”“薄征”“弛力”“舍禁”“去几”和“多昏”则是国家救济思想的体现。“散利”是国家用掌握的资金和物资进行救灾活动，为灾民提供粮食和劳动资料，使灾民有饭吃，并能进行农业再生产，从而得以自救；“薄征”是指在受灾时减免赋税；“弛力”是在征调徭役上实行减、免、缓的政策，使百姓有更多的时间和积极性进行生产，增强抗灾能力；“舍禁”是放宽或暂时取消限制，准许灾区百姓进山入湖采伐、打猎、捕鱼，以增加谋生手段，使其顺利度过灾年；“去几”是指在受灾时取消通关、过路、过桥等费用，鼓励各地区、各诸侯国间的物资交流和经贸往来，以丰富灾区物资。“多昏”指国家在灾年鼓励结婚，以便增加人口，补充因灾死亡和逃散的劳动力，保证灾区劳动生产的恢复。这种国家救济的思想，对于应对气象灾害，减轻灾害带来的影响有着积极作用，并被后世所继承。“眚礼”“杀哀”“蕃乐”是节支思想的体现。“眚礼”指减省贵族生活礼制方面的开销；“杀哀”指减省在丧礼方面的花费；“蕃乐”则是停止或减少贵族生活中的娱乐消费。这些方法一方面可以减轻灾害发生后的供应困难，使统治者摆脱因灾税收减少的困境；另一方面也可同时减轻百姓对贵族奢华生活的不满，缓和社会矛盾。而这第二层面的意义与“缓刑”和“除盗”的思想所追求的效果是一致的。“缓刑”是指减轻或免除刑罚；“除盗”是指加大力度维持社会秩序。二者都是为了减少引起社会动乱的因素，确保社会稳定，以便平稳度过灾年，快速恢复生产生活。[3]

“以荒政十二聚万民”是先秦时期救灾思想的集中体现，不过由于对气象灾害已经有了一定的认识，此时灾前防御思想也已出现并用于实践。《国语·周语下》中就有“备有未至而设之，有至而援救之，是不相人也。可先而不备，谓之怠；可援而先之，谓之召灾”的记载。其中“备有未至而设之”指的就是灾前预防，“可先而不备，谓之怠”便是对可以进行灾前预防而不作为的批评，说这是一种不负责任的态度。此时的灾前防御思想大致可以分为仓储备荒、兴修水利和灾害预测三种。

仓储备荒是在灾害发生前储备足够的粮食，以便在灾害来临、无粮可收时，能够有存粮帮助渡过难关，不至出现饿殍遍野、民不聊生的局面。在反映先秦礼制的《礼记·王制》中，“国无九年之蓄，曰不足；无六年之蓄，曰急；无三年之蓄，曰国非其国也。三年耕，必有一年之食；九年耕，必有三年之食，以三十年之通，虽有凶旱水溢，民无菜色”的表述便是仓储备荒思想的体现。

兴修水利是通过工程手段来治理江河，不但可以疏导洪水、储水抗旱，而且可以通过人工灌溉改良土壤，增加粮食产量，提高对灾荒的承受力。从大禹变堵为疏的治水策略，到荀子“修堤梁，通沟浍，行水潦，安水藏”的主张，都达到了“以时决塞，虽凶败水旱，使民有所耘艾，司空之事也”的结果。[4]从而使得中国古代出现最多、影响最甚的洪水和干旱灾害，有了有效的预防途径。

灾害预测是通过观测天气现象的变化和天体运行的规律，来推测灾害的发生和农业生产的丰歉，以求能够预知灾害，提前做好应对。《周礼·春官·保章氏》中关于“以五云之事辨吉凶、水旱降丰荒之祲象”的表述，《史记·货殖列传》中越国计然“故岁在金，穰；水，毁；木，饥；火，旱。旱则资舟，水则资车，物之理也。六岁穰，六岁旱，十二岁一大饥”的观点，都说明先秦时期已经开始探索预测各种气象灾害的方法，以尽可能做到在灾害来临时有备无患。

先秦之后各个时代，也出现了不少有代表性的气象灾害防御思想，如两汉时期“以工代赈”的思想，魏晋南北朝时期民间救灾、宗教救灾与政府救灾相结合的思想，隋唐时期“劝农积谷”的思想，两宋时期“荒年募兵”的思想，明朝时期“重典惩吏”和清朝时期收录灾荒资料、指导灾害防御的思想等等。这些思想都是在继承和发扬先秦防灾救灾思想的基础上，结合当时的社会现状和发展水平提出的，为当时气象灾害防御制度和政策的制定，提供了理论依据。

3　中国古代气象灾害防御法律制度

在与气象灾害的长久斗争中，许多与当时科学技术和经济社会发展水平相适应的气象灾害防御思想被统治者所采纳，上升为法律制度，用于指导气象灾害防御工作，并且随着人们对气象灾害认识程度的加深，防御气象灾害的法律制度也得以不断发展和完善。

3.1　巫术救灾制度

中国灾害防御思想的原始形态是天命主义禳灾论，这一思想表现在法律制度层面便是巫术救灾制度。巫术救灾早在原始社会末期就已经萌芽，在夏、商时代初具雏形，经过西周的进一步发展，到春秋战国时逐步制度化。[5]巫术救灾制度的出现，是由于当时人们对于自然界认识不足，从而引起了对上天的恐惧与崇拜，认为水、旱等气象灾害是上天降下的惩罚，通过祈祷、祭祀等方式，可以平息上天的愤怒，获得禳除灾祸、风调雨顺、国泰民安的恩赐。虽然巫术救灾对于防御、应对气象灾害并没有太多实际意义，但在当时科学技术水平还十分落后的情况下，这一制度也具有一定的必然性和合理性。

随着对自然界和气象灾害认识程度的加深，各种行之有效的防灾、救灾制度相继产生，但是巫术救灾制度却没有消失，反而得以进一步发展，甚至直至民国时期仍然有以政府名义迎神像供奉、开神坛求雨的现象发生。这是因为，自先秦之后，巫术救灾制度已经不仅仅是为了应对气象灾害，而已慢慢演变成封建帝王统治的需要。封建帝王都自诩为天之子，对于气象灾害的发生自然有不可推卸的责任，所以便要常常通过祈祷、祭祀等方式与上天对话，无灾时祈求五谷丰登，有灾时祈求消除灾祸。此时的巫术救灾制度已经与政治统治相结合，演变为包括君主自谴制度、改元制度、策免三公制度、因灾求言制度、大赦制度、因灾虑囚制度、避正殿制度、厌胜制度、减膳制度等在内的政治救灾制度。[6]这些制度与巫术救灾制度一样，最早都是为了恢复人与自然的和谐统一，以达到防御气象灾害的目的，但事实上，这些制度对于防御和救助气象灾害的作用是微乎其微的，其价值更多地体现在安抚民心、缓和矛盾和维护统治上。

3.2　气象灾害救助制度

气象灾害救助制度是在气象灾害发生后，政府所采取的，用于减少气象灾害造成的损失，维持灾民基本生活，以及帮助灾民尽快恢复生产的法律制度。虽然不同朝代施行的制度略有不同，但大致可以分为赈济、调粟、养恤、除害、安辑、蠲缓、放贷、节约八类。[7]

赈济制度是灾害发生之后最主要的救济制度，最早出现于西周时期，后经过各个朝代的发展丰富，大致形成了赈谷、赈银和工赈三种形式。赈谷是由政府筹集粮食发放给灾民，帮助其维持基本生活的制度；赈银是在赈谷制度的基础上，考虑到粮食的流通不便，而改由发放货币代替的救助制度；工赈是由国家在灾情最重的地区招募灾民，进行疏通河道、加固堤防、修堵决口等工程，并为其提供食物等生活必需品的救助制度，该制度一方面使灾民得以救助，另一方面又使灾区被毁设施得以快速重建，较赈谷、赈银两种制度有了很大进步。

调粟制度自先秦即已出现，是为了解决因遭受气象灾害造成的粮食供给不足，而采取的法律救济制度，可分为移民就粟、移粟就民和平粜三种。移民就粟是国家将灾民迁往粮食较为充足或者地广人稀、易获丰收的地区，以使灾民得以生存。移粟就民则是在灾民不便迁移时，将粮食调剂到灾区，或者允许灾区向丰收地区筹集粮食，以确保灾民有粮可食。平粜是指国家在粮食丰收，粮价下跌时，抬高价格大量收购粮食，贮存起来；在遭遇灾害粮食收成减少，粮价过高时，将储存的粮食以低于市场的价格出售，以满足灾民需求。这一制度既维持了粮价的稳定，又确保了灾年粮食的供应，所以一度十分盛行。

养恤制度是一种社会福利救助制度，这一制度起源甚早、方法较多，最主要的有施粥、居养和赎子三种。施粥可以追溯到战国时期，是灾害来临时采取的一种最为迫切有效的救济办法，即通过在灾区煮粥免费发放给灾民食用，以确保灾民不至于因灾饿死。这一方法因为简便易行，且花费少、救人多，各朝各代均广为施行并有所发展，至金章宗时出现了固定的“粥场”，使施粥得以制度化，甚至到民国时期仍将开办粥场作为救济灾民的一项主要措施。居养是灾害来临时的一种临时收容抚恤方法，即灾害发生后，政府在各地设置临时收容机构，或者开放“居养院”“安济坊”“福田院”等固定收容机构，为灾民提供临时住宿、医疗救助和养老抚幼等服务。据记载，赎子制度最早出现在商汤时代，是灾民因灾荒被迫变卖或遗弃子女后，由政府出资为其赎回，使其不至骨肉分离的一种救济制度，这一制度的意义更多地体现在对灾民的精神抚慰上。

顾名思义，除害就是消除灾害，即通过采取措施将灾害带来的影响降到最低。具体到应对气象灾害的除害制度，最主要的便是祛疫。祛疫是指在灾害发生时，国家通过采取公共防疫措施和为感染者提供医疗救治等方法，减少传染性疾病发生的可能，或者尽力阻止传染病的传播。这一制度最早在后汉光武帝时便已出现，但却一直没有得以普遍实行，直至清代才初具规模，而见诸专门法令却是在民国时期，但所得效果却并不甚理想，可见这一制度仍然需要进一步发展完善。

安辑制度是政府为了防止气象灾害发生以后，因大量灾民逃离灾区使得灾区土地荒芜，造成农民生计受损、财政收入减少和社会不安定因素增多等问题，而采取的安抚灾民，帮助灾民恢复生产生活的一种法律制度，主要分为给复、给田、赍送等几种。给复制度最早出现在汉代，主要通过减免赋税等利益诱导政策，促使灾民自行回到家乡恢复农业生产。给田制度也始见于汉代的诏令，是通过向灾民提供闲置土地，并免除其租赋的方式，帮助灾民在不回原籍的情况下，也能重新安定下来进行农业生产的制度。赍送制度是由政府出资将灾民遣送回原籍，并帮助其恢复生产生活的一种制度。清代以前，赍送多出于灾民自愿，但到了民国时期，强制遣返政策开始出现。

蠲即免除，蠲缓制度源于《周礼》“以荒政十二聚万民”中的“薄征”“驰力”和“缓刑”思想，即通过减免灾民各种负担，以使其安心恢复生产。蠲缓制度包括蠲免和停缓两种。蠲免就是当灾害发生后，及时降低甚至免除灾民的租赋和徭役，帮助其减小压力，尽快恢复生产生活。停缓又包括停征和缓刑。停征与蠲免大致相同，即对灾民停征赋税，旨在降低灾民经济负担；缓刑则是通过减轻刑罚、赦免囚徒等方式，舒缓民心，维持社会稳定。

放贷制度是指气象灾害过后，恢复生产的自然条件已经具备，但灾民却因没有生产资料和工具无法恢复生产的情况下，由政府将种子、耕牛、农具等以借贷的方式提供给农民，以帮助其恢复生产的法律制度。这一制度最早源于周代，之后历朝历代皆有施行，但因中国古代以农业生产为主，故所贷之物皆与农业生产有关，手工业等其他生产所需资料不在借贷范围内。

节约制度是指通过减少浪费、增加储备等方式，缓解因灾害造成的各种物资的贫乏，以便顺利度过灾后困难时期或者为应对灾害做好准备的法律制度，可分为减少食物、禁米酿酒、节省费用三种。减少食物是指当发生灾害时，国家的统治者通过下诏的方式降低自己的饮食标准，以表示节俭和以身作则，但这一制度的象征意义远远大于其实际意义。禁米酿酒制度是因为中国自古就有用粮食酿酒的传统，且每年都需要耗费大量粮食，而遇有气象灾害，灾民往往连饭都吃不上，故政府便会下禁酒令，以节约粮食，救助灾民。节省费用是当灾害发生后，政府紧缩行政开支，节省各种花费，并积极倡导去除奢侈、崇尚俭朴的生活方式，带动社会各阶层抵制浪费、增加储备，以便顺利度过大灾后的困难时期。

3.3 气象灾害预防制度

气象灾害预防制度是指政府在气象灾害发生前所采取的，用于提高应对气象灾害能力，或者降低气象灾害发生可能的法律制度，主要包括重农、仓储、水利和林垦四类。[7]

重农制度是基于中国古代以农业生产为主的经济发展方式提出的，旨在通过重视农业生产，增加粮食产量，从而避免因发生气象灾害造成饥荒的一项重要法律制度。这一制度早在殷商时代便开始出现，至汉代时通过法令形式颁布，我们常说的"农本主义""重农抑商"等政策便是重农制度的体现，但这一制度需要与仓储制度配合才能达到应有作用。

仓储制度是在重农制度基础上产生的，以加强粮食储备、充实粮食积蓄的方式，在因发生气象灾害造成粮食供应紧张时，通过开仓放粮，以达到平抑粮价、赈济灾民效果的法律制度。这一制度在周朝初见雏形，经过春秋战国和秦朝的发展，至汉朝完全确立，最主要、最常见的有常平仓、义仓和社仓三类。[8]常平仓制度设立最早，是根据供求关系，在因丰收粮食价格降低时，由国家用较高的价钱买入并储备起来，等到因发生气象灾害粮食减产甚至绝收，粮价居高不下的时候，再由国家将原来储备的粮食用较低的价格供应给百姓，其作用一是平抑粮价，一是以备饥荒。义仓制度则是在粮食较为充裕时，由百姓以义租的方式将一定数额的粮食交给政府储存管理，当因气象灾害引起饥荒时，再由政府将这些粮食进行发放，其主要作用是为了应对饥荒、赈济灾民。社仓制度与义仓制度的操作方式、作用目的大体相同，也是由百姓在充裕时捐出一定数额的粮食集中储存起来，遇有灾年再开仓发放。但不同的是，社仓是由民间自行管理的，每二十五家为一社，置一仓，县级政府只负责调制表册，其他事项均不予干涉。自汉朝起，仓储制度广为确立，除以上三种外，还设有惠民仓、广惠仓、平籴仓、平粜仓等十余仓种。这些仓种虽然在设立主体、隶属关系、经费管理等方面有所不同，但其设立目的和运作方式却与前三种仓储制度大体一致，在此不再赘述。

水利制度是指国家设立专门机构，以法令形式组织社会力量，开展兴办水利、修理河堤等工作，以实现兴水之利、抑水之患的法律制度。这一制度涵盖灌溉和浚治两个方面内容，前者侧重通过修建灌溉设施发展农业生产，后者侧重通过治理河道防范水患发生。水旱灾害是中国古代最常见、最严重的气象灾害，通过兴修水利，既可以在旱时引水灌溉，又可在涝时疏导泄洪，故自大禹治水起便被各朝各代视为防御气象灾害的主要手段，留下了诸如都江堰、郑国渠、灵渠等许多大型水利工程，有些至今还在发挥作用。

林垦制度包括造林和垦荒两项内容，其中造林是由政府颁布法令限制砍伐森林、鼓励种植树木；垦荒是政府通过出台奖惩政策鼓励百姓开垦荒地或兵士屯田生产。林垦制度虽然在设立之初只是为了达到长期使用林木资源、增加粮食产量的目的,但随着对生态环境与气象灾害关系认识程度的加深,通过植树垦荒来涵养水土,调节雨量,牢固堤坝,减少水旱灾害发生,也逐渐成为这一制度所追求的目标。

3.4 气象灾害申报检查制度

中国幅员辽阔,自然条件复杂,在通讯十分落后的古代,政府往往无法及时掌握各地发生气象灾害的情况,从而延误防御、救助灾害的最佳时机,所以自先秦时起,历朝历代的统治者都在积极探索一套切实可行的报灾检灾制度,以便使气象灾害防御工作得以顺利开展。

报灾制度,在秦朝的法令中就有所记载,经过后世各代的继承发展,至明清时得以完善。明清时的法令,不但对气象灾害的上报方式、内容、程序、时限等作出详细要求,还加入了责任追究的规定。对报灾不实或迟延逾限者,都要给予不同的处罚,如果匿灾不报,更是要予以严惩,甚至是处以极刑。[9]

检灾制度,是通过对受灾地区的勘验检查,确定其受灾程度,并以之作为对灾民进行救助和赈济的依据,是气象灾害申报的一项重要内容。在先秦时期,对于受灾情况只有一般描述性语言,无法准确界定受灾程度;到了汉代,检灾工作虽然得以初步制度化,但对受灾程度仍然没有量化表达;直至唐代,才开始将受灾程度划分为三个等级,并给予不同的蠲免赈济;至宋代,检灾制度得以进一步完备,出现了两级检灾制度,即先由县级官员检视灾情,再由州府官派人复查,以便更加准确地掌握灾情,指导救灾;宋后各代大体继承宋制,并有一定发展,如明清时地方官员勘验灾情据实上奏后,中央还将指定官员赴灾区核实,将受灾人姓名、受灾土地面积等相关情况一并造册立案上报,并对检灾时限做出了明确规定。[10]

报灾检灾制度虽然没有直接对防御气象灾害的方式方法做出规定,但是却能够帮助统治者快速、详细地掌握灾情的发生发展情况,从而准确、及时地采取救灾措施,最大限度地降低气象灾害带来的损失。因此,报灾检灾制度作为气象灾害防御制度中不可或缺的一项,同样应当引起我们足够的重视。

4 中国古代气象灾害防御制度的继承

中国古代的气象灾害防御思想和制度,是先人同气象灾害斗争几千年来的经验总结,为我们当代防御气象灾害提供了弥足珍贵的精神财富和借鉴价值。

首先,重农、仓储制度对中国现代的气象灾害防御工作就有着积极的借鉴价值。俗话说“民以食为天”,作为一个拥有近14亿人口的大国,粮食安全永远是一个不容忽视的问题。如果没有足够的粮食储备,一旦发生较大的气象灾害,吃饭就会成为问题,并有可能带来社会动荡等一系列无法想象的恶劣后果。而要想增加粮食储备,单单依靠进口是不现实的,必须加强我们自己的农业生产水平。可是现在,随意侵占耕地现象屡禁不止,因为种粮收入低而改种其他作物或者放弃土地进城打工的农民也屡见不鲜,好不容易收上来的粮食却因储存场所或条件有限被毁送的现象更是不计其数。这就要求政府必须尽快出台切实可行的保护耕地、鼓励农民种粮积极性以及加强粮食仓储管理等相关法律制度并严格执行,切实保障中国的粮食安全。

其次,兴修水利、植树垦荒制度对中国预防气象灾害发生也有着极大的指导意义。2012年5月10日,仅30 mm的降水就引发了造成47人死亡、12人失踪的甘肃岷县冰雹山洪泥石流灾害。究其原因,防洪设施年久失修、河道无人疏通管理、周边植被破坏严重、山坡泥土沙石松散全部位列其中。其实岷县只是一次个例,全国存在类似问题的地区不在少数,如果各地政府能足够重视水利设施的修建与维护，每年及时疏通河道，鼓励植树造林，保护生态环境，防止植被破坏和水土流失，相信类似惨剧将再不会发生。

再次，调粟制度对于缓解灾时各种生活必需品的供求矛盾也有着一定的借鉴价值。气象灾害发生后，灾区的粮、菜、肉、蛋等生活必需品供应紧张，故价格必定上涨迅速，此时政府如果能及时从国家储备或供应充足地区调配足够的生活必需品发往灾区，便能缓解这一供求矛盾，使受灾群众不但买得到，而且买得起，从而一方面维持灾区人心稳定，另一方面也降低政府救灾时的经济压力。

第四，赈济、安辑、蠲缓、放贷等制度中关于鼓励生产自救的政策值得我们学习继承。遭受重大气象灾害后，单单依靠国家救济虽能暂时解决生活困难，但毕竟不是长久之计，要想渡过难关，还得积极开展生产自救。但灾后生产生活资料肯定毁损严重，这就需要国家和当地政府通过提供工作机会或生产资料、减免相关费用等方式，鼓励受灾群众主动开展生产自救，尽快重建家园。

第五，报灾检灾制度对于我们及早发现灾情、处理灾情仍有较大指导价值。重大气象灾害发生后，早一秒钟掌握灾情开展救援，就有可能避免重大伤亡的发生，可见灾情上报工作多么重要。但是，现在很多地方官员为了自身的考虑，往往对灾情瞒报、迟报、虚报、漏报，从而耽误救援最佳时间，造成严重后果。这就要求我们必须制定切实可行的报灾检灾和责任追究制度，畅通气象灾害报送途径，严肃处理失职行为，为救援争取时间，将灾害损失控制在最小范围。

参考文献

[1] 张涛，项永琴，檀晶．中国传统救灾思想研究[M]. 北京：社会科学文献出版社，2009.

[2] 周礼・地官・司徒[M]. 北京：中华书局，2014.

[3] 陆晓冬．先秦时期的救荒防灾思想及其现实意义[J]. 浙江经济高等专科学校学报，2000，**12**(4)：73-74.

[4] 荀子．荀子・王制[M]. 北京：中华书局，2011.

[5] 郑彩云，熊慧勇，吴志刚．先秦政治救灾制度研究 [J]. 安徽文学，2009，(10)：257.

[6] 李军，马国英．中国古代政府的政治救灾制度[J]. 山西大学学报(哲学社会科学版)，2008，**31**(1)：40-41.

[7] 邓云特．中国救荒史[M]. 上海：上海书店出版社．1984.

[8] 方潇．灾异境遇—中国古代法律应对机制及其当代意蕴[J]. 政治与法律，2004(3).

[9] 王洲平，肖常贵．总结历史经验加强地质灾害报告统计—中国古代灾情报告统计制度的借鉴意义[J]，浙江国土资源，2007(11)：53-54.

[10] 张文．中国古代报灾检灾制度述论[J]，中国经济史研究 ，2004(1)：60-68.

On Defense System of Meteorological Disasters in Ancient China

ZHANG Na[1]，LIU Hao[1]，CUI Wei[2]

(1. Hebei Meteorological Disaster Prevention Center，Shijiazhuang 050021；
2. Meteorological Bureau of Zhao County，Zhao County 051530)

Abstract Ancient China had a deep understanding of meteorological disaster prevention，and formed a set of unique defense thought and system. With greater understanding of the nature, since the pre-Qin times, two kinds of meteorological disasters prevention thoughts, i. e. post- disaster relief and pre- disaster prevention, had developed rapidly at the same time. Some thoughts were adopted by the rulers as legal system, to placate, rescue victims and to prevent disasters, and timely provide guidance to master the situation. This paper gives an analysis and research on these thoughts and systems, and extracts worthy contents for us to inherit and develop. The results can be used as reference for today's weather disaster defense work.

Keywords Meteorological disasters, Disaster Prevention, Famine Relief, Legal system

山西省短时临近预报业务历史研究与探索

杨　东

（山西省气象局科技与预报处，太原　030002）

摘　要　精准的短时临近预报对保护人民生命和财产安全有重要的作用。虽然山西省短时临近预报业务取得了一定进展，但与先进省份的水平还有很大差距。本文总结了山西省短时临近预报业务的现状，面临的挑战，探索了未来业务发展的建议：(1)不断优化短临预报业务分工和流程，进一步完善省-市县业务同步联动、产品实时共享、预警发布协调一致的一体化短临预警业务流程，明确职责分工。(2)强化强对流天气短时临近监测，进一步加强山西省综合监测站网体系建设，加强多源资料的应用和数据共享。(3)加强短临预报技术研发，大力加强本地化短临预报技术研发。开展雷达外推与实况资料相融合的临近预报技术方法，结合区域自动站、雷达、卫星、数值预报模式等资料，改进 TREC 和 TITAN 算法。(4)完善省-市县一体化短临预报业务平台，实现强对流天气自动识别、自动站、雷达、卫星等资料能够实时滚动更新、产品快速制作和一键式发布。(5)加快科技人才队伍和创新团队建设，凝聚优势科技力量，建设具有竞争力的科技创新团队，提高科技人员的综合素质。通过不断强化山西省灾害性天气实时监测和短时临近预报业务，提高短时临近预报能力水平和灾害性天气预报服务能力。

关键词　短时临近，历史研究，探索

1　引言

近年来，全球气候持续变暖，各类极端天气事件逐渐增多，造成的损失和影响程度不断加重，据国际减灾委员会统计，气象灾害占全部自然灾害比例的 75％～80％。在气象灾害中，强对流天气由于具有突发性和局地性强、生命史短、灾害重等天气特点，常常导致重大人员伤亡和经济损失[1,2]。山西是我国强对流天气频发的省份之一。短历时强降水、雷暴大风、冰雹等灾害时有发生，由极端强降水引发的滑坡、泥石流、山洪及城市内涝等也相当严重，对山西经济社会发展、人民群众生活以及生态环境造成极大影响。太原梅洞沟曾出现过 5 分钟降水 53.1 mm 的记录，为中国大陆短历时强降水之最。2017 年 6 月 13 日，山西省长治市沁县、沁源、武乡出现冰雹、短时强降水、雷暴大风天气。其中沁县北部牛寺乡、漳源乡等部分乡镇出现大冰雹，冰雹最大直径达 30 mm，据统计，全市受灾人口 14927 人，农作物受灾面积 1854 hm^2，绝收面积 285.1 hm^2；直接经济损失 1041.4 万元。

随着经济社会快速发展，各行各业对突发性强对流天气预警的要求亦越来越高，开展精准的强对流天气短临预报预警是十分重要而紧迫的任务，对于做好防御工作，最大限度降低强对

作者简介：杨东，1987 年生，男，山西五台人，2009 年毕业于成都信息工程学院大气科学系，工程师，主要从事天气预报业务管理。

流天气造成的损失，保护人民生命和财产安全有重要的作用。

2 短时临近预报业务

中国气象局2010年印发的《全国短时临近预报业务规定》中，对短时临近预报业务作了明确的定义。短时临近预报业务的工作重点是监测预警短历时强降水、冰雹、雷雨大风、龙卷、雷电等强对流天气。短历时强降水定义为一小时降水量大于等于20 mm的降水，新疆、西藏、青海、甘肃、宁夏、内蒙古6省(区)，可自行定义短历时强降水标准报中国气象局预报与网络司备案；冰雹天气一般指降落于地面的直径大于等于5 mm的固体降水过程；雷雨大风指平均风力大于等于6级、阵风大于等于7级且伴有雷雨的天气；其余强对流天气按相关业务定义或技术标准界定。短临预报又分为短时预报和临近预报。短时预报是指对未来0～12小时天气过程和气象要素变化状态的预报，预报的时间分辨率应小于等于6小时，其中0～2小时预报为临近预报[3]。目前，国家气象中心组建了强天气中心[4]，开展了强天气预报业务并提供指导。部分先进省份研发了短时临近预报业务系统[5]，开展了短时临近预报技术方法研究[6~8]，在重大活动气象服务保障和日常业务中发挥了重要作用[9]。

3 山西省短时临近预报业务

3.1 业务现状

山西省从"十五"期间开始建设多普勒天气雷达、自动气象站、闪电定位仪、GPS水汽探测仪、大气电场仪等综合探测系统，为开展强对流灾害性天气的综合监测和预警预报打下了一定基础。明确了已建雷达站对灾害性天气监测预警和联防的责任区和次责任区，雷达站所在地的市气象台承担制作责任区内的短临预报业务，全省依托新一代天气雷达、区域自动站网的短临预报业务开始逐步建立。并在省、市、县各级气象台(站)陆续建立了短临预报预警业务流程。山西省气象台2007年开展短时临近预报业务，发布全省范围未来12 h短时临近天气预报并对下指导，当监测到或将可能有突发性天气时，随时加密发布0～2 h临近天气预报；当可能出现雷电时，在短时预报中增加雷电预报内容。开展了中尺度天气分析业务，基于强对流天气的环流形势特点、主要影响系统、物理量场特征等进行综合分析，确定特征线，建立强对流天气的中尺度概念模型。根据山西省中小尺度灾害性天气的特点和大气运动特征，结合山西省中尺度观测网和精细数值模式资料的应用，编写了《山西省中尺度天气分析技术规范》。

3.2 业务分工和流程

山西省初步建立了省-市县业务同步联动、产品实时共享、预警发布协调一致的一体化短临预警业务。省气象台开展灾害性天气实时监测，发布短时预报并对下指导，提供中尺度天气潜势分析、强天气分类指导预报。同时负责加强对市、县级气象台站的指导，并通过电话、微信、微博、QQ等即时通信设备软件进行实时互动；每天2次进行强对流潜势预报指导、每日3次定时发布短时预报，不定时发布临近预报，根据天气形势变化发布强对流天气预警产品，并实时与地市共享互动。市县级气象台负责开展灾害性天气实时监测，应用上级指导产品，发布相应灾害性天气预警信号和短时临近预报，并根据天气变化实时滚动更新。

3.3 业务系统平台

山西省短时临近预报业务主要依托SWAN系统。2010年山西省气象局召开"山西省临近预报系统(SWAN)推广会"在省气象台和各市气象局安装部署了 SWAN 系统,并开展多次业务培训。该系统具有雷达任意区域拼图、风暴识别算法集成、产品丰富等优点。提供了基于雷达的强对流天气监测报警、风暴识别和 0～1 小时强度和移动路径的外推、结合雷达的闪电、卫星云图及高分辨率地图的叠加显示、灾害性天气短时临近预报预警产品的初级制作等功能。

目前组织研发了山西省省-市县一体化短临预报及气象灾害风险预警业务平台,已经完成与 CIMISS 数据库对接,能够显示分钟级气象探测资料和雷达数据实时拼图,并具备超阈值自动报警、预警、预警信号的快速制作、发布、省-市县实时共享等功能;基本完成短时预报时效内网格预报制作与生成、调阅等功能。

3.4 技术支撑

山西省各级气象台利用常规观测资料、重要天气报、区域自动站、二维/三维闪电定位仪、风云静止卫星、GNSS/MET 和多普勒天气雷达组网拼图等资料,实现了全省强对流天气的实时监测。2011 年山西省气象台在短时临近预报业务中试行了中尺度天气分析方法,开展了定时和不定时的中尺度滚动分析业务试验。一日两次制作中尺度分析指导产品并提供对下指导,有天气过程时,每 1～3 小时内发布一次中尺度分析指导产品。

近年来,在华北区域气象中心的指导下,山西省气象局积极参与区域中心数值预报模式研发,引进华北区域高分辨率模式(RMAPS)并进行本地化,开展山西 C 波段雷达资料的定量应用和快速同化研究,改进 C 波段雷达资料、常规观测资料的同化效果,下发 3 km * 3 km 的模式预报产品,提高了短临降水预报指导能力。

4 山西省短时临近预报业务面临的挑战

虽然山西省已初步建立了省-市县业务同步联动、产品实时共享、预警发布协调一致的一体化短临预警业务,但与国内先进省份相比,还有较大差距。

4.1 业务流程不够集约

虽然在短临预报业务流程、层级分工、业务产品等方面已有了明确的规范,但仍存在业务流程不集约,多级重复发布、重复劳动等问题。例如,在强对流预警信号发布方面,存在多级重复发布的问题。当预计灾害性天气即将发生或已经发生时,目前采用自上而下逐级指导方式,先由省级发布气象灾害预警信号,指导市级发布相同类型的气象灾害预警信号,再由市级指导县级发布。不同层级重复发布同一类型气象灾害预警信号,造成气象灾害预警发布业务流程不集约,多层级重复劳动。

4.2 缺乏支撑强对流短临预报的核心技术

在强对流天气监测技术方面,由于强对流天气突发性强,尺度小,就需要分钟级和更加稠密的区域自动站实况资料。在资料控制、资料时效性等方面不能完全满足现行业务需求。在强对流监测识别技术方面,雷达、卫星、闪电定位仪等现代监测资料运用不足。强对流天气预报方法仍需进一步研究,包括基于雷达和自动站资料的外推技术、多源资料融合快速同化技术、强对流天气分类识别技术等。强对流临近预报核心技术支撑不足,进一步制约了山西省短临预报业务的发展。

4.3 集约化的短时临近预报平台仍需改进

现有的 SWAN 业务平台存在快速分析功能欠缺、操作界面略显复杂、启动和资料查询速度较慢、无法查询任意时段雨量、历史雷达产品查询显示不够方便等诸多问题。不能实现省-市县三级同步联动、产品实时共享、预警发布协调一致。同时漏警率和虚警率较为严重，可信度较小，拼图后反射率因子强度较单多普勒雷达反射率因子强度明显偏小，反射率因子剖面图也较单多普勒雷达反射率因子剖面图强度偏弱，短历时强降水估算偏小。

5 山西省短时临近预报业务发展建议

2016年，中国气象局印发了《现代气象预报业务发展规划(2016—2020年)》(气发〔2016〕1号)，明确了气象预报业务向无缝隙、精准化、智慧型方向发展。提出了以"强化两端，提高中间"的思路，要重点强化短时临近预警业务。对山西省短时临近预报业务发展建议如下。

5.1 优化短时临近预报业务分工

进一步完善省-市县业务同步联动、产品实时共享、预警发布协调一致的一体化短临预警业务流程。明确职责分工，省级加强业务组织和产品支撑作用，积极参与区域气象中心组织的区域高分辨率数值预报模式研发、业务系统研发、技术研究、产品应用和检验评估等工作。市县级重点强化突发气象灾害实时监测和临近预警业务，在上级的指导下发布短临预报预警信息。

5.2 完善短时临近预报业务流程

构建实时更新、同步共享、预报协同的短临预报业务流程。按照协同共享的要求优化业务流程，实现气象预报由定时制作向逐时滚动、定时上传向实时同步、预报不一致向协同一致的三个转变。建立高频次制作的灾害性天气预报和气象灾害实时监测及短临预警业务流程，并根据天气变化及时更新。

5.3 强化强对流天气短时临近监测

进一步加强山西省综合监测站网体系建设，在现有五部新一代多普勒天气雷达的基础上，增加雷达站点，完善多普勒雷达组网。在雷达探测盲区，有效利用X波段多普勒天气雷达或移动雷达。推进闪电定位仪、GNSS/MET、风廓线雷达建设。加强区域自动站的维护和资料质量控制。不断减小气象数据资料到达预报员桌面时间。加强对上游和邻近区域天气的监测，加强与外部门的资料共享。

5.4 加强短时临近预报技术研发

提高短时临近预报准确率的核心在于预报技术的发展。要大力加强本地化短临预报技术研发。开展雷达外推与实况资料相融合的临近预报技术方法，结合区域自动站、雷达、卫星、数值预报模式等资料，改进TREC和TITAN算法。

5.5 完善省-市县一体化短临预报业务平台

完善省-市县一体化短临预报及气象灾害风险预警业务平台，实现强对流天气自动识别、自动站、雷达、卫星等资料能够实时滚动更新，达到预警标准时，可自动报警；实现预报预警产品快速制作，实现预报预警信息的省市县三级实时共享，实现突发气象灾害预警信息一键式发布。

5.6 加快山西省科技人才队伍和创新团队建设

凝聚优势科技力量，建设具有竞争力的科技创新团队，加大对优势团队的持续支持力度。

优化人才专业结构,引导骨干人才围绕关键技术、智慧气象开展科技创新,紧紧加强开放合作和交流,围绕气象现代化目标任务,增强科技创新能力。

6 总结

本文总结了山西省短时临近预报业务的现状,分析了在业务发展中面临的问题和挑战,提出了未来业务发展的建议。要按照中国气象局“强化两端,提高中间”的要求,重点强化灾害性实时监测和短临预报业务,不断优化业务分工和流程。按照“两级集约,三级布局”的思路,省级加强业务组织和产品支撑作用,市县级重点关注灾害性天气实时监测和临近预警业务,及时发布气象灾害预警信号。

精准的短时临近预报对气象防灾减灾发挥着至关重要的作用,短时临近预报业务涉及实况监测、业务流程、业务平台、技术方法和人才队伍等各个方面,因此建设完善的短时临近预报业务仍任重而道远。这就需要集多方优势、多措并举、重点攻关,来不断提高山西省短时预报业务能力,为山西深化改革推进资源型经济转型发展做好更好的气象保障。

参考文献

[1] 郑永光,张小玲,周庆亮,等. 强对流天气短时临近预报业务技术进展与挑战[J]. 气象,2010,**36**(7):33-42.

[2] 章国材. 强对流天气分析与预报[M]. 北京:气象出版社,2011.

[3] 中国气象局《全国短时临近预报业务规定》(气办发〔2010〕19 号)[Z]

[4] 何立富,周庆亮,谌芸,等. 国家级强对流浅势预报业务进展与检验评估[J]. 气象,2011,**37**(7):777-784.

[5] 陈敏,范永勇,郑祚芳,等. 基于 BJ-RUC 系统的临近探空及其对强对流发生浅势预报的指示性初探[J]. 气象学报,2011,**69**(1):181-194.

[6] 张小玲,张涛,刘鑫华,等. 中尺度天气的高空地面综合图分析[J]. 气象,2010,**36**(7):143-150.

[7] 陈明轩,俞小鼎,谭晓光,等. 对流天气临近预报发展与研究进展[J]. 应用气象学报,2004,**15**(6):754-766.

[8] 韩雷,王洪庆,谭晓光,等. 基于雷达数据的风暴体识别、追踪及预警的研究进展[J]. 气象,2007,**33**(1):3-10.

[9] 王令,青兰,卞素芬,等. 奥运气象服务中的短时预报及预警[J]. 气象,2008,**34**:264-268.

Historical Research and Exploration of Shanxi Short Term Nowcasting Service

YANG Dong

(Technology and Forecasting Department of Shanxi Meteorological Bureau, Taiyuan, 030002)

Abstract Accurate short term nowcasting plays an important role in protecting the safety of people's lives and property. Although it has made some progress in short term nowcasting service in Shanxi Province, it still lags far behind the level of advanced provinces. In this paper, the current situation and challenge of short term nowcasting in Shanxi Province is summarized, and the suggestion for future service development is explored: (1) Constantly optimize the division and process of short term nowcasting service, further improve the integrated short term and early warning service process of provincial-municipal and county, clear division of responsibilities. (2) Strengthening short term nowcasting monitoring of severe convective weather, further strengthen the construction of Shanxi comprehensive monitoring net system, strengthening the application and sharing of multi-source data. (3) Strengthening the research and development of short term nowcasting technology. Research and development of nowcasting technology based on radar extrapolation and real-time data fusion. Combining the data of regional automatic station, radar, satellite and numerical forecast mode, the TREC and TITAN algorithms are improved. (4) Improve the province, city and county integration short term nowcasting service platform, realization of automatic identification of severe convective weather, automatic station, radar, satellite and other data can be real-time rolling updates, product rapid production and one-click release. (5) Speed up the construction of scientific and technological talents and innovative teams, condensing the strength of superior technology, building a competitive technological innovation team, improving the comprehensive quality of scientific and technological personnel. By continuously strengthening the disastrous weather of real time monitoring and short term nowcasting service in Shanxi, the capability of short term nowcasting and disaster weather forecast service will be improved.

Keywords short term nowcasting, historical research, exploration

西南联大的气象教育与人才培养*

解明恩[1],索渺清[2],叶梦姝[2]

(1. 云南省气象局,昆明　650034;2. 中国气象局气象干部培训学院,北京　100081)

摘　要　国立西南联大,地处云南边陲,是抗战期间全国规模最大,成就显著的高等学府,在国内外教育界享有美好声誉。西南联大是民国时期我国高等学府中设有气象专业(气象组)的三所学校之一,为中国气象事业培养了许多杰出人才。从1937年8月筹建到1946年7月停止办学,西南联大前后共存在了8年零11个月。西南联大地质地理气象学系是在清华大学地学系和北京大学地质系的基础上成立的,孙云铸、袁复礼2位教授先后任系主任。地质地理气象学系分地质、地理和气象3个组,教师阵容强大,大部分教授曾留学美、英、德等国。气象学方面有李宪之教授、赵九章教授,助教有刘好治、谢光道、高仕功,主要专业课有气象学、气候学、理论气象、高空气象、大气物理、气象观测、天气预报、海洋气象、农业气象等。西南联大注重基础课教学,理工科学生除必修国文、英文、中国通史外,还须选修哲学、政治学、经济学、社会学、法学等课程之一。西南联大清华理科研究所地学部气象学组1943年招收顾震潮为研究生,师从赵九章教授,研习理论气象学(动力气象学)。抗战时期,随着内地大批机关、工厂、学校迁入昆明,人口剧增,物价飞涨,物资匮乏,西南联大的教学、科研和生活条件异常艰苦。地质地理气象学系的气象仪器设备几乎为零,气象观测实习全靠眼看和手感。专业图书资料奇缺,教师凭记忆授课,学生靠笔记学习。西南联大地质地理气象学系培养了我国近现代许多杰出的地学人才,为我国地质学、地理学和气象学的发展做出了重大贡献,地质地理气象学系共毕业学生166人,其中包括叶笃正、谢义炳、朱和周、王宪钊、徐淑英、江爱良等在内的气象专业毕业生33人。西南联大气象教授们在繁忙的教学工作之余仍致力于科研工作,发表了《气象事业的重要性与展望》《几个地学问题的研究》《变换作用导致冷暖气团的变性》《地面阻力层与风的日变化之关系》等论文。参与了清华大学航空工程研究所航空气象研究部的工作,筹建高空气象台并与美国盟军开展气象合作,撰写技术报告和论文17篇。赵九章教授的《大气之涡旋运动》获国民政府教育部1943年度自然科学类二等奖。参与创办清华地学会的学术期刊——《地学集刊》。

关键词　西南联大,气象学,地质地理气象学系,云南昆明,人才培养

1　引言

这所大学,存在不过9年,却成为中国教育史上的丰碑。这所大学,身处边陲,却开启了中国近代文化史上绚烂的一页,成为一代知识分子的精神殿堂,它就是国立西南联合大学。诺贝尔奖获得者杨振宁先生曾写道[1]:"我一生非常幸运的是在西南联大念过书。"《国立西南联合大学史料》[2]前言中记载:"在抗战八年的艰苦岁月里,在地处边陲的云南昆明,国立西南联合大学师生克服物资设备、图书资料、生活条件等方面的种种困难,精诚合作,共济时艰,结茅立

* 本文曾发表于《气象科技进展》,2019,9(1).

舍，弦歌不辍，并继承和发扬三校风格各异的优良校风和学风，五色交辉，相得益彰，八音合奏，终和且平。在当时的历史情况下，内树学术自由之规模，外来民主堡垒之称号，以卓著的业绩，蜚声海内外，为我国的教育科学文化事业做出了重大贡献，同时促进了云南和西南地区文化教育的发展，在中国教育史上和新民主主义革命史上写下了光辉灿烂的一页。"冯友兰撰写的《国立西南联合大学纪念碑》言："联合大学之始终，岂非一代之盛事，旷百世而难遇者哉！"国外有学者说[3]："西南联大的历史将为举世学术界追忆与推崇……联大的传统，已成为中国乃至世界可继承的一宗遗产。"在1948年中央研究院首届院士评选中，全部81位院士中有27人出自西南联大。从西南联大先后走出了杨振宁、李政道2位诺贝尔奖获得者，王希季、邓稼先、朱光亚、杨嘉墀、陈芳允、赵九章、郭永怀、屠守锷8位"两弹一星"功勋奖章获得者，黄昆、刘东生、叶笃正、吴征镒、郑哲敏5位国家最高科学技术奖获得者，173位两院院士[4]。美国弗吉尼亚大学历史系教授约翰·依色雷尔说："西南联大是中国历史上最有意思的一所大学，在最艰苦的条件下，保存了最完整的教育方式，培养了最优秀的人才，最值得人们研究。"

民国时期我国高等学府设有气象专业（气象组）的学校仅有三所[5]，即国立中央大学、清华大学（西南联大）、浙江大学，成为中国近代气象高等教育的摇篮，为中国气象事业培养了许多宝贵的杰出人才。西南联大曾创造过许多辉煌，仅地质地理气象学系的师生中就产生了32位两院院士，其中气象学3人。但针对西南联大气象专业的史料挖掘研究不多[6~10]，本文以期弥补西南联大气象史研究的一些空白。

2　西南联大的历史沿革与概况

国立西南联合大学是抗日战争期间设于云南昆明的一所综合性大学。1938年4月，国立北京大学、国立清华大学、私立南开大学从湖南长沙组成的国立长沙临时大学西迁至昆明，改称国立西南联合大学（简称西南联大）。

1937年8月28日，国民政府教育部分别授函南开大学校长张伯苓、清华大学校长梅贻琦、北京大学校长蒋梦麟，指定三人分任长沙临时大学筹备委员会委员，三校在长沙合并组成长沙临时大学。9月10日，教育部正式宣布建立国立长沙临时大学。10月，1600多名来自三校的师生经过长途跋涉陆续到达长沙。10月25日，长沙临时大学正式开学，校址位于长沙城东的韭菜园，主要租借圣经学院和涵德女校。11月1日，国立长沙临时大学正式上课（这一天成为西南联大的校庆日）。1938年1月20日，举行的第43次常委会作出即日开始放寒假，下学期在云南昆明上课的决议并规定师生3月15日前在昆明报到。2月19日长沙临时大学师生召开誓师大会，开始搬迁，分三路向云南昆明进发。

1938年3月18日，由于昆明校舍紧张，时任北大秘书长的郑天挺作为西南联大在云南建立分校的先期筹备人员到达蒙自。1938年4月2日，教育部发电命令国立长沙临时大学改称国立西南联大（The National Southwest Associated University），设文、理、法商、工、师范5个学院26个系，两个专修科一个选修班。4月19日，成立西南联大蒙自办事处。4月底，蒙自分校筹备完毕，文学院和法商学院在此办学，8月蒙自分校结束课程迁往昆明。

1938年5月4日，西南联大在昆明正式开课。12月21日第98次常委会决议，决定由三校校长轮任常委会主席，任期一年，本学年由清华校长梅贻琦担任。后因蒋梦麟、张伯苓均在重庆任职，只有梅贻琦长期留于昆明，故没有实施轮任制，一直由梅贻琦任主席，主导校务。

1940年11月西南联大在四川设叙永分校,1940年约700名新生在此上学,1941年8月迁回昆明。

1939年7月,三校恢复研究院开始招收研究生。西南联大中后期在校人数维持在3750人左右,其中学生约3000人,占80%,教师约350人,占9%,职员工警400余人,占11%。西南联大机构设置情况如下[11]:常务委员会(校长任主席),总务处(文书组、事务组、出纳组、会计组、工程处),教务处(注册组、图书馆、出版组),训导处(体育卫生组、军事管理组、校医院);文学院(中国文学系、外国语文学系、哲学心理学系、历史学系),理学院(算学系、物理学系、化学系、生物学系、地质地理气象学系),法商学院(法律学系、政治学系、经济学系、社会学系、商学系),工学院(土木工程学系、机械工程学系、电机工程学系、航空工程学系、化学工程学系、电讯专修科),师范学院(国文学系、英语学系、史地学系、公民训育学系、数学系、理化学系、教育学系、师范专修科、先修班、体育部),西洋哲学编译委员会。

西南联大研究生课程的开设三校教授统一配合,不分学校。三校教授均由联大聘任,研究生由三校分别招收,学籍不属于联大。招生人数不多,质量较高。北大、清华研究院于1939年在昆明恢复并开始招收研究生。1940年西南联大在原三校研究所的基础上分别成立清华、北大、南开研究院,3个研究院则在西南联大之名义下公布研究生招生简章,联合招收研究生。在研究生培养方面,3个研究院基本保持其独立性,课程设置、学位论文选题等,坚持自主原则。北大研究院,包括文科研究所(设中国文学部、语学部、哲学部、史学部、人类学部)、理科研究所(设算学部、物理学部、化学部、生物学部、地质学部)、法科研究所(设法律学部、经济学部)。清华研究院,包括文科研究所(设中国文学部、外国语文部、哲学部,历史学部)、理科研究所(设物理学部、算学部、化学部、生物学部、心理学部、地学部)、法科研究所(设政治学部、经济学部、社会学部)、工科研究所(设土木工程部、机械及航空工程部、电机工程部),5个特种研究所(即国情普查研究所、金属学研究所、无线电研究所、农业研究所、航空研究所)。南开研究院,包括经济研究所、边疆人文研究室。

1946年5月4日,西南联大举行结业典礼,7月31日宣布结束。3校迁回原址,师范学院留昆明独立设院,改称国立昆明师范学院(现云南师范大学)。西南联大旧址现为全国重点文物保护单位。从长沙临时大学1937年8月筹建,到西南联大1946年7月31日停止办学,西南联大前后共存在了8年零11个月。西南联大保存了抗战时期的重要科研力量并培养了一大批优秀学生,为中国乃至世界的发展做出了重要贡献。

3 西南联大地质地理气象学系

1928年清华大学成立地理学系,1929年秋季第一批学生入学[6],除地理学外,开设地质学、气象学课程。1930年设气象组,1931年建立气象台。1932年清华大学地理学系易名为地学系,分设地理、地质、气象三组。翁文灏、黄国章、谢家荣、袁复礼、冯景兰先后任地学系主任(或主持系务),黄厦千讲授气象课并任气象台主任。在地学系任助理员并在气象台负责气象观测的有刘粹中、史镜清、黄绍先、赵恕等[7]。1934年,留德博士刘衍淮(北平师范大学教授)到清华兼职,讲授气象学。1935年留英博士涂长望借聘到清华大学地学系任教授,1年后到国民政府中央研究院气象研究所(南京)工作。1936年李宪之从德国柏林大学博士毕业任教于清华地学系,开设气象学、天气预报和理论气象学三门课程。

1937 年 11 月国立长沙临时大学在清华地学系和北大地质系的基础上成立地质地理气象学系，孙云铸任系主任。1938 年 3 月长沙临时大学西迁昆明更名为西南联大。西南联大地质地理气象学系隶属理学院，吴有训、叶企孙两位教授先后任理学院院长，孙云铸、袁复礼两位教授先后任地质地理气象学系主任。

西南联大地质地理气象学系继承清华体制，下设地质、地理和气象 3 个组，其中地质组的教师和学生最多，地理组次之，气象组最少。地质地理气象学系教师阵容强大，大部分教授曾留学美、英、德等国，获博士或硕士学位[8~12]。地质学方面有孙云铸、王烈、袁复礼、冯景兰、张席禔、谭锡畴、米士（Peter Misch，德籍）、王恒升、张寿常等；地理学方面有张印堂、洪绂、鲍觉民、钟道铭、陶绍渊、林超等；气象学方面有李宪之、赵九章，助教有刘好治、谢光道、高仕功，3 人分别于 1937—1939 年清华地学系气象组毕业留校任教。1938 年李宪之、赵九章两位教授年龄仅为 34 岁和 31 岁，可谓青年才俊。1946 年 7 月 31 日西南联大结束，三校北返，10 月清华大学在地学系基础上成立气象系，李宪之教授任系主任。

表 1 为校史记载的 1937—1946 年度西南联大地质地理气象学系气象组专业课程表[13]。表中学期栏内无填写字者，表示全学年科目，上下字者，表示上下学期科目；必修或选修栏内，用罗马数码字填写者，表示某年级必修科目，用阿拉伯数码字填写者，表示某年级选修科目。二年级以上开始涉及气象专业课的学习。

表 1　1937—1946 年度西南联大地质地理气象学系气象组专业课程表

学年	学程	必修或选修	学期	学分	教师
1937—1938	气候学			4	张印堂
	气象学			6	李宪之
	理论气象			6	李宪之
	气象观测演讲		上	3	李宪之
	气象观测实习		上		李宪之
	航空气象		上	2	李宪之
	天气预报演讲		下	3	李宪之
	天气预报实习		下		李宪之
	海洋气象		下	2	李宪之
1938—1939	气象学	Ⅱ		6	李宪之
	气象观测	Ⅲ	上	2	李宪之
	天气预报	Ⅲ	下	2	李宪之
	理论气象	Ⅳ		6	赵九章
	航空气象	3、4	上	2	赵九章
	高空气象	3、4	下	2	赵九章
	地球物理	3、4		4	李宪之
	新生代地质				杨钟健
	地图摄影		下	2	毛准

续表

学年	学程	必修或选修	学期	学分	教师
1939—1940	气象学	Ⅱ		6	李宪之
	气象观测	Ⅲ	上	3	李宪之
	天气预报	Ⅲ	下	3	李宪之
	气候学及世界气候Ⅲ、Ⅳ			4	李宪之
	理论气象	Ⅲ、Ⅳ		6	赵九章
	大气物理		下	2	赵九章
	岩石发生史		下	2	王恒升
	地质学乙	Ⅰ、Ⅱ		8	张寿常
	新生代地质		上、下	3	张席禔
1940—1941	气象学	Ⅱ、Ⅲ		6	李宪之
	气象观测	Ⅲ	上	3	刘好治
	天气预报	Ⅲ	下	3	李宪之、刘好治
	气候学及世界气候Ⅲ、Ⅳ			6	李宪之
	理论气象	Ⅳ		6	赵九章
	海洋学	3、4	上	2	李宪之
	高空气象	Ⅲ、Ⅳ	上	2	赵九章
	人文地理	Ⅱ		4	鲍觉民
	农业气象		下	2	李宪之
1941—1942	气象学	Ⅱ		6	李宪之
	气象观测	Ⅲ	上	3	李宪之、刘好治
	天气预报	Ⅲ	下	3	李宪之、刘好治
	气候学及世界气候	Ⅳ、Ⅱ		6	李宪之
	理论气象	Ⅳ		6	赵九章
	海洋学	3、4	下	2	赵九章
	大气物理		下	3	赵九章
	人文地理	Ⅱ		4	鲍觉民
	毕业论文	Ⅳ		2	全组教授
1942—1943	气象学	Ⅱ		6	李宪之
	气象观测	Ⅲ	上	3	刘好治
	天气预报	Ⅲ	下	3	李宪之、刘好治
	气候学	Ⅲ、Ⅳ	上	3	李宪之
	中国天气	Ⅲ、Ⅳ	下	2	李宪之
	高空气象	Ⅲ、Ⅳ	上	2	赵九章
	理论气象	Ⅳ		6	赵九章
	海洋学	3、4	下	2	赵九章
	天气图实习	Ⅳ		6	李宪之
	人文地理	Ⅱ		4	鲍觉民
	毕业论文与台上实习	Ⅲ、Ⅳ		各2	本组教授

续表

学年	学程	必修或选修	学期	学分	教师
1943—1944	气象学	Ⅱ		6	李宪之
	气象观测	Ⅲ	上	3	刘好治
	天气预报	Ⅲ		6	李宪之、刘好治
	理论气象	Ⅳ		6	赵九章
	大气物理	3、4	上	2	赵九章
	地球物理	3、4		4	李宪之
	台上实习	Ⅳ		2	本组教授
	制图学	Ⅲ、Ⅳ		4	袁复礼
	气候学	Ⅲ、Ⅳ	上	3	李宪之
	气象学专题讨论	研、4	下	3	李宪之
	天气图实习	Ⅳ		6	李宪之
	毕业论文	Ⅳ、4		2	本组教授
1944—1945	气象学	Ⅱ		6	李宪之
	气象观测	Ⅲ	上	3	谢光道
	天气预报	Ⅲ			刘好治
	中国天气	Ⅳ	上		李宪之
	天气图实习	Ⅳ			刘好治
	高空气象	Ⅳ	上	2	高仕功
	气候学	Ⅲ、Ⅳ	下	3	刘好治
	理论气象	Ⅳ		6	李宪之
	台上实习	Ⅳ		2	本组全体教师
	政治地理		下	2	钟道铭
	毕业论文	Ⅳ		2	本组全体教师
1945—1946	气象学	Ⅱ		6	李宪之
	气象观测	Ⅲ	上	3	谢光道
	天气预报	Ⅲ		6	刘好治
	气候学	Ⅲ	上	3	李宪之
	中国气候	Ⅲ	下	3	李宪之
	世界气候				
	气象专题讨论	Ⅲ、Ⅳ		2	全组教师
	台上实习	Ⅳ		2	全组教师
	高空气象	Ⅲ、Ⅳ	上	2	高仕功
	毕业论文	Ⅳ		2	全组教师

在学习方面，西南联大十分注重基础课教学，强调给学生打下宽厚扎实的基础。理工科学生除必修国文、英文、中国通史外，在哲学、政治学、经济学、社会学、法学概论等几门社会科学课程中还要选修一门，4 年中一般要学习 30 门左右课程。西南联大在教学要求上也较严格，

学生按系招生，但录取后不算入系，经过一年学习后，本系基础必修课必须在70分以上，才能入本系继续学习，否则得转系。考试不及格的课程，不实行补考，而是重修。有的课程是连续性的，先修课程不及格，不能学习后续课程。选修课不及格不一定重修，可改学另一门选修课。全年1/3课程不及格者得留级，1/2不及格者即令退学。

地质、地理、气象三组一年级学生的课程主要是打好基础，共40个学分[10]。有大一国文(6)、大一英文(6)、中国通史(6)、微积分(8)、经济学概论(6)、普通地质学(8)，体育课每年都有，不计学分。二年级三组的共同必修课程有：普通化学(8)、普通物理(或普通生物学，8)、第二外国语(6，一般选德文或法文)，其他为专业课。三、四年级主要为专业课，许多学生还选修一些外系课程以扩大知识面。李宪之讲授的“气象学”，教材取自德国书籍及当时美国最新版的《普通气象学》，“天气预报”的教学内容则参考德国Defant的书，后用美国佩特森(S. Pettersen)的《天气分析与预报》。赵九章讲授“理论气象”，先参考德国的《动力气象学》与《物理学手册》，后由赵九章自编讲义，是我国第一本《理论气象》(动力气象)教材。

1942年毕业于西南联大地质地理气象学系的胡伦积先生回忆[14]：“记得当年在西南联大时，大一国文、大一英文课都是由名教授主讲。我们的国文课，是闻一多、朱自清、王力、罗庸、罗常培、沈从文等教授分别执教的。初到云南时学生较少，国文课甚至由许多名教授轮流各讲所长，闻一多教授讲诗词，朱自清教授讲散文，罗常培和罗庸教授讲古文。”

拔尖人才的培养不仅需要一流的名师，高素质的学生也至关重要。西南联大聚集了一批高质量的学生。早期的学生原是北大、清华、南开的肄业生，学生素质较高。1938年后，由于报考西南联大的人数较多，录取名额有限，所以选拔非常严格，录取的学生更是优中选优。如“1945年夏，昆明地区报考大学者2400多人，西南联大只录取了132人”。以1939年西南联大招生考试为例，按三种院系类别设置考试科目，报考气象学的考生须笔试“国文、英文、本国史地、数学甲(高等代数、解析几何、三角)、物理、化学”等科目。包括气象学组在内的西南联大的大部分院系也招收二、三年级的其他学校的转学生，报名资格是[14]：“凡在国立或已立案之私立大学肄业满一年或二年以上者，其在原校一年级(二年级)所修之学程与部定各学系一年级(二年级)必修学程相符合。转学考试科目为普通科目(国文、英文)和基本科目(地质学、普通气象)”。

据统计[15]，1937—1945学年中，西南联大地质地理气象学系在校生分别为87人、59人、109人、91人、89人、73人、34人、35人、38人，合计615人，学地质的居多。人数最多为1939学年(1939—1940年)，达到109人，往后逐年减少。原因是当时许多学生为了毕业后的出路，多选择工学院和经济等系科，再一个是学生淘汰率较高，因经济困难、负担过重、成绩下降，被迫休学、退学、转学的不少，有的学生时断时续地学习，读了六七年才大学毕业。实际上，西南联大每年的毕业生甚少，致使毕业生年年供不应求，尤以理工两院毕业生最为抢手。

西南联大研究院自1939年开始招收硕士研究生[13]，北大和清华理科研究所有算学部、物理学部、生物学部招生，名额有限，清华理科研究所仅录取了3人。地学部地质学组1941年开始招生，仅录取1人(北大，董申保)。地学部气象学组1943年招生，仅录取了顾震潮1人，师从赵九章教授，研习理论气象学(动力气象学)。1945年7月，时年26岁的顾震潮作为清华大学第十一届研究生毕业，其毕业论文为“The General Law of Distribution of Turbulent Wind in a Gust”(阵风中湍流风分布的普遍规律)。

4 学习和生活的艰难岁月

抗战期间，国家内忧外患，日本侵略军攻陷缅甸后，立刻把战争魔爪伸进怒江以西的滇西地区，妄图沿滇缅公路攻占昆明，威逼重庆，地处西南边陲的昆明转眼间由抗战的后方变为前线。1938—1944年昆明地区频繁遭到日军飞机轰炸和袭击达67次，造成人员伤亡和财产损失，西南联大也未能幸免。抗战时期的昆明，随着内地大批机关、工厂、学校的迁入，人口剧增，物价飞涨，物资匮乏，教学和生活条件非常艰苦。1938年赵九章教授初到昆明时，一家挤在昆明履善巷3号既旧又破的一间半民房里，他一面教书一面进行科研，靠微薄的工资收入，维系着全家清贫的日子[16~18]。1940年，为躲避日机的轰炸，赵九章一家同梅贻琦等一批清华人，应云南著名报人惠我春的盛情邀请，搬到了西北郊大普吉龙院村惠家大院住了3年。1941年6月学校为帮助教师渡过生活难关，将靠月薪390元度日的赵家列入膳食补助范围，每人每月给予16.8元的补助。搬家时，赵九章一家全部的家当只装了一小马车。理学院院长吴有训教授说："看到九章搬家时那点东西，我就难过得要掉眼泪！"生活所迫，赵九章不得不变卖了祖传的元代著名书画家赵孟頫的一轴真迹，以补贴家用。

李宪之教授在师资缺乏，教材缺乏的情况下，曾在一年之内开设了气象学、气象观测、天气预报等6门课程，家住昆明郊外，每天步行二十多里①路程到学校上课。据李曾昆先生(李宪之次子)回忆[19]："抗日战争时期，父亲在昆明西南联大教书。因防敌机轰炸，也为了省钱，住在乡下莲德镇小街子，离学校很远，住的是土房子，点油灯，吃井水，家里阴暗、潮湿，老鼠很多。全家七口人，全靠父亲工资为生，经济上很紧张。全家人穿的衣服、鞋子都是母亲和姨母自己做的，我们弟兄的衣服是哥哥穿了弟弟穿，补丁上加补丁。……姨母还带我们去地里挖野菜，到附近学校和美军部队的食堂，低价买剔了肉的牛骨头。……父亲每天天不亮就得步行去城里上课，天黑了才回来，有时提20斤②米，走20里地。"

办学条件极差。1938年三校刚到昆明时，西南联大理学院只得租借昆明西门外昆华农校作为校舍。1939年夏季，西南联大在昆明大西门外三分寺附近购地120余亩③建盖新校舍。那是一些低矮的土墙泥地草顶(部分是铁皮顶)的平房，联大的师生就是在这样艰苦条件下学习和生活。尽管当时昆明时有敌机轰炸，"跑警报"几乎成为常态，学习生活条件艰苦，但许多联大学生的学习是非常刻苦努力的。1941年后昆明屡遭轰炸，上课时间改为上午7点至10点，下午3点至5点，每课40分钟，课间休息5分钟。联大期间全校共有中、日文图书31100册，西文图书13900册，外文期刊近百种。一些用功的学生在图书馆前排队等候借书。因图书馆阅览室位子太少，有的学生不得不到街上的茶馆中看书学习。

据西南联大史料记载[11]："本校学生大多数来自战区，生活至为艰苦。全校学生2800余人，持贷金及补助金生活者，达十分之七八，但贷金仅勉敷膳食。年来昆明物价高涨，以较战前约在百倍以上。各生必需之书籍纸笔以及布鞋等费，最少限度亦月须200元左右。惟在艰难困苦中，反易养成好学勤读之习。每值课后，群趋图书馆，宏大之阅览室，几难尽容。其经济来源完全断绝者，率于课余从事工作，稍获酬报，以资补助。"

① 1里=500 m；

② 1斤=500 g；

③ 1亩=1/15 hm^2。

据西南联大1943年毕业生田曰灵回忆[20]:"联大的学生多来自沦陷区,他们经济上不能得到家庭及时供应,甚至长期没有音讯,生活上靠领取贷金。初期还能勉强支付膳费。后来通货膨胀,物价不断上涨,贷金难以支付膳费,学生们便不得不在课余时间找工作干,最多的是当家庭教师。那时云南文化水平低,云南学生考取西南联大的绝少。一些家长就广为子女聘请家庭教师,这为联大学生开辟了财源。为了谋生,学生们什么工作都干,有的人甚至干空袭警报时挂红灯笼的事。"

1940年毕业于西南联大地质地理气象学系的叶笃正先生曾深情地回忆道[4]:"当年,联大的校舍经常遭到日军飞机的轰炸,有时候都没有拉警报飞机就来了。教室被震塌了,飞机走了照样上课,只要没死没伤的拍拍身上的尘土又投入到学习中。西南联大之所以能够取得如此辉煌的成绩,我想和这种精神是有很大关系的,就是联大艰苦卓绝的生活和鼎力治学的风气。"

地质地理气象学系的气象仪器设备几乎为零,水银气压表、风向风速仪、简单的湿度计、雨量筒都没有,气象观测实习全靠眼看和手感。专业的图书资料也几乎为零,从北京到长沙,再到西南边陲昆明,路途遥远,连原有的讲稿都来不及带上,教师凭记忆授课,学生靠笔记学习。王宪钊先生曾撰文[21]回忆在联大学习气象的经历:"从1938到1941年,我在学校先后修了李宪之先生的普通气象学、气象观测、天气预报和地球物理。赵九章先生讲高空气象学、理论气象学和大气物理。刘好治先生负责我们的实习。赵先生三门课都自编讲义,基本概念清楚,字迹清晰工整。李先生讲课条理分明,口齿清楚。1943年谢光道学长返校后任助教、教员,曾教过气象观测和天气预报实习。1944年赵九章先生赴重庆任中央研究院气象研究所所长,联大理论气象这门课程改由李宪之先生担任。同时,清华航空研究所嵩明气象台撤销,该所的高仕功先生也曾在联大讲过高空气象学。气象观测实习全靠目力和手感,云和天气现象、能见度用目力观测,风速则看树枝的摇动。风小时,李先生教我们用手指蘸水来感应风向,感到凉的位置所指的方向便是风向。风稍大时,将土屑抛向空中,从其移动的方向来确定风向。在毕业前我到昆明太华山气象台实习的时候,才真正摸到了气象仪器,体验了气象台的生活。"

抗战期间,我国空军军官学校在昆明创办了5期测候训练班(即空军气象训练班),刘衍淮聘请李宪之教授、赵九章教授为训练班兼课。李宪之在百忙中还应聘到云南大学农学院讲授气象学。当时,空军军官学校(巫家坝机场附近)和省立昆明气象测候所(太华山)有较完备的气象设施,李宪之就安排西南联大地学系气象组的学生到那里去参观和实习。

气象组于1939年秋与清华航空研究所在嵩明合办高空气象台进行观测工作[10]。1940年起气象组二、三年级学生可去那里实习,限于条件,只能进行地面观测。1944年春该气象台因经费和人力困难而撤销,只得在联大新校舍北区把原有旧碉堡改造成气象台,因陋就简维持气象观测。四年级学生在毕业前则到昆明太华山气象台实习两三周,按值班观测员要求进行。高空实习要到昆明远郊区的巫家坝空军机场,先跟雷达班,后从事辅助计算工作。气象组的毕业论文在四年级的下学期完成,题目或来源于实际,或来源于书本。台站实习既起到了实际训练的作用,又为毕业论文提出题目及实际资料。

1995年92岁高龄的李宪之先生曾回忆道[22]:"我1936年在北平首次讲课,而且同时三门:气象学、理论气象、气象观测与天气预报,写讲稿、讲授、实习,一人独担,苦不堪言!原企盼第二年有了写就的讲稿,可以轻松些,不料只字未带,逃到长沙,又到昆明。起初,既无讲稿,又无书籍，只凭记忆和从市上买来的有关小册子，勉强支持。以后从中研院气象研究所借来几本书，才渡过艰苦困境。正当精疲力竭、喘息未定时，援军赵九章回来了。可以想见，当时两人心情何等愉快！经多次长谈，我从赵所谈内容得到动力，赵从我的艰辛历程获取教益。当时昆明西南联大地质地理气象系情况很好，他讲理论气象和大气物理，深受欢迎。清华大学航空研究所气象组，注重实验和仪器，并在嵩明县设立高空气象台，正在继续作各种准备开始大规模发展的时候，赵九章竟然于1944年被拉到重庆去了。”

在西南联大8年多时间里，李宪之先生固守岗位，一家七口，贫困异常，然怡然自得，教学严格，每劝学生多读书少管闲事。赵先生讲课“轻声细语、有条不紊、循循善诱、不温不火、仪表堂堂、不怒而威、为人师表”。

赵九章教授为地质地理气象学系高年级学生开设的是一年6个学分的必修课——理论气象，这是该系学分最高的主干课。他还先后在航空工程学系、地质地理气象学系和物理学系开设了航空气象、高空气象、大气物理、海洋学等课程。为把自己掌握的知识传授给学生，没有教材，他就自编《动力气象学》《大气涡旋运动》《理论气象学》《大气物理学》《高空气象学》等讲义油印或让学生传抄。赵九章编著交国立编译馆审查付印的《理论气象学》讲义，是我国该课程的第一部教材。由于赵九章的知识渊博，思维清晰，课堂讲述富于条理，并以清晰的物理概念，严格的数学推演，循循善诱的教学方法吸引人，“口若悬河，滔滔不绝”，教学深受学生们的欢迎，还吸引了不少物理系的学生旁听。

5 教学名师与气象精英

任教于西南联大地质地理气象系气象组的知名教授是李宪之和赵九章。

李宪之(1904—2001)，气象学家[23]。1924年考入北京大学预科后转入物理系，1927—1930年参加中国西北科学考察团，是4位学生团员之一，负责水文气象观测与研究。1930年赴德国柏林大学学习气象、海洋和地球物理，1934年获哲学博士学位，从事2年博士后研究。1936年回到清华大学地学系气象组任教，次年任教授。1938年任西南联大地质地理气象系教授并在云南大学、空军测候班兼课。1946年任清华大学新建的气象系教授、系主任。李宪之是中国近代东亚寒潮和台风研究的开拓者和奠基人之一，是中国近代高等气象教育事业的开拓者和奠基人之一。

赵九章(1907—1968)，著名气象学家、地球物理学家、空间物理学家、中国科学院院士[23]。1933年毕业于清华大学物理系，1935年通过庚款留学考试后赴德国攻读气象学，1938年获德国柏林大学博士学位。回国后任西南联大地质地理气象系教授兼清华大学高空气象台台长。1944年5月经著名气象学家竺可桢推荐，任中央研究院气象研究所所长。赵九章是中国动力气象学、地球物理学和空间物理学的奠基人。

西南联大地质地理气象学系培养了我国近现代许多杰出的地学人才，为我国地质学、地理学和气象学的发展做出了重大贡献。由于采用的是“精英式”教育，每年的毕业生较少。据统计[7~10,15]，1938—1946年西南联大地质地理气象学系共毕业学生166人(北大28人、清华57人、南开7人、联大74人)，其中联大学籍中有10人进入军队服务担任译员等，166名毕业生中气象学专业本科的仅有33人。硕士研究生毕业3人，其中气象学1人(顾震潮)。1934—1937年毕业于清华大学地学系气象组的学生13人，1947—1949年毕业于清华大学气象系的学生12人，表2为1934—1949年清华大学及西南联大气象学专业(组)毕业学生名录。

表 2　清华大学及西南联大气象专业(组)毕业学生名录

毕业学校及院系	毕业时间(年)	毕业学生姓名
清华大学地学系(13 人)	1934	李良骐、刘汉、刘愈之
	1935	彭平
	1936	程纯枢、么枕生、汪国瑗、张英骏、王钟山
	1937	郭晓岚、张乃召、刘好治、蒋金涛
西南联大地质地理气象学系(33 人+1 人)	1938	谢光道、亢玉谨、万宝康、周华章、钟达三、陈鑫
	1939	高仕功、孙毓华、何明经、白祥麟
	1940	叶笃正、谢义炳、彭究成、冯秉恬、朱和周、程传颐、宋励吾
	1941	王宪钊、徐淑英、钱茂年
	1942	黄衍
	1943	李叔庭、莫永宽、钱振武、何作人
	1944	曹念祥、张文仲、罗济欧
	1945	刘匡南、秦北海、贺德骏、李廉、顾震潮(研究生)
	1946	江爱良
清华大学气象系(12 人)	1947	章淹,仇永炎、严开伟、葛学易
	1948	周琳、洪世年、唐知愚、陈滨颖
	1949	朱抱真、王世平、王余初、胡人超

在西南联大地质地理气象学系的气象师生中,有 7 人入选《中国气象百科全书》[23],赵九章、叶笃正、谢义炳为著名气象学家,中国科学院院士;李宪之、朱和周、谢光道、王宪钊为气象学家。1949 年 10 月新中国成立之前,在 1938 年以前的清华大学地学系和 1946 年以后的清华大学气象系教师和毕业学生中,有 8 人入选《中国气象百科全书》,涂长望、程纯枢为著名气象学家,中国科学院院士;么枕生、张乃召、汪国瑗、朱抱真、章淹、仇永炎为气象学家。其次,入选《中国气象百科全书》的气象学家还有 1940 年毕业于西南联大物理系的顾钧禧,1945 年毕业于西南联大研究院的顾震潮。另外,1937 年毕业于清华大学地学系的郭晓岚(美籍华裔),1943 年夏参加清华庚款留学生遴选考试,1944 年 8 月取得清华第六届留美公费生资格,在竺可桢、赵九章指导下,1945 年 5 月赴美国芝加哥大学攻读气象学博士学位,师从著名气象学家罗斯贝(Rossby)教授,是世界著名理论气象学家,荣获美国气象学会罗斯贝奖。

特别指出的是,曾在西南联大地质地理气象学系任教的赵九章院士为中国人造卫星事业做出了杰出贡献,1985 年荣获国家科技进步奖特等奖,1999 年被中共中央、国务院、中央军委授予"两弹一星功勋奖章"。西南联大地质地理气象学系毕业的学生中,刘东生院士(1942 年毕业,地质学)、叶笃正院士(1940 年毕业,气象学)获 2003 年、2005 年度国家最高科学技术奖。叶笃正院士是中国现代气象学的主要奠基人之一,1945 年留学美国芝加哥大学,师从著名气象学家罗斯贝(Rossby)教授,1948 年获博士学位。1987 年获国家自然科学一等奖,1995 年获何梁何利年度科学与技术成就奖和陈嘉庚地球科学奖,2003 年获世界气象组织最高奖——国际气象组织(IMO)奖,2006 年入选"感动中国"十大人物。

2004 年 10 月 18 日中国气象学会成立 80 周年庆祝大会在京举行,会上授予 26 位健在的气象前辈"气象科技贡献奖"。其中清华大学和西南联大师生 10 人获奖,他们是:么枕生、仇永炎、王世平、王式中、叶笃正、刘好治、朱抱真、李良骐、赵恕、葛学易，其中王式中系1944年西南联大物理系毕业生。

6 艰辛的气象科研工作

李宪之教授1935—1936年在德国发表了《东亚寒潮侵袭的研究》《台风的研究》《大气环流与海洋环流的相似性》等重要论文[24,25]。1938年到西南联大任教后，在繁忙的教学工作之余仍致力于科研工作，发表了《气象事业的重要性与展望》(1943)、《气压年变型》(1943)、《几个地学问题的研究》(1944)等论文。1941年11月李宪之教授向西南联大提出开展气象研究的计划报告[13]—《西南高层气流与天气研究计划》，包括“中国西南高层气流”和“中国西南的天气”两个选题，在他呈报给梅贻琦校长的信函中写道：“上述二题，在学术上相当重要，因为关于中国西南部高空气流与天气，气象学术界所知尚少。同时在实用上亦非常重要，因为中国西南在国际陆空交通上、在国防上、在农业上、在经济上，都很重要；而气象与此诸点，均有密切关系。”非常可惜，因经费、资料等所困，最终未能付诸实施。

赵九章教授在西南联大任教前后，在德国和国内发表了多篇重要论文[17,18]，如《中国东部气团之分析》(1935)、《信风带主流间的热力学》(1937)、《风力湍流性的摆动的分配定律参变数的决定》(1938)、《罗斯贝反气旋微分方程的积分》(1939)、《变换作用导致冷暖气团的变性》(1942)、《地面阻力层与风的日变化之关系》(1943)、《非恒态吹流之理论》(1944)、《半永久活动中心的形成与水平力管场的关系》(1946)、《论水汽蒸发方程》(1946)等。

赵九章、李宪之等在承担地质地理气象学系的教学任务之外，还参与了清华大学航空工程研究所下设的航空气象研究部的工作，筹建高空气象台并与盟军开展气象合作。航空工程系主任兼航空研究所所长庄前鼎教授在其执笔撰写的报告中描述了航空气象研究部的真实情况[13]：“高空气象台成立于民国二十八年(1939年)秋季，台址建于嵩明西灵应山。借公地自建台址八间，其中地面仪器，一部分供自联大地质地理气象系，故成立之始，已开始地面观测，后复向空军军官学校借得自记测风仪，对于风速及风向有连续之记载。惜所有向美订购之高空气象仪及气压表、图书等，因越南事变，欧战爆发，滞留香港、海防，讫未运到，故不得不设法自制。至于风筝施放，则因钢线未到，未克举行。此外，无线电探测因有中央研究院气象研究所合作，探测仪器曾由该所赠送数套，虽校准工作得以完成，但因发报机内电池必须自制，方能施放，曾与中央电工厂商洽办理，亦因探测仪器仅有此数，放完无以为继，亦未举行。美空军十四航空队驻昆时，曾与该队气象台合作，除供给该台嵩明气象记录外，并派人协助盟军举办无线电探空仪训练班，博得该队司令陈纳德将军的赞许，得于租借法案物资内，奉准拨发全套无线电探空仪设备，嗣又因欧战紧张，该项设备不敷分配，而被美陆军部取消，几经磋商，讫未成功，实甚惋惜。此外地面及高空观测，须有精确之水银气压表，因定购之气压表无法运到，故于民国二十九年(1940年)夏季自行研制制造，幸告完成，即接受航空委员会之委托，代制五十具，并另为中央气象局制造十具，供应战时需要，使各地气象台，得以继续工作，甚得全国气象界之好评。此外，美空军离昆明时，曾蒙盟军气象台惠赠气象台仪器一部，北半球天气图全套(缺数年)及气象图书多种。”

清华大学航空工程研究所翻译和编著了多部航空工程方面的书籍，被国立编译馆付印作为大学教科书和空军军官学校教本，如庄前鼎等人翻译的《应用空气动力学(美)》《空气动力学概论(美)》《飞机材料学(英)》等，赵九章编著的《理论气象学》。赵九章、庄前鼎合编《高空气象学》。编辑《防空常识》《滑翔与气象》《航空与气象》等册子。撰写技术报告和研究论文 108 篇，其中涉及气象学 17 篇(表 3)。

表 3 清华大学航空工程研究所气象学研究论文一览表

序号	作者	题目	刊物
1	赵九章	海洋不稳定吹流之理论	《清华理科报告》
2	赵九章、顾钧禧	冷气团在交换作用中之变化	《航空研究所汇刊气象论文》第一号
3	赵九章、高仕功	推后位场理论与气压预告	《航空研究所汇刊气象论文》第一号
4	赵九章、高仕功	气压预告	《航空研究所汇刊气象论文》第二号
5	赵九章、顾钧禧	无线电高空气象仪之型种及其比较	《航空研究所汇刊气象报告》第一号
6	赵九章、高仕功	高空气象计算尺	《航空研究所气象报告》第二号
7	高仕功	雾珠之结构	《气象论文》第三号
8	赵九章	阻力层与风的日变化理论	《气象论文》第四号
9	赵九章、高仕功	福丁式水银气压表制造报告	《气象报告》第三号
10	高仕功	锋向产生趋势强度	《气象论文》第五号
11	高仕功、徐淑英	高空观测与气压预告	《气象报告》第四号
12	高仕功	气压之垂直速度	《气象论文》第六号
13	高仕功	等压系之动力与运动的性质	《气象论文》第七号
14	高仕功、徐淑英	等压分析之理论基础	《气象论文》第八号
15	高仕功	昆明气团分析	《气象报告》第五号
16	高仕功	大气之辐合与散发作用	《气象报告》第六号
17	李宪之	世界主要航线之高空气流	不详

1941—1946 年国民政府教育部进行了六届学术奖励工作[13]，涵盖文学、哲学、社会科学、自然科学、应用科学等多个类别。在六届奖励中，气象学科均有成果获奖(表 4)。赵九章教授的《大气之涡旋运动》获 1943 年度自然科学类二等奖。同时，西南联大地质地理气象学系孙云铸教授的《中国古生代地层之划分》，冯景兰教授的《川康滇铜记要》分别获 1942 年度自然科学类二等奖和三等奖，张印堂教授的《滇缅铁路沿线经济地理》获 1942 年度社会科学类三等奖，杨钟健教授的《许氏禄丰龙》获 1943 年度自然科学类一等奖。

表 4 国民政府教育部学术奖励中气象学科获奖情况

年度	奖励类别	获奖人	题目	等次
1941 年(第一届)	自然科学类	涂长望	中国气候之研究	二等奖
1942 年(第二届)	自然科学类	吕炯	西藏高原与今古气候	二等奖
1943 年(第三届)	自然科学类	赵九章	大气之涡旋运动	二等奖
1944 年(第四届)	自然科学类	朱炳海	本国锋之消长与气旋	二等奖
1945 年(第五届)	自然科学类	陈正祥	中国之霜期	给奖助
1946—1947 年(第六届)	自然科学类	卢鋈	中国气候图集	二等奖

李宪之、赵九章等教授在西南联大任教期间，还参与创办清华地学会的学术期刊—《地学集刊》（THE GEO-QUARTERLY）的相关工作，承担纂稿与审稿工作，指导西南联大毕业生在该刊发表了有关气象学、地理学方面的研究论文。1948 年清华大学编撰《国立清华大学科学报告-丙刊：地质、地理、气象》（The Science Reports of National Tsinghua University-Series C：Geological、Geographical and Meteorological Sciences）。

参考文献

[1] 珍视西南联大的遗产[DB/OL]. 清华新闻网(http://www. tsinghua. edu. cn/)，2007 年 11 月 2 日 .

[2] 北京大学，清华大学，南开大学，等 . 国立西南联合大学史料(一，总揽卷)[M]. 昆明：云南教育出版社，1998.

[3] 朱光亚 . 序[A]//国立西南联合大学史料(一，总揽卷)[M]. 昆明：云南教育出版社，1998.

[4] 云南师范大学西南联大博物馆[DB/OL]. http://bwg. ynnu. edu. cn.

[5] 气象史料挖掘与研究工程项目组 . 浙江大学史地系对气象人才的培养和贡献[J]. 气象科技进展，2016，6(4)：75-78.

[6] 陈诗闻 . 北京大学大气科学系的历史和演变[A]//中国气象学会 2004 年年会论文集(下册)[C]. 北京：气象出版社，2004.

[7] 赵恕 . 有关清华大学地学系气象组和气象台的史料[DB/OL]. 清华校友网 http://www. tsinghua. org. cn/百年清华/清华故事，2009 年 6 月 8 日 .

[8] 于洸 . 西南联合大学地质地理气象学系概况[J]. 地质学史论丛，1995，3：95-102.

[9] 杨海挺 . 抗日战争时期西南联大在云南的地理与人口国情调查实验[D]. 博士学位论文，昆明：云南大学，2015.

[10] 张咸恭，李孝芳、徐淑英，等 . 地质地理气象学系[A]//国立西南联合大学校史—1937 至 1946 年的北大、清华、南开[M]. 154-175，北京：北京大学出版社，1996.

[11] 清华大学校史研究室 . 清华大学史料选编(第三卷、下册、西南联合大学与清华大学〈1937—1946〉)[M]. 北京：清华大学出版社，1994.

[12] 北京大学，清华大学，南开大学，等 . 国立西南联合大学史料(四，教职员卷)[M]. 昆明：云南教育出版社，1998.

[13] 北京大学，清华大学，南开大学，等 . 国立西南联合大学史料(三，教学科研卷)[M]. 昆明：云南教育出版社，1998.

[14] 胡伦积 . 西南联大地学系出人才[A]//笳吹弦诵情弥切—国立西南联合大学五十周年纪念文集[C]. 北京：中国文史出版社，1988.

[15] 北京大学，清华大学，南开大学，等 . 国立西南联合大学史料(五，学生卷)[M]. 昆明：云南教育出版社，1998.

[16] 苏国有 ."中国卫星之父"赵九章的昆明岁月[N]，人民政协报，2012 年 3 月 29 日 .

[17] 吴阶平，钱伟长，朱光亚，等 . 中国当代著名科学家丛书：赵九章[M]. 贵阳：贵州人民出版社，2005.

[18] 叶笃正 . 赵九章纪念文集[M]. 北京：科学出版社，1997.

[19] 李曾昆 . 回忆[A]//李宪之教授纪念文集-《寒潮 · 台风 · 灾害》续集[M]. 北京：气象出版社，2004.

[20] 田曰灵 . 回忆西南联大化学系[A]//笳吹弦诵情弥切—国立西南联合大学五十周年纪念文集[C]. 北京：中国文史出版社，1988.

[21] 王宪钊 . 我在西南联大学气象[A]//笳吹弦诵情弥切—国立西南联合大学五十周年纪念文集[C]. 北京：中国文史出版社，1988.

[22] 李宪之 . 几点回忆与联想[A]//寒潮 · 台风 · 灾害—庆贺李宪之教授九十五华诞文集[C]. 北京：气象出版社，2001.

[23]《中国气象百科全书》总编委会 . 中国气象百科全书(综合卷)[M]. 北京：气象出版社，2016.

[24] 李曾中，《李宪之教授纪念文集》编委会 . 李宪之教授纪念文集[C]. 北京：气象出版社，2004.

[25] 仇永炎 . 寒潮 · 台风 · 灾害——庆贺李宪之教授九十五华诞文集[C]. 北京：气象出版社，2001.

Meteorological Education and Personnel Training in the National Southwest Associated University

XIE Mingen[1], SUO Miaoqing[2], YE Mengshu[2]

(1. Yunnan Meteorological Bureau, Kunming 650034;
2. China Meteorological Administration Training Centre, Beijing 100081)

Abstract The National Southwest Associated University that was located in the Yunnan Province over southwestern of China was the largest institution of higher education in China during the Anti-Japanese War with remarkable achievements and enjoyed a high reputation in the educational circles at home and abroad. The National Southwest Associated University was one of the three high-level universities in the Republic of China with the specialty of meteorology(meteorology group), having cultivated many outstanding talents for the meteorological cause in China. From its establishment in August 1937 to its suspension in July 1946, the National Southwest Associated University only existed for 8 years and 11 months. The Department of Geological Geography and Meteorology of the National Southwest Associated University was founded on the basis of the Department of Geoscience, Tsinghua University and the Department of Geology, Peking University. Prof. Sun Yunzhu and Prof. Yuan Fuli served as the deans of the department successively. The Department of Geological Geography and Meteorology was divided into three groups including geology, geography and meteorology. The faculty of the department were very capable, most of whom had studied in the United States, Britain, Germany and other countries. In meteorology field, there were Prof. Li Xianzhi, Prof. Zhao Jiuzhang and teaching assistants Liu Haozhi, Xie Guangdao and Gao Shigong. The major courses included meteorology, climatology, theoretical meteorology, aerology, atmospheric physics, meteorological observation, weather forecasting, marine meteorology, agricultural meteorology, etc.. The National Southwest Associated University payed attention to the teaching of basic courses, and students who majored in science and engineering must take one course of philosophy, politics, economics, sociology and law in addition to the required courses of Chinese, English and general history of China. In 1943, the meteorology group of the Department of Geoscience, Tsinghua Institute of Science, the National Southwest Associated University, enrolled Gu Zhenchao as a graduate student, who studied theoretical meteorology(dynamic meteorology) under the guidance of Prof. Zhao Jiuzhang. During the Anti-Japanese War, with a large number of government agencies, factories and schools moving from the mainland to Kunming, Yunnan Province, the population there increased sharply, prices soared, and goods were scarce. Thus, the teaching, research and living conditions in the National Southwest Associated University were extremely hard. There was no any meteorological equipment in the Department of Geological Geography and Meteorology, and meteorological observation practice could only depend on the eyes and hands. The meteorological books and data were scarce, professors and teachers taught relying on their memories and students learnt the knowledge by making notes in notebooks. The Department of Geological Geography and Meteorology of the National Southwest Associated University cultivated many outstanding geoscience talents for modern times in China and made a significant contribution to the development of geology, geography and meteorology in China. 166 students graduated from the department, including 33 meteorology majors like Ye Duzheng, Xie Yibing, Zhu Hezhou, Wang Xianzhao, Xu Shuying, Jiang Ailiang, and so on. In addition to the teaching work, the meteorological professors also devoted themselves to scientific research. They published the research papers such as "The importance and prospect of meteorological cause", "Research on several geoscience problems", "The metamorphosis of cold and warm air masses caused by transformation" and "The relationship between the daily change of ground resistance layer and wind". They participated in the work of the upper-air meteorological research department of the Institute of Aeronautical Engineering Research, Tsinghua University, prepared the upper-air meteorological observatory and carried out meteorological cooperation with the United States Allies, and wrote 17 technical reports and papers. Professor Zhao Jiuzhang's "vortex of the atmosphere" won the second prize of the 1943 natural science category from the Ministry of Education of the national government. He also participated in the establishment of the academic journal of Tsinghua Society of Geosciences: *The Geo-Quarterly*.

Keywords The National Southwest Associated University, Meteorology, Department of Geological Geography and Meteorology, Kunming Yunnan, Personnel training

竺可桢兴办的浙江大学气象学科

钱永红

(浙江大学校史研究会特聘研究员,杭州　310058)

摘　要　1928年,竺可桢创建了国立中央研究院气象研究所,学术研究蒸蒸日上,1936年起,他兼任了国立浙江大学校长。在抗战西迁期间,竺可桢兴办起浙大史地系气象学科,引来了当时中国气象界的精英学子,从本科生到研究生,培养出不少中国乃至世界知名的气象高级人才。虽在院系调整之后,浙大的气象群贤一度星散,但浙大学子的气象学研究,尤其在农业气象领域的研究依然生生不息。

关键词　竺可桢,浙江大学气象学,气象学科

竺可桢对中国高校现代气象学科建设起到了开创性和关键性的推动作用。竺可桢先生在国立浙江大学史地系兴办气象学科专业、发展气象科学研究,是重要的气象科技史实。

1　终生情系气象

竺可桢(字藕舫,1890—1974),浙江绍兴人,著名科学家、地理学家、近代气象科学的奠基人。1910年,竺可桢考取第二期留美庚款公费生,以“中国以农业立国万事农为本”为志向,进入美国伊利诺伊大学农学院学习。三年后,竺可桢本人选择“和农业相接近的理科科目,结果我就决定学气象。这在当时是一个冷门,只有哈佛大学的研究院有气象课程,所以我就转到哈佛大学的地学系”①。1918年,他以《远东台风的新分类》论文,获得哈佛大学气象学博士学位。20世纪20年代,他在南京创办了中国高等院校第一个地学系——国立东南大学地学系和中央研究院气象研究所②,编写了气象学教材讲义,发表了许多气象学研究论著,培育了一大批气象专业人才。竺可桢还在季风、台风、自然区划、物候学等研究领域开展了大量工作,做出了开拓性的贡献③。1948年4月,中央研究院举行首届院士选举,竺可桢以高票当选为气象学科的院士④。

英国著名科学史家李约瑟(1900—1995)在其巨著《中国科学技术史》的“气象学”章节引言中指出:“中国文献中没有在研究范围上和亚里士多德的《气象学》相似的著作,但这并不表明中国人对天气现象不大感兴趣。……虽然如此,气象学史方面的主要著作却几乎完全没有利

---

①　竺可桢.科学院研究人员思想改造学习期中的自我检讨.竺可桢全集第3卷上海,上海科技教育出版社,2004:87.

②　竺可桢回忆说:“1928年大学院改为中央研究院,蔡孑民为院长,任杨铨为总干事,叫我担任气象研究所所长。气象是我的本行,我完全为我自己兴趣着想,自然乐于接受”。参见竺可桢.思想自传.竺可桢全集第4卷上海,上海科技教育出版社,2004:91.

③　沈文雄.中国现代科学家传记第5集.科学出版社1994:346-361.

④　国立中央研究院公告(1948年4月1日).中国第二历史档案馆藏件【393-569】.

用过什么中国的资料。①"李约瑟还说："关于中国气象学史，除竺可桢的非常简要的论文(《二十八宿起源之时代与地点》)以外，没有看到过以任何西文发表的著作，也未见到以此为题的中文专著。②"1956年，李约瑟以"杰出的天文史学家和气象史学家"的推荐评语，向总部设在巴黎的国际科学史研究院，介绍竺可桢作为该院院士候选人③。1958年，竺可桢顺利当选为通讯院士(C 214)，1961年，又增选为院士(E 128)。

竺可桢非常崇爱气象科学事业，在哈佛求学时就立志改变中国气象事业的落后局面，弥补中国气象史研究的空白。早在1916年，竺可桢发表在《科学》杂志第2卷第2期的文章就是《中国之雨量及风暴说》。他对推动中国气象学的发展功不可没，业绩已载入中国气象学成长和发展的史册④。

竺可桢晚年回忆说："我做了十四年的气象研究所所长，最后六年时兼着浙大校长的。学气象的人那时极少。气象所从开办起，最初几年所中同事几乎全是东大地理系和物理系的毕业生。……我个人是学气象出身，那时气象学还是属于地理学范围。从第一次世界大战以后，很清楚地可以看出，航空是有很大前途的。航空与天气关系密切，因此预告天气便很重要。第一次世界大战将终结的时候，气象学上诺威学派为了预告天气，发现了气团学说。这一学说到20世纪30年代已大有发展，气象学早已走到应用数学和应用物理方面，气候学变成了次要部分"⑤。而晚年的竺可桢尽其毕生之力，厚积薄发，在1972年的《考古学报》上发表了《中国近五千年来气候变迁的初步研究》长篇论文，开启了将中国气候学研究与全球气候变化相衔接的大门，开辟了将中国丰厚的历史文化遗产用于现代科学研究的新途径，开创了一门震惊国际科学界的新学科——历史气候学⑥。竺可桢以他古籍知识的渊博，利用"我国古代文献中有着台风、旱灾、冰冻等一系列自然灾害的记载，以及太阳黑子、极光和彗星等不平常的现象的记录"，创造性地开拓出一条探索我国历史上气候变迁的道路⑦。

民国期间，即便竺可桢兼任了浙江大学的校长，他对气象学科的研究没有中断。据笔者的不完全统计，竺可桢浙大期间气象、气候学论文及演讲多达17篇(表1)。

表1　竺可桢1936年至1949年间气象气候论文演讲

论文演讲题目	发表刊物与时间
冬寒是否为水灾之预兆	《气象杂志》第12卷4期1936年4月
气候与人生及其他生物之关系	《气象杂志》第12卷9期1936年9月
气象与航空之关系	《浙江建设》第10卷第5期1936年11月

① 李约瑟．中国科学技术史．(中译本)第4卷天文第二分册[M]．北京：科学出版社，1975：703.

② 李约瑟．中国科学技术史．(中译本)第4卷天文第二分册[M]．北京：科学出版社，1975：703.

③ 感谢中国科学院自然科学史研究所潘澍原博士提供的国际科学史研究院相关档案．

④ 叶笃正序．竺可桢全集，第1卷 2004：11.

⑤ 竺可桢．思想自传．竺可桢全集第4卷[M]．上海：上海科技教育出版社，2004：92.

⑥ 张德二．竺可桢先生开创历史气候研究的慧眼与卓识[C]//秦大河主编．纪念竺可桢先生诞辰120周年文集．北京：气象出版社，2010：106.

⑦ 《竺可桢传》编辑组．竺可桢传[M]．北京：科学出版社．1990：268.

续表

论文演讲题目	发表刊物与时间
杭州的气候	《气象杂志》12 卷 12 期(1936 年 12 月) 《史地杂志》1 卷 2 期(1937 年)
浙江省之气候	浙江省省立图书馆演讲稿(1937 年 3 月)
气象浅说	《气象杂志》第 13 卷第 8 期(1937 年 8 月)
测天	《国立浙江大学校刊》复刊第 29 期(1939 年 6 月)
《天气预告学》序	卢鋈著《天气预告学》(1939 年)
《中国之温度(附编)》气温图说明	《中国之温度(附编)》一书第 1～7 页(1940 年 6 月)
《中国之温度(本编)》气温图说明	《中国之温度(本编)》1～2 页(1940 年)
二十八宿起源之时代与地点①	《思想与时代》第 34 期,1～25 页(1944 年) 《气象学报》18 卷 1～4 期(1944 年)
Climate	(与吕炯合著)*The Chinese Year Book*,1944—1945(*Printed and Published in Shanghai by The China Daily Tribune Publishing Co.*)1946:53-71.
The Origin of Twenty-eight Mansions in Astronomy	*Popular Astronomy* Vol. LV,No. 2 pp. 62-78 (1947 年 2 月)
阳历与阴历	《科学画报》14 卷 2 期(1948 年)
观测日蚀在历史上的重要性	《国立浙江大学校刊》复刊 182 期(1948 年 5 月 17 日)
中秋月	《国立浙江大学校刊》复刊新 33～34 号(1948 年 9 月 22 日、23 日)
说台风	《科学大众》第 6 卷第 3 期(1949 年)

2 浙大气象学科的兴起

1935 年 12 月,国立浙江大学爆发驱逐郭任远校长的“学潮”。1936 年初,民国政府不得以让竺可桢接任浙大校长,而竺本人放不下已经日渐兴旺的气象研究事业,很不情愿地接受了短期的兼任校长职务。

竺可桢到浙江大学之后,仍兼任气象所长有十年。他把主要精力投向浙大校务的同时,还常兼理气象所的重要所务。在事关国家气象事业的决策性问题上起着重要作用。例如,协同各方促成政府系统的气象局(1941 年建立)统筹管理全国的民用气象业务;在浙大较早开始(1940 年)培养气象在内的研究生;争取公费留学名额,培养气象高级人才;推荐赵九章主持气象所;坚持反对驻华美军总部干预我主权将政府系统的气象局改隶国防部(实际并归中美合作所)的要求②。

竺可桢一身二任,长期奔波于浙大与气象所之间,面对的是常人难以想象的、巨大的工作强度和压力。为了浙大校务,他多次放弃参加国际气象学术会议和出国考察的机会。1938 年

① 1944 年 7 月 3 日,竺可桢将《二十八宿起源之地点与时间》文稿寄《气象学报》刊载,“以今年值气象学会成立二十周年之纪念也。……余文虽不属气象范围,但二十八宿起源之地点与时间,余均以气候原因定之”。参见竺可桢．竺可桢全集. 第 9 卷上海科技教育出版社 2006:137.

② 吕东明．竺可桢与中国气象事业——祝贺竺可桢先生百岁诞辰．周志成庞曾溂陈耀寰施雅风许良英编．风雨忆故人．国际文化出版公司 1994:6.

2月，浙大西迁至江西吉安后，竺可桢即致函时任中央研究院总干事的朱家骅（骝先）：“气象所与浙大二事实难兼顾，弟个人兴趣在于气象，故仍愿回气象所服务（但以不与闻其他各所事务为条件）。”是年5月31日，竺可桢对吕炯（1902—1985）说：“桢下年度职务方面，拟请蔡先生与骝先先生设法摆脱浙大，因办学校实在可称劳而无功，且两年以来脱离书本，与气象知识过于隔膜，若再事拖延，必致尽弃所学，舍己耘人，非桢之所愿[①]”。1940年10月26日在致教育部长陈立夫信函中又说：“主持浙大与领导气象所，其为国服务虽无二致，但以个人志愿及所习学科而论，则愿致力于气象。……自桢去浙大后，气象所内部涣散，不加调整，将有瓦解之势，故事实上亦非桢回所亲自处理不可。为此，特再肃函，务祈先生即准辞去浙大校长职务，俾得毕愿钻研埋身故业，则所全多矣”[②]。没有预料到的是，竺可桢却在1946年，无奈辞去了气象所所长，离开了自己亲手创办的研究所。

1936年4月，竺可祯在国立浙江大学，与其弟子张其昀（晓峰1900—1985）秉持“史地合一”的通才教育观，合力创办浙大任史地系，开设气象学课程[③]，出版《史地杂志》，进行气象学研究。他们还鼓励学生出版“时与空”壁报，开展学术交流。1941年起，史地系在遵义郑莫祠后院设立了校办气象测候所[④]，“气象所给测候所又让了美金值215元之仪器与浙大史地系[⑤]”，以满足教学、科研及学生实习需要。史地系学生毛汉礼、束家鑫、吕欣良（东明）（1919—1993）、欧阳海（1921- ）以工读形式负责测候所的日常观测。

史地系从1940年第一届毕业到1952年的第十三届止，浙大共培养了气象方面的毕业生约30位（包括非气象专业但以后从事气象、气候工作的）[⑥]。1939年8月，浙大增设了文科研究所史地学部，分历史、地形、气象、人文地理四个组，“于是西南联大、中央大学、中山大学和浙江大学本校的优秀学生纷纷报考，或者经过审查后进入研究院学习”[⑦]。虽然教育部每年只给2000元的拨款，但是史地学部的教学与研究成果喜人。至1947年止，浙大在地理、气象、地质等方面大学毕业生74人，研究生获硕士学位的20人，是民国时期培养这些学科人才的一个重要中心[⑧]。

杨怀仁（1917—2009），就是浙大史地系本科（1941年）、硕士（1943年）毕业生，对竺校长的真才实学赞不绝口。他晚年回忆道，一天课前阳光明媚，万里无云。不知何故，竺先生却携带着雨伞、雨靴前来讲课。课至晌午，突大雨滂沱，只见竺先生旁若无人地穿上雨靴，打开雨伞，目不斜视地平静离去。满堂学生目瞪口呆，随之对他佩服得五体投地[⑨]。

史地学部的气象学组，培育出不少气象学高级研究人才，如郭晓岚、叶笃正、谢义炳、周恩济等。史地学部对贵州省之气象和气候以及明清时代中国水旱灾周期研究尤为详细，曾有《贵

---

① 竺可桢1938年5月31日致吕炯函．竺可桢全集第23卷[M]．上海：上海科技教育出版社，2013：581.

② 竺可桢．致陈部长函．中国第二历史档案馆藏件【5-2614】.

③ 最初由沈思屿教授气象学课程。参见严德一．竺老培植的地理系根深叶茂．一代宗师竺可桢．浙江文史资料选辑第四十辑浙江人民出版社1990：42

④ 政协湄潭县委贵州遵义市气象局湄潭县气象局．问天之路——中国气象史从遵义、湄潭走过[M]．北京：气象出版社2017：100.

⑤ 竺可桢．竺可桢日记．竺可桢全集．第8卷上海科技教育出版社2006：102.

⑥ 林晔．浙江大学史地系、地理系片断．（油印稿）.

⑦ 施雅风．施雅风口述自传[M]．长沙：湖南教育出版社，2009：67.

⑧ 胡焕庸．我国近代地理学的奠基人——竺可桢一代宗师竺可桢[M]．杭州：浙江人民出版社1990：57

⑨ 杨宝章．我的父亲杨怀仁——永恒的思念．南京大学地理与海洋科学学院编纪念杨怀仁教授[M]．南京：南京大学出版社，2010：101.

阳之天气》(张宝堃著)、《贵州之天气与气候》(谢义炳著)、《贵州湄潭之位温梯度》(叶笃正著)、《清代水旱灾之周期研究》(谢义炳著)、《明代(1370—1642)水旱灾周期的初步探讨》(张汉松著)等研究报告发表[①]。

3 浙大气象群贤的云集

1928年,竺可桢创建了国立中央研究院气象研究所,学术研究蒸蒸日上。1936年起,他兼任了国立浙江大学校长。之后的十三年,特别在抗战西迁期间,浙江大学气象学科的教学与研究,从无到有,兴旺发展起来。这完全归功于竺可桢本人及张其昀的精心筹划;涂长望、卢鋈、么枕生、石延汉等气象学、气候学教授的不懈耕耘,以及郭晓岚、叶笃正、谢义炳、周恩济、史以恒、束家鑫等学生的勤奋努力。

涂长望(1906—1962),1930年考取湖北官费留学英国,1932年获气象硕士学位,被吸收为英国皇家气象学会会员,是该会第一位中国籍会员。1934年秋,涂长望接到竺可桢的电报,毅然中断学业,舍弃博士学位,提前回国担任中央研究院气象研究所研究员。竺可桢高度评价涂长望的气象研究,认为其著《中国气候区域》(《气象研究所集刊》第八号)论文"较拙著为详尽,且所根据系新近搜集之材料,故亦较为可靠。[②]"

1939年5月,涂长望接受竺可桢的聘书来浙大任教,担任文科研究所史地学部副主任。他开设了气象学、气候学、中国气候、天气预报、大气物理学等课程,在史地学会读书会演讲《空袭与天气》,从事气团研究,还荣获了教育部学术成就乙等奖,得奖金5000元。

涂长望在随浙大西迁辗转跋涉途中,不意患了伤寒。由于无钱治病,他只好忍痛把心爱的打字机和望远镜卖掉。到达遵义之后,尽管那时的物质条件很差,但是他对浙大的学术环境和学习气氛比较满意。中国第三代气象学家如叶笃正、谢义炳等和国外著名气象学者郭晓岚、姚宜民[③]等都跟随他在浙大研究过[④]。史地系学生陈述彭回忆说:"在地理学的专业课程中,我更加兴趣广泛。我选修了涂长望教授的大气物理和天气预报,他教我们识别云的类型、熟悉气象电报,填绘天气预报图"[⑤]。施雅风也回忆说:"1939年,涂先生应竺校长的邀请任浙江大学教授。他开设了气象学、气候学、中国气候、天气预报、大气物理学等五门课程。我听过除天气预报以外的四门课。他在课上,全面地介绍了近代中国气候研究的新成果。"[⑥]

1942年6月1日,涂长望在浙大纪念周作《世界大战之目的》演讲,但于6月22日决定离开浙大,只是因为有人鼓动其研究生周恩济担任三青团书记而表示强烈不满,提出辞职。竺可桢调解无效,史地系主任张其昀拟给予月薪450元最高待遇挽留,也没有成功[⑦]。

卢鋈(温甫1911—1994),1934年中央大学毕业,到气象研究所任测候员,1939年去武汉头等测候所。后又随武汉测候所西迁至宜山、湄潭,任所长。因涂长望离开浙大,竺可桢于

---

① 刘昭民．中华气象学史(增修本)．台北:台湾商务印书馆,2012:246

② 竺可桢1937年5月14日致刘咸函．竺可桢全集第23卷[M]．上海:上海科技教育出版社,2013:406.

③ 姚宜民(1918—1985)1940年到1944年就读浙大史地系,毕业后就职中国航空公司任气象预报员,1951年任台北松山机场民航气象台长。

④ 杨乐长．竺可桢与赵九章、涂长望二教授——我国近代气象科学的开创者和奠基人．浙大校友总会电教新闻中心编．纪念竺可桢诞辰百周年纪念文集[M]．杭州:浙江大学出版社1990:331.

⑤ 陈述彭．怀念浙大史地系——十二年生活、学习与工作的回忆．感怀浙大．浙江大学出版社2007:175

⑥ 施雅风．施雅风口述自传[M]．长沙:湖南教育出版社2009:55.

⑦ 施雅风．施雅风口述自传[M]．长沙:湖南教育出版社2009:56.

1942 年聘请卢鋈到浙大担任气象学副教授，开设“天气预报”“气候学”等课程。他的气象学术论著颇丰，有中国第一本《天气预报学》、第一本《中国气候图集》，以及《中国气候总论》等专著，也有《中国冬季之风暴》《中国气候区域新论》《川康边区之雨量》《大气之化学成分》《中国冬季气团界面与气旋》《宜山气候概述》《贵州气候之三大特色》《中国古代之军事气象学》《中国气候概论》等论文。

在竺可桢日记里，我们经常能看到有关卢鋈的记录。如，1942 年 4 月 25 日：下午阅温甫著《中国之极面生成纲要》，由天气图上证明极面之如何生成，文颇精彩[①]。1944 年 9 月 29 日：温甫来，以其所著 The Winter Frontology of China 一文交阅。共打英文十三页，改英文颇费时……温甫交来石以恒著《遵义天气之分析》[②]。1944 年 10 月 31 日：卢温甫来，以所制气候图一百余幅相示，包含日照、霜日、雷雨等，至有价值。惜李约瑟来时未交彼一阅，彼必愿带往英伦为之出版也[③]。1944 年 11 月 5 日：为温甫重改 *Winter Frontology in China*（中国冬季之风暴面）文[④]。

么枕生（振声 1910—2005），1936 年毕业于清华大学，被竺可桢聘为中央研究院气象研究所预报员。1940 年，荣获丁文江奖金。1945 年夏，因卢鋈离开浙大去重庆的中央气象局高就，竺可桢便请么枕生到遵义出任气象学、气候学副教授。1945 年 11 月 5 日，么在遵义湘江大戏院给浙大全校学生做过讲演[⑤]。因竺校长此时不在遵义，演讲会由工学院院长王国松主持的。11 月 16 日，么又在浙大纪念周作了《气候与文化》报告[⑥]，深受师生们欢迎。

1947 年至 1952 年院系调整前，先后担任浙大气象学、气候学教授还有石延汉、沈思屿、吕炯等。么枕生开过气候学、高等气候学、统计气候学、及天气学；石延汉开高等气象学、大气物理学；沈思屿开气象学；吕炯开地球物理及海洋气象等课程[⑦]。

石延汉毕业于东京帝国大学物理系，著有《大气物理》专著。1937 年 5 月 12 日，竺可桢致吕炯函曰：“石君虽专攻物理，但对于气候统计亦曾制有论文，拟升以副研究员名义”[⑧]。石延汉所著《交替事业的持续性理论及其对天气晴雨的应用》（1937 年）和《交替事业的持续性理论及其对天气晴雨的应用（第 2 报）》（1941 年）对统计预报中开展概率研究有开创性意义[⑨]。1952 年，全国高校院系调整，么枕生与石延汉带着当时所有浙大攻读气象专业的学生（如朱乾根、王得民等），去了南京大学[⑩]。因石延汉民国时期曾负责福建和台湾的气象工作，又从政当过基隆市长，因此，在镇反运动后被遣送青海诺木洪农场劳动改造。劳改期间，他还写过几篇气象论文，1979 年释放后，却不幸在途死于青海湖附近的翻车事故[⑪]。

---

① 竺可桢．竺可桢日记．竺可桢全集．第 8 卷[M]．上海：上海科技教育出版社，2006：329.

② 竺可桢．竺可桢日记．竺可桢全集．第 9 卷[M]．上海：上海科技教育出版社，2006：191.

③ 竺可桢．竺可桢日记．竺可桢全集．第 9 卷[M]．上海：上海科技教育出版社，2006：213.

④ 竺可桢．竺可桢日记．竺可桢全集．第 9 卷[M]．上海：上海科技教育出版社，2006：216.

⑤ 么枕生．对遵义浙大史地系的教学回忆．贵州省遵义地区地方志编纂委员会．浙江大学在遵义[M]．杭州：浙江大学出版社 1990：116.

⑥ 李杭春．竺可桢国立浙江大学年谱（1936—1949）[M]．杭州：浙江大学出版社，2017：315.

⑦ 林晔．浙江大学史地系、地理系片断．（油印稿）．另笔者查阅的国立浙江大学民 38 年度教员登记表：石延汉和沈思屿为兼任教授，么枕生为专任副教授，么枕生每周天气学授课三小时，高等气象学三小时及农业气象学三小时．

⑧ 竺可桢 1937 年 5 月 12 日致吕炯函．竺可桢全集第 23 卷[M]．上海：上海科技教育出版社，2013：405.

⑨ 樊洪业等整理．我的气象生涯：陈学溶百岁自述[M]．北京：中国科学技术出版社 2015：302.

⑩ 樊洪业等整理．我的气象生涯：陈学溶百岁自述[M]．北京：中国科学技术出版社 2015：304.

⑪ 林晔．浙江大学史地系、地理系片断．（油印稿）．

郭晓岚(1915—2006),1937年,清华大学毕业后到气象研究所工作,主要从事天气预报工作,1940年考取浙江大学史地学部涂长望的研究生。硕士论文《大气中长波辐射》荣获1943年度丁文江纪念奖的名誉奖。他的另一篇论文《凝结曲线在气团分析及天气预报中之应用》刊载于《国立浙江大学文科研究所史地学部丛刊》第2号。竺可桢1943年3月10日日记有以下记载:郭晓岚来,拟考清华留美,试验于5月底在重庆举行,并拟向中美基金会请求补助。渠夏中将赴气象所,又交来论文两篇:"The long wave radiation in atmosphere"及"大气中之垂直运动对减温率之影响"①。郭晓岚于1962年在美国芝加哥大学任地球物理学教授,是美国著名的动力气象学家,1970年获国际气象学界最高奖——罗斯贝奖章。1973年8月他去北京访问演讲,竺可桢在全聚德烤鸭馆设宴招待他及在京的叶笃正、谢义炳、黄秉维等浙大史地系老朋友。

叶笃正(1916—2013),1940年毕业于西南联大,同年考入浙江大学史地学部。导师涂长望认为要发展中国的大气电学,就把他介绍给王淦昌。叶笃正的硕士论文《湄潭之大气电位》,受到涂长望、王淦昌的好评。他在《我的论文启蒙老师王淦昌先生》一文中写道:"我的一篇可供发表的论文,也就是我的硕士论文,就是王先生手把手教出来的……我后来的一生中,能在科学上有点成就,王先生对我启蒙式的指导是有功劳的"②。1943年硕士毕业后,经竺可桢推荐,进入气象研究所工作。1944年出版的《气象学报》发表了叶笃正的《湄潭一公尺高之大气电位》和《云对大气电场之影响》两篇论文。他的另一篇论文《等熵面之分析》刊载于《国立浙江大学文科研究所史地学部丛刊》第2号。

1943年6月24日叶笃正与冯慧在湄潭举行婚礼,杨守珍、王淦昌为主婚人,刘泰、张鸿谟为介绍人,竺可桢为证婚人,王琎还以"久旱逢甘雨,他乡遇故知,洞房花烛夜,金榜挂名时"诗句祝贺新人。

谢义炳(1917—1995),1940年西南联大毕业后分配在贵阳测候所任观测员。1941年,他考取浙大气象专业研究生,师从涂长望从事地方性天气与气候以及历史气候变化研究,著有《清代水旱灾之周期研究》《贵州东北部浅气旋之研究》和《贵州的气候》等论文。

竺可桢日记里有检阅谢义炳论文的记载:1942年11月18日:晚阅谢义炳(史地系研究生)著《清代水旱灾之周期研究》。以清代268年中水旱灾分黄河、长江、珠江三区,以县为单位。结果旱灾黄河流域及长江流域,每十年各有七次,前者每次8.3县,后者每次8.8县。华南每四年一次,每次0.9县③。1943年3月4日:阅谢义炳著《贵阳之天气与气候》知贵阳十年测候结果……关于贵州之界面与气团,谢君意以为贵州冷面来时,在其前常有副冷面之存在……又谓贵州极少发生真正气旋④。

毛汉礼(1919—1988),1939年到1943年就读浙江大学史地系地理专业,认真攻读气象学,常与竺可桢和涂长望等名师交往。因为家境清贫,毛汉礼入学后勤学苦读,竺校长极为赏识他刻苦钻研、努力向上的精神,批准他领取"林森奖学金"(级别最高的奖学金之一),还让他以工读形式在校办测候所观测记录气象数据。毛汉礼以文学院唯一一位各学期平均85.4分优异成绩的毕业,被竺校长介绍去了气象研究所。在气象所,毛汉礼与涂长望合作撰写的《我

---

① 竺可桢. 竺可桢日记. 竺可桢全集. 第8卷[M]. 上海:上海科技教育出版社,2006:523.

② 政协湄潭县委贵州遵义市气象局湄潭县气象局. 问天之路——中国气象史从遵义、湄潭走过. 气象出版社,2017:155.

③ 竺可桢. 竺可桢日记. 竺可桢全集. 第8卷[M]. 上海:上海科技教育出版社,2006:430.

④ 竺可桢. 竺可桢日记. 竺可桢全集. 第8卷[M]. 上海:上海科技教育出版社,2006:518

国气候对于树种疾病死亡率影响之初步研究》,发表在1944年《气象学报》第18卷第1～4期。1946年,他根据气象研究所的工作安排,研究"台湾之气候与农业地理"[①]。毛常会说,"他之能完成大学学业可以说全靠竺校长的培养和教导"[②]。

文焕然(1919—1986),1943年毕业于史地系地理学本科,同年考入为史地学部,成为谭其骧的史学研究生,文焕然为人笃实诚恳,学习异常刻苦。在谭其骧的指导下,他选择了与气候变化密切的动植物分布变迁为研究方向。这是一项大海捞针式的工作,必须在浩如烟海的各类史料堆里翻阅,才有可能发现为数有限的直接或间接的记载[③]。文焕然的研究引起了竺可桢的关注。竺可桢在1945年12月23日日记中写道:午后二点史地系研究生文焕然来谈,渠欲作《秦汉时代之气候》一文,此文材料极少,颇不易着手,余颇劝其另觅题目。如以水旱灾为材料,则不能得多少,且水旱灾之材料有若干受主管人影响,极靠不住也。……[④]

文焕然并没有因此知难而退,在谭其骧及卢鋈的帮助下,于1947年完成了题为《秦汉时代黄河中下游气候之蠡测》硕士论文。文焕然在文中还对竺可桢《二十八宿起源之时代与地点》中"断定'箕风毕雨'为我国六千年前之经验谈"的解释提出异议,认为"殊属勉强"[⑤]。竺可桢非常赞赏文焕然的好学钻研精神,新中国建立不久,就将文焕然从福建调至中科院地理研究所,从事历史动植物变迁的研究。

周恩济(1917—2010),1937年考入浙江大学史地系就读气象专业,1942年进入史地学部读研,师从涂长望,1943年以《西北之垦殖》论文获硕士学位。1945年至1949年7月任中国航空公司气象员、气象台长等职。1949年8月至1951年2月任香港皇家天文台助理科学官,承担航空气象预报工作。在此期间,周恩济为香港中国航空与中央航空公司的17架飞机起义,飞回祖国提供了准确的气象预报,为新中国的民航事业立了功。1951年2月,他应其导师、时任中央军委气象局局长涂长望的召唤,放弃了在香港优厚生活条件,毅然回到北京。周恩济1998年3月致陈耀寰[⑥]的信中回忆了他在香港时的两件往事:

说到香港倒有一些往事至今尚有印象。1949年"两航"起义前几天,除你向我了解过大陆的近期天气状况外,起义当天早晨,华祝特来我值班的启德机场气象台看天气图,问我大陆武汉、平津一带的天气情况,我给了他口头预报,上午起义的消息传来,我曾有过两个"万一"的顾虑,一是万一我的预报错误,起义飞机遇到坏天气,就于心不安了;二是万一随我当班的同事看到、听到我与华的谈话,去报告台长,就会有麻烦(当时规定不给两航提供气象服务),幸好这两个"万一"都未发生。

另有一件事,我在香港时,受竺校长之托,为中科院转寄在国外订购的书刊。当时因禁运,这些书刊不能直寄大陆,只好寄给我,再由我寄给竺校长。我回大陆前,曾托一同事以后把这类书刊寄给我,并给了他一笔寄费;可是我到北京后,这类外国寄给我的书刊均被香港皇家天

---

① 竺可桢．竺可桢日记．竺可桢全集．第10卷[M]．上海:上海科技教育出版社,2006:17

② 范易君．竺可桢校长同他的学生毛汉礼．浙大校友总会电教新闻中心编．竺可桢诞辰百周年纪念文集．浙江大学出版社,1990:366

③ 葛剑雄．悠悠长水谭其骧前传[M]．上海:华东师大出版社,1997:124.

④ 竺可桢．竺可桢日记．竺可桢全集．第9卷[M]．上海:上海科技教育出版社,2006:593.

⑤ 文焕然．秦汉时代黄河中下游气候之蠡测．中国第二历史档案馆藏件【5-6746(1)】

⑥ 陈耀寰(1922-),1941年到1945年在浙大史地系读书。1945年9月,进入中国航空公司,任气象员。1949年11月,陈耀寰参与组织了"两航"起义。

文台扣下了,理由是"禁运"。这事使我十方气愤,同时感到对不起竺校长和科学院[①]。

遵义开设的史地系气象测候所,给浙大师生提供气象研究的实验场所,史地系学生史以恒就是利用该测候所几年的观测资料,整理出《遵义天气之分析》一文,阐明遵义地区多夜雨的气候特征。1945年石以恒以七学期平均分数80分以上的优异成绩毕业。竺可桢将他安排到时在湄潭的武汉头等气象测候所当助理员。石又在浙大理学院进修物理系课程。可惜的是,他因患肠结核于1945年12月31日在湄潭病逝。竺可桢亲自写信要求气象所援例展延发两月薪金,并且承担丧葬费用[②]。1947年,《气象学报》第14卷第1～4期还发表了卢鋈、石以恒师生合作的《遵义天气分析》论文。

史地系学生束家鑫(1919—2012),在谢义炳的指导下,从1942年起在遵义测候所从事观测实习。1945年毕业留校担任么枕生的助教,并兼任遵义测候所的观测员。1946年,束家鑫将自己4年来对遵义地区的云、雨记录,加以分析研究,与贺忠儒合作完成了《遵义之气候》论文,收录于张其昀主编的《遵义新志》[③],此文是当时遵义气候研究较为全面的重要论文。之后,束家鑫去南京担任中央气象局观测员、预报员,给《气象汇报》写《暖锋雨日变化之研究》等文稿。1949年后,束家鑫任上海市中心气象台副台长,主持上海地区数值天气预报、云天观测、台风研究等项业务。他对云的天气学研究独到,有《云》《台风》《雷雨》等专著问世,他还于1956年在《科学画报》第7期上发表了《我国古代气象学的成就》一文(表2)。

表2 浙大气象群贤发表的气象气候部分论文

作者	气象气候论文名称	发表刊物与时间
涂长望	滑翔与气象	《思想与时代》第5期(1941年)
	中国高空气候的初步检讨	《地理学报》第7卷(1940年)
	气象学研究法	《浙江大学史地教育研究丛刊》第1辑 地理研究法(1940年)
	气候学研究法	《浙江大学史地教育研究丛刊》第1辑 地理研究法(1940年)
	气团分析与天气范式	《史地杂志》第1卷 第3期(1940年)
	中国冬季温度之长期预告	《浙江大学文科研究所史地学部专刊》第2号(1942年)
	何以贵州高原天无三日晴	《浙江大学文科研究所史地学部专刊》第2号(1942年)
	空军在现代战争中之地位	《史地杂志》第2卷 第1期(1942年)
	太阳黑子与今夏的旱荒	《天气》第3期(1942年)
	Koeppen 范式之中国气候区域	(与郭晓岚合著)《气象杂志》第14卷第2期(1938年)
	中国之气团	(与卢鋈合著)《气象杂志》第14卷第5期(1938年)
	中国夏季风之进退	(与黄士松合著)《气象学报》第18卷第1～4期(1944年)
	华中之重要农作物与气候	(与方正三合著)《气象学报》第18卷第1～4期(1944年)
	我国气候对于树种疾病死亡率影响之初步研究	(与毛汉礼合著)《气象学报》第18卷第1～4期(1944年)
	气象学与气象系	《学识》第1卷第5～6期(1947年)

① 周恩济1998年3月致陈耀寰信．浙江大学老校友联合级刊《求是通讯》第22期 1998:91.

② 竺可桢1946年1月25日致朱岗昆、朱和周函．竺可桢全集．第24卷 2013:398.

③ 政协湄潭县委贵州遵义市气象局湄潭县气象局．问天之路——中国气象史从遵义、湄潭走过．气象出版社,2017:102.

续表

作者	气象气候论文名称	发表刊物与时间
卢鋈	中国古代之军事气象学	《思想与时代》第19期(1943年)
	中国气候概论	《思想与时代》第28期(1943年)
	中国气候概论(续)	《思想与时代》第29期(1943年)
	宜山气候概述	《史地杂志》第1卷第3期(1940年)
	贵州气候之三大特色	《真理杂志》第1卷第4期(1944年)
	大气之化学成分	《气象学报》第16卷第3/4期(1942年)
	东亚之台风	《气象杂志》第14卷第6期(1939年)
	川康边区之雨量	《气象学报》第16卷第1/2期(1942年)
	中国冬季气团界面与气旋(附图)	《气象学报》第17卷第1～4期(1943年)
	南京雨量日变化之分析	《气象学报》第17卷第1～4期(1943年)
	自重庆三十一年夏旱论川东荒旱之成因	《真理杂志》第1卷第2期(1944年)
	气象消息与通讯:美丽日晕见于湄潭	《气象学报》第16卷第1/2期(1942年)
	中国气候概论 附表、图	《中央气象局气象丛刊》第1卷第2期(1944年)
	论东亚季风区域气团之分类	《地学集刊》专刊8(1947年)
	热带天气学原理	《气象学报》第20卷第1～4期(1949年)
	遵义天气分析	(与石以恒合著)《气象学报》第19卷第1～4期(1947年)
吕炯	西域古史	《思想与时代》第51期(1948年)
	气象在国防上的效用	《现代防空》第三卷第4/5/6期(1944年)
	农业气象的研究及其发展	《气象学报》1953年第4期
么枕生	天气预报	《气象杂志》第14卷第3期(1938年)
	书报述评:1. 用空间与时间之普通关系以作数学之预告 2. 动力气候学之工作法	《气象学报》第15卷第3/4期(1941年)
	江湖盆地气候之分析	《气象杂志》第14卷第6期(1939年)
	由土壤温度论微气候	《气象学报》第21卷第1～4期(1950年)
	论杭州气候	《地理学报》1950年第1期
	由年温变化之谐波分析论中国气候	《地理学报》1951年Z1期
石延汉	交替事业的持续性理论及其对天气晴雨的应用	《气象杂志》第13卷第12期(1937年)
	交替事业的持续性理论及其对天气晴雨的应用(第2报)	《气象学报》第15卷第3～4期(1941年)
	五十一年来在中国登陆之台风	《学艺》第17卷第8期(1947年)
	台湾省气象局之天文工作(中国天文学会第二十一届年会报告)	《宇宙》第17卷第7～12期(1947年)
	台湾的气象事业	《台湾月刊》1947年第3～4期
严德一	横断山脉中之气候蠡测	《气象学报》第16卷第3/4期(1942年)

续表

作者	气象气候论文名称	发表刊物与时间
郭晓岚	大气中之长波辐射	硕士论文《气象学报》第 18 卷第 1～4 期(1944 年)
	凝结曲线在气团分析及天气预报中之应用	《国立浙江大学文科研究所史地学部丛刊》第 2 号(1942 年)
	自由大气中之温度梯度与风力之高度变化	《气象学报》第 18 卷第 1～4 期(1944 年)
	霜害及其预防	《气象学报》第 15 卷第 3/4 期(1941 年)
	大气之夜间辐射与地面温度之变化(附图)	《气象学报》第 19 卷第 1～4 期(1947 年)
叶笃正	湄潭之大气电位	硕士论文
	湄潭一公尺高之大气电位	《气象学报》第 18 卷第 1～4 期(1944 年)
	云对大气电场之影响(附图)	《气象学报》第 18 卷第 1～4 期(1944 年)
	等熵面之分析	《国立浙江大学文科研究所史地学部丛刊》第 2 号(1942 年)
谢义炳	贵州之天气与气候	硕士论文
	清代水旱灾之周期研究	《气象学报》第 17 卷第 1～4 期(1943 年)
	三十年十月二十一至二十五日贵州东北部浅气旋之研究	《国立浙江大学文科研究所史地学部丛刊》第 2 号(1942 年)
	书报述评:气候与昆虫活动之关系,基于天气图分析之天气预报	(与么枕生合著)《气象学报》第 15 卷第 2 期(1941 年)
	民国三十二年春夏二季四川雨量与米价之研讨(附图)	《粮食问题》第 1 卷第 1 期(1944 年)
	近代天气学的发展	《气象学报》1951 年第 1 期
张汉松	明代(1370—1642)水旱灾周期的初步探讨	《气象学报》第 18 卷第 1～4 期(1944 年)
	浙江气候概述	《气象汇报》第 2 卷第 2 期(1948 年)
周恩济	西北之垦殖	硕士论文
	天气概说	《中学月刊》10 期(1948 年)
	贵州之气候(附表图)	《现代防空》第 3 卷第 1 期(1944 年)
	贵州之气候(续)(附表图)	《现代防空》第 3 卷第 2 期(1944 年)
	贵州之气候(续)(附表图)	《现代防空》第 3 卷第 3 期(1944 年)
	贵州之气候(续完)(附表图)	《现代防空》第 3 卷第 4/5/6 期(1944 年)
余泽忠	中国棉作与气候	硕士论文
文焕然	秦汉时代黄河中下游气候之蠡测	硕士论文
	从季风现象揣测古代河域之气候	《海疆校刊》第 1 卷第 7/8 期(1948 年)
	从盐渍土之分布论历史时代河域之雨量变迁	《地学集刊》第 6 卷(1948 年)

续表

作者	气象气候论文名称	发表刊物与时间
束家鑫	遵义之气候	(与贺忠儒合著)张其昀主编《遵义新志》第二章(1948年)
	暖锋雨日变化之研究	《气象汇报》第2卷第7期(1948年)
	假绝热图解之分析	《气象汇报》第2卷第8期(1948年)
	我国古代气象学的成就	《科学画报》1956年第7期

2010年,笔者有幸采访浙大史地系毕业生林晔。他认为竺校长对浙大的地理、气象、气候乃至天文方面的教学和学术活动非常关心与支持。1948年2月,浙大天文学习会准备复会,谭天锡、刘操南、沈世武和林晔等去校长室邀请竺可桢作学术演讲。林晔告诉笔者,竺校长当时忙于校务,短时间不适前往,便推荐数学系教授,天算史学者钱宝琮先去演讲《二十八宿考》。钱的二十八宿起源等研究与竺校长所著的《二十八宿起源时代和地点》论文有两点不同,引起了同学们的兴趣。竺在日记中自认其中的一点意见说明原来他自己的提法"似无根据",另一点则仍"不可解耳",足见其谦虚①。直到1948年秋季,竺校长才以"博以返约"的通才和专才教育应很好结合相期许,到会作了《中秋月与浙江潮》报告。他阐释了天文学的秋与气象学的秋含义不同,并从月球运行理论谈到潮汐的成因②。林晔还告诉笔者,天文学习会除了两次学术报告外,出过几期名为《北斗》的油印刊物。他在为《北斗》撰写《谈日食观测》文稿时还得到了竺可桢及石延汉的热心指导。

时为浙大中文系助教的刘操南聆听了竺可桢的演讲。他曾撰文曰,竺可桢的《中秋月与浙江潮》,广泛征引古籍,通过诗词作品与方志著述等古籍分析说明"月到中秋分外明"与"一年明月今宵多"的涵义:月到中秋最明的来历及其说的不可靠。白居易诗:"人道中秋明月好",尚无独明独大之意。月明视其高度、远近而定。自高度论:阳历十一月当头最高;自远近论:阳历九月,即阴历八月望,适值远日点。又云:宋代姚宽《西溪丛话》论潮汐之理甚确。范仲淹诗:"把酒问东溪,潮从何代生?宁非天吐纳,长随月亏盈。"显然已在探索月球运动与潮汐的因果关系;而欧洲十六世纪伽利略于《对话录》中尚以潮汐由于地动。开普勒虽知月为潮汐之因,然未言其所以形成之理③。

4 浙大气象群贤星散之后

民国时期,竺可桢与张其昀兴办的浙大史地系及随之建立的史地学部,引来了当时中国气象学界的精英学子,培养出不少中国乃至世界知名的气象高级人才。然而,1949年国共两党的政权更替最终导致了浙江大学史地系的史地分离。是年4月底,竺可桢离开浙大,张其昀也于5月离沪去了台湾。据《1949年解放后浙江大学组织系统图》显示,浙大停办历史专业,地理系隶属理学院,至此,存在了13年的浙大史地系宣告终结④。1952年的院系调整,又将浙大

---

① 林晔.浙江大学史地系、地理系片断.(油印稿).

② 林晔.浙江大学史地系、地理系片断.(油印稿).

③ 刘操南.竺可桢教授与中国古籍研究.一代宗师竺可桢.浙江文史资料选辑第四十辑[M].杭州:浙江人民出版社,1990:95

④ 何方昱.训导与抗衡:党派、学人与浙江大学(1936—1949)[M].上海:上海世纪出版股份有限公司上海书店出版社,2017:224.

地理系的气象学科调整到了南京大学。1958 年浙江重办综合性大学，以浙江师范学院为基础成立杭州大学，地理系陆续办起地理、气象、城市规划、海洋地质地貌四个专业①，系主任严德一(1903—1991)是 1943 年竺可桢聘请到浙大史地系的地理教员。1947 年 8 月，在竺可桢的推荐下，严德一赴美国威斯康星大学进修。他的《横断山脉中之气候蠡测》论文运用地理学综合性观点，分析研究各种影响气候的因素，阐述横断山脉之走向布列及其海拔高度对气候的深刻作用，从而为人们揭示了横断山脉区气候在东西、南北、垂直三个方向上的差异变化规律②，被刊载于《气象学报》第 16 卷第 3/4 期。

虽然浙大气象群体星散了，但浙大学子的气象学研究，尤其是农业气象研究与服务还是有了长足的发展。

高亮之(1929—2017)，1946 年，以优异成绩考入浙江大学农学院植物病虫害系，1947 年秘密加入了中国共产党。高亮之是当时浙大学生运动的骨干，为保护进步同学，曾把正受追捕的同学带进校长家中，而竺可桢又将该生留在家中，与儿子同住。高亮之"亲身感受到他爱护青年学生的真挚感情"③。1948 年 10 月，因中共浙大地下党负责人被捕，高亮之奉命转移至大别山，参加人民解放战争。南京解放后，他作为军代表接管南京农业学校。1953 年起，高亮之在华东农业科学研究所，即后来更名的中国农业科学院江苏分院和江苏省农业科学院工作，曾担任江苏省农科院院长兼党委书记、南京农业大学、中国农业大学、南京气象学院(现南京信息工程大学)兼职教授、博士生导师，中国农业气象研究会理事长。

1953 年，竺可桢与涂长望向中央提出"创建中国农业气象学"的建议。之后，中央农业部决定委托军委华东气象处在江苏丹阳举办中国首届农业气象训练班，聘请气象学家吕炯讲授农业气象学。高亮之有幸成为训练班学员，还被选为农业气象学的课代表，从此走上了农业气象学研究之路。

这个农业气象训练班培养出的 40 多位学员，分布在全国各地的农业气象教学、科研和服务岗位上，都为骨干，都是新中国第一代农业气象学家。1954 年春，高亮之回到华东农科所，就建立起农业气象研究组。由于他的团队在农业气象研究与服务中取得了优异成绩，中央气象局决定，1958 年第一次全国农业气象工作会议在南京举行。高亮之在大会上作经验介绍。

高亮之是新中国农业气象事业的耕耘者之一。数十年来，他参与了中国农学会农业气象研究会(后称农业气象分会)建设，推动了中国农业气象与国际接轨，培养了一批高级农业气象人才(硕士、博士 14 位)。他在农业气象方面的学术著作颇丰，专著有：《江苏省农业气候》《水稻与气象》《水稻气象生态》《农业系统基础》《水稻栽培计算机模型的决策系统》《农业模型学基础》《高亮之文选》等；作为副主编的有：《中国气候与农业》《中国农业气象学》；参与编著的还有《中国水稻栽培学》。

黄寿波(1937-)，1956 至 1960 年就读于浙江师范学院地理系(原浙江大学理学院地理系，1958 年更名为杭州大学地理系)。此时的地理系仍存有一些老浙大史地系的遗风余韵，主任严德一就是当年史地系老师，黄寿波气象学与气候学课程的老师则是原史地系毕业生张则恒。

---

① 严德一．竺老培植的地理系根深叶茂．一代宗师竺可桢．浙江文史资料选辑第四十辑[M]．杭州：浙江人民出版社，1990：45

② 王宽福．著名中国地理学家严德一．浙大校友．2018(4)：65.

③ 高亮之．竺可桢与中国农业气象学——纪念竺可桢 120 周年诞辰．《求是儿女怀念文集》编辑组．寄情求是魂[M]．杭州：浙江大学出版社，2015：18.

在老浙大史地人的熏陶指导下，黄寿波开始了气象理论与气象观测的学习。毕业后，他分配到浙江农业大学农业物理系，成为农业气象实验课和农业气象学理论课的任课老师。1980年，黄寿波去南京大学气象系进修小气候学。在南大，他遇到了老浙大气象学教授么枕生。他回忆说："当时我在南大气象系进修时，南大的气象专业有朱炳海、么枕生等著名教授，中青年老师有黄仕松、傅抱璞、庐其尧等"①。严德一曾于20世纪70年代，为黄寿波设法从美国获取其弟子张镜湖(张其昀之子，1948年浙大史地系毕业，1954年获美国克拉克大学博士学位，农业气象学家)编著的《Climate and Agriculture》(1968年)一书。黄如获至宝，将部分章节译成中文，还写了"新书介绍——《气候与农业》在美国出版"文章，概述此书的内容、意义和学术价值，刊载于《浙江农业大学学报》。到90年代末，黄寿波让其博士生将自己发表在国际刊物《Agricultural and Forest Meteorology》和《Journal of Climate》论文抽印本转送张镜湖。张深表谢意，并说，过去在国际刊物上很少看到大陆学者的论文，现在有了……大陆学者对果、茶气象的研究相当深入②。

黄寿波是浙江农业大学和浙江大学教授、研究员和研究生导师，历任农业气象教研室主任、系学术委员会委员，主授农业气象学、果树与茶树气象生态学等课程，发表了中国农业气象学界第一批被SCI、ISTP(世界科技文献检索系统)收录论文，独著出版中国第一本《农业小气候学》(2001年)和《果树气象与茶树气象研究------黄寿波论文选集》(2009年)，与人合著出版中国第一本《果树气象学》(1987年)和第一本《果树生态学》(1992年)，还翻译了英俄农业气象科技译文380多篇(含摘译)，共计50万字。他曾担任中国农业技术推广协会果委会副主任、中国林学会林业气象专业委员、中国柑橘协会常务理事和中国农业气象研究会理事，还是浙江省气象学会和地理学会常务理事，省气象学会农业气象专业委员会副主任。浙大学子、中国农业气象研究会理事长高亮之对黄寿波的学术成就评价颇高："国际农气有名刊，创新论文传全球"。"果树气象小气候，浙大黄公立大功。"

1936年由竺可桢创办的浙大史地系气象学科，经历了抗战西迁、院系调整、四校合并，虽几经波折，依然生生不息，薪火相传。1999年，原浙江大学地球科学系和原杭大地理、气象专业共同组成浙江大学理学院地球科学系。如今的浙大地球科学学院大气科学系研究方向包含气象学、气候学和大气环境等专业，全职教师14人，包括国家千人计划学者1人，青年千人计划学者2人，国家优秀青年基金获得者3人，他们中有超过半数在国外知名高校取得博士学位和长期工作与教学经验。他们在大气科学权威期刊发表高水平论文100余篇，英文专著2本，多位教师还担任了国际期刊的编委。相信九泉之下的竺可桢老校长一定为此感到无比欣慰的。

2019年3月22日修订于南京银达雅居。

参考文献

[1] 竺可桢．竺可桢全集[M]．上海：上海科技教育出版社．

[2]《竺可桢传》编辑组．竺可桢传[M]．北京：科学出版社．1990.

[3] 李玉海．竺可桢年谱简编[M]．北京：气象出版社．2010。

[4] 浙江省政协文史资料委员会．一代宗师竺可桢[M]．杭州：浙江人民出版社．1990.

① 黄寿波．黄寿波——一个普通知识分子的一生．自印本．2015:105.

② 黄寿波．浙大史地系40年代校友张镜湖先生与我的学术情缘．浙大地科系编．历史地理学研讨会论文集．2011:143.

[5] 秦大河．纪念竺可桢先生诞辰120周年文集[M]. 北京：气象出版社，2010.
[6] 浙大校友总会，电教新闻中心．竺可桢诞辰百周年纪念文集[M]. 杭州：浙江大学出版社，1990.
[7] 贵州省遵义地区地方志编纂委员会．浙江大学在遵义[M]. 杭州：浙江大学出版社，1990.
[8] 樊洪业，等．我的气象生涯：陈学溶百岁自述[M]. 北京：中国科学技术出版社，2015.
[9] 政协湄潭县委，贵州遵义市气象局，湄潭县气象局．问天之路——中国气象史从遵义、湄潭走过[M]. 北京：气象出版社，2017.
[10] 葛剑雄．悠悠长水 谭其骧前传[M]. 上海：华东师大出版社，1997.
[11] 施雅风．施雅风口述自传[M]. 长沙：湖南教育出版社，2009.
[12] 何方昱．训导与抗衡：党派、学人与浙江大学(1936—1949)[M]. 上海：上海世纪出版股份有限公司上海书店出版社，2017.

The Establishment on Meteorological Discipline of Zhejiang University by Coching Chu

QIAN Yonghong

(Special Researcher of the Institute of School History Research Association of Zhejiang University, Hangzhou 310058)

Abstract In the 1928, Coching Chu founded the Institute of Meteorology of the National Academia Sinica, where academic research was flourished. He also served as president of the national Zhejiang University since 1936. During the westward migration of the anti-Japanese war, Coching Chu established the Department of Meteorology in Zhejiang University, which attracted the elite students of the Chinese meteorological industry at that time, from undergraduate to graduate students, to cultivate a number of well-known senior meteorological personnel in China and even in the world. Although after its faculties changed, Zhejiang University's Meteorological group was scattered, but students of meteorology research of Zhejiang University, especially in the field of agrometeorological research is still endless.

Keywords Coching Chu, Zhejiang University, Meteorology, meteorological discipline

周恩来气象传播思想探析

刘立成

（平顶山学院新闻与传播学院，河南平顶山　467000）

摘　要　周恩来气象传播思想既是研究气象科技发展史不可或缺的一个重要方面，也是研究周恩来思想的一个不可忽视的重要组成部分。周恩来的气象传播思想，概括来说就是立足自力更生、提升科技水平、改变落后面貌而重视气象信息源建设；立足保护人民生命财产、服务生产生活而重视气象信息内容发布；立足以人为本、无微不至而重视气象信息传播方法。

关键词　周恩来，气象传播，思想

所谓气象传播观念，是指人们对于气象及其相关信息在传授过程中所表现出来的认识、理念、伦理、习惯等。周恩来气象传播思想或周恩来气象传播观念，既是研究气象科技发展史不可或缺的一个重要方面，也是研究周恩来思想的一个不可忽视的重要组成部分。周恩来的气象传播思想，概括来说就是立足自力更生、提升科技水平、改变落后面貌而重视气象信息源建设；立足保护人民生命财产、服务生产生活而重视气象信息内容发布；立足以人为本、无微不至而重视气象信息传播方法。

1　立足自力更生、提升科技水平、改变落后面貌而重视气象信息源建设

气象信息源建设直接关系到气象传播的科学性。周恩来同志始终认为，气象工作事关国计民生，对人民群众生命财产安全和国家经济建设都有着非常直接的影响，必须高度重视做好气象服务工作，加强气象现代化建设[1]。

首先，要坚持不懈推动气象设备现代化建设，从而为气象信息源的权威性打下坚实基础。周恩来强调，要从为国家建设和发展服务的高度重视气象现代化建设。这从以下典型事例就可以看出。1969 年 1 月 29 日，周恩来同志主持召开一个会议，参加的人员主要来自邮电部和铁道部以及气象局的干部群众，会议专门谈到气象问题。周恩来同志旗帜鲜明地表态，一定要千方百计地打破敌人的封锁，不仅要研制中国人自己的气象卫星，还要研制气象火箭，强调要自力更生搞基本建设，尽快改变中国当时的落后面貌。

周恩来同志这种重视发展气象事业，尤其是抓好气象现代化的源头建设的精神是一以贯之的，即使是在秩序混乱的“文革”期间，他也十分重视并且亲自过问气象预报工作，极其难能可贵的是周总理在“文革”那样的环境下，毅然果断做出研制气象卫星的重大决策。

被命名为“风云一号”的气象卫星工程，就是在周恩来等党和国家领导同志亲自关心关怀下得以发展的。1969 年 1 月 29 日，他在听取汇报时了解到，国外在气象情报上对中国实行封

作者简介：刘立成，男，汉族，1968 年 2 月生，平顶山学院新闻与传播学院教授，博士，高级记者。主要研究方向为气象科技史、气象文化、新闻传播史、新闻传播实务、科技传播、文化传播。本文已在《领导科学论坛》2018 年第 7 期发表。

锁后大胆决策,要自力更生发展中国自己的气象卫星。他于1970年2月16日亲自签发文件,专门下达任务要求研制气象卫星。1970年12月24日,他在气象卫星研制方案和地面接收站建设问题报告上批示要求落实卫星规划,同时,提出气象卫星地面接收站布局,可否与其他卫星地面接收站合在一起等问题。[2]

其次,要切实重视气象工作队伍建设,从而为气象信息源的科学性打下坚实基础。周恩来十分牵挂气象工作者,并注重气象工作队伍建设的问题。我国于1970年4月24日发射了第一颗人造地球卫星。周恩来同志十分关注气象科技工作者运用人造卫星的情况,1972年7月30日他专门询问气象部门收听国际气象预报和预测的情况,要求有关部门打听一下气象部门地面卫星站能否通过空中卫星收听更多的情报。他还亲自交代国务院业务组不要受体制约束,要把气象局业务抓起来。他甚至对怎样管理都安排得十分具体,甚至考虑到怎样调配干部的问题,认为可以打破军民界限,建议从当时的"五七"干校调回干部,从转业或遣散干部中调回干部。周恩来同志对气象干部队伍建设问题的关心之细致具体、爱护之深切真诚,从这些言行中可以清晰地看出。

周总理关心气象工作者的生产生活是很令人感动的。在1964年10月下旬的一次农口各单位汇报会中,为了尽可能减轻气象部门边远地区工作人员的生活艰苦状况,他甚至建议可以考虑实行轮换制。他对广大青年气象工作者的关心则更加具体而周到。他总是鼓励青年气象工作者在工作中不断成长,要求他们要加强锻炼,要以四海为家和五洲为家。他在一次谈话中谆谆告诫中央气象局的年轻同志,不要像老年人那样总坐在办公室,要经常到下面去锻炼和了解情况。

2 立足保护人民生命财产、服务生产生活而重视气象信息内容发布

气象信息内容发布直接关系到气象传播的权威性。周恩来十分重视并强调立足保护人民生命财产、服务生产生活来进行气象传播。周恩来在1971年5月14日,看到《参考消息》发表的两篇有关气候变化的报道后,立即批示要求提醒各地坚决不能有丝毫的松懈,要坚持采取防涝抗旱并举的措施。[3]

周恩来同志对气象灾害信息的传播问题十分重视。他要求对气象灾害信息传播的管理流程做出明确细致的规范。这突出表现在周恩来主持1954年1月28日政务会议,这次会议讨论并通过了《关于加强灾害性天气的预报、警报和预防工作的指示》。这一指示对如何做好气象预报、对各部门如何配合做好气象工作,甚至对气象预报消息如何传递和落实等都做出了明确而具体的规定。

同时,周恩来还强调要高度重视区分气象灾害信息传播的对象和地域,在此基础上进行权威准确的传播。周总理总是非常仔细地阅读重要天气预报材料并做出批示。其中,总理尤其关注台风。每当气象部门送来台风预报材料,总理都非常关心台风什么时候、在哪里登陆,并将影响到哪些区域。1969年7月26日,周总理就第3号台风向福建、浙江等省下达了防台风电报;同年7月31日,总理在中央气象局呈报的《关于今年第4号台风情况的报告》上批示,要求通知江西、江苏、上海、湖南等地,"要他们对台风很好注意";1971年5月31日,针对当年第6号台风,总理要求气象部门"继续注意研究,并预测各种各样可能性";1972年8月14日,第9号强台风将影响我国台湾,总理要求向台湾同胞广播台风预报,"告以预防台风袭击和祖国同胞的关心"。

周总理对不同时间,特别是在不同的节气、季节里不同的天气对不同地区的影响情况都十

分关注，甚至具体到某个地方、地区的气象防灾减灾工作怎样因时而变。全国两千多个县的名称和地理位置，都清楚地印在总理的脑海里。到了深秋时节，总理就特别关心东北的天气气候，尤其是霜冻是否提前。因为一旦提前降霜，东北大豆生产就会遭受严重损失。他还关心新疆的棉花生产是否会受到霜冻的影响等等。

3　立足以人为本、无微不至而重视气象信息传播方法

气象信息传播方法直接关系到气象传播的实效性。周恩来立足以人为本、无微不至而重视气象信息传播方法，从而提高气象传播的实效。

首先，周恩来强调以人为本进行气象传播，认为这是提高气象传播实效的思想前提。周恩来常说，共产党人要切实关心人民的疾苦。这从 1956 年 4 月国务院的一次会议可以清楚地看出，这次会上发生了一个如何加强职工伤亡事故报告规程的典型事例。在这次会议上，周恩来严肃批评某渔业公司领导不以人为本的官僚主义作风，批评他们将气象部门大风预报扣压 24 小时之后才发出的做法，并责成有关部门一定要本着以人为本原则起草安全生产规章。

其次，周恩来强调要无微不至地进行气象传播，认为这是提高气象传播实效的关键环节。周恩来在 1954 年 1 月 28 日签署了《关于加强灾害性天气预报、警报和预防工作的指示》，要求各地气象预报台站对于台风等灾害性天气预报、警报，必须力求迅速、准确。气象部门根据这一指示，与交通等部门联合下发了加强预防台风工作等通知。[4]

再次，周恩来强调平易通俗地进行气象传播，认为这是提高气象传播实效的现实基础。周总理认为，气象预报只有让老百姓听懂，才能更好地发挥作用，为此要求气象预报用语要做到通俗易懂。1961 年 1 月下旬，由于强冷空气侵袭，在长江、黄河流域出现了严重的冰凌，致使华东、中南广大地区有线通信全部阻断，除东北地区外，其他地区通信质量显著下降。有一次，当谈到为什么会出现冻雨时，周总理告诉大家不要用老百姓听不懂的气象术语"冻雨"，要用老百姓经常用的词汇"冰凌"，要真正做到通俗化。在气象传播的实际工作中，应该严格按照周恩来同志的要求，牢牢抓住怎样把气象预报服务的专业语言通俗化、大众化，做到"以人为本、无微不至、无所不在"，这样才能真正取得老百姓对气象预报服务工作的认可。

周恩来气象传播思想十分丰富，其核心是保护人民的思想[5]，充分体现了全心全意为人民服务的共产党的宗旨[6]，在中国特色社会主义时代的主要矛盾转化为人民群众对美好生活的向往和发展不平衡不充分之间的矛盾时期，其思想仍然具有重要的现实意义，对于如何全面推进气象现代化[7]，发展中国特色社会主义时代的气象科技事业，满足人民群众对防灾减灾主动性科学性的不断追求和期待，仍然具有重要的指导意义。

参考文献

[1] 周恩来. 周恩来经济文选[M]. 北京：中央文献出版社，1993：200.
[2] 周恩来. 周恩来选集(下)[M] . 北京：人民出版社，1984：466.
[3] 李丹，刘立成. 党和国家三代领导人的气象新闻传播思想[J]. 辽宁气象，2005(4)：43-44.
[4] 刘立成. 简论当代中国气象传播四大观念及其演变[C] . 中国气象学会 2006 年年会"气象史志研究进展"分会场论文集. 2006.
[5] 陈少峰，林完红. 概论周恩来关于气象工作是保护人民的思想[N]. 中国气象报. 1998-02-26.
[6] 刘立成，李巨，吕守奇. 毛泽东气象传播思想探析. 毛泽东思想研究[J] . 2011(5)：9-12.
[7] 刘立成. 中国气象传播现代化的基本要素与表现特征[J]. 学术交流. 2017(7)：211-216.

A Probe into Zhou Enlai's Thought of Meteorological Communication

LIU Licheng

(Pingdingshan Universitiy, Pingdingshan 467000)

Abstract The thought of Zhou Enlai meteorological communication was not only an important aspect of studying in the development history of meteorological science and technology, but also was an important part of the study of Zhou Enlai's thoughts. Zhou Enlai's thought of meteorological communication, in a nutshell, was based on self-reliance, upgrading the level of science and technology, and changing the backward face and attaching importance to the construction of meteorological information sources, as well as attaching importance to the release of meteorological information content based on the protection of people's lives and property, service and production, further attaching importance to meteorological information dissemination methods based.

Keywords Zhou Enlai, meteorological communication, thought

谢义炳哲学思想的渊源

陶祖钰

（北京大学物理学院，大气和海洋科学系，北京　100875）

摘　要　哲学，包括世界观、人生观（价值观）和方法论。在简要回顾了早年家庭、学校对谢义炳（1917—1995）人生观和世界观的影响后，以谢义炳晚年在一封给外国友人的信中所说，他“一生追随罗斯贝的哲学”为线索，将谢义炳哲学思想的渊源概括为：青年时期受罗斯贝的启发重视哲学思想，壮年时期系统学习和掌握马克思主义辩证唯物论和历史唯物论的哲学思想，晚年深刻剖析气象科学发展的苦难历程及对中国气象事业宏伟前景的憧憬。1987—2017年30年的变化见证了谢义炳的哲学思想的深邃和远见。

1　人生观和世界观的确立

哲学，包括世界观、人生观（价值观）和方法论。一个人人生观和世界观，早期与他的家庭和所受的教育密切相关，后期与他的经历和事业密切相关。

谢义炳的父亲谢厚藩（1887—1953）是清朝末代举人，有强烈的教育救国思想，先后留学日、英，回国后曾在东北、天津、上海、广西、广东、湖南等地大学任教，任物理系主任、理工学院院长等职。1931年“九一八”事变时正在东北大学教书的谢厚藩，逃离沈阳后写了一封短信要儿子们“你们要努力啊！只有国家强盛，才不会被人欺负。”[1]。还曾告诫刚刚考入清华的谢义炳“少爷小姐的生活方式是不行的。”

哥哥谢义伟（1905—1961）毕业于中央大学政治系，也是一位思想进步的教授，1953年曾以优秀教授身份赴朝慰问。初中时，曾辅导谢义炳的数理逻辑和社会科学思维能力[1]，

高中时期（1932—1935年）是谢义炳人生观、世界观的启蒙时期。扬州中学高中部“除了正规课以外，还有一些课外讲座。例如，物质与能量、进化论、相对论，体育与做功……，虽然是通俗的，可是具有启发性，冲击了我的定势思维。”

1935年谢义炳考入清华大学理学院后不久，即投身“一二九”抗日救亡运动。运动中深受学生爱戴的涂长望教授，1941年成为他在贵州遵义浙江大学研究生院的导师。涂长望不仅是一位著名的科学家，也是一位著名的社会活动家。他是留英进步学生组织“反帝救亡大同盟”的成员，并参加第三国际领导的秘密活动，是九三学社的发起人。新中国成立后被任命为中央军委气象局局长，1956年加入中国共产党。谢义炳后半生追随共产党，尽管受极“左”思潮的压制，百折不挠终于于1982年成为一名中共党员。导师涂长望的影响在谢义炳身上起了重大作用。

上述思想基础，使谢义炳1950年回到中国以后在中国共产党的教育下，信服马克思主义哲学思想终其一生。

2 青年时期受罗斯贝的启发重视哲学思想

1990 年 10 月 9 日美国国家强风暴实验室主任约翰·刘维斯(John Lewis)博士写信给谢义炳询问有关罗斯贝的四个问题：

1. 是什么导致你来到美国随罗斯贝学习的？
2. 能否告诉我罗斯贝作为一个科学导师有哪些特点，至少从您个人的观点来看？
3. 你的论文题目是如何决定的？
4. 在研究生学院时，对你影响较大的科学家或教师是谁？

据我所知，您是你们国家气象学方面最了不起的导师之一，我也想知道您自己在科学导师制方面的哲学思想。

1990 年 11 月 8 日谢义炳给刘维斯的回信中说[2]：

我在大学最后一年 1940 年曾经系统地阅读过 MIT 的论文集。Rossby 是文集的主编。当然我那时并不能完全理解他的科学思路。但我确实非常希望知道将来能否在他的指导下学习。1946 年 3 月底我离开芝加哥去华盛顿特区在 N. 纳米阿斯(Namias)领导的中期预报组参加了几个月的工作。我们的其他气象专家则被分配到美国气象局的不同部门。

1946 年 9 月，我以研究生身份回到芝加哥大学。罗斯贝为我安排了一份助理员的工作。他对我的研究生工作并未做出具体的建议。他只是让我按自己的方式去努力。

Rossby 给我的印象是他不仅是一个科学家，而且也是一个伟大的教师和哲学家。他钢琴弹得非常好，像一个专业音乐家。1948 年，他带全家回瑞典，但他花了几个月住在芝加哥国际公寓。我们常常在密歇根湖游泳，在湖边到国际公寓之间的小饭店吃晚饭。这给我机会去了解 Rossby 的哲学并试图追随他。

由此可见，谢义炳是从 31 岁开始在罗斯贝的启发下重视哲学思想的。哲学，既是世界观，也是方法论。虽然信中，没有具体写他们交谈中谈了那些哲学问题，但从谢义炳在 70 岁的高龄总结罗斯贝“不仅是一个科学家，而且也是一个伟大的教师和哲学家”可见，他认为要成为一名伟大的科学家和伟大的教师，必须也是一位伟大的哲学家。这一点是多数人所忽视的。

在回答有没有“自己在科学导师制方面的哲学思想”时谢义炳说：

“我不敢声称我有自己的哲学思想。在罗斯贝和帕尔曼教授之外，我非常欣赏伽利略和爱因斯坦。伽利略说，任何人都不可能完全了解自然，但每一个人都可为认识自然做出一点贡献。爱因斯坦说，科学是人类理性和自由思考的结果。对我而言，这就是我与帕尔曼和罗斯贝的师生传承关系。非常有意思的是，这种师生关系在古代中国和古代希腊的哲学家也都已经提出来了。”

回答中提到近代的伽利略和爱因斯坦，也提到古代中国和古代希腊的哲学家，表明谢义炳十分注意对古今中外哲学思想的学习。中国古代的“书院制”和希腊古代的“学院制”(Academy)都是以讨论的形式研究、学习和传授哲学思想的地方，是当代“导师制”的核心。博士英文缩写 PhD 的全称是 Doctor of Philosophy，即哲学博士。博士学位是学术学位的最高级，意味着对某学科的认知已经达到了哲学的层面。换言之，如果科学研究水平没有上升到哲学层面，就算不上是一个真正的博士。

谢义炳回信中部分内容 1992 年登载在 *Bull Amer. Meteor. Soc* 上(1992 年，73 卷：1925-1439 页(注：原文有误))刘维斯的“卡尔·古斯塔夫·罗斯贝：对其导师制的研究”一文中。

2014年气象科技进展(4(6)95-105页)刊登了尹仔锋和沙天阳的翻译稿。[2]

具体的哲学思想谢义炳在信中只是非常简略地提到,“伽利略说,任何人都不可能完全了解自然,但每一个人都可为认识自然做出一点贡献。爱因斯坦说,科学是人类理性和自由思考的结果。”第一点讲的是相对于自然,人类是渺小的,但又是可以有所作为的,即哲学上称为“主观能动性”。

3 壮年时期系统学习马克思主义辩证唯物论的哲学思想

系统的哲学思想是谢义炳在回到中国以后形成的,它集中地反映在他和陈受钧合著的《天气学基础》(高等教育出版社,1959)[3]的绪论中,谢义炳时年42岁。这一章第3节的标题“辩证唯物主义是先进天气学的基础”具有非常鲜明的时代特色,反映解放初期在广大知识分子中开展的马列主义学习运动的成果。从其中涉及的大量哲学观点看,是谢义炳将回国后系统学习马克思主义理论得到的哲学思想用于指导天气学科研和教学。例如:

辩证唯物主义是最普遍的科学原则的观点;实践、理论再实践的实践论观点;量变到质变的辩证法观点;普遍联系与相互制约的观点;平衡是相对的,不平衡是绝对的;矛盾与不平衡,是事物发展的根本原因的矛盾论观点。

下面这段文字可以看成是谢义炳用新掌握的马克思主义辩证唯物主义哲学思想对罗斯贝适应理论中的哲学思想进行了阐述:

“天气学工作者由于工作的便利,常利用流场、气压场、温度场及湿度场的各种平衡关系,如地转风关系。静力学关系及热成风关系等。但是天气学工作者应当记得这种平衡关系不是绝对正确的,而只是准平衡关系。正是流场、气压场及温度场间的不相适应不相平衡,才使天气现象有发展有变化。由一种准平衡状态过渡到另一种准平衡状态,表现为各种各样的天气过程。天气中主要客观现象间的矛盾与不平衡,是天气发展的动力。”

这段精辟的总结,至今仍具有极强的指导意义。

1981年谢义炳总结“罗斯贝的基本哲学思想是气压场适应流场,把气压场抛开,先搞流场。他的哲学思想符合自然辩证法。”[4]

在当代,建立在超大规模计算基础上的科学研究,这些哲学思想仍有非常重要的现实意义。下面是《天气学原理》绪论中摘录的一些谢义炳的原话:

天气学既然是一门科学,当然受着最普遍的科学原则——辩证唯物主义所指导。

气旋波研究后来走向繁琐理论。

天气学工作者应当避免机械唯物论的观点。

天气学工作者还应当谨记着普遍联系与相互制约的规律,不能孤立地考虑天气学中的问题。

天气学工作者应当善于在这些多样性的相互联系相互制约中,分别主要与次要。

天气学工作者应当深切了解天气现象及变化过程中贯穿着由量变到质变的基本原则。

天气过程的长短是相对的,量变与质变也是相对的。

大中小型天气系统也是相互联系与相互制约的。

天气学工作者必须以发展观点及实事求是的科学分析精神对待已有的科学成果。避免教条主义,片面性与绝对化。取其精华,弃其糟粕,并由对某些成果所做的时高时低的评价、介绍与要求中吸取经验教训,不断提高自己,日趋成熟。

天气学工作者密切结合生产活动的生动实践,再根据实践的经验运用抽象的思维加以总结再回到实践中去。

辩证唯物主义的根本原理，应当贯穿于天气学的研究与实践工作。天气学工作者必须是一个辩证唯物主义者，才有广阔的发展前途。

谢义炳认为，科学的核心是"发展的观点"和"实事求是的精神"。因此，他特别强调要避免教条主义，片面性与绝对化，要有批判地吸收，要避免机械唯物论的观点和烦琐哲学。他在绪论中尖锐地指出将挪威学派气旋模型奉为教条的思想使"气旋波研究后来走向繁琐理论"。事实上气旋模型中把锋区当作"物质面"的观点违背了流体连续性这个基本性质。但这个完全错误的观点长期占据着天气学教科书，直到2011年，才在美国气象学会会刊上正式受到责疑，明确指出天气学教科书必须修改。这项任务至今尚未完成[5]。

另一个走向繁琐哲学的例子是19世纪70年代英国艾伯克龙比(Abercromby)的气压场形态学。谢义炳在报告中讲了英国人把艾伯克龙比捧为大不列颠的亚里士多德的故事。谢义炳说：亚里士多德是一位希腊的哲学家，是纪元前有名的唯物主义哲学家。亚里士多德有句名言。当柏拉图批评亚里士多德："你是我的学生，你现在长大了，不听我这个老师的话了。"亚里士多德回答说："吾爱吾师，吾尤爱真理"。意思是老师的话正确的我听，老师的话不对的，我没法听。

今天我们已不可能知道当年谢义炳和罗斯贝在湖边具体聊了那些哲学问题，但从他在晚年的一次报告中提到"1925年罗斯贝以见习气象工作者的身份去美国，时年二十八岁。谢义炳在回忆中提到，他(罗斯贝)大发'谬论'，对行政工作攻击，对业务工作提意见，对挪威学派也有看法。1927年被美国气象总局宣布为不受欢迎的人，书面通报全国气象业务系统不予任用，不予接待。"因此，谢义炳对挪威学派和英国气象学会的看法很可能也源于罗斯贝。

应该指出，谢义炳讲述的罗斯贝和艾伯克龙比这两个历史故事，反映了他对官僚主义和"学术权威"阻碍科学发展的痛恨，在今天，它们仍有很强的现实意义。

4 晚年深刻剖析气象科学发展的苦难历程及对中国气象事业宏伟前景的憧憬

1981年，64岁的谢义炳时处耳顺之年，在内蒙古气象学会做了一个题为《气象科学发展的趋势和我们的对策》的长篇报告。在首先阐述了"生产与科学技术、实践与理论、理论和哲学等的关系"的基本哲学思想后，用唯物辩证法讨论了科学技术发展简史。在简要回顾了欧洲的"工业革命"和近代自然科学发展的关系后，重点介绍了17世纪以来气象学发展历程中的曲折。

首先是17世纪天文学家哈雷(Halley)解释低纬度信风现象的理论，认为信风的存在是被太阳自东向西运动"牵引"的结果。18世纪哈得莱(Hadley，1735)不同意哈雷的理论，提出了热力环流理论，最后被大家接受并命名为"哈得莱环流"。

19世纪前期，普鲁士人多沃(Dove)提出了中纬度大型湍流的概念。他所说的大型湍流就是我们现在全球圆盘卫星云图上看到的大型扰动、波动和涡旋。但他的理论，当时被别人否定了。19世纪60年代英国的菲茨罗伊(Fitzroy，是带达尔文环球航行的船长)组织了英国第一个气象局开创了日常天气预报，并受到公众的普遍欢迎。他画的天气图现在看来有些像后来20世纪初挪威学派的气旋。虽然，菲茨罗伊对大气运动和天气变化有深刻的观察和认识，但是他受到英国皇家学会和报刊舆论的攻击，最后自尽身亡[6]。

20世纪初则发生了1927年罗斯贝被美国气象总局开除，宣布为不受欢迎的人。在闻新宇等翻译的《风暴守望者——天气预报风云史》书中可以看到气象史中很多类似的故事(http://www.phy.pku.edu.cn/climate)。

谢义炳从历史和自身的经历中深刻体会到，科学的发展不是一帆风顺的。每一个重大的进步一开始几乎都不被接受。即使像现在已得到公认的罗斯贝长波理论也不例外，1949 年此理论曾经受到罗斯贝亲密同事的公开责难[7]。因为新的进步都是在一定程度上对现状的否定。例如他指出"挪威学派战胜英国学派是小国在科技上战胜大国，辩证法和唯物论战胜了形而上学和唯心论，民族主义战胜帝国主义的范例。"他呼吁气象科技工作者不要跪倒在学术权威的脚下。要用"承前启后、继往开来、推陈出新的辩证唯物主义和历史唯物主义武装起来。"[8]

1987 年，"七十不逾矩之年"的谢义炳在陕西气象学会的报告中[7]，呼吁气象工作者响应中国共产党的号召，以到 2049 年达到民族文化、政治、经济全面复兴为自己的奋斗目标。他说"我们在 2000 年以前应争取到半决赛。将来大概要同美国或苏联进行决赛。我们应当争取在 2049 年夺取金牌。要恢复盛唐时期(中国在世界上)的位置。"要"树立恢复盛唐的决心。因为'西望长安'，这是中华民族的光荣时代。恢复这个光荣的时代是我们中华民族的责任。"

从 1927 年罗斯贝被美国气象学会总会宣布为不受欢迎的人，到 1987 年谢义炳提出恢复大唐盛世的奋斗目标，中间经历了整整六十年，一个甲子。

杨振宁 2015 年接受《人物》采访时，说了这样一句让人动容的话："我曾说，我青少年时代：'成长于似无止境的长夜中。'老年时代：'幸运地，中华民族终于走完了这个长夜，看见了曙光。'今天，我希望翁帆能替我看到天大亮。"30 年后的今天 2017 年，"一带一路"的倡议正在稳健地向前推进，我们再次回顾谢义炳的哲学思想，不得不感佩它的深邃和远见。

参考文献

[1] 谢义炳．脚印——中国名人谈少儿时代[M]．长春：北方妇女儿童出版社，1987

[2] John M. Lewis. 卡尔·古斯塔夫·罗斯贝：对其导师制的研究[J]．气象科技进展，2014，**4**(6)：95-105.

[3] 谢义炳，陈受钧，肖文俊．天气学基础[M]．北京：高等教育出版社，1959.

[4] 谢义炳．气象科学发展的趋势和我们的对策[J]．内蒙古气象，1981，(6)：1-10.

[5] Schultz D and Vaughan G. Occluded Fronts and the Occlusion Process——A Fresh Look at Conventional Wisdom[J]. *Bulletin of AMS*，2011(4)：443-466

[6] 风暴守望者——天气预报风云史，闻新宇等译(http://www.phy.pku.edu.cn/climate)

[7] 谢义炳．回顾过去、瞻望未来、促进我国气象科学技术发展的新高潮[J]．气象学报，1983，41(3).

[8] 谢义炳．回答[J]．气象学报，1985，**43**(1).

[9] 谢义炳．气象事业的国际合作与竞争[J]．陕西气象，1987(5)：1-6.

The Origin of Xie Yibing's Philosophy Thought

TAO Zuyu

(Department of Atmospheric and Oceanic Sciences,
School of physics, Peking University, Beijing 100875)

Abstract Philosophy includes world outlook, outlook on life(Meaning of Life) and methodology. After a brief review of the early influence of his family and school on Xie Yibing's

Meaning of Life and world outlook, the origin of Xie Yibing's philosophical thought are summarizes as follows: In his youth, he was inspired by Carl-Gustaf Rossby and attached great importance to philosophical thought, as Xie Yibing said in a letter to his American friends in his old age. In the adult stage, he mastered the philosophical thoughts of Marxist, the dialectical materialism and the historical materialism, by systematically studied. In his later years, he profoundly analyzed the bitter historical route of meteorology and given the self-assurance to the grand prospect of China's meteorology. The profound and far-sightedness of Xie Yibing's philosophy are witnessed by the great development of China in the recent 30 years from 1987 to 2017.

竺可桢与中国高校气象学专业的创建*

张改珍

（中国气象局气象干部培训学院，北京　100081）

摘　要　气象学是怎么从中国高校的一门课程扩展为一个专业，进而独立成系和研究所的？竺可桢在其中起到了开创性和关键性的推动作用。他最早推动将气象学作为专业列入中国高等教育当中，并创建标志我国气象科学独立的中央研究院气象研究所。他以其先进的学科知识、通识的教育理念、繁荣全中国气象事业的远大理想和深厚的爱国热忱为统领在中国高校气象学专业最初建设的方方面面都做出开创性的贡献，为气象科学的独立建制和中国气象事业的发展奠定了基础。

关键词　竺可桢，中国高校气象学专业的创建，气象科学独立，理念和理想

世界最早的气象活动可以追溯到公元前6世纪的古希腊，中国最早可追溯到距今约4000多年前的陶寺古观象台。从气象活动的出现到气象学作为一门学科在高校产生尚需经历较长的时间和曲折。中国的气象学作为专业在高校出现到单独成立研究所和建立气象学系也经历了从无到有的过程，竺可桢在这一充满创造性的过程中起到了开创性和关键性的推动作用。

1　依地学系设立气象学专业及其缘由

作为1910年公派出国的第二批留美庚款公费生，竺可桢在哈佛大学地质学与地理系攻读气象学硕士、博士学位时（1915年获气象学硕士学位，1918年获博士学位回国），“气象学是一门新兴学科，隶属于高校地质学与地理学系中，还没有独立的教育机构。在美国只有在哈佛大学的研究院开设有气象学课程，学习气象学的学生也很少”[1]。回国时，中国高校也还未分设气象学专业，但有少量气象学相关课程。

竺可桢回国后的最初两年，在武昌高等师范学校（以下简称武高）讲授地理和气象学课程，之后赴南京高等师范学校（以下简称南高）任教，在国文史地部讲授地质学、地文学、气象学等课程。1921年，竺可桢借南高改建为中国第二所国立大学——东南大学（以下简称东大）及系部调整之机“有意促成地质学、地理学和气象学的融合”[1]，在他的建议下，调整初期的地理学系改设为范围较广的地学系，这是“中国大学中的第一个地学系”[2]，竺可桢任地学系首任主任。后随中国高等教育体制的变化，历经校名（国立大学属性未变）、系属、教师、课程等的多次调整，该地学系“分为地质矿物门和地理气象学门。……这是中国最早在地学系中分设专业并将气象学作为地学中的重要内容列入高等教育当中”[1]。

基金项目：中国气象局气象干部培训学院科技史项目“竺可桢气象贡献的再研究”。

作者简介：张改珍，1980年出生，山西中阳人，清华大学博士后，现为中国气象局气象干部培训学院副研级高级工程师，研究方向为气象科技史、科技政策。

* 本文发表于《自然辩证法研究》，2018(7)：66-69.

通过中国高等教育体制变化之机建立地学系并将气象学设置为地学系的一个专业，竺可桢首次在中国将气象学作为一个专业纳入到国立大学教育体系和高等教育体制中，跨出了中国气象学学科建制化的第一步，为气象学学科独立建制和中国气象事业蓬勃发展奠定了人才基础。那么，作为气象学博士，他为什么并未推动设立气象学系而是将其归属于地学系？竺可桢在《地理教学法之商榷》一文中认为“在大学中所授地理，自必较中小学为专门，故分类较繁，而范围亦较广。其分类方法及与他科之关系，可以下图表示之”[2]（见图1）。可见，竺可桢以更大范围的地学或地理学为统领除了他所说的了解中国才能为振兴中华而努力[2]、国内高校地学教育较气象学成熟等原因之外，一是源于他对学科之间关系的认识和理解；二是他认识到在地理学和气象学教授、人才都缺乏的情况下，专业之间的融合和交叉有助于滋养和培育包括气象学在内的学科的发展；三是通过综合课程的设置（地质、地理、气象是两个专业学生的必修科目，竺可桢开设《地学通论》并向所有学生开放）可以促进学生向“通才”而非“专才”的方向发展。这在当时地学系只有“竺可桢、曾鹰联、徐韦曼、王毓湘、鲁直厚5名教员”[3]的情况下对学生的培养和专业的发展是有好处的。

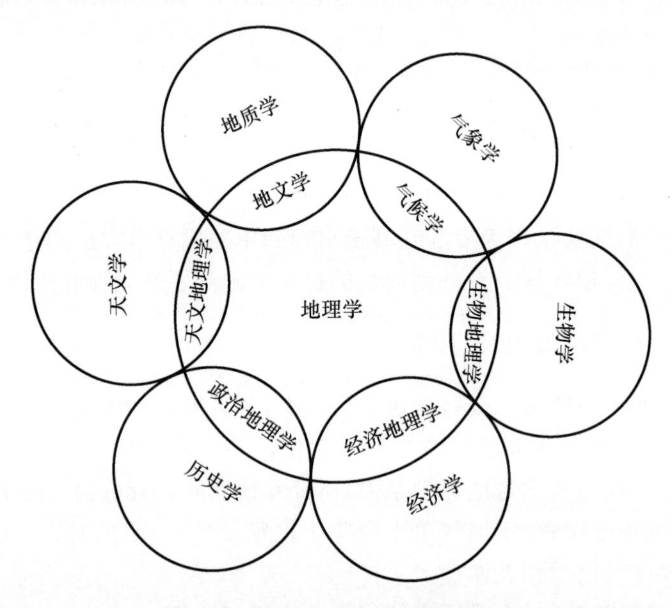

图1　地理学之分类及其范围图[2]

东南大学地学系是当时气象人才培养的重镇，当时在这里学习，日后在气象学教学研究和气象事业发展中起到重要作用的有：黄厦千、张宝堃、吕炯、沈孝凰、郑子政、朱炳海等人。竺可桢除了教学生系统的气象学知识，还注重培养他们的研究能力，有事例为证，“朱炳海先生即将毕业时曾翻译美国《天气评论》上威列特博士《雾与航空》一文，竺可桢先生为之逐字逐句校对、润色，介绍到《科学》杂志分三期发表”[4]。

2　《气象学》讲义的奠基作用

在归国前两年的武高时期，竺可桢就通过写作气象学讲义改进气象学教学内容，向学生传授美式气象学知识和思想。“约1920—1921年在东南大学编写了完整的《气象学》讲义，为教学需要而编写的《地理学通论》和《气象学》两种讲义，成为中国现代地理学和气象学教育的奠基性教材”[2]。收录在《竺可桢全集》第1卷的《气象学》[2]，分为总论和八个章节，共72页。总论简要介绍了气象学的种类、“不取材于他科”而独立的历史和世界各国(包括中国)最早设立气象台的历史。八个章节介绍了空气、太阳与空气温度的关系、天之色、温度、气压、风、湿度、露、霜、雾、云、雨、雪、冰雹、雾凇等内容。1923年由商务印书馆出版的《气象学》简本[2]文末注有详细参考文献和相关权威著作，方便阅者深入研究。

做出“《气象学》是中国现代气象学教育的奠基性教材”这个判断的原因在于，当时武高使用的气象学教材是《观象台实用气象学》，蒋丙然于1916年出版了《实用气象学》，二者均出于方便工作的实用性目的，详细介绍了气象仪器的使用方法，对气象科学知识和原理的介绍较为简单。《气象学》的奠基性体现在，首次较为系统地将西方最新的气象学科学理论和实用性知识编写为教材传授给高校学生；首次实现了理论性和实用性的结合，在深入介绍气象理论的同时，简要介绍寒暑表、气压表等气象仪器的特点及使用方法；使用数据、图表和公式来解释气象现象和仪器，并以当时气象科学的最前沿立场书写，介绍了国内外科学杂志和外国科学家最新的研究成果，如《科学》杂志的最新研究观点和美国芝加哥大学钱柏林和莫尔顿教授在当时新提出的创螺形星云说等；用当时最先进的气象学科学知识解释和分析了中国《论语》《尔雅》《后汉书》《齐名要术》等古代典籍中对气象现象的描述和认识。

尽管有完整的《气象学》教材，竺可桢的授课内容远丰富于此，“据张宝堃先生回忆，气象学是一年课程，讲述内容比商务印行的《气象学》丰富得多，竺可桢花了很多时间为学生讲述各种大气现象的物理观念，并引用很多数学公式说明”[4]。此外，随着竺可桢气象学教学研究实践的不断推进和深入，他还在不间断地丰富《气象学》的内容。陈学溶留存的1934年版本的《气象学》讲义残本较1920年版本篇幅增加一倍，竺可桢补充了新的气象发现和其在工作中积累的气象观测资料。陈学溶认为，“比较两个版本的《气象学》讲义可以看出，他把气象学研究与气象学的教学紧密结合起来，教学中强调研究，又把实际研究成果快速融于教学，这彰显了竺先生与时俱进的科学态度和对学生认真负责的教学精神”[5]。

3　第一个校属气象测候所

竺可桢注重气象学专业学生课程内容学习、气象学研究与课外实习训练相结合。东南大学地学系成立后不久即在校园内建立中国高校第一个附属气象站——东南大学气象测候所，并聘用竺可桢武高时期的学生鲁直厚专门负责观测。测候所专供学生训练使用，每晚与北京中央气象台交换天气报告，定期在报纸发表观测结果。竺可桢这样描述测候所的建立及运行，“东南大学之有气象测候所，始于民国十年春。但当时仅为气象班练习之用，且司测候者每周易人，故当时报告有残缺不全之憾。自十年秋，聘鲁君直厚司其事，每日应时观测，无复间断”[2]。

此后，竺可桢又于1922年向东南大学评议会提交意见书，从历史、地理、教育、实用四个方面说明原因，建议在北极阁建立观象台。在教育方面，竺可桢认为“校中现虽从事测量雨量、温度、气压等，但设备简陋。为本校学生计，亦有扩充之必要也”[2]。竺可桢在1923年发表的文章称“校学术委员会已决定在大学校园背后的北极阁山顶修建一个气象台，适宜于建立气象台的地点已经选定”[3]。但是后来“东南大学北极阁气象台”并未建立，竺可桢也曾在1925年因学校陷入“易长风潮”离开东南大学先后在商务印书馆、天津大学任职。

气象学本身的理论性、实践性和应用性决定了对于气象学专业教育来说，实习实践如同气象学理论的学习一样是一个必不可少且至关重要的环节。竺可桢创建了气象学专业，同时也创建了气象学学生实习训练的环节。在当时中国国家气象局系统尚未建立、气象台站很少的情况下，他还创建了中国高校第一个附属气象站作为学生实习训练的场所。实习实践仍是今天气象学本科教育的一个重要环节，如南京信息工程大学水文气象学院的本科教育规定(2016版本科教学计划)，学生必修与专业方向相关的毕业实习、天气预报综合实习、大气探测实习等时长16周；选修水文气象综合实习、临近和短时天气预报实习等时长4周。应用气象学院建立包括江苏省气象局、杭州市气象局、中国大气本底基准观象台等在内的23个单位作为学生的校外实习实践基地等。

4 其他高校的气象学专业与气象科学的正式独立

武高、南高、东大之后，竺可桢于1927年应中央研究院院长蔡元培之邀创建北极阁气象研究所并任所长。“1928年中央研究院气象研究所的建立，标志着气象科学在我国作为一门独立科学正式明确地不与天文、地理、农学合为一谈了”[6]。在高校系统中，“气象学专业人才培养在很长一段时间内隶属于高校的地学系或地理系之中，甚至气象学课程一度被放在物理学系中。直到1943年8月(东南大学)地理系中的气象组独立成立气象系”[1]。继初创时期的东南大学之后，清华大学于1929年成立地学系，下设气象组，“那时培养的并非是专长单一的人才，而是具有地理、地质、气象三门学识的通才学生”[8]。20世纪30年代建立清华大学气象台，设备达到国际先进水平。到1937年，“清华大学气象专业已具备较为齐全的实验设备，包括建筑、仪器、图书及模型等”[8]。1946年，南迁之后复校北平的清华大学，单独组建了气象学系，李宪之任系主任，扩充、培养师资，获得长足发展。“浙江大学也在竺可桢1936年掌校后，秉持‘史地合一’的通才教育观，创建史地学系，下设史学和地学二组，既造就史学与地学的专门人才，又特重二者的关联，以达专精与通识之间的平衡”[9]，张其昀任所长，在地学组发展气象学。

5 讨论：高校气象学专业创建背后的理念和理想

竺可桢主导和推动实现高校气象学专业的创建，有其广博的教育理念；他也并非出于自身专业背景为自己谋得稳定教职和职业发展空间的狭窄目的，这一创举背后还有他更远大的理想。竺可桢赴美留学之前在唐山路矿学堂学习土木工程，认为中国以农立国，所以出国转学农学以学成为国家服务。入校后发现美国的大农经济与中国的小农经济迥异且当时美国的农业科学落后，恐所学无以报国，遂大学毕业后选择和“以农立国”相关的气象学继续深造。可见，竺可桢从刚成年起就以“为国服务”这一远大理想设计自己的学业。竺可桢归国后中国仍属半殖民地国家，他将地学系和气象学专业与“国家兴亡，匹夫有责”紧密联系在一起。他看到俄日英法对我国边疆之了解胜于国人，“德日更是探测山东、深入腹地，随处摄影制图，用心叵测，当时的政府却方愁接济军阀之乏术，安望其能有余力以资助发展气象台等等之机关哉”[2]，就寄希望于地学和气象学者“……专心地学者，……以调查全国之地形、气候、人种及动植物、矿产为己任，设立调查之标准，定进行先后之次序，择暑假或其他相当时期，结队考察……此则今日我国地学家之责任也”[2]。

南高、东大时期，竺可桢并未偏安于地学、气象学教学科研一隅，他心怀中国气象事业的振兴和全面发展，多次著文推动我国气象台站建设。他从气象台对农业、航业、国体的重要性三方面论证我国应多设气象台[2]。北极阁气象研究所时期形成了详细的《全国设立气象测候所计划书》[7]并在全国各地特别是东南沿海建立了一定规模和数量的气象测候所；他还书写议案请教育部或中华教育改进社管理向日本收回的青岛观象台并加以扩充[2]等等。

竺可桢将气象学置于更为宽广的地学系之下，并要求地学系学生必修地质、地理、气象、《地学通论》等课程，出于他类似于今天"通识"的教育理念，即他认为真正的气象人才不能仅需要气象学专门知识，而且需要其他相关科目和人文知识作为基础。气象学专业设立之初，在东南大学、清华大学、浙江大学具有共同的特征——都作为各高校通识教育中的一分子存在和发挥其作用。竺可桢类似于今天"通识"的教育理念在其他事例中更为显见，竺可桢曾建议中央大学（原东南大学）脱离欧洲地学二元之遗风，"将史地系之地理课程，归并于地学系，而分地学系为地质与地理二门，地质门包括地质学与矿物学，地理门包括地理学与气象学"[2]。反对地学二元论，竺可桢认可地学一元论，认为自然地理与人文地理是合二为一的。他在《普通中学应特设混合地理一门》中曾说"地理一科，于人生最为切要"，"以自然与人文之关系为中心，否则无灵魂"[2]，即他认为没有人文的自然和没有自然的人文一样没有灵魂，地理学教育需要兼顾自然和人文。

参考文献

[1] 张九辰．竺可桢与东南大学地学系——兼论竺可桢地学思想的形成[J]．中国科技史料，2003(2)：113-115，120.
[2] 樊洪业．竺可桢全集(第1卷)．上海：上海科技教育出版社，2004.
[3] 竺可桢撰．艾素珍译注．东南大学地学系介绍[J]．中国科技史料，2002(1)．52-53.
[4] 施雅风．南高、东大时期的竺可桢教授[J]．地理研究，1987(2)：2，59.
[5] 陈学溶．谈竺可桢1934年《气象学》讲义残本[J]．大气科学学报，2014(1)：128.
[6] 洪世年，陈文言．中国气象史[M]．北京：农业出版社，1983.
[7] 樊洪业．竺可桢全集(第2卷)．上海：上海科技教育出版社，2004.
[8] 武海平．清华大学历史上的气象系(1929—1952年)．气象科学技术的历史探索——第二届气象科技史学术研讨会论文集．北京：气象出版社，2017.
[9] 何方昱．知识、权利与学科的合分——以浙大史地系为中心(1936—1949)[J]．学术月刊，2012(5)：145.

Zhu Kezhen and the Creation of Meteorology as a Specialty in Chinese Universities

ZHANG Gaizhen

(China Meteorological Administration Training Center，Beijing 100081，China)

Abstract How did meteorology expand from a course in a Chinese university to a major，and then become an independent department and research institute? Zhu Kezhen played a pioneering and key role in promoting it. He first promoted the inclusion of meteorology as a specialty in China's higher education，and established the Institute of Meteorology of Central Research Academy，which marked the independence of China's meteorological sciences. With his advanced subject knowledge，general education concept，prosperous ideal of prospering all

China's meteorological enterprise and deep patriotic passion, he made a pioneering contribution to all aspects of the initial construction of meteorology majors in China's university, which laid the foundation for the independent establishment and the development of China's meteorological enterprise .

Keywords Zhu Kezhen, the Creation of Meteorology as a Specialty In Chinese Universities, the Independence of meteorological science, Concept and Ideal

蒋丙然《说晕》中的气象知识和史料

罗见今，王　南

（内蒙古师范大学科学技术史研究院，呼和浩特　010022）

摘　要　1915年，蒋丙然在《观象丛报》中发表《说晕》。文中简介我国现代气象科学的奠基者蒋丙然，依据《说晕》的晕图，分析原文介绍的几类晕的形态，将各种晕的法文译成英文、中文进行比较。文中还涉及有关气象知识、气象学者和中外气象学史，指出《说晕》提供的气象名词和历史知识，对深入理解气象现象和丰富大气科学专业术语都具有学术价值。

关键词　蒋丙然，《观象丛报》，晕的术语，气象知识，气象学者

引言

气象现象在早期文明中即已引起普遍关注，而保留有观测记录的并不多见。晕(halo)是一种光学现象，冰晶产生的大气光效应。战国末《吕氏春秋·明理》中提出了“日有晕珥”的论断。高注：“晕珥，日旁之危气也。在上两旁，内向为珥，气围绕日周匝，有似军营相围守，故曰晕也”，描述了晕的形态，围绕太阳一圈(即为同心圆)，由于古代军营多为圆形，所以按形态命名为“晕”；同时记载了两珥的现象。中国先人在出土简牍、古代史料[1]中对晕就有较详细的观察和记载[2]，但在近代光学出现之前，对晕的成因多为联想或猜测。

在两次西学东渐中，近代西方气象学知识陆续传入中国。有研究表明[3]，明末高一志①和清初南怀仁②等介绍过近代气象学知识。但这些工作基本上是零星的、部分的。

辛亥革命之后，国民政府成立中央观象台，蒋丙然被聘为首任气象科长，1915年他在《观象丛报》分三次发表《说晕》，共24页，首次系统讲解近代气象学中关于“晕”的光学知识。

图1　蒋丙然

1　蒋丙然及其《观象丛报》

蒋丙然(1883—1966)，原名幼聪，字右沧，福建闽侯人。气象学家，天文学家，中国现代气象事业奠基人，中国气象学会创建人之一。父蒋仁，光绪癸巳(1893)举人，曾任福建大学堂教务长，“提

作者简介：罗见今，1942年生，河南新野县人，内蒙古师大科技史研究院教授，研究方向：数学史、科技史。

王南，1991年生，女，河南洛阳市人，内蒙古师大科技史研究院硕士，研究方向：天文学史。

本文已经在咸阳师院学报2018(2)发表。

① 高一志(AlphonusVagnoni，1566-1640)，明末来华的意大利传教士。

② 南怀仁(Ferdinand Verbiest，1623-1688)，1658年来华的比利时耶稣会传教士，清初影响较大。

倡西学,注重实业"。丙然自幼聪颖,刻苦学习,入上海震旦大学物理科,受教于马相伯,1908毕业,赴比利时双卜罗大学留学,获农业气象学博士学位。

1913年蒋丙然应北京中央观象台高鲁台长之邀任气象科长兼管航空气象,开我国现代气象观测之先河,并在北大和北师大等校讲授气象学。1914年蒋丙然创办《气象丛报》,翌年增天文、地磁、地震、历象,扩充为《观象丛报》。《说晕》[4]三部分就发表在第1卷第1,2,5期中。

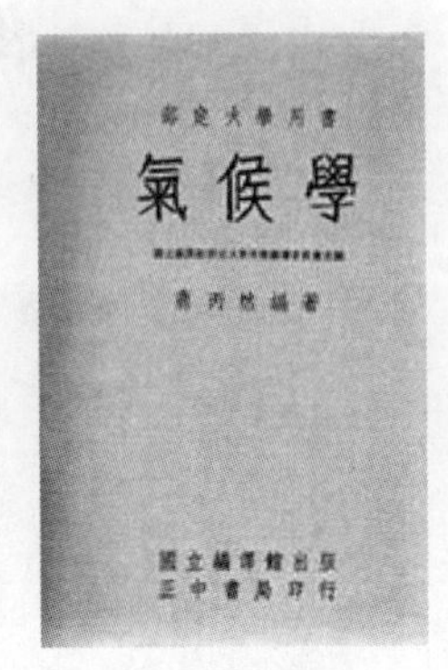

图2 蒋丙然著《气候学》(1960)

1924年蒋丙然任青岛观象台台长(原青岛测候所,日本管理),注重天文仪器引进,在我国现代天文、气象、地震、地磁的研究中均有开创性贡献。后历任中国气象学会1～5届会长,6～13届副会长、中央研究院气象研究所及天文研究所特约研究员、中国海洋研究所筹备组常委等。1932年为国际天文联合会委员,并被意大利气象学会聘为名誉副会长。1928年在青岛观象台内设海洋科,进行大量海洋观测研究,为我国海洋学奠定基础。1938年任沦陷区"北京大学"农学院农艺系主任、教授。1946年赴台至去世,任台湾大学农学院教授20年,讲授气象学。1958年台湾气象学会和天文学会成立,蒋丙然被选为首届理事长。著《气象器械及其观测法》[5]《应用气象学》[6]《农业气象》[7]《气候学》[8](图2)等,另有译著《生与死》行世。

2 晕的各种类型和名称

蒋丙然在《说晕》第一部分开宗明义,说:"考今之科学界所记载之晕不仅种类未详,即其性质亦未备。"晕(halo)的现象非常复杂,许多人都见过其中一部分,但要列举全部不同形态的晕,就十分困难,因观察者地理位置、气象条件、观察时间之不同,光晕会出现多种形态,例如46°晕的旁切弧,其切点依太阳高度而随时改变,须据原有记录、按照目击者的记述进行补充,对学者亦属不易。

各种晕之间差异细微,要用不同的术语准确表达,并译成现代汉语,困难重重;对晕的专题研究更是罕见,故蒋丙然的《说晕》是非常难得的专题著作。

该文列出21个条目,用法文(以下除个别印刷错误外照录)注明,并逐一解说。这21个条目是:(1)二十二度之常晕;(2)二十二度巴厄力:parhélieordinairede 22°;(3)二十二度晕能切弧:arcs tangents du halo de 22°;(4)四十六度晕:halo de 46°;(5)天顶切弧:arc circumzenital;(6)地平切弧:arc circumhorizontal;(7)四十六度晕下端旁切弧:arcs tangents infralateraux de halo de 46°;(8)下端双切弧:arc bitangentinférieur;(9)上端双切弧:arc bitangentsupérieur;(10)四十六度巴厄力:parhéliede 46°;(11)巴厄力克光环;cercle deparhelique;(12)恩得力及恩得力斜弧:anthélie etarc oblique de anthélie;(13)巴郎得力:paranthélie;(14)光柱及光十字:colonnelumieux et croix;(15)白玺得力及假太阳:pseudhèlieetfaux soleil;(16)特别半径诸晕:halos de royonanormal;(17)二十二度晕上下端之特别切弧:arcs tangents xetraordinairesupérieurouinférieur de halos de 22°;(18)二十二度晕上下侧切弧:arcs infra et supra-lateraux du halos de 22°;(19)巴厄力克斜曲线:courbesparheliquesobliques;(20)特别天顶切弧:arcs circumzérnitaux extraordinaire;(21)第二重光线:lueuxsecondaire。

① 本文记出处为《观象丛报》第1卷的期数-页数,例如"1-61"指第1期61页。

另有以日、月为中心的“小椭圆形晕”“五彩巴厄力”等 5 种，由于仅有一次记录，仅列出名称、观察者、时间，未及详论。

近代西方对晕研究较多，对晕的命名多样化。例如 1895 年荷兰人科恩（H. F. A. Kern，原译格纳）在乐农（Lonen）观察地平切弧，即命名为“科恩弧”。不排除同一事物有不同名称。因此，研究晕，“必先正名欤”，要厘清《说晕》引用法文所指的气象现象究为何物。

3 《说晕》晕图中的各种晕

在汉语中，“晕”、“幻日”、“假日”为等价的命名方式，译成英文，“晕”为 halo，“假日”为 parhelion，“假日环”为 white horizontal circle；“幻日”为 parhelion，sun dog，mock sun，false sun，“幻日环”为 parhelic ring(circle)。说明在中、英语中，同一事物均有多种术语来定义，保留了不同民族不同时代的命名习惯。同样的现象也出现在法语中。

在《说晕》第一部分第 61 页中，蒋丙然绘有上下两幅“晕图”（图 3）。半球大圆为地平线，图中除(*o*)为观测点、(*s*)为太阳外，各种晕的名目有（表 1）：

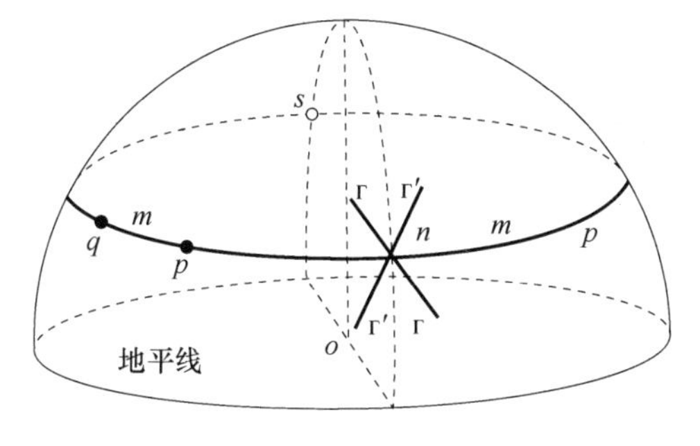

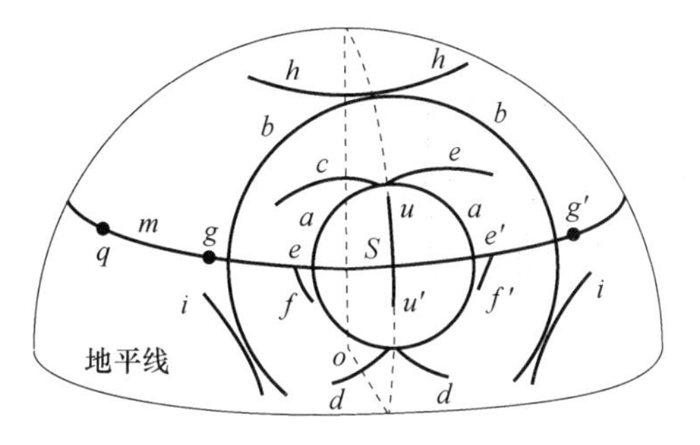

O=观测地
S=太阳
a=二十二度晕
b=四十六度晕
ff'=卢维藉弧
h=天顶切弧
ii'=侧切弧
n=恩得力
u'=光柱
C=二十二度晕上切弧
d=二十二度晕下切弧
ee=二十二度巴厄力
gg'=四十六度巴厄力
m=巴厄力克光环
pp'=百二十度巴郎得力
qq'=九十度巴郎得力
rr'=恩得力斜弧

图 3　蒋丙然《说晕》1-61 页插图①

表 1　蒋丙然《说晕》1-61 页插图中各种晕名对照表

字母	《说晕》名称	《说晕》法文名称	《说晕》英文名称	《说晕》中文名称
a	二十二度之常晕	parhélieordinaire de 22°	parhelionof 22°,22°halo*	22°晕*
b	四十六度晕	halo de 46°	parhelionof 46°,46°halo*	46°晕*
c	二十二度晕上切弧	arcs tangent supérieur du halo de 22°	tangentarc* to above on 22°halo	22°晕上切弧*
d	二十二度晕下切弧	arcs tangent inférieur du halo de 22°	tangentarc* to below on 22° halo	22°晕下切弧*
e,*e*'	二十二度巴厄力	parhélieordinairede 22°	parhelion* of 22°	22°幻日*
f,*f*'	卢维藉弧	Lomitz arcs	Lovitz? arcs	洛维兹弧?
g,*g*'	四十六度巴厄力	parhélie de 46°	parhelion* of 46°	46°幻日*

续表

字母	《说晕》名称	《说晕》法文名称	《说晕》英文名称	《说晕》中文名称
h	天顶切弧	arc circumzenital	circumzenithal arc*	环天顶弧*
i,*i*'	侧切弧	unarc tangentà la halo côté	an arc tangent to the halo side	侧切弧
m	巴厄力克光环	cercleparhélique	parhelic* circle, parhelic* ring	幻日*光环
n	恩得力	anthélie	anthelion*	反日*
p,*p*'	百二十度巴郎得力	paranthélie du halo de 120°	paranthelion* of 120°	120°远幻日*
q,*q*'	九十度巴郎得力	paranthélie du halo de 90°	paranthelion* of 90°	90°远幻日*
r,*r*'	恩得力斜弧	arc oblique de anthélie	oblique arc anthelion*	反日*斜弧
u'	光柱(及光十字)	colonnelumieux(etcroix)	thelightlikea column	光柱

注:带*号者为《英汉汉英大气科学词汇(第二版)》[9]收入之英语术语及中文解释。

表1中列出晕的15种名目,相比而言是较为常见、也是较主要的,其中有10条在《说晕》中给予详细的说明。由于原文中不少用法文音译,需要找出对应的英译,本文依据现在使用的第二版《英汉汉英大气科学词汇》[9],查出相应的汉译,以便增进对《说晕》的理解。

表1中有的条目尚不能确定,例如"光柱",只是据法文之意转译成英文(the lightlikea column),至于它是否是大气光现象中的"日柱"(sun pillar),即在地面上观测到的太阳正上方或正下方的一种间断或连续的白色、橙色或红色的光柱,作者尚不能断定;另外像"卢维藉弧",遍查工具书而不得其解,需要求教于大方。

本文关注类似术语的鉴别。例如在《说晕》文中,"二十二度之常晕"与"二十二度巴厄力"是两个有区别的基本概念,但法文中所使用的词语均为 parhélie,翻译成中文为"22°常晕"或"22°幻日",字面上虽有区别,但"晕"和"幻日"实际上是同一事物的两个名称,这就需要考虑在汉语术语中有无必要、以及如何将两者区别开来。

4 《说晕》描述的几类晕的形态

本文列举《说晕》对几类晕的解说,以加深对蒋丙然所译术语的理解。

(1)22°常晕(parhélieordinaire de 22°):22°常晕是以日、月为圆心,视角半径约为22°的一种内圈呈淡红色的白色光环。这是一种常见的气象现象,色序内紫外红,与虹相反,也称小晕或内晕。一般红色清晰,紫色不明显。22°晕是日光水平入射六棱柱冰晶经过折射和反射形成的(图4)。

《说晕》指出它的形态:"诸晕之中以是为最常见,……大抵日晕最多之时,必天空遍布卷层云,形如细幕,而甚透明,……二十二度之晕,形如圆环,以日或月为心,此环色相之分配,大类于虹,但不及其明晰耳。内缘最亮,系属红色,……若光线不甚明亮,则所见者仅一白色圆环,内缘带褐色,月光所成,多属此类。至于环内之天色,则微黯焉。"[4]

(2)22°巴厄力(parhélieordinairede 22°):当日晕环出现时,真太阳的两侧(即位于与太阳同一高度角)常可看到环上两个耀眼的彩色或白色光斑,并有通过太阳的圆弧相连,在北方如内蒙古(图5)、俄罗斯所见,这两个光斑变大、非常明显,通常被称为三个太阳,"假日"或"幻日"的名称由此而来。

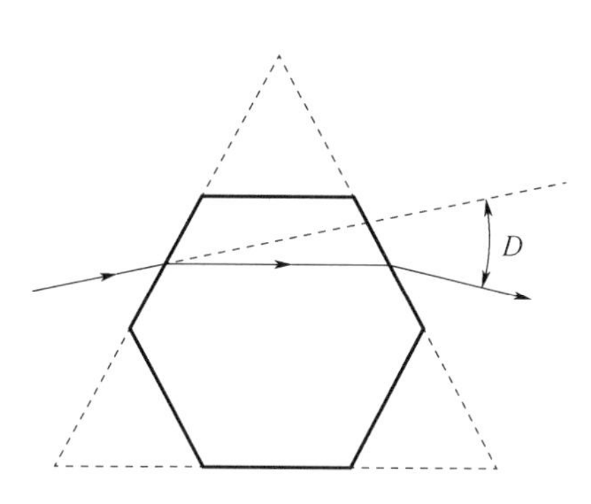

图 4　六棱柱冰晶光路图
最小偏向角 D 为 22°的折射

图 5　内蒙古赤峰幻日可见 22°、46°晕、
22°晕上切弧、环天顶弧及穿日的圆弧

《说晕》指出："巴厄力为两点，生于太阳之左右，而与之等高。……日月上升，环亦逐渐增高；若巴厄力与晕同现，当在太阳初升或将入时。两点照耀于环上，太阳渐高，则离于环外。惟太阳高入二十五度或三十度时，其分离之点，始瞭然也。巴厄力之色相，较之晕为明显，其层叠晕次序则相同。"[4]"太阳愈高，巴厄力光彩愈减。……太阳高时，巴厄力有时成钩曲之形，其在右者，形如(丿)，在左者形如(乀)。……实测所得，太阳仅至五十度或五十一度，已不能见之矣。"[4]该文对巴厄力还有长篇论述。

由此可知，在蒋丙然看来，"22°常晕"与"22°巴厄力"有区别：前者主要指围绕日月的圆环，后者特指晕环上的亮斑；这提醒人们，幻日有"晕环"和"假日"两个要点，"巴厄力"在这里理解为"假日"最恰当。

(3)天顶切弧(arc circumzenital)：今称环天顶弧(circumzenithal arc)，又称"日载"，系由以天顶为中心，位于一水平面上的发光圆弧构成的大气光学现象，其位置高于太阳约 46°，是低太阳高度角(一般＜32°)时的大气光象，在高纬度地带容易见到。

"太阳丽空时，有光弧现于其上，色相鲜明，光彩纯净，凡分光仪所得之太阳光线，此弧无不具备。其距离太阳，等于四十六度，有时而强，弧线平横，以天顶为心点，测其原形，系一圆环；但目力所见者，仅四分之一，至多亦只有三分之一耳。"[4]

《说晕》称其为天顶切弧(法文亦作 un arc tangent au zénith，英文 an arc tangent to the zenith)，即因一般看不到全圆。我们在图 5 中清楚看到天顶约有三分之一的彩弧，它与 46°晕相切，故名"切弧"。

在《说晕》[4]页有一详图(图 6)，描绘天顶切弧(环天顶弧)与 22°晕及其外切晕、46°晕及若干切弧、以及下文所提到的恩得力(反日)的位置关系。在前文中提到的 22°常晕中的"巴厄力"即两假日，在图 3 中表现为太阳 s 两旁标以 e 和 e' 的两点；而在图 6 中则绘成两小圆圈，标以大写 L 的哥特花体 $\mathscr{L}$。

(4)恩得力(anthélie)：今称"反日"(anthelion)，是太阳所在高度上，与太阳相对处出现的彩色或白色光斑。"恩得力常现于距太阳百八十度，形为圆光点，色纯白，然有时亦光彩混茫，而绕以光环。"[4]《说晕》指出：常见太阳反向适与眼光线成一直线处，现一光环，盖系对日光环，

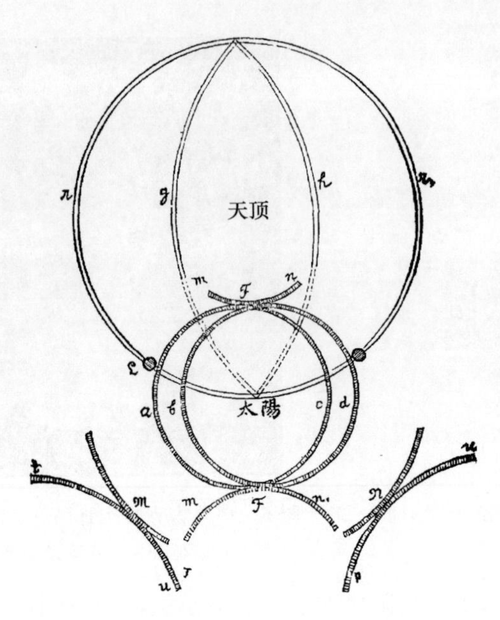

*bc*二十二度晕。ad外切晕。LL寻常巴厄力。mn及*m'n'*二十二度晕之特别切孤。
*tu*及*vu*下端侧切孤及四十六晕之碎段。rr，巴厄力克光环，gh恩得力斜孤。

图 6 《说晕》5-49 页 22°晕、46°晕及若干切弧

而非反日；另有太阳出入地平时往往于太阳对向现霞光，亦非反日，不得混而为一。“反日”现象的要点一是与日相对，二是与日等高。

“有时有斜弧贯恩得力，形如斜十字，即所谓‘恩得力斜弧’(arc obligue de l’authélie)，此现象至为稀少，而学说尚未确定。”(图 6 天顶两旁标以 *g*,*h* 的两支斜弧)

(5)巴郎得力(paranthélie)：今称为“远幻日”(paranthelion)是与太阳高度角相同但方位角相差等于或大于 90°的白色光点，其直径稍大于太阳的视直径。普通的远幻日位于太阳 120°方位角处，而特殊的位于 90°方位角处。《说晕》指出：“巴郎得力，有谓之寻常或一百二十度巴郎得力者，现于太阳两旁，距度各百二十度；而距恩得力则六十度，其色常为纯白。有时亦见巴郎得力方向线，与太阳方向线成一直角。其距太阳顶点之度，适为九十度。然其距太阳弧度，为定数抑为变数，尚属一大疑问，盖无精确之测量也。”[4]

对于学术界尚未确认的现象，蒋丙然重复前人的记录，很谨慎指出存在的疑问。

此外还有一批名词术语：黑弗留晕：halo deHévèliu，科恩弧：arc de Kern 等；下三项是月晕中相应的术语：a. 巴拉色勒尼克光环：cercleparasélènigue，b. 恩得色勒尼：antisélène，c. 巴郎得色勒尼：parantisélène，等，都需要研究。

5　西方气象学者 16 世纪以来对晕的研究

《说晕》一文介绍几十位西方气象研究者的工作，按照该书提供的线索，回顾 16 世纪以来的几位科学家对大气研究的简况，可以粗现气象学这部分历史的轮廓。

16 世纪，第谷·布拉赫(Tycho Brahe，1546—1601)，丹麦天文学家和占星学家。他在望远镜使用前观察天象最为详尽，成就卓著，在天文史上占有重要地位。《说晕》没有详述关于他对大气现象的研究，一般天文史著作也未见这方面的介绍，尚为缺憾。

17 世纪，马略特(EdmeMariotte，1602—1684。《说晕》作“马利奥特”)，法国植物学家、物理学家，以波义耳-马略特定理著称于世。他深入研究光现象，著《论颜色的本性》，提出角半径23°晕(即现在说的 22°晕)产生的原因，基本上为今天公认，解释日晕、月晕、虹、幻日、幻月、衍射等现象，对大气光学做出了贡献。

18 世纪，奥古斯特·布拉维(Auguste Bravais，1811—1863)，法国物理学家，《说晕》作“帕渭”，主要从事晶体结构几何理论方面的研究。对日晕、月晕的变化及特征，有详尽的说明。现在人们知道，晕的产生，是光线在七八千米高空六棱冰柱里折射的结果；而早期结晶体内光路图，布拉维有详细解释。

19—20 世纪，奥地利物理学家朋特(J. M. Pernter)，《说晕》译作“帕纳德”，说他“辟帕(渭)氏之说而独创新例”。作者从网上查出朋特 1906 年在《自然》上发表《显著的彩虹现象》[10]；对晕的研究，蒋丙然多次提及帕渭和帕纳德的成果。

表 2 《说晕》列出 300 年间观察特别半径诸晕的记录

半径度数	发现年份	发现人名	
		法文	中文
4°～60°	1798	Hall	哈尔
7°～8°	1898	A ctowski	亚克托西基
7°～8°	1899	Hissink	喜辛克
9°～10°	1892	Buijsen	北依尊
9°～10°	1899	Hissink	喜辛克
9°～10°	1907	Russel	鄂西尔
14°(测算的)	1839	Heiden	赫突
16°(测算的)	1839	Heiden	赫突
17°	1900	Besson et Dutheil	柏逊及杜特尔
17°55′(测算的)	1899 及 1905	Hissink	喜辛克
17°55′(测算的)	1607	Kiemar	克玛
19°25(测算的)	1831	Bumey	比尼
19°25(测算的)	1905(三次)	Hissink	喜辛克
26°～29°	1629	Scheiner	西格尼
26°～29°	1629	Greshow	克素
26°～29°	1629	Whiston	魏西敦
34°～38°	1904	Feuilleo，Parry et neub. e de rexpedition de chacot	佛依尔巴及沙谷远征队员
90°	1661	Hevellins Ermas Sabine	赫佛黎 尼玛沙毕尼

《说晕》中还记有多位西方学者：“黑佛留(Heveliu)氏”(有“黑佛留晕”)、“卢维藉(Lomitz)”(有“卢维藉弧”)、“杨克(Yang)、“加尔(Calle)”、“法国气象名家黑纳(Renou)氏”，所给姓氏尚难以确切指认学者之名，例如“杨克”可能是 James Young(1811—1883)，需要进一步考证。除此之外，《说晕》记录了以下多人的观察情况：1763 年白克特尔(Beckerstedt)氏观察到

上端双切弧；西瞿尔得(Shulte)看到晕之投影；波特林格(Bottlinger，原译蒲的林兹)见白玺得力(太阳之影)和假太阳；海军副提督加尔玛(Kalmar)氏观察到22°晕上下端之特别切弧；1898年吕意德(Ruijter)和1901年马纳华(Monois)见22°晕上下侧切弧；1904年麦勒玛(Mellema)见到巴厄力克斜曲线。

《说晕》后篇在47页列出一表(表2)，记载哈尔(Hall)、阿克托夫斯基(Actowski，原译"亚克托西基")、喜辛克(Hissink)等20余位气象学者观察"特别半径诸晕"，列有从1607—1907共300年间测得角度、观察时间、西文名、中译名，其中喜氏的记录就有4次。

各国民众和学者对晕的观察记述形成一部有趣的气象史话，也是各个文化中引人入胜的篇章，蒋丙然《说晕》提供了难得的史料，供后人研究参考。

6 结语

"以光学原理解释晕、珥、虹、霓等现象的成因，自希腊天文学家亚里士多德(Aristotle)首创，后经17世纪、18世纪牛顿、惠更斯(Huyghens)、菲涅尔(Fresnel)、哀里(Airy)和杨(Young)等物理学家的研究，其原理才逐渐清楚。"[11]

特别需要指出1637年法国哲学家、科学家、数学家笛卡尔(Rene Descartes，1596—1650)在他著名的《方法论》的一个附录《气象学》的第10章"太阳的幻影"中，提出了19个与幻日相关的问题，已有中译本《笛卡尔论气象》[12]出版，把法国学者对晕的研究展现给我们。

到20世纪，研究气象现象西方蔚成风气，主要是得益于光学的重大进步，例如英国著名物理学家丁铎尔(John Tyndall，1820—1893)，解说了虹霓及晕的形成原理。

我国先民对晕的现象早有记载[13]，对于历史上的观察也很丰富。古人占卜，根据日光以分辨人妖，预测吉凶。《周礼・春官・眡祲》有"十辉"的提法，一种解释，"辉"就是"晕"："眡祲掌十煇之灋，以观妖祥，辨吉凶，一曰祲，二曰象，三曰鑴，四曰监，五曰闇，六曰瞢，七曰弥，八曰叙，九曰隮，十曰想。"

《晋书・天文志・十辉》中解释道："《周礼》眡昆氏掌十辉之法，……一曰祲，谓阴阳五色之气……如虹而短是也。二曰象，谓云气成形，象如赤鸟，夹日以飞之类是也。三曰鑴，日傍气，刺日……四曰监，谓云气临在日上也。五曰闇，谓日月浊，或曰脱光也。六曰瞢，谓瞢瞢不光明也。七曰弥，谓白虹弥天而贯日也。八曰叙，谓气若山而在日上。九曰隮，谓晕气也，或曰，虹也。十曰想，谓气五色有形想也，……"

这里我们不去逐一分析这十种天象的具体意义，只是想要说明，《十辉》确切表明我国先民对天象——古时包括天文和气象现象——早有观察，关于晕的细微变化，应当包含在这"十辉"之中。应用于军事，两军对垒时，晕象逐渐改变，如何影响军情，亦有生动记述：

"两军相当，顺抱击逆者胜。日抱且两珥，一虹贯抱至日，顺虹击者胜，杀将。"

这里"两珥"即与晕环相切的左右两弧，并有通过太阳的圆弧相连，就是"22°常晕"。这段文字是说，战场上当出现日晕时，如果按照贯日白虹的方向出击，就会获得战斗的胜利。对天象的观察深深植根于中国传统文化，因此中国气象史不仅时代非常悠久，而且充满引人入胜的内容。

蒋丙然《说晕》提醒我们注意学习大气科学专业术语，深入理解气象名词，以便提高认知水平。其实，在这方面汉语里已经有不少积累，例如《晋书・天文志》中记有十七种晕的名称：头、戴、冠、缨、纽、负、戟、珥、抢、背、鐍、直、提、格、承、承福、履、破走、员晕[2]116，每一个名称究竟指哪一种晕，需要有专家讨论确定，然后将其与现代西文晕名建立对应，构建晕象中文术语体系，丰富气象文化，这也是气象史一项有益的研究工作。

近来对《观象丛报》研究增多[14]，主要是从天文学史[15]的角度[16]，而该刊原系《气象丛报》，对气象史的研究理所当然应当成为重心之一。

蒋丙然写《说晕》的时代距今已有百余年，当时他说对晕的研究“种类未详，性质未备”。事实上，他对于晕的每种已知形态，都搜集了历史上的观察记录，指出观察的方法要点，包括测晕须知、弧度之计算以及六分仪使用法等，然后进行分类和科学的分析，详解成因，这就给后人指出了科学研究的方向和方法。时至今日，对晕的气象史研究仍然是既有学术价值、又饶有兴味的一项工作。

参考文献

[1] 王锦光，洪震寰．中国光学史[M]．长沙：湖南教育出版社，1986.

[2] 戴念祖，张旭敏．光学史[M]．戴念祖主编．中国物理学史大系．长沙：湖南教育出版社，2001.

[3] 刘昭民．最早传入中国的西方气象学知识[J]．中国科技史杂志，1993(2)：92-96.

[4] 蒋丙然．说晕[J]．观象丛报，1915，1(1)：59-66；1(2)：63-68；1(5)：43-52.

[5] 蒋丙然．气象器械及其观测法上下册[M]．上海：大华书局，1945.

[6] 蒋丙然．应用气象学[M]．台北：国立编译馆，1952.

[7] 蒋丙然．农业气象[M]．台北：中正书局，1954.

[8] 蒋丙然．气候学[M]．台北：中正书局，1960.

[9] 周诗健，王存忠，俞卫平．英汉汉英大气科学词汇(第二版)[M]．北京：气象出版社，2012.

[10] Pernter J M. Remarkable rainbow phenomena[J]. *Nature*，1906，**74**(1926)：516-516.

[11] 万映秋．《观象丛报》与西方气象学知识的传播与普及[J]．咸阳师范学院学报，2013，**28**(6)：69-74.

[12] [法]笛卡尔著．陈正洪．笛卡尔论气象[M]．叶梦姝，贾宁译．北京：气象出版社，2016.

[13] 罗见今．我国先民对晕、虹、蜃的气象认知及其文化影响[C]//许小峰主编．气象科学技术的历史探索——第二届气象科技史学术研讨会论文集．北京：气象出版社，2017：94-101.

[14] 姚远，王睿，姚树森，等．中国近代科技期刊源流[M]．济南：山东教育出版社，2008.

[15] 万映秋，唐泉．《观象丛报》与其中国传统天文学的整理与研究[J]．西北大学学报：自然科学版，2011，**41**(4)：742-746.

[16] 万映秋，唐泉．《观象丛报》与西方天文学知识的传播与普及[J]．内蒙古师大学报：自然汉文版，2014(4)：506-511.

The Meteorological Knowledge and Historical Materials in the Paper "*On the Halo*" by Jiang Bingran

LUO Jianjin，WANG Nan

(Institute for the History of Science & Technology,
Inner Mongolia Normal University，Huhhot，010022 China)

Abstract In 1915，Jiang Bingran's paper"On the halo"was published in the magazine *Guan Xiang Cong Bao*. This paper introduces the founder of modern meteorological science in China，Jiang Bingran，according to the halo diagrams of"On the halo"，analyzes several halo forms introduced by the original，and translates all kinds of haloes from French into English and

Chinese. This paper also deals some with meteorological knowledge, meteorologists and the history of Chinese and foreign meteorology. It points out that meteorological nouns and historical knowledge provided by"halo"are of academic value for understanding meteorological phenomena and enriching the terminology of Atmospheric Sciences.

Keywords Jiang Bingran, "*Guan Xiang Cong Bao*" (*Newspaper on Astronomy& Meteorology*), meteorological term of halos, meteorological knowledge, meteorologist

中国当代科学文化新动向:一点个人观察

刘　钝

(清华大学,北京　100084)

1　国际科学文化趋势

1959年有一个英国人,C. P. 斯诺发表了一个演讲,最后编成一本书叫《科学革命和两种文化》。当时苏联卫星上了天,斯诺觉得西方的教育有问题,问题出在哪儿?出在人文文化和科学文化的对立,互相不沟通,所以要改进教育。过了四年,1964年他又写了另外一本书,叫作《重返两种文化》。书里提到了第三种文化。他设想中的第三种文化就是充分整合科学文化和人文文化的新形态文化,科学工作者和人文工作者能够互相对话。然而,从1964年到现在,两种文化的对立仍然存在,各说各的话,人文学者和科学家互相沟通、互相理解远远没有达到。

20世纪90年代,美国有个人叫布罗克曼,他是一名科学编辑,人脉很广,认识很多科学家,不同领域的"大牛"他几乎都认识。他组织一些人召开了一个研讨会,会后出了一个文集叫《第三种文化》,作者都是顶尖的科学家:如加州理工的Muray Gell－Mann,1969年诺贝尔物理学奖获得者;有在数学物理及人工智能领域工作的,如牛津大学的Roger Penrose;有在演化生物学领域工作的,如牛津大学的Richard Dawkins和哈佛大学的Stephen Gould;有在基因遗传学领域工作的,如伦敦大学学院的Steven Jones;有在认知心理学领域工作的如美国西北大学的Roger Schank。这些人亲自动笔,越过媒体直接与公众交流,不需要科学记者和其他人文学者作中介,直接将本领域的科学知识和自己的研究成果传达给公众。在布罗克曼们眼中,这就是斯诺期望的那种"第三种文化"。

其实西方的一流科学家为公众写作的还有很多,这方面以物理学家最为突出。例如那个写《从一到无穷大》的盖莫夫,他最早提出宇宙起源的大爆炸理论。还有那个聪明异常的费曼,他的书也很多,在中国读书界很有名。温伯格是诺贝尔奖得主,他写的几本书都很精彩,特别是《终极理论之梦》和《科学迎战文化敌手》。戴森也是我喜欢的一个学者,他跟杨振宁是好朋友,他出生在英国,后来定居美国。他写的《宇宙波澜》《全方位的无限》都非常漂亮。当然还有霍金,他的《时间简史》在全世界都极为畅销。这些都是第一流的物理学家写作具有人文情怀的大众读物的例子。总之,西方早就有这样一群科学家主动介入公众文化事业;而在我国,中国的不少人文学者普遍缺乏必要的科学素养。

2　国内科学文化新动向

近年来出现了一些新动向,首先是有一批在国外受过完整训练的中青年科学家集体亮相。

作者简介:刘钝,男,1947年出生,教授,国际科学史学会前主席。分节标题为编辑所加,并对内容稍有删改。

他们中的多数已经全职回国，还有些在海外工作但与国内科研教育单位保持着密切联系。如同听到集结号一般，众多学有所专的"海归"集体发声，为中国的科学文化带来一股清新气息。比起前辈科学家，"海归"们更为幸运——他们中绝大多数的高等教育未曾中断，继而又受到先进的素质教育理念之浸染，具备与国际科技前沿同行直接沟通的条件，能够把深奥的科学问题用生动活泼的文字表达出来。笔者知识背景有限，以下只是举出少数进入个人阅读视野而留下深刻印象的代表（排名不分先后）。

饶毅是北大生命科学院教授，不但发表了许多生命科学方面的文章，也关注国家科技体制改革、科技伦理等社会问题，他写过一本《饶议科学》。曹则贤是中科院物理研究所研究员，留德回来的，他的文章把艰深的物理学道理讲得很清楚。李淼任职中山大学天文与空间研究院，文章写得非常漂亮。张首晟和文小刚分别是杨振宁和李政道的学生，这两人都是少年英雄，物理学做得好，文章也很漂亮。蔡天新供职浙江大学数学系，是一位行吟诗人，所到之处都有佳篇留下来。施郁在复旦大学物理系，主要关注相对论的传播、引力波的发现等，文章也非常好。中科院高能所的张双南、邢志忠，也都积极参与科学传播，把高深的科学知识表述得浅显易懂，而且非常有趣。还有国家天文台的郑永春、纽约大学石溪分校数学系的顾险峰、乔治城大学神经科学系的吴建永等等，恕我不能尽数。

第二个新动向是传播形式的改变，主要是由自媒体与微刊文化引起的。

现在的媒体传播形式变了，一些传统刊物也还在继续办。我自己也是一个纸媒《科学文化评论》的主编，感觉非常不容易，因为新媒体的冲击力太大了。WeChat 对公民空间的建立，对社会的健康发展是一个好事情。与科学文化有关的最有名的微信公众号就是《知识分子》，由北大的饶毅、清华的鲁白和普林斯顿终身教授谢宇共任主编。

《知社》是以清华大学海归校友为主办起来的新媒体。《科学的历程》由科学史家吴国盛和田松主持。我自己参与了《科学春秋》的工作，与张大庆和王扬宗两位老师一道主持。《果壳网》是科普网站，主办人是姬晓华。科学院传播局把相关各所成立的传播中心集结起来，像生物类的研究所、植物园、物理所、高能所的公众号做都很好，合在一起叫《科学大院》。

第三个新动向是队伍的组织与调整，我称之为"吹响集结号"。我是 1940 后出生的，20 世纪 60 年代的时候我在高中，经常看到报刊上有一句话，说整个世界正在大分化、大动荡、大改组。我把这"三大"借用过来，觉得挺适合我们当前的学术环境，特别是科学史、科学文化、科学社会学、科学哲学、科学传播等分支组成的学科群，确实有些大动荡、大分化、大改组的迹象。体现在组织上，就是有些新的机构和学术生长点的出现以及相关人员的流动与重组。举例来说，中国科协成立了一个实体的研究院叫战略创新研究院，规模很大；中国科学院大学，简称国科大，前身是中国科学院研究生院，落实科教融合方针；南京信息工程大学曾经是国家气象局直属的大学，那里把科学技术史作为重点学科发展方向，成立了研究院，是在 2015 年；2017 年吴国盛调到清华并筹建了科学史系，得到了校领导的特别支持，还要建立科学史博物馆，再用博物馆支撑一部分研究者，这个计划很大，乐观其成，建成了对中国科学史的发展会有很好的示范作用；2017 年中国科学技术大学也开始筹建科学博物馆，同年西北大学成立了科学史高等研究院等等。

3 民众关注和科学史界的努力

近年来，民众对科学与社会文化问题的关注有所回升，主要的动力包括：国家对科学技术与文化事业投入的加大，相关法规政策的出台，一线工作者的辛勤付出，传播方式的进步等。下面我列出一些公众关注的热点问题，都与科学文化有关。

韩春雨的NgAgo基因编辑的报道。他的技术一开始被说成是诺贝尔奖级的，结果很多实验室都不能重复，这个事就进入公众的眼里了。关于超级超导对撞机，国内有不同的声音。把一个科学界内部的事情暴露在公众的面前，让大家都知道这个事儿，纳税人的钱到底用在了哪儿？关于建造大型轨道光学望远镜LOT的方案。本来是学术界的争论，一下子成为公众热议的话题。化学家朱清时宣传量子认识论与佛学世界观的关系，关于阴阳五行是否应该写入《中国公民科学素质基准》的辩论等等。显示了科学学界的争论。吴国盛写了一本《什么是科学》，书中有很多新颖的观点，如"没有基督教就没有近代科学"等。出版社的宣传做得也十分出色，在社会上有很大影响。

中国近当代科技史与中国科学院院史的研究领域，政策所（现叫战略研究院）的樊洪业老先生是这个领域的权威，现在国科大的王扬宗接上来，他们的共同特点是强记博闻，也甘于奉献。老科学家学术成长资料采集工程是中国科协发起的一项大型研究计划，国科大张藜是主要负责人，目前进展顺利，成果累累。还有当代科学家与科学管理者的口述史研究，当以中国科大的熊卫民为代表。他访问的人很多，出了本书叫《对于历史，科学家有话说》。

清华大学的张卜天，一人承担《科学源流译丛》与《科学史译丛》两大系列的翻译，将西方科学史及相关领域的众多经典介绍到中国来，在学术界产生了很大的影响。他是学物理的，对科学文化与科学史的关系有自己独特的理解。

北大刘华杰提倡博物学复兴与通识教育的结合，身体力行，出了很多好书，也重视与公众交流。《走向世界》丛书一百种终成完璧。这套书肇始于20世纪80年代，主持人是钟叔河老先生。30多年来他一直在做，在众多同事们的共同努力下，2018年8月份完成了100种合编的大工程。整理编辑了清末以来出国的外交官、旅行者、留学生的众多笔记、游记，诚为科学文化领域的一桩盛事。上海交大的江晓原和他的弟子穆蕴秋，提出不要过分迷信影响因子了，调查做得很细致。

西湖大学成立是重要的事。现在几位发起人都是有成就的"海归"，办事也有节度，大体设想是利用民间资源创办一个规模适度的一流大学。中国现在有钱人多得是，干什么？促进2018年西湖大学正式挂牌了。未来科学大奖其规模体量跟诺贝尔奖差不多，每个单项奖100万美元，据说还要增加，资源来自民间，就是一些"海归"、企业家主动捐赠，有望成为一个品牌。表现了公民社会空间增长的迹象。

对诺贝尔奖的关注，以前大家觉得诺贝尔奖就是科学家的事情，现在好像全民都在关注。刚刚过去的2018年10月份，2、3、4日连续公布三个科学奖，每个奖都引出不少话题。饶毅曾预测21项值得获诺贝尔生理或医学奖的工作及科学家，发表在《科学文化评论》上，结果有10项都被他说准了。他自己说，我不是预言家，只是一个科学史家，根据历史记录和工作的意义来判断。

4 总结与提问

以上是我觉得近期发生的一些重要事件，都与中国的科学文化事业有关。现在让我们回到戴森。在所有具有人文情怀的知名科学家中，我最喜欢戴森。他对中国有好感，对中国青年寄予希望，在一篇文章中他写道："中国未来必须走向一条与美国不同的道路。如果未来50年经济持续发展，中国将变得同美国现在一样富强，届时中国将有机会带领世界朝另一个方向走——科学技术创造的物质和精神文明将可为中国，为世界社会各阶层的儿童带来希望。”

英国研究希腊思想史的著名学者劳埃德爵士对中国古代思想很感兴趣，他有一个忠告：不要低估了古人的智力，我们谁也无力承担忘掉历史的责任。说得非常好！若干年前我访问过美国第二代科学史家 I. B. 科恩，我问他对中国的科学史家有什么建议？他说，希望中国年轻一代的科学史家多学点儿科学。现在西方越来越多从事科学史和科学社会学的人缺乏必要的科学背景，他认为这是不好的现象。我赞成科恩这个意见，因此转达一下跟大家共享。

提问：作为国际科技史的学会前主席，能不能简单介绍一下国际科学史的大格局？

刘钝：这些年，特别是美国从 20 世纪 80、90 年代开始有大批心理学、文学、历史学背景的人加入到科学史领域来，这是好事情，表明科学史学科的发展。早期科学史是由科学家业余来做的，或者年纪大了才有兴趣来回顾自己专业的历史，这个现象肯定要改过来，否则科学史容易变成“辉格”式的历史。但是过多强调那些社会关系、心理活动、宣传策略等，而把科学的内核放在一边就会引起另一方向的偏差。四年前在曼彻斯特的国际科学技术史大会上，英国科学史学会主席在开幕式后做了一个大会报告，题目就是“让科学回归科学史”。这说明，后现代的东西炒的太厉害了，西方人也在反思。一方面，人类走到这一步，当然要检讨科学与技术对社会的全面影响，无论是正面的还是负面的，尤其是事关环境、资源、生态、伦理的大议题；另一方面，不要追随后现代思潮走得太远，对科学与科学家提出过于苛刻的指责，要更加理性地对待科学与技术的发展。

提问：将来是否会形成一种新的来自于理工科对于人文学科研究科学史的歧视？您觉得人文学科研究科学史的方向在哪儿？

刘钝：我觉得关键还是教育，我们的教育是文科就是文科，在西方不存在这样的问题。比方说普林斯顿有一个非常好的数学史家，他原来是学历史的，后来又学了数学和计算机科学，结果成为第一流的计算科学史专家。因此我们要认识到自己的短板，通过学习补上；同时学科学的同学也会有短板，有些学科学的同学对历史、文化、艺术也显得很无知。这是一个普遍的社会问题，慢慢来，不要着急。

New Trends of Contemporary Chinese Science and Culture: A Personal Observation

LIU Dun

(Tsinghua University, Beijing 100084)

论气象审美与科技——兼议气象美学建构

王　东

（南京信息工程大学文学院，南京　210044）

摘　要　马克·吐温（Mark Twain）、斯图尼茨（Jerome Stolnitz）等一些文艺家和学者认为气象学家对于天气等自然现象的观赏没有审美的态度。而艾伦·卡尔松（Allen Carlson）、斋藤百合子（Yuriko Saito）、约·帕瑟玛（Yrjō·Sepçanmaa）、贾尼那·马卡塔（Janina Makota）等美学家则肯定了科技知识对于气象审美的促进意义。这种分歧和争议在科学家那里也存在。分歧和争议是对科技与美学之间划下的银河界限的谨守或逾越，与我们的学科分工、专业思维和职业习惯等形成的偏见有关。人类文明的发展与专业分工、学科分化、行业细化的同步也是事实。但是，这并不能否定早期人类文化的融合状态——人类的童年时期，自然科学、人文科学和社会科学是一体，更不能否认当前涉及多个领域和学科的跨界和“协同作战”需求。科学考察记录、风暴追逐记录、借助古代文史哲文献的气象科学研究、气象科普创作与传播、气象文学、气象艺术等都是一种融合审美与科技的一种创作。未来更有前途的将是这些自然审美与科技相融合的叙述与书写文本。

关键词　气象审美，气象叙述，气象文学，气象艺术，科技

1　气象审美不需要科技？

一些文艺家或学者认为，科学家或科技工作者对于气象等自然现象的观赏没有审美态度。例如，马克·吐温（Mark Twain）在描述密西西比河上的美景时，就认为人一旦学会了天气与河岸的语言时，就往往关注到“看到太阳就知道来日有风，河上有某根漂浮的原木就知道河水正在上涨，看到河面上的标记就知道这里有一垂直暗礁”等之类的问题，与航行安全、生活利益日益相关，而对太阳和云层共同描画的“各样绚丽的画面”“月亮、太阳和暮色在河面上织就的光芒”等景观美就给予了忽视。因此，马克·吐温得出结论说：“所有的恩典，美丽和诗意已走出了这条雄伟的河流”“浪漫和美丽都远离了，随河水而去”。[1]研究艺术哲学的学者斯图尼茨（Jerome Stolnitz）也有类似看法，他声称，科学家的关注点与美学不相容，因为科学家对云的观赏不会是在外观，他们“关注的就不是云朵醒目的外表，而是形成这一外表的原因”。[2]斯图尼茨的说法涉及两个问题：第一，他将审美定位在形式主义的美学层面，是一种艺术审美的遗留，即对云的美学欣赏就是对云的外观的感知，狭隘地将审美态度确定在非功利目的和非实际功用性，即专注于“岩石的模样，海洋的声音以及画作中的颜色。”[2]这种审美观念虽然典型，但可能是一种狭隘的文艺美学观。第二，他将科学与自然审美作了割裂和对立，认为科学家对云、雨等天气要素和气象现象的观赏，因为介入了专业知识和实用目的，则不构成审美。斯图

作者简介：王东，男，江西省乐平市人，南京信息工程大学文学院教授，博士，主要研究气象审美、科技与社会等。

尼茨这一说法想说明的是——科技知识与审美不相容。即是说,对于气象审美而言,如果观赏主体一旦有了气象科技等专业知识介入,就会失去气象审美的能力,或者说失去进行自然审美的心情和意向。

这种说法究竟是事实,还是一种偏见?很多哲学家、美学家持相反意见。日裔美籍学者斋藤百合子(Yuriko Saito)认为,“我们不能从吐温和斯图尼茨描述的某些特定情况得出普适的美学理论”。因为,尽管对于普通游客和自然科学的外行者来说,密西西比河的落日,云层美之欣赏是美学欣赏,但这并不意味着这就是唯一的美学欣赏,即不能把作形式和感觉层面的美学欣赏当成美学全部。[3]这种看法符合美学事实。斋藤百合子进一步认为,实践和科学等方面的考量对于一些人(有自然和气象等专业知识的人)虽然也存在,但这些考量并不“总是会消除、干扰或减损感觉层面的美”。[3]斋藤百合子的看法有两点应该要注意的:第一,美学的形态有多种,形式主义的审美只是一种;第二,科学知识与审美并不矛盾,也就是说,科学家虽然缺乏或弱化文艺美学的意识和创作,但却并不缺乏气象审美经验,同时,这种审美经验并不与科学知识、科学活动有冲突,而且往往是相得益彰的互动效果。比如根据美国柯尔利斯(William R. Corliss)在20世纪70年代对全部《自然》和《科学》合订本发表的天气等大气物理神奇现象作了收集和辑录,如蓝天降雨、晴空降雨、晴空下雪、无云降雪、晴空落下毛毛雨、奇形怪状的雪片和冰雹等反常天气现象,科学家和科技工作者与常人一样都很惊异,除了发出巨大的感叹,并且仔细观赏形状、色彩,感受气温、湿度等,还会自觉地查究缘由。[4]我们可以很明确地感受到,科学家一样有着常人的感性经验,对于缓慢降落的冰雹、带火花的雨等一些奇观都有好奇和欣赏之心。不过,他们比常人要多一份解答和寻源的素养和习惯。

再如加拿大的自然美学家艾伦·卡尔松(Allen Carlson),他也认为科技知识与气象审美不矛盾,甚至科技知识还有促进审美的作用,以致可以形成气象鉴赏的自然环境模式。卡尔松在著作《自然与景观》中说:“在自然环境中相关的知识是探究环境的常识/科学知识,这些知识为我们提供美学意义的合适焦点与环境的合适边界,以及相对应的‘观的行为’。……因此,自然科学和环境科学是自然审美欣赏的关键所在。”[5]在《环境美学》中说:“我们必须借助已知的真正知识来鉴赏自然,也就是说,借助自然科学,尤其是环境科学,譬如地质学、生物学、生态学提供给我们的知识,来鉴赏自然。因此,这种自然环境模式既包容了自然的真正特征,也包含了我们日常的经验和对自然的理解。”[6]卡尔松正确地处理了科技知识与审美鉴赏的辩证关系。在卡尔松看来,有着科学知识的自然鉴赏有着普通人所达不到、所不能知晓的自然真相呈现,同时这种鉴赏也包含了作为常人的日常经验和自然体验。他称这种审美为“肯定美学”,认为它一方面能将“原始自然——自然处于自然而然的状态”呈现为一种无人介入的自在世界之审美理想,另一方面又能“不断发现或者至少看似发现自然”存在的“统一、秩序与和谐”。根据这种知识鉴赏时,自然呈现出自然本身的“更完全的美”。[6]“在艺术鉴赏中,艺术范畴与由艺术批评和艺术史的知识相关,在自然鉴赏中,那些范畴是自然的范畴以及那种知识是由自然历史——科学提供的知识。”[6]卡尔松认为,马克·吐温将“无知过客”的形式审美经验(传统的典型审美样式)与借助教育或训练获得知识而理解自然的认识经验对立起来,是不对的。因为,没有单纯的素人,也没有单纯的形式审美。比如我们在欣赏大气、河流的光彩、形状等形式的时候,实际上仍然要借助于认识经验和生活内容,比如云朵像捞月的猴子啊等等。[6]在卡尔松看来,审美不仅不与实践活动、科学知识相对立,而且还需借助于各种实践内容,甚至科技知识来得以深入。

芬兰的环境美学家约·帕瑟玛(Yrjō·Sepçanmaa)也认为,自然审美除了需要审美的知识,也需要自然科学知识。“对于考察环境而言,重要的是对恰当的背景知识进行选择与熟悉。我们不可能在没有某种思想框架为参照的情况下就能真正地对环境进行考察。”“人们在考察环境时需要各种关于自然演进过程的基础知识。……环境的考察者需要环境知识。但仅仅有自然知识是不够的,还需要审美训练和知晓必要的审美方式。”[7]虽然说帕瑟玛也要求科学工作者需要审美训练的说法,可能有些过头,犯了专业主义的错误,即将审美表述与审美体验作了混淆(面对大自然的审美体验人人都有),但是他对自然审美与科学技术认知的融合之肯定,则是中肯的。他拿贾尼那·马卡塔(Janina Makota)观海的例子来说明:科学家有着自然史、气象、海洋、生物等方面的知识,其对大海的观察和研究,也同样感受到波涛翻滚的海水力量,以及它的巨大震撼力。[6]

与文艺家、美学家的争议类似,气象学家对审美与科技知识的关系也有争议与分歧。我们向部分气象学家、专家、教授作过调研。他们认为,科学家,首先是普通人,对于气象、天气等自然现象有着同样的体验:大热天也照样流臭汗,大冷天也同样会哆嗦,对于一些极端天气和光电天象也有着赞叹和欣赏。不过与普通人相比,就是多了求解的好奇心,进一步解读的冲动,以及求索科学答案的习惯。

这种习惯在古代就已经成为某种习惯。比如晚明地理学家徐霞客,不仅作为一个山水气候自然的观光者,而且也是作为地理气候的亲历和考察者,其对一个地方的风物地理不仅作体验和描述,“每日必记,白天依石为案,晚上执灯奋笔”,而且也在实践考察中寻求原理或验证了原理,如明万历四十一年(公元1613年)农历四月初对浙江天台山的游历,感受了阴晴雨风多变,看到了植被发育的垂直差异,登顶之时,他看到的一面是顶上的“荒草靡靡,山高风冽,草上结霜高寸许”,而往四周山峦俯瞰,则“四山迴映,琪花玉树,玲珑弥望”,开满了山花。由是自然地发出感慨:“岭角山花盛开,顶上反不吐色,盖为高寒所勒耳”。[8]这是一种科学判断。只不过,这种科学判断是融汇在自然审美和观察当中的。可见,气候随地势海拔而有垂直变化的道理,并不妨碍人可观赏自然,乃至沉浸其中。再比如北宋沈括,在熙宁年间出使契丹,黄昏时分到了最北边的黑水境内的永安山下扎帐休息,刚刚下过雨又放晴了,此时彩虹就在帐前的溪涧中,“虹两头皆垂涧中。使人过涧,隔虹对立,相去数丈,中间如隔绡縠”,如同隔了一层薄纱。沈括和他的同僚更换角度观察,过了好久,虹渐向正东方向移去。第二天继续前行一程后,沈括他们又看见了彩虹,引他同时代的孙彦先的科学思想解释说“虹是雨中太阳的影子,太阳照雨就会有虹出现。”[9]这种科学性的说法比英国科学家培根(Francis Bacon,1561—1626)的发现要早五百多年。可见,这种自然观赏并不妨碍其科技知识的介入和接受。

美国科学家柯尔利斯主编采集的《奇异自然现象》大多是各种大气奇特现象,其中就有反常降水的情况,如蓝天或无云天空降雨、晴空降雪、无云降雪,还有蒙大拿“比奶锅还大的”雪花、圆锥形的雪花、三角面体等奇形怪状的冰雹,降雨和冰雹中夹杂石头,或伴有盐味和色彩,还有非常小区域的点降雨、界限分明的降雨等。这些来源于《科学》《自然》杂志的文章都是科学家观察、亲历天气的结果,其描述也用确定数量和大小来标准化,有的会结合图和图片,情感体验和联想的语言较少,多是客观寻求答案的目的:

1911年11月11日下午,在这里下了一场短暂的炸裂性的雹暴。

早晨变得反季节性的暖和,大约到了中午就出现了通常雷雨来临的信号——浓密的积雨云和一阵阵的大风——雷雨大约在下午2点30分开始以较慢速度落下来的大雨点，之后不久，有两三次闪电与雷鸣，然后降下大冰雹，这些冰雹碰到玻璃窗或墙壁或人行道时，多数都爆发出尖锐的回声，这种声响是如此之高，以致被认为是枪击声或打碎了窗玻璃。冰雹降落下来的时候，碎片从地面跳起并飞向四面八方，很像一群大范围的"炒玉米"。

降雹持续了两三分钟，约有一半冰雹被砸散，有些地方的地面几乎被冰雹或冰雹的碎片覆盖成白色。

我们收集了七十颗未被击破的冰雹，大约重225克。少数是椭圆形，长轴约25毫米，但几乎大多数都是球体，形状略小些，直径由15到20毫米。

实际上全都包含着一个核。少量冰雹里的核象是瓷的，树莓形状。周围几乎全是无色的冰的球层包围着，约为直径的七分之五左右，然后是一层瓷样的冰雪壳。

除球形外，相当一部分呈辐射形结构，当冰雹熔化在一个平底的碟子里的时候，呈现出来的截然不同的断面，这时就非常明显地看出这种情况。(W. G. Brown《自然》，1912年88卷350页)[4]

当然，也有一些科学家持科技与审美不相容的看法。这些看法大多在我们的工作和生活中感受得较深，他们的观念主要是基于科技主义的专业偏见，认为审美对科技活动虽然并无大碍，但是，现代科技本身不需要美学来指引。意思是说没有审美，科学也照样做得好，尤其是现代科技，早已有了自己成熟的方法、标准、规范和话语体系，就更不需要美学来支撑了。这个观念明显是科学至上的，既没有考虑自然科学观察中的感性事实，也没有考量普通大众接受自然知识的感性需求(对于科普来说，表面上只是将科学知识浅显化，但其实质上是将科学知识与我们的日常生活经验、感知体验融汇起来)。这从文明和文化建设来说，应该是有狭隘之嫌。

2 美学与科技分歧的缘由

科技与美学，是否就是一种不相往来的隔离物呢?

从科学史来说，科学不仅不与美学相矛盾，而且还是一对很要好的兄弟。这在气象学科发展中，更是典型。我们都知道，早期对于风、云、雨、雷、电，还有植物的生长、动物的迁移、醒眠等物候的学问都源于生活的体验和观察，可以说，朴素的气象学道理都浸润着人们日常气候的感性体验和观察中，以至在现代气象学成型之前，人们对气象的科学描述往往带有"生活气"和"感性"。如唐代的科学家李淳风(602—670年)在《观象玩占》卷四十四中，对风力作了标准化：即根据树木受风影响而带来的变化和损坏程度，定了"动叶，鸣条，摇枝，堕叶，折小枝，折大枝，折木飞砂石，拔大树和根"这八级。[10]虽然不够精准，但却有一定的科学性，也有"美学性"。现代气象科技研究之所以能用一些纪实的文学性文本来作为文献资料佐证，也就是基于文献所记载的气象气候现象及其认知源自于生活，融有美学体验和道理感悟。这当是竺可桢先生将《诗经》《左传》《吕氏春秋》《史记》汉赋唐诗宋诗等文学、历史、哲学文献来论证或佐证物候时期气候变化的内在缘由。[11]

既然科学与审美的关系这么密切，那为什么还产生了以上分歧和争议?最主要的还是与我们的专业偏见有关，即与近代以来形成的专业分工思维、行业视野、职业习惯等有密切关系。对于气象科学探索和研究的人来说，面对一些天气现象尽管有常人所有的体验和感知，但并不会往审美(尤其是文艺审美)这方面去"想"多深，只是自然的附带和体验，因为大气现象背后的原因和规律才是科学工作者关注的焦点。对于现代美学家而言，其关注的是对象的光电、线条、力的各种形式和结构美，并且，神经的每一根纤维都倾注在这些形式所给予的感觉、情绪、心理、思想和形而上启示中，科学知识及其规律不会成为其考虑的范畴，当然更不会用科学话语来描述。① 如高尔基在大海之上的暴风雨中感受到的是一种社会暴风雨，其拥抱的是革命激情。而大气环流运动的复杂性、不确定性在豪梅尔斯·洛斯顿（Holmes Rolston Ⅲ）、马达丽娜·代克努（Mădălina Diaconu）等一些美学家那里只是一种至善、崇高和宇宙的野性。[12]这些都与专业分工和职业习惯所塑造的思维方式有关，构筑了科学与人文之间的隔膜。“文艺界的美学所针对的文学艺术都是有着悠久的历史和传统，他们不大关注应用美学和实践行业的美学问题，认为后者太功利（因为经典的美学观念是主张无功利的）。其次，在气象科学界，又特别看重行业性和科学性，而对文艺性、美学性重视得不够，甚至打心眼里瞧不上文艺和美学等人文学科的东西。”[13]人文社会学界也有一种成见，或者说文学家、文艺家不希望科技等功利性知识染指美学的怡然自得领域，在他们看来，如果自然审美要是加上“这是积雨云，那是雷暴云”的知识介入，“诗情”可能荡然无存。同样，科技专家这边也对文艺家的超然移情不屑一顾。总之，这种隔阂和偏见的存在是一种客观。

从文明史上看，这种隔阂和偏见是专业分工、学科分化、行业细化的结果。但在人类的童年时期，自然科学、人文科学和社会科学是你我相融的整体状态。诸子百家经典、西方的《圣经》、亚里士多德著作等，都蕴含着各种学科的思想种子。社会发展到 18 世纪，科学与人文逐渐分离。康德在《判断力批判》中提出了“审美无功利”的“距离”学说，这种“非功利”美学思想，将科学与美学的分离给予了哲学化和系统化。认为，我们如果把海洋的观赏和生物、知识、工作联系在一起，就会阻碍海洋成为崇高的象征这一情感的发生。康德这种启蒙主义思想的核心就是将美学与工具理性（各种科学认知）分离，以此形成自然审美的崇高美学范畴。

从美学上说，正是中止科学技术等认知知识的介入，以及保持人与审美对象的功用距离，才使得审美的纯粹性从实用性考量中脱颖而出。这样，气象学、生物学、海洋学等科学技术的发展与美学的发展就越来越远，两种学科领地的范围和任务也越来越明晰，以致形成某种封闭性，各自成了一个专业系统。就美学而言，将各种科学认知的目的和见解驱除出去，保留一份心灵对自然的神秘感，是美学学科建设和发展的方向，这样才更方便地歌唱我们面对大自然的敬畏之情（科技恰恰是侵蚀这种自然敬畏感的）。也正是这样，双方的隔阂，随着科学技术和社会人文的发展，似乎越来越大。

3 现在与未来：综合性的气象叙述

那么，如何面对科技与美学隔离的当代局面？科技工作者要做什么？人文社会学者又要做些什么？

首先，学科专业的不断分化既是现代文明的基础，也是未来文化发展的一个重要法则，我们肯定回不到从前的合二为一的时代，即自然审美与自然科学肯定仍然保持各自的轨道并继续发展。但是，自然和真理往往都蕴藏在一个个体系和系统中，它往往涉及各个学科。正因为

---

① 这里面有科技影响社会的空间，一些文艺家、文人往往会在欣赏、观察和描述气象现象时，会自然而然地呈现出某种科学知识。比如白居易《大林寺桃花》：“人间四月芳菲尽，山寺桃花始盛开。长恨春归无觅处，不知转入此中来。”范成大在《吴船录》中用生动的文学语言记述了峨眉山气温的垂直变化：“初衣暑绤，渐高渐寒，到八十四盘则骤寒。比及山顶，亟挟纩两重，又加毳衲、驼茸之裘，尽衣笥中所藏，系重巾，蹑毡靴，犹凛栗不自持，则炽炭拥炉危坐。”非常形象可感。

如此，现在出现了各种协作与合作的声音。“跨界”“跨学科”“协同创新”等成为一种时髦的术语和词汇，其反映的就是一种专业分工之后的合作趋势。一般来说，“跨界”“跨学科”“协同创新”的理解是相近学科的合作，比如气象与海洋、农业、军事、航空等之间的“协同创新”。同样，做文学的转入绘画、影视等艺术领域的跨界，或者从事音乐工作的进入文学①，都比较自然。但是，这并不是说，社会不需要就不能跨越自然、社会与人文这三大领域来合作。恰恰相反，科学的三大领域有着为人服务的共同使命，其合作不仅不是不需要，而且是急需。

那么，在现行科技与美学分割两方的文化环境中，如何实现协作创新呢？从科技与气象审美的关系来说，这样的合作形式主要是以气象体验为中介的叙述和书写（简称气象叙述和书写）。

所谓气象叙述和书写，就是既蕴含着自然知识，也包含着自然观察和感性体验的一种写作，是文化对气候景观的一种再现方式，与较为纯粹的气象科技、美学活动一起构筑了一个系统。它主要有科学考察记录、风暴追逐记录、借助古代文史哲文献的气象科学研究、气象科普创作与传播、气象文学、气象艺术等类型。

科学考察是一种常见的科技活动，其目的是科学探索，本身不是美学活动。尽管如此，科学家作为常人，来到一个人迹罕至的极端地理场景，往往也是先有一种震撼和感性撞击。这些科学家为此留下来的日记、游记和备忘录，总会有对气象、物候、生物等自然景观的捕捉和描述，这其实就是一种审美的痕迹和记录。尽管这种审美描述不同于专业美学家或文艺家的描述，但同样充满着感性刺激和气候体验。18 世纪 60 年代，第一个进入南极圈的詹姆斯·库克(James Cook)船队不仅绘制了包括新西兰在内的南太平洋岛屿海岸线地图，而且也有航海日记、原住民艺术品、随行画师、植物学家、医生海员们留下的标本、文字与图像记录等资料，还出版有《南极与环球之行》。[14]再如英国科学家理查德·亚当斯，罗纳德·洛克利随同林得布莱德号科考船到南极作了一次考察，他不仅对南极的气候地理和生物状况做了科学解释，而且也有很多诗意的描绘：“晚上船经过列日群岛的南端，我们在这片海域里遇见了很多冰山，都很高大。其中有一座尤其引起了大家的惊奇。当时的印象真是难以言传，它孤零零地耸立在海面上，个子很大，离我们也相当近。它很像是人造的城堡，冰壁闪闪发亮。当然我们看到的云也会出现这种景象。可塑性的东西，不管是蒸汽，还是煤或冰，都会与我们知道的一些东西相像。”[15]他们还用诗描绘了冰山神奇景象：

> 有时看到的云宛如巨龙，
> 蒸汽则像狮和熊，
> 也许会像塔形堡垒，悬空的岩石，
> 或像起伏的群山，蓝色的海面，
> 树木高高在上，向世界点着头，
> 用空气迷惑了我们的眼睛。[15]

科学家目睹了冰山的高大，如诺尔曼城堡，如伦敦塔城堡，并且还真真切切体会了冰山的伟力，“船向前靠去，船头缓慢地经过冰山，我们站在船上都看呆了。它的确在漂浮，漂向正在

① 2016 年的诺贝尔文学奖被授予的是鲍勃·迪伦，他是美国音乐人兼作家，获奖是因为他“在美国歌曲传统形式之上开创了以诗歌传情达意的新表现手法”。这一现象举世震惊。

降临的黑暗和浩渺无际的大海。"以致船长都说这是一座最使他印象深刻的冰山。[15]

以技术和建筑技术双重身份参加中国第15次南极考察队的王海青在《极端体验:南极153天》中,揭示了南极冰山运动规律等自然科学现象,也描述了南极地带的风景,"海上全是浮冰,白茫茫一直铺向天边,大大小小的冰块中间露出湛蓝的海水,蓝白构成了南极的颜色。"再现了极昼时期南极大陆的风光,"凌晨的太阳高度很低,光线很柔和,几乎是平着照过来的,给车外的雪地抹上了一层很有人情味的淡红色,晶莹的雪粒映着阳光发出一点点亮闪闪的光。往远处看,冰海苍天相接处,白得泛蓝的冰山透明般耸立,山迎着太阳的一侧是粉红色的——南极的凌晨刚柔相济,美得惊人魂魄"。[16]这些记录可谓是"科学性与文学性的完美融合"之作。[17]这样的科学性与文学性,从主体来说,既可以是科学工作者,也可以是文艺工作者、新闻工作者,对前者主要是补充文学和审美的短板,对后者来说,则需要知道一些科技知识。

在自然审美与科技的融合创作中,还有"风暴追逐"等样式。"风暴追逐"在美国、德国等发达国家更多一些。如德国诺伊斯市的奥斯华德(Dennis Oswald)、美国的雷构(Rago)、迈克·霍林斯赫德(Mike Hollingshead)、麦克(Mike)、查德·科旺,斯洛文尼亚的克罗瑟科(Marko Korosec)等。他们冒着生命风险追逐闪电、飓风、风暴、超大冰雹等极端天气而留下来的影像和文字,即是一种记录和呈现气象奇观的美学方式,就有了摄影作品集《制冰机:查德·科旺的超级风暴》等文献。追逐风暴是审美与科学技术完美融合的创作,捕捉风暴等极端气象条件的生成,需要装载在车上的测算系统,以计算风暴形成和行驶距离等,同时还有发达的气象系统联络通信系统;为了安全和快速移动,麦克还要配备很有吨位的装甲黑卡车福特F-350;为了捕捉到风暴的真容和运动,不仅需要专业的拍摄设备,而且也不能缺少摄影美学和自然审美的素质。风暴追逐的影像资料能为《后天》《不惧风暴》《天地大冲撞》《海云台》《水啸雾都》《地球湮没之惊涛大历险》等影视制作提供素材,再加上影视制作投入的先进设备和技术人员,非常壮观的气象奇观和灾难图像更加令人震撼。《后天》《不惧风暴》等何尝不是刺激观众的审美神经和科学技术合作的杰作。这意味着气象科技的发展,带来的不仅仅是天气预报和灾害预测的准确性,也需要利用美学进行科学技术思想、生态价值观等的传播。2004年的美国电影《后天》就是一个很好的案例,影片讲述了气候变暖和温室效应带来的灾难——酷寒。这里面有着气象科技的前沿知识,也有着气象景观的影像展现,更有人在气象灾难面前的悲欢离合。《后天》表征了美学与科技的融合。

气象文学、气象艺术也是一种自然审美与科技融合的方式。气象文学是一种具有气象意识的文学。[13]就是说,作家不仅有审美知识和自然体验,而且也要有着比较明显的气象认知要求或气象科技意识。① 所以,如果文艺作品的意图只是把气象地理现象作为单纯抒情达意的手段,而不指向气象物候等地理景观问题,或不指向气象认知意识和科技批判观念,则至多是一种气象的自然书写。反之,具备气象认知、科技批判意识的文学,则是我们所说的"气象文学"。比如"忧国忧民话雾霾,七分人祸三分天灾。科学发展已起步,子孙后辈不用柴"[18]即是一种具有科技批判意识的气象诗歌。而所谓气象艺术,则是具有气象意识的艺术作品,它包括上述的摄影和电影,但又不限于此,绘画、雕塑、动漫、电视艺术节目等都可能成为气象艺术的

① 尽管气象科技是近现代气象学以来的说法,但是从历史唯物主义出发,气象科技在古代则是对气象、天气、气候的认知、解释和经验。这些都属于气象意识或气象科技观念。

类型。气象艺术在观念上是将气候、大气现象作为主题来做的作品。“任何将天空或其他大气现象为主要特征的作品，均可以视为气象或气候作品”。[19]正是因为气象文学和气象艺术融有自然审美与科学认知，所以，它们可以成为科学技术传播和接受的文献资料，甚至可以成为科学研究的佐证材料。比如竺可桢先生将《诗经》《左传》《吕氏春秋》《史记》、汉赋、唐诗、宋诗等文史哲文献来论证或佐证物候时期的气候变化，就是一个经典案例。当前仍有一部分从事古代气候研究的学者，还在收集和辨析古代文史资料文献进行相关研究，尝试数量化地再现历史时期气候变化的轨迹。这既要气象科技及其历史的知识，也要美学、文学、语言学和文献学方面的知识。再比如，对海市蜃景、峨眉宝光、北极光、闪电、光柱以及各种晕、华、霞虹的研究，以及对鸣沙、鬼市等大气声学现象的研究中，气象科学家和教育家王鹏飞先生不仅亲自深入观察和体验，时常创作一些诗文，而且还自觉引用诗词来作为科学论证的材料。[21]这使得研究文章在专业性、技术性之外，还有审美性，事实上具有了气象科技普及的效果。

气象科普工作不仅要求创作者有气象学功底和专业素养，而且还要有文学、历史、艺术和社会文化等方面的能力和知识。比如气象学家林之光先生在《北雪犯长沙　胡云冷万家——2008 年冬我国南方冰雪灾害的气象奇闻》中对 2008 年冬我国南方冰雪灾害作了一个具有文学性和审美性的科学阐释，提出“冰雪灾害为何不发生在严寒北方而反在温暖南方”问题，指出冰雪灾害是短时间内的冰雪量大，令人猝不及防产生的，这种灾害的形成要满足温度低和空气含水量大的条件——北方虽然严寒，但空气中水汽含量少；而江南的中南部虽然水汽含量大，但低温条件不大具备。所以，冰雪灾害的地方多是在“燕山雪花大如席”的江淮及其附近，因为经常同时具备气温低和水汽含量大的条件。2008 年，在强冷空气动力的推拉下，超越江淮地区而往南与强劲的偏南暖湿气流持续交锋，形成了拉锯式的持久战，这就构成了江南地区反常的冰雪大灾，令江南人猝不及防。[22]这种气象写作既有生活基础，又有清楚晓畅的科学知识，很容易打动普通大众。科学本来就源自自然和现实生活，源自各种奇异现象的感知和探索。因此，科技活动及其普及只有与生活体验、审美经验和文学书写结合在一起，才能有更大成效，而不是单单为了普及而普及。林之光非常感慨，“气象学和文学、哲学相结合研究的文章极少”，于是就三写《气象万千》，并重新出版《气象新事》(中国科普文选第二辑)，为的是想以此来见证气象学与文学、哲学相结合的思考过程，并且写就《努力把气象学与文学、哲学相结合》一文。[22]这是一种符合历史，也是正确面向未来的科学发展观，科技工作应忌讳“高冷姿态”，而应该尽量与自然现象和感性体验结合起来，而后者正是美学的要旨。

今天，科学技术尽管很发达，但仍然会有一些自然现象、大气现象会是难解之谜，这样的谜和景象首先会激起科学家的感性吸引力，其科学活动往往会紧紧跟踪和观察某种自然“怪”象，并描述之、科学解释之，就像 20 世纪前期《自然》《科学》等英文杂志登载的很多类似的气象叙述文章一样。这也正是柯尔利斯在 1976 年 12 月编辑《奇异自然现象》(Handbook of Unusual Natural Phenomena)的缘故。柯尔利斯“分析了大量的用英文发表的地球物理学文献以及全部的《自然》(265 卷)和《科学》(195 卷)的合订本”，为的是挑战“科学组织”，因为这里的“奇异”，除了编者柯尔利斯认为神奇之外，还有就是，很多现象还是当时科学不能解释的。同时，“在许多情况下，目击者本人就是对奇异自然现象富有精细观测经验的科学家”。[23]这样，我们就能在这些文章中直观地看到科学与感性体验的密切关系，“人类察觉自然界各种前所未见的异常现象，首先总是通过眼睛这个感官，什么东西也没有神秘的光能够更快地引起人们的注意了”，这些神奇的极光现象不仅令原始人、古人感到畏惧，而且也让科技发达的我们现代人震惊恐惧。[23]这就是说，自然科学源于大自然中的“美丽”奇象，自然科学的发展壮大是以揭开自然各种神秘的美丽面纱为基础的。正是科学日益发展，那些曾经的神秘现象及其相关的神话、传说、巫术、迷信、风俗、习惯都随风消逝，最后只沦为非物质文化遗产类的痕迹和记忆。

参考文献

[1] Twain M. Life on the Mississippi, in Mississippi Writings[M]. New York: Literary classics of the United States, 1982: 284-285.

[2] Stolnitz J. Aesthetics and Philosophy of Art Criticism[M]. Boston: Houghton Mifflin, 1960: 35.

[3] Saito Y. “The Aesthetics of weather”, The Aesthetics of Everyday Life[M]. ed. by Light A. and Smith J. M. New York: The Columbia University Press, 2005: 162.

[4] [美]柯尔利斯．奇异自然现象(中)[M]，刘遒隆，殷维翰，李德方等译，北京：地质出版社，1983：149-185.

[5] [加]艾伦·卡尔松．自然与景观[M]，陈李波译，长沙：湖南科学技术出版社，2006：34.

[6] [加]艾伦·卡尔松．环境美学：自然、艺术与建筑的鉴赏[M]，杨平译，成都：四川人民出版社，2006.

[7] [芬]约·帕瑟玛．环境之美[M]，武小西，张宜译，长沙：湖南科学技术出版社，2006：40-42.

[8] [明]徐弘祖．徐霞客游记[M]，全俊，黄亮校注，重庆：重庆出版社，2007：1-3.

[9] 沈括．梦溪笔谈(卷二十一)“异事(异疾附)”中的“虹”条[M]，王骧注，镇江：江苏大学出版社，2011：454.

[10] 转引自张静．气象科技史[M]，北京：科学出版社，2015：155.

[11] 竺可桢．中国近五千年来气候变迁的初步研究[J]，考古学报，1972：(1).

[12] Rolston HⅢ. “Celestial Aesthetics: Over Our Heads and/or in Our Heads”[J]. *Theology and Science*, 2011, **9**(3).

[13] 王东．气象科技与社会文化发展[M]，北京：科学出版社，2015：180.

[14] 高翰．改变世界的航行：大英图书馆举办詹姆斯·库克回顾展[EB/OL]，澎湃新闻[2018-5-1]. https://www.thepaper.cn/newsDetail_forward_2104128_1.

[15] [英] 理查德·亚当斯，罗纳德·洛克利．穿越南极[M]，连卫译，武汉：湖北科学技术出版社，1987：46-47.

[16] 王海青．极端体验：南极 153 天[M]，厦门：鹭江出版社，2000：94-95，104：125.

[17] 朱平．遥望冰山——读《极端体验：南极 153 天》[J]，中国图书评论，2001(2)：54.

[18] 解昌仁．雾霾诗[EB/OL]，[2014-10-5]. http://www.728 k6.cn/in/disp_mem.asp? id=22374.

[19] 江滔滔．气候与艺术[J]，成都气象学院学报，1989(3)：93.

[20] 王鹏飞．王鹏飞气象史文选[M]，北京：气象出版社，2001.

[21] 王鹏飞．王鹏飞气象文选Ⅱ[M]，北京：气象出版社，2010.

[22] 林之光．气象新事(中国科普文选第二辑)[M]，北京：科学普及出版社，2009.

[23] [美]柯尔利斯．奇异自然现象(上)[M]，刘遒隆等译，武汉：地质出版社，1983：1-2.

On Meteorological Aesthetics and Science and Technology ——and Discussing the Construction of Meteorological Aesthetics

WANG Dong

(School of Liberal Arts, Nanjing University of Information Science and Technology, Nanjing 210044)

Abstract Some writers and scholars such as Mark Twain and Jerome Stolnitz believed that meteorologists did not have an aesthetic attitude towards the viewing of natural phenomena like weather or atmospheric movement. However, estheticians such as Allen Carlson, Yuriko Saito, YrjōSepçanmaa and Janina Makota affirmed that scientific knowledge could promote meteorological aesthetics. Such disagreements also exist among scientists, for the disagreements and disputes are a cautious or overstepping of the galaxy boundaries between science and aesthetics, and are related to the prejudice that is stuck to our division of disciplines. It is a fact that the development of human civilization is synchronized with professional division of labor, discipline differentiation and industry refinement. However, this fact could not negate the unity of early human culture, which means that in the early stage of human evolution, natural sciences, humanities and social sciences were integrated. Nor can it deny the current cross-border and "cooperative operations" needs involving multiple fields and disciplines. Scientific investigation records, storm chase records, meteorological scientific research using ancient literature, history and philosophy literature, meteorological science creation and dissemination, meteorological literature, meteorological arts, etc. are all a combination of aesthetic and scientific knowledge. More promising in the future will be the narrative and written texts of these natural aesthetics and technology.

Keywords Meteorological Aesthetics, Meteorological narrative, Meteorological literature, Meteorological Arts, Science and Technology

天津海洋气象业务的兴起与发展*

关福来，刘爱霞，张文云，刘　艳，孙玫玲，任建玲

（天津市气象局，天津　300074）

摘　要　天津东邻渤海，是中国北方最大的开放城市和工商业城市。渤海拥有全国最大的港口群，天津港是渤海最大港口。渤海主要气象灾害及衍生灾害，如海风、海雾、风暴潮、海冰等，对海上经济活动、沿岸经济与民生都有很大的影响。因此，海洋气象的相关工作在天津开始的较早。1880年在天津近海的灯塔上就开始了气象观测，1909年在天津沿岸建立了气象观测站。1949年以后，天津的海洋气象业务随着新中国气象事业的发展以及海洋经济发展的需求，不断发展进步，至今已经形成一套现代海洋气象业务与服务体系，在天津乃至北方海洋经济及防灾减灾中发挥着重要作用。

本文简要概述了天津海洋气象发展的脉络，可以看到：天津的海洋气象工作是依天津的经济地位与地理位置而兴起，天津的海洋气象业务随着新中国气象事业的发展以及沿海城市发展、民生需求和海洋经济而建立，并依气象科技支撑而发展。

关键词　海洋气象业务，兴起，发展

1　天津早期与海洋气象有关的活动

清代中叶以后，西方资本主义国家一直想把天津辟为商埠，其重要原因之一，便是看中了天津优越的经济地位和地理位置。无论是在第一次鸦片战争中，还是在第二次鸦片战争期间，天津都是西方国家所要猎取的重点目标。特别是第二次鸦片战争，当时世界上两个最大的资本主义国家——英国和法国联合起来，从欧洲跑到亚洲，先从广州打到天津，进而又从天津打到北京，他们的目的之一就是要把天津开为通商口岸，建立一个“足以威胁京城的基地”和策划种种“阴谋的巢穴”。

英国等殖民者为了开埠海外市场及寻求新的殖民地，很早就对中国进行了不同形式的气象考察。清朝乾隆年间（公元1793年）和嘉庆年间（公元1816年），英国利用到北京与清政府进行通商谈判的机会，派使臣率军事、测量、绘图、航海人员沿中国海岸线入天津大沽口，“调查了渤海湾、大沽口、海河、天津一带的气象水文等情况”，得出天津“气候适宜、空气干燥、阳光充足”，“舟山到天津是世界所有海程中危险最小的一段”等结论。根据考察和分析的结果，第二次鸦片战争爆发后，英法联军舰队几次入侵大沽，均选择海上大风和台风活动最少的5—7月份（1840年7月、1858年6月、1859年6月、1860年7月）。

1860年，天津被辟为通商口岸后，西方资本主义各国急切地希望天津能在重要性上压倒上海或其他港口，或者至少把那些地方的商业吸引一部分来。所以，各国租界随之而生，帝国

作者简介：关福来，天津市气象局正研级高工，研究方向为应用气象、气象科技史研究等。

* 本文为2018年度气象软科学研究项目资助（项目编号：自主项目2018【01】）。

主义列强的军舰、商船在中国各口岸的往来也逐渐增多，而气象条件是保障舰船航行安全所必不可少的。当时的中国海关由英国人控制，海关第二任总税务司赫德认为“利用各处海关以作观察气象之根据地，甚属相宜。”1869年11月12日，海关税务司赫德给各地海关发出通知，要求次年建立测候所。

天津海河入海口的大沽灯船始建于光绪年间的1878年8月4日，根据海关的要求，天津海关派人在大沽灯船上开始进行气象观测，观测时间始于1880年1月，并使用正规的表簿记录。观测初期每天三次观测，时间为08时、12时、16时，项目有气压、气温、降雨量、风向、风力、天空状况、水位高度、高水位的出现时间等，观测人员均为英籍人员，记录用英文。1900—1911年改为每天四次观测，时间为03时、09时、15时、21时，观测项目在原有基础上增加了湿球温度、最高气温、最低气温、降水时间、云状、云向、海浪等，计量使用英制。1928年上海徐家汇观象台出版的《中国之雨量1873—1925年》，其中刊有大沽灯船1904年7月—1911年8月的降水资料。

1909年5月，天津海关在塘沽兴建了海关气象站与大沽灯船两地同期正式观测并保留记录。执行海关总署1905年颁发的《气象工作须知》。观测时间、次数、项目与同期大沽灯船相同。从1921年5月起改为每天八次观测(03时、06时、09时、12时、15时、18时、21时、24时)。1932年1月起，改英制为公制计量。

1942年10月，日本侵略者在塘沽新港建成部分码头，1944年6月伪华北观象台在新港办“塘沽测候所”取代海关气象站。塘沽测候所下设事务股和观测股，所长和工作人员均为日本人。1944年10月1日开始观测，每天在02时、06时、10时、14时、18时、22时共六次观测。观测项目同“日本大使馆天津测候所”。观测结果整理成旬、月报，加密并上报华北气象台。日本投降后，国民党中央气象局派员接收该所，1946年1月，改名为“中央气象局塘沽测候所”，开始正规气象观测。1947年11月该所扩建，每日24次地面观测、2次高空观测。

2 1949年后天津海洋气象业务的建立与发展

1949年1月16日，中国人民解放军派军代表苏中、邹竞蒙接收了“中央气象局塘沽测候所”，并改名“塘沽气象站”，延续至今即滨海新区气象局(台)。

1952年5月，华北军区气象处成立，办公地点在天津市和平区哈尔滨道299号。1954年8月，在华北军区气象处的基础上成立中央气象局天津海洋气象台，直属中央气象局领导，由河北省气象局代管。塘沽气象站以承担气象观测为主，天津海洋气象台承担海洋气象业务与服务工作。海洋气象台编制为50人，下设天气、机要、通讯、观测四个股和一个秘书室，股长分别为周学海、杨慰泮、吉福犹、刘慧贞。海洋气象台地址为天津市河西区八里台南，即现在的天津市河西区气象台路100号。

1955年1月1日“中央气象局天津海洋气象台”正式业务运行，属处级。此时天津海洋气象台增至130人左右，气象业务包括地面观测、高空测风、天气预报、气象通讯等，负责天津及河北省中部、渤海海面的气象预报服务。

1958年气象体制下放，由中央气象局领导变为由地方政府领导。同年天津市成为河北省省会。1958年下半年，天津海洋气象台改称河北省气象局天津海洋气象台。1959年2月，河北省气象局由保定市迁来天津，天津海洋气象台划归河北省气象局管辖。当年，天津海洋气象台改为“河北省气象科学研究所”。1960年河北省气象科学研究所调整为“河北省气象局气象台”，成为河北省气象局的直属事业单位，负责河北省及渤海西部海面的气象预报业务与服务工作。同年分设天津地区气象台与天津气象处（处台合一）。1962 年 9 月天津地区气象台改建为“天津地区气象局”（局、台合一）。下设预报、观测、通讯、台站、秘书五个组，负责天津市区、郊县的气象服务和管理。

1962 年 10 月 15 日，中央气象局恢复了以气象部门为主的管理体制，天津地区气象台站收归省气象局统一管理。同年天津地区气象台经过精简压缩机构改变了管理体制。

1966 年 5 月，河北省气象局随河北省省会迁离天津。1966 年 7 月 1 日，成立了“天津市气象局”，属县团级，隶属河北省气象局领导。局址仍在原河北省局大院内（现气象台路 100 号），负责市区、郊区、渤海西部和中部气象服务。

1967 年 1 月，天津市定为中央直辖市，天津市气象局隶属天津市委、天津市革命委员会领导。1968 年天津农口四个局（农林局、水利局、农垦局、气象局）全部撤销，天津市气象局改为天津市气象台，市气象台和郊区气象站全部由当时的天津市农业指挥部领导。

1969 年 12 月 4 日，国务院、中央军委以（69）国发 50 号文发出《关于总参气象局与中央气象局合并问题的通知》，决定两局于 1970 年 1 月 2 日正式合并，按新的组织机构办公，天津市气象台隶属天津警备区和天津市革命委员会领导。

1971 年 7 月 7 日，经天津市委决定，恢复天津市气象局。1973 年 3 月 6 日中共中央中发[1973]13 号文件同意国务院、中央军委《关于调整测绘、气象、邮电部门体制问题的请示》，决定中央气象局与总参气象局分开，中央气象局划归国务院建制。省以下的气象部门归同级政府领导。

1973 年 8 月 1 日，天津气象部门隶属天津市委、市革委会领导，承担全市气象业务，包括渤海西部、中部海面天气预报。

1975 年 5 月，在渤海海面七号采油平台上建立气象观测站（1985 年 12 月停测）。1980 年 1 月，在渤海海面六号平台建立海上气象观测站（1984 年 7 月停测）。1984 年 1 月，在渤海湾大沽口建立大沽灯塔海上气象观测站（1993 年 9 月撤站），在渤海八号平台建海上气象观测站（1993 年 12 月撤站）。1988 年 1 月建立 A 平台海上气象观测站，观测业务至今。

为加强海上气象服务工作，1983 年 8 月，天津市气象局气象科技服务中心更名为天津市气象局海洋气象服务公司。1989 年天津市海洋气象服务公司划归到天津市气象台。1991 年，气象台成立了专业气象服务实体。1996 年 7 月，天津市气象局进行事业机构调整，撤销原市气象台的专业气象服务实体，成立了“天津市专业气象台”。2000 年 11 月，专业气象台与影视中心合并成立天津市气象科技服务中心。2002 年，塘沽气象局建塘沽海洋气象台。2006 年，市气象局组建天津市海洋气象台，挂靠天津市气象台，承担渤海海域内天津预报责任区的海洋气象灾害监测、预报预警。

至此，天津基本形成较完善的海洋气象业务布局，天津市海洋气象台负责渤海海域内海洋气象灾害监测、预报预警，为天津市政府决策服务，为公众服务；气象科技服务中心为渤海沿岸和海上用户服务；塘沽海洋气象台为当地政府和涉海企业服务。

2010 年，中国气象局对我国海洋气象业务进行了新的布局，批准成立天津海洋中心气象台，确定为我国三个海洋气象中心之一。2011 年 1 月 1 日起天津市海洋中心气象台开始发布渤海、渤海海峡和北黄海海洋气象预报服务产品。目前，除沿岸气象站外，海上有 19 个自动气象观测站，除常规气象要素外，还增加了海温、海盐等要素观测。

3 天津海洋气象服务发展历程

天津的海洋气象服务涉及渔业生产、海上运输、海洋工程、海洋石油开发、港务等数十种行业。服务对象多样,服务要求也各不相同,尤其在海上救助和抢险时,气象服务更显其重要。天津的海洋气象服务内容包括渤海及中国诸海区气象条件分析、海洋水文气象预报和情报,以及海上救助、抢险气象咨询等。

天津的海洋气象服务始于20世纪50年代,天津气象台(天津海洋气象台)自成立起就发布渤海西部、中部海面天气预报。随着海上经济活动对气象服务的需求增加,20世纪50年代就开始了针对性的海上气象服务。1954—1958年间,气象局曾派气象小分队出海随船为渔业生产服务。1971—1979年间,每年都派出流动气象台出海,为渔业和海上石油生产服务。海洋石油平台和大沽灯塔也先后建立了海洋气象观测站,为海上气象服务提供了宝贵的海上气象资料。

20世纪80年代以后,海洋气象服务需求激增,为做好海洋气象服务工作,海洋气象服务公司应运而生,作为服务用户的窗口。当时服务公司的人员编制较少,服务实力也远不能满足用户的需求。1989年天津市海洋气象服务公司划归到天津市气象台,服务窗口与预报业务紧密结合,继续开展海洋气象服务工作。1991年,气象台进行管理机制改革,成立专业气象服务实体,在业务和运行管理等方面与气象台一台两制,在经济上实行自负盈亏。1996年7月,天津市气象局进行事业机构调整,撤销原市气象台的专业气象服务实体,成立了"天津市专业气象台"(即现在的天津市气象服务中心前身),成为具有独立建制、机构完整、具有一定规模的专业、专项气象服务和具有一定的新产品开发、科研能力的机构。

此时,天津市气象局具备了一定的海洋气象服务能力,服务用户涉及海洋开发、远洋运输、近海运输、海上石油、港口、沿岸企业等,气象服务的社会效益显著,也创造了可观的经济效益。

海洋气象服务内容主要包括:

(1)海洋气象条件分析

① 渤海、黄海、东海1—12月海面平均风速。

② 渤海、黄海、东海1—12月海面大风频率。

③ 渤海、黄海、东海1—12月海面气温。

④ 渤海、黄海、东海1—12月海面能见度小于5级频率。

⑤ 渤海、黄海、东海1—12月海面降水和雷暴频率。

⑥ 渤海、黄海、东海1—12月海面平均风速年变化。

⑦ 渤海、黄海、东海1—12月海雾频率年变化。

(2)海洋水文气象预报

① 渤海湾、辽东湾、渤海中部、莱州湾、渤海海峡、黄海北部、南部及黄渤海的各港口城市24～48小时的海洋气象及海浪预报。

② 天津到韩国、日本及东南亚各国海上24～72小时海洋气象及海浪预报。

③ 全球海面风场、气压场24～144小时预报。

④ 西北太平洋未来一周海洋气象预报。

⑤ 台风、热带风暴24～72小时预报。

⑥ 天津沿海风暴潮预报。

(3)海上抢险、救助和重要活动气象咨询

在海上抢险救助中，气象服务尤为重要。天津市专业气象台多次为日本以南太平洋上中国各海域的船只抢险救助提供水文气象指导预报服务。1997—1998年度天津市气象局获天津市海上搜救工作先进集体，多人被评为先进个人。在国防建设等重大活动中提供气象咨询服务，如2000年中国人民解放军某部队欲在某海域进行海上作战军事演习，希望选择气象条件合适的日期。专业气象预报人员对气象资料认真分析，向部队提供了演习最佳时段日期。预报与实况吻合，取得了很好的效果。部队向专业气象台赠送了题有“观云测风，情系国防”的锦旗。

近年来，随着探测手段、预报技术、通信技术的不断发展，天津地区海洋气象服务能力大大提升，服务范围已经由渤海逐渐延伸至整个东部沿岸海域，内容涵盖台风、风暴潮、海冰、海雾等多元化的预报产品。与海事局、航保中心、中海油、中海油服等海洋管理部门及企业形成了良好的合作关系。为保障海洋气象服务时效性，服务手段也以网络服务形式替代了过去的传真、邮件服务形式。开发天津专业气象服务网站，建设了集移动气象业务管理平台和移动智能气象预警服务终端于一体的移动气象预警服务系统。建设了由岸上气象预警调度发布平台、北斗通信卫星以及船携通信设备组成的“北斗海洋气象护航通讯安全系统”。2012年起，该系统开始为中海油天津分公司、中海油服等单位的“滨海286”“滨海292”以及“油服681”等多艘拖航船只提供海洋气象预报预警服务。

天津的海洋气象服务至今继续保持受涉海企业欢迎的海上现场服务的模式，目前现场气象服务专业人员达14人，他们每年有三分之二的时间是在船上度过的。他们根据海上钻井平台搬迁组装、船舶拖航、海底管线铺设等不同施工项目制定有针对性的服务方案，在现场跟踪服务。

4 海洋气象科研在海洋气象业务中的技术支撑

天津海洋气象灾害主要有海上大风、海浪、海雾以及气象衍生灾害风暴潮、海冰等，这些都是海洋气象服务的重点。

20世纪70年代末80年代初期，天津市气象局的科研人员开展灾害性天气发生机制、演变规律、预报方法等研究，特别关注海上大风、台风等。

天津市气象科学研究所自成立初期(1978年成立)即开展了海洋气象研究，如辛宝恒的《黄渤海大风概论》、于恩洪的《海陆风及其应用》等。20世纪80年代开展了“海岸带沿海滩涂资源综合调查”，90年代开展了“风暴潮灾害物理机制及预报方法研究”“渤海西部中部大风预报研究”“渤海湾海雾成因及预报研究”“对虾养殖条件及其与气象关系”的研究等。2000年以后围绕海洋气象科研所承担的省部级以上科研项目有:“渤海中尺度数值预报系统研究”“EOS\MODIS卫星资料在渤海海冰监测中的应用研究”“风暴潮漫滩数值预报模式研究”“突发事故气象信息服务与海洋污染预警系统研究与开发”“天津港安全运营调度气象保障技术研究”“渤海西岸雾生消对大气边界层结构演变的响应及预警技术研究”“恶劣天气对海事安全影响及对策研究”等。特别是天津市气象局被中国气象局确定为北方海洋气象中心后，科研所在原开发的渤海海洋气象数值预报业务平台基础上，建立了环渤海海洋气象数值预报业务系统，为预报员提供环渤海(渤海、渤海海峡、北黄海)海洋气象数值预报产品。建立了环渤海海雾、海浪数值预报模式。另外还与大学合作，联合开发了风暴潮漫滩数值模拟系统、海洋污染扩散预警系统等。通过天津地方科委科技支撑项目的支持,研究建立了天津港安全运营调度气象保障系统,为我局海上安全、港口安全生产气象保障服务提供了技术支撑。天津市气象科研所将海洋气象研究作为本所的重点研究方向之一。

除科研所外,气候中心开展了环渤海区域气候分析研究、环渤海地区气候灾害分析及对策研究。气象台、塘沽气象局的技术人员开展了渤海大风、台风暴雨、海陆风、港口雾、风暴潮等研究。

环渤海区域防灾减灾和应对气候变化、海上交通运输气象保障、海洋生产和资源开发的气象保障、国防气象保障等等,都对气象工作提出了更高的要求。海洋气象是现代天气业务中的重要组成部分,它的发展和建设体现了气象事业的发展水平,对满足国家经济、社会发展和国家安全有着十分重要的意义。2010 年中国气象局在全国气象事业发展战略布局中,在天津建设继广州、上海之后的中国第三个海洋中心气象台,以使天津气象为区域经济合作与发展发挥更大作用,更好地发挥环渤海中心城市气象工作的示范带动作用。

为加强环渤海区域科技合作,有力支持环渤海海洋气象业务的发展,2008 年,由天津市气象局牵头,环渤海地区省市气象局建立海洋气象区域科技协同机制,围绕区域共性问题,开展技术交流和联合攻关。环渤海地区省市气象局包括北京市气象局、辽宁省气象局、河北省气象局、山东省气象局、大连市气象局、青岛市气象局、天津市气象局(2017 年增加吉林省气象局)。

经区域七省市气象部门共同协商,决定设立“环渤海区域海洋气象联合基金”,由区域内各省、市气象局共同出资,以项目协同方式,围绕区域海洋气象防灾减灾共性技术问题,集约区域科技优势,开展联合研发和技术攻关。

基金项目从 2015 年度开始实施,重点围绕海洋预报方法和服务技术应用等,联合开展海-气耦合模式、新资料应用、海洋气象灾害风险评估与预报技术研究,以及海洋气象预报服务平台建设等研发。采取每年确定主攻方向,面向全国开放,区域各省市协同合作的研究方式,促进成熟成果区域共享与转化应用。同时,先后制定了《环渤海区域气象科技协同创新工作方案》《环渤海区域科技协同创新基金项目管理办法》《环渤海区域海洋气象科技协同创新重点任务(2015—2017 年)》。成立了环渤海区域海洋气象科技咨询专家委员会。基金项目实施 3 年中,区域共同投资近 300 万元,支持项目 35 项,其中 6 个项目已结题验收,所产出的 10 多项成果均应用到区域相关业务及服务中,发挥了技术支撑作用。基金项目同时得到国家气象中心、中国海洋大学、中国电科 22 所等多家国内高校、研究所的参与。3 年来,区域外单位共承担研究项目 8 项,有效促进了局校合作和部门间的合作。

基于环渤海区域科研的合作,每两年举办 1 次环渤海地区海洋气象防灾减灾学术研讨会,截至 2017 年,共举办七届,参与交流论文达 590 多篇。在中国气象学会大力支持下,从第五届起,研讨会纳入中国气象学会专业技术交流体系,区域交流水平和影响力得到进一步提升,广大基层业务科技人员的参与热情进一步提高,论文水平不断提升。

5 结语

天津的经济地位和地理位置决定了天津海洋气象工作较早起步,但清朝和民国时期大多被英国和日本掌控。新中国成立后天津的气象事业才得以建立和发展,海洋气象业务也随之而建立,并且海洋气象服务一直是海洋气象业务的重点。60 多年的历程,天津气象人一直在努力,天津气象事业不断在发展,特别是近 20 年来,气象科技的进步,天津的气象事业取得显著的成绩,也使天津的海洋气象业务从弱逐渐变强。目前天津的海洋气象业务已形成较好的体系，在天津乃至北方海洋经济及防灾减灾中发挥着越来越重要的作用。

本文简要概述了天津海洋气象发展的脉络，会有遗漏和不准确的地方，今后还要对相关材料进行深入挖掘以及核查和甄别，力求史实准确。

感谢天津市气象局曾参加修志的同志为我们保留的珍贵史料以及有关单位提供的资料。

参考文献

[1] 天津地方志编修办公室，天津市气象局．天津通志・气象志[M]. 天津：天津社会科学院出版社，2005.

[2] 天津地方志编修办公室，天津市志・地理志[M]. 天津：天津社会科学院出版社，2016.

[3] 天津地方志编修办公室，中华人民共和国天津海事局．天津通志・海事志[M]. 天津：天津古籍出版社，2008.

[4] 凯瑟琳・F・布鲁纳等编．赫德日记 -步入中国清廷仕途[M]. 傅曾仁等译．北京：中国海关出版社，20003.

[5] 天津市海关译编委员会，津海关史要览[M]. 北京：中国海关出版社，2004.

Initiation and Development of Tianjin Marine Meteorological Services

GUAH Fulai, LIU Aixia, ZHANG Wenyun, LIU Yan, SUN Meiling, REN Jianling

(Tianjin Bureau of Meteorology, Tianjin, 300074)

Abstract Tianjin, adjacent Bohai Sea in the east, is the largest open city and also an industrial and commercial city in the northeast China. Bohai Sea has the largest group of harbors in China and Tianjin harbor is the largest harbor along the Bohai coast. Major meteorological disasters around Bohai, such as sea breeze, sea fogs, storm surge, sea ice, and their related disasters have significant effects on marine economic activities, economy and human life along the coast. Therefore, the works associated with the marine meteorology started very early in Tianjin. In 1880, the earliest meteorological measurements started on an inshore lighthouse at Tianjin. In 1909, the operational meteorological observational stations were established along the coast areas of Tianjin. After 1949, the marine meteorological services have been continued to develop along with the development of the meteorological services in China and demand from the development of marine economy and formed a modern marine meteorological service system, which plays an important role in marine economy, disaster prevention and mitigation for Tianjin and north China.

This paper overviews the development context of the Tianjin marine meteorology. The Tianjin marine meteorological services emergedfromtheTianjin's geographical location and its economic status, rose with the growth of China meteorological services, developed for the demands of the coast cities, people's livelihood and marine economy, and was supported by the meteorological science and technology.

Keywords Marine Meteorological Services, Initiation, development

中国传统社会的农业与时间计量关系初探*

任　杰

（中国计量大学人文与外语学院，杭州　310018）

摘　要　农业与时间计量的主要交叉点在于农时。农时的观念起源于原始农业产生之初。时间计量并非因定农时的需要而生，其源头更早，具有广阔的文化内涵，这种内涵对农时观念形成了深远影响。由于气象等环境因素的多变，根据植物物候选定农时较符合科学，而采用精确化的时间计量来表示农时其实很多时候是受趋吉避凶等传统文化影响的结果。古农书中记载的农时选定方式较为灵活多样。在用时间计量定农时的传统中，以月份定农时曾是主流，以节气定农时的传统存在着逐渐普及的过程，与之相伴，自汉代以来，古农书的农时记载经历了从迷信走向实际的发展过程。古代农村的日内计时较为粗疏，但这并不意味着农业生产节奏一定是缓慢和不变的。新时代下如何科学地选定农时仍亟待研究，如何继承和发扬前辈学者开辟的物候指时的研究进路是一个国内研究者所必须要面对的问题。

关键词　农业，时间计量，农时，生产节奏，古农书，节气，物候

所谓时间计量，简而言之，就是借助数字和以往复式的运动为基础制定的单位以表示时间的流逝。我国的农业史研究虽然已经蔚为大观，但是尚未有专门的研究对传统社会中的农业与时间计量之间的关系做一探讨，本文力图对此关系做一初步的梳理，以飨读者。

下文将分三个部分展开。由于探讨农业与时间计量的关系，绕不开二者的一个重要交叉点——农时。作为中国传统农业的一个中心概念，各领域的专家对中国传统的农时观念已经有不少研究，故而本文第一部分将首先结合既往的研究对其起源与早期发展做出探讨，希望对起源的探究能够揭示我国农时传统的一些本质特征。第二部分则将在第一部分基础之上继续深入，结合古代农书中的具体记载分析中国传统社会的农时计量传统。中国古代的农时观念主要涉及的是一日以上的长时段的时间计量。第三部分将转向以往研究较少关注的一日以内的时间计量，这关乎传统农村社会的生产节奏问题。

1　有关农时起源的探讨

在农业生产中，每种农作物都有适合其耕种、收获等农务的时间，这便是农时。“农时”这一词汇在我国起源亦甚早，《孟子·梁惠王上》就有“不违农时，谷不可胜食也”[1]之句，强调尊重农时对于国家粮食生产的重要意义。与典籍相应，民间则有“人误地一日，地误人一年”[2]等农谚流传，可以认为，讲求农时是我国农业的一大传统。需要说明的是，农时其实并非农业与时间计量的直接组合，农时的概念外延更为广泛，因为很多时候农时并不需要依赖具体的时间加以数字化的表达，而是综合考虑天象、土壤、水文、气象、物候、作物生长状况等因素后加以判

作者简介：任杰，1983年生，北京人，理学博士，中国计量大学人文与外语学院讲师，主要研究方向为计量史。

* 本论文属国家社科重大项目“中国计量史”（项目编号：15ZDB030）研究成果。

定的。

对于农时及其选定，中国古代衍生出丰富的农时观念，来自农业史、科技史、思想史、气象学、管理学等多领域的学者都曾对此加以研究，成果堪称丰硕，但也有不少分歧。关于农时观念的起源，既往研究并不十分充分，大多只是引用传世文献的记载，不过其中也有一些真知灼见。例如，叶世昌的文章直言我国西周之前就已有严格的农时观念[3]，言外之意，较为初步的农时观念起源更早，笔者以为这一思路是可取的。陈振中则将农时知识的起源与约一万年前原始农业的发展联系起来[4]，这一判断应该切合了历史的原貌。就北半球中纬度地区而言，气候四季分明，冬季并不适宜多数农作物的生长，故而即便是最原始的农业，对农时问题也必有考虑。

这里需要注意的是，时间计量的起源更早于原始农业的诞生，这也是为什么可以肯定农时观念在原始农业起步之初就成形了，因为作为农时的认识基础，对时间的量化理解此时已经存在。根据外国考古学家的研究，早在两三万年前，人类就已经掌握了计数的方法，在欧洲一些地方发现的狼骨刻痕为此提供了佐证[5]，而人类在一万到两万年前已经开始对月进行计数，以便安排生产和生活，相关证据以欧洲洞窟壁画中的一些黑点为典型[6]。认为时间计量产生起源极早的观点亦可以从原始民族调查中找到佐证，如我国云南的独龙族早先曾有结绳计日以安排庆典的传统[7]，其反映出对日的计量甚至可以早于较成熟的计数语言产生之前。一般认为我国文字产生于三千五百年前的殷商时代，显然，这远晚于时间计量和农时的产生，故而没有必要在传世文献中寻求关于农时起源的记载。

既然时间计量的产生早于一万年前农业的出现，那么使时间计量萌生的动因就不可能来自农业了。不少著述对这一问题理解有欠缺，它们会把时间计量及以时间计量为基础的天文学当作农业发展后的产物，并认为天文学起源于农业的需要，与之相应，他们会倾向于认为农时观念的初步成形明显滞后于农业的产生。如《中国天文学史》中这样表述[8]："由于农业、畜牧业的需要，天文学开始萌芽。"类似的观点还有不少，如赵敏文中有"由于星躔定农时的需要，带来了历法的产生"[9]之句，又如胡火金文中这样写道："随着时间的推移和农牧业的兴起，以自然界物候现象来定季节的自然历便应运而生"，与此相联系，他的文中还对中国古代天文学的后续发展发表了如下看法："农业是中国古代的主导产业，它对天文的发展形成了强大推动"[10]，这与《中国天文学史》中对春秋时期历法发展的有关表述相呼应："春秋时期农业生产的大发展对于历法预报季节的工作提出越来越严格的要求"[8]，这些观点也同样颇值得商榷。

如果认为计时源于农业需要，那么自然会对早期时间计量的性质和用途产生误判，会倾向于认为时间计量是为农业生产服务的，进而也容易从过于务实的现代视角来看待我国的农时传统。由于早期的天文历法与时间计量关系密切，相关推论也适用于天文历法，会产生"历法是为农业生产服务的"等观点。其实，江晓原在《天学真原》一书中对此观点早有质疑[11]，他直言"历法为农业服务"之说的正确成分只占5%。该书主要从对历法的分析出发，认为其中大量涉及的计算内容，如五星运行位置推算等大大超出了农业需要的范畴，故而所谓"敬授人时"之"时"绝非仅指农时，而是主要指祭祀等宗教、政治方面的国事安排。可以说，时间计量具有丰富的文化内涵，并非起源于定农时的需要，同时要注意，这种丰富的内涵也渗透到后世农时选定精确化的趋向之中，这将在下一节再做深入探讨。

江晓原观点的另一个出发点在于指导农业生产其实并非一定需要标度十分清晰的时间计量，根据物候变化已经足够应付一般的农业生产了。这一观点有些离经叛道，因为在很多著述中,根据物候来选定农时常被认为只是农时观念发展历史中的一个初级阶段。如赵敏文中将物候指时列为农时观发展的第一个阶段,并写道[9]74:"物候指时十分粗疏,往往年无定时,月无定日。为了弥补不足,古人开始求助于天象观测"。但其实这忽略了农作物的生长也并非与精确的日期相对应,农时存在着较明显的年际差异,如小麦播种期有时年际差异可达 36 天[12]。物候指时实际上得到过很多现代气象学家和农学家的认可。竺可桢先生积极倡导物候学,正是因为对利用物候指导农业生产这条道路充满信心,竺可桢在书中曾明确指出,测定农时根据节气不如根据物候更为合理[13]。

根据对农事相关的主要因素进行逻辑分析,可知天象是决定季节变化的基础,而实际关系于农业生产的农事条件还要受到气象、地理等方面的影响,正如蝴蝶效应所揭示的,气象的变化有很大的偶然性,故而采用与天象完全相对应的日期来指导农业生产并不能够因地制宜,亦不够灵活,并非比物候指时更高级的农时决定方式。植物物候与农事条件同样受到天象、气象、地理等多方面因素的影响,故而更能反映这些因素的综合作用,若选取合适的物候现象,则指导农时能更为合宜。例如,宛敏渭经多年观察研究发现,北京地区的合欢始花日期与冬小麦蜡熟日期具有明显的相关性[14]。可惜物候指时的优越性并未被很多学者正确认识,故而在农时观念历史的研究中也出现了一些错误的倾向,认为农业生产对更准确的计时提出了需求便是一个代表性的不当陈述[15]。

对于我国文明早期阶段农时观念曾做专门研究的有陈振中[4]和王星光等[16]。谈到这一阶段的农时观,不能不提的是《大戴礼记》中留存的《夏小正》,其中将一年中各月的物候、天象、农事等分别记录,文辞古奥,或许是我国最早的成文的物候历。对《夏小正》中的历法,学界仍存在争议,一些学者认为其为十月太阳历,此说并非全无道理。《夏小正》中的时间计量只有月份的表示,相对而言是比较粗糙的,当然,这大概并未妨碍农民按照一定的农时进行生产,因为还有丰富的物候在其中起着更主要的作用。

殷商甲骨文材料中也有不少农时有关的记载,但对于具体使用的历法,学界也仍有不少争议,一个焦点主要在于殷历的月建,王星光的最新研究主张建午说,即商代以夏历即今农历五月为岁首。可能是限于材料,甲骨文中的农时记载大多与占卜相联系,在精确程度上,则大多与《夏小正》相同,计量精确到月,不过也有一些涉及更精确的日期甚至一日以内的时段。这些不多的记载主要集中于对农作物收割时间的把握,或是用干支纪日法来表示日期,或是用"兹夕""生夕"来表示今晚、明晚[16],特别值得注意的是,对时段的选取似乎并没有顾及农作物的生长状况,而关注焦点在于这个时段的吉凶与否。这反映出历史上选定农时精确化的取向大概并非农业生产本身所要求的,而是来自于趋吉避凶的文化传统,与迷信、谣谚等关联密切。至于这一点在后世两三千年的历史上是否仍有影响?是否仍在继续发展?下一节将结合古农书中的具体记载详加研讨。

既往的一些研究存在着将古代农时观解读得过于理性、实际的倾向,这大概是研究者因自身的背景过多地代入了现代理性的视角所致,但也有一些学者特别注意从巫史传统等现代看来富于迷信成分的视角切入农时研究,这一取向是值得肯定的。例如,柯昊的文章题目即为《巫史传统下的中国古代"农时"辩证》,其中有不少有启发性的观点,比如认为巫史传统对农时观念的渗透也是一种理性化的进程等[17]。另外,王传超的论文则以《四时纂要》为中心对古代农书中天文数术内容进行了研究[18]。但是这些研究也还存在不够深入的问题,一个表现是对农书中的具体记载,尤其是时间记载,涉及颇少,比如柯昊的文章后半部分几乎完全脱离了农时的主题，转而去讨论古代的礼制了。故而下一节中本文将着重以一种更全面的视角来深入到古代农书中的具体农时记载中，对之加以审视，希望能有所发现。

2 古农书中的农时计量记载管窥

提及我国古代书籍中关于农时的记载，有些研究[19]将之追溯到《管子》中的《四时篇》，其中有“不知四时，乃失国之基，不知五谷之故，国家乃路”[20]之句，但若细读《四时篇》，会发现其中所讲的“时”更多是与政治活动相联系的一个概念，几乎没有农时的意思，《四时篇》中多次提到“刑德”的概念，这反映出了该篇的主题所在。

更多的前人研究将农书中的农时记载追溯到《吕氏春秋》中的《上农》《任地》《辩土》《审时》四篇。《吕氏春秋》虽非农书，但这四篇的确堪称我国传世文献中的农业专业文献之始。至于这四篇与农时的关系，王缨在研究后给出了“农时不可违”是其中心思想的论断[21]，不无合理之处。但其实《吕氏春秋》中的这四篇更多还是从国家治理的视角出发来阐述的，而并非从农业产业的视角，例如这四篇中还谈到重农抑末等与农时并无直接关联的内容，而这种视角的差别也导致其中对农时的分析仍欠具体化，比如其中并没有带具体时间的农时表述出现，至多是在《审时》篇中提到不同的粮食种类有“先时”“后时”“得时”之别，并给出它们各自的特征[22]。

秦汉以来，我国逐渐出现了不少农书，早期主要是综合性的农书，专业性农书则出现较晚。综合性农书表现为两种类型，一种是大型化农书，以《氾胜之书》《齐民要术》《陈旉农书》《王祯农书》《农政全书》这五大农书为代表。另一类为岁时、月令类著述，这一传统上承自《礼记·月令》甚至《夏小正》，以东汉的《四民月令》、五代的《四时纂要》等书为代表[23]。相对来说，后者与巫礼、术数的传统更加接近，而与实际农业生产相距更远，故而下文将把研究重点放在“五大农书”。另外，民间流传的农谚中关于农时的内容也十分丰富，根据统计，费洁心所编《中国农谚》一书中，属于时令部分的共 2961 条，约占全部农谚的 40%[2]。农谚反映的主要是近现代的农时观念，限于篇幅，本文对农谚中的农时内容就不多做涉及了。

首先需要重申的是，农时的表示并非一定会用到时间计量的手段，而是有着更为丰富的内涵，通过物候、气象、土壤、作物状况也可以确定农时。例如，王加华在其调查中，发现农民会特别强调春耕要在“下雨后”这样的气象条件之下开始[24]。熊帝兵则总结了三种“独具特色的指时方式”，这三种都不算按照时间计量选定农时[25]。第一种是以作物的生长特征指时，比如以“麦生”作为除草的时机，又如以水稻苗长七八寸①作为移栽的时机等；第二种是以土壤状况指时，代表性的是以土壤“白背”作为耕田锄地的时机；第三种则是以气象条件指时，以下雨之时作为耕作的最佳时机，如《齐民要术》中曾有“凡种谷，雨后为佳”[26]之句。

对农时与时间计量的关系有了如此的认识，就会发现既往研究中存在着互相矛盾之处，其焦点在于将节气这一时间计量的因素在古代定农时活动中的地位估计过高，而且这一倾向影响十分广泛。例如，王加华的调查结论——“农民开展各项生产活动”的“主要的时间标准就是节气”[24]。在他的博论中，更是直接将节气定位为农民掌握农时的主要准则[27]。《中国科学技术史·农学卷》对《氾胜之书》《四民月令》《齐民要术》中主要大田作物播种时机的记载做了表格加以收录、罗列，但是却得出了古人确定农时是以节气为中心的结论[19]，实在令人费解，因

① 1寸=3.$\dot{3}$ cm。

为很显然，这些记载中不少都不是按节气来选定农时的。如该书表格收录了《齐民要术》中小麦的种植时机——“八月上戊社前为上时”，其中所说的时间是指八月的第一个戊日，与节气并无关系。

造成这一错误的根源之一大概在于对我国传统历法中节气与月份的关系理解不透彻，有把二者混为一谈的趋向。例如，王加华文中出现过以下的语句：“由于乡间习惯，节气传统上是与阴历相对照的，因此某一节气的日期在每一年中并非是固定的”[27]这表现出一些农业研究者对节气与阴历的关系并未能正确认识。实际上，严谨来说，我国传统历法应算“干支阴阳三合历”[28]，节气属于其中的阳历成分，月份属于阴历成分，二者相对独立①，这才是节气与以月份表示的日期并无固定联系的原因。

了解到节气和月份的相对独立性，再去审视文献，会发现古农书中多有单独用月份来表达农时的，这反映出节气在古代的农时选定中并非占据主导地位的时间计量方式。一个显著的表现就是月令类书籍，它们均按照月份编排，如果严格执行，自然每件农事也要依月份来安排。《齐民要术》给出了很多农作物的种植时机，并将之评为“上时”“中时”“下时”，这三种“时”也都是通过月份来表达的，相互之间大多相隔 30 天，也有相隔 10 天的。这一方面表现出南北朝时期农时仍多用月份系统来选定，也表现出农业生产中的农时并不需要特别精确，即便相隔月余栽种，也不至于造成绝收等灾难性的结果。例如《齐民要术》中《黍穄第四》这样表述：“三月上旬种者为上时，四月上旬为中时，五月上旬为下时”[26]，也就是说种黍的时间只需把握在十天左右即可，即使偏差达到一个月也只是错过了最好的时机而已。

故而在历史上，我国农民安排农时从按照月份为主到重点参照节气必然有一个发展变化的过程。对于节气与月份间的矛盾，古人也必有思考。《齐民要术·种谷》中的“有闰之岁，节气近后，宜晚田”[26]之句是一个典型范例，此句大意是说在有闰月的年份里，因为按照无中气置闰的规则，闰月之前相应的中气必然在月底，故而选定的农时应根据节气适当后移。这反映出《齐民要术》在首先考虑月份情况下同时顾及节气的农时观念，其中的“晚”字值得特别留意，所谓“晚”含有着与正常状态比较的语义，在此处当是指与按月份安排农时相比，反映出当时惯常的农时选定方式仍是按照月份。

《王祯农书》中的《授时篇第一》有如下的语句[29]：“今人雷同以正月为始春，四月为始夏，不知阴阳有消长，气候有盈缩，冒昧以作事，其克有成者，幸而已矣。”这表现出王祯对按照月份选定农时的局限性的认识，显然，“气候”的“盈缩”已被认为是更加决定性的要素。但他的批评也说明当时人们仍多有按照月份安排农事的。故笔者估计，伴随着知识的普及，节气在指导农事时间安排中的地位经历了逐渐上升的过程，很可能直到明清时期甚至近代，节气才被大多农民认可为选定农时的主要参考系，这与生产发达、生活精致的变化应该是彼此相应的。不过即便到了近代，按月份安排农时仍在与节气的竞争中占据一席之地，一个有说服力的农谚是“三月清明你莫慌，二月清明早下秧”[2]，可见同样是清明节，农民也会根据所属月份不同对农事做出不同安排。

有时，古农书也会将节气与月份交错使用来表达农时，如《齐民要术》中《杂说》部分有[26]：“凡荞麦，五月耕；经二十五日，草烂得转；并种，耕三遍。立秋前后，皆十日内种之。”《齐民要

① 这里需再做些解释：由于我国古代自汉武帝太初改历之后确定了无中气置闰的规则，雨水、春分等十二中气是与十二个月份一一对应的（但与日期并无对应关系），但立春、惊蛰等十二个节气与月份并无固定对应关系，有时会出现在闰月之中。

术》中另一条十分有趣的记载则特别关注了节气和朔日之间的间隔[25]:"《淮南术》曰:'从冬至日数至来年正月朔日,五十日民食足;不满五十日者,日减一斗;有余日,日益一斗。'"这条记载带有明显的预测意味,但却恐怕并无科学的根据,不过却是古人追求精确农时的一个显著实例。这让我们不由得再次发出疑问:中国古人将农时选定精确化的需求是否来自农业生产的自身需要?还是受趋吉避凶文化传统影响的结果?

在表达具体农时时,古农书的经常方式是将节气与日数,或者月份与日结合使用,这是农时表达精确化的主要形式。例如,《汜胜之书》中的"夏至后七十日,可种宿麦"属于前者,类似的还有崔寔《四民月令》中如下的语句[30]:"凡种大、小麦,得白露节可种薄田,秋分种中田,后十日种美田。"至于将月份与日期或旬结合的实例前文已有所引用,此处不再赘引。要注意的是一些与节气或月份相关的杂节有时也被当作安排农事的时间坐标,比如《齐民要术》在谈及小豆的种植时用到了"伏"这个杂节[19]:"夏至后十日种者为上时,初伏断手为中时,中伏断手为下时,中伏以后则晚矣。"因为"伏"指夏至后的第三个庚日,故而此条记载可看作将节气与干支纪日法结合安排农时的一个实例,这反映出干支纪日的文化传统对农时计量的影响。

笔者更加倾向于认为,古人将农时安排精确化很大程度上是受到趋吉避凶文化传统影响的结果,因为翻阅古农书不难发现,将农时与精确日期相联系的文献记录中颇多现代科技也难以解释的成分。可以认为,它们并非是从农业生产本身出发的。因为在决定农事时间的诸因素中,作物本身的生长状况是最终的决定因素,而更基础的天象、地理因素则是稳定渐变的,只有气象因素偶然性大,有突变的意味,不过现代气象学恐怕并不会支持其突变与固定的日期有关联,这就无法科学地解释古农书中很多使用干支纪日的记载。例如,《汜胜之书》中认为特定作物有特别的忌日(根据干支纪日法的)的理论就属于此类[26]:"凡九谷有忌日,种之不避其忌。"《杂阴阳书》中的以下记载则是此类理论的一个具体表达[26]:"凡种五谷,以'生''长''壮'日种者多实""以忌日种者败伤",而对应于禾,则有"禾生于寅,壮于丁、午,长于丙,老于戊,死于申,恶于壬、癸,忌于乙、丑"。其中,即便只相隔一天也会有"壮""死"之别,这种突变不符合现代科学知识,也无法从科学的视角加以解读,反映的只能是传统吉凶理论对古代农时观念的影响。

应该说,与干支纪日有紧密关系的传统吉凶理论无疑对古代的农业产生了一定的渗透。这种传统的形成主要源于集会、祭祀等政治活动的需求,包含着一定的宗教因素。论其心理根源,大概是来自于人们对不稳定世界的恐惧,人们因而会寄望于对自然中的变化节律有所掌握,这种追求与现代科学不谋而合,是值得鼓励的。不过限于认知方法的不足,古人的很多观点并非依托于实际的理性认识,其看法中存在着很多偶然性和随意性,当然,这种认识或许也可以被认为存在一定的理性,因为它们的背后也有一些指导理论,比如阴阳五行理论等。《齐民要术》中有[30]:"一如正月初未,开阳气上①,即更盖所耕得地一遍。"就表现了阴阳理论与干支纪日结合的农时文化传统。可以认为,类似的通过干支构建出的时间意义网格是古代中国时间观念的一大特色,其影响遍及社会各领域。至于其对实际的农业生产有多大影响,则较难定论。因为相关理论主要流传于农书之中,但古代农民的实际生产大概并非依农书而行,王加华就曾直言,古代农民不一定能够看懂农书中的技术信息[31]。

汉代以后,古代农业生产科技的整体趋势是更加转向实际,与现实紧密结合的理性进路日

① 关于此句的句读,各家有所争议。笔者以为,如将"开"字并入前句,实在无法解释其义。

益得到认可，而不是去附会飘渺的传统理论。竺可桢先生早就指出，南北朝的《齐民要术》中已经有破除迷信的倾向，不像《氾胜之书》中忌讳多多[13]。《中国科学技术史·农学卷》也指出，在三才之中，天时因素的重要地位在历史上呈下降趋势，一个实例是《陈旉农书》中已将“天时之宜”篇置于第四，位列地理因素之后，而在明清时代，人的因素则越发得到重视[19]。当然，这种转变并非遵循线性的规律，而是一个复杂曲折的过程。比如元代的《王祯农书》中，《授时篇》仍被置于“第一”的位置，在“地利”“垦耕”等篇之前[29]。明末徐光启编纂的《农政全书》也仍大量摘录汉代农书中的带有迷信色彩的内容，表现出对该传统的继承态度，这反映出中国传统农学理论的延续性和保守性。对农时选定的科学化历程而言，此种保守态度无疑是不利的因素。

3 古代农村的日内计时与生产节奏

如上文所述，从农业生产的需要考虑，选定农时并非特别需要精确化的计时；而从时间计量的角度考虑，农村居住点分散，不利于时间量值信息的传递和统一，故而古代农村中较为缺少对一日以内时间进行精确计量的需求和条件。与之相反，我国古代城市出于集会活动的需要曾较多地使用漏刻守时、谯楼司时等方式进行时间的计量，并对其量值信息进行传播。故而可以笼统地认为，在20世纪中叶钟表在农村初步普及之前[24]，中国农村的日内计时是十分粗疏的。

与之相联系的一个观点是认为古代农村的生产节奏缓慢，人们对时间流逝总能泰然处之，也有研究用“田园牧歌”一词来形容古代乡村的生产生活节奏[32]。笔者对此观点并不完全赞同。因为即便没有精准化的时间计量，农民很多时候还是要辛勤地劳作，精准计时只是提供了一种有助于加快工作节奏的技术手段，与生产节奏之间并非存在着严格的因果关系。提供了相关例证的是中国古代大量流传的惜时诗，其中传承着勤勉劳作的精神。特别值得玩味的是，一向被划归为田园诗人的陶渊明竟也有不只一首惜时诗流传下来，如充满警醒精神的“古人惜寸阴，念此使人惧”之句，再如“盛年不重来，一日难再晨。及时当勉励，岁月不待人”[33]等。

一些学者认为，时间像暴政一般支配所有人是工业时代的创造[34]，与之相联系，也有观点认为，“时间就是金钱”观念在中国则是向工业社会转型之后的近代舶来品[32]。这一系列的观点同样颇值得商榷，实际上，我国古代关于“寸金寸阴”的说法广有流传，这大概是古代商贸发展到一定程度后的必然产物，如晚唐诗人王贞白就已写有“读书不觉已春深，一寸光阴一寸金”[35]的诗句。而在宋元时代，我国农村也曾利用田漏计时督促乡间的劳动，王安石曾写有“田家更置漏，寸晷亦欲知”[36]的诗句。故而简单地认为古代乡村生产节奏舒缓恐怕并不符合历史的实际，现代的时间是否体现着一种暴政当可另作探讨，不过可以肯定的是，时间计量给人带来的紧迫感并非一种近代新生的事物，它一定程度上体现着人类生存的本质。

另一个相关的观点是认为中国古代乡村活动的时间节律具有不变性、恒常性[32]。“日出而作，日入而息”堪称表现这种恒常性的一个“常识”。不过阅读过古代相关的文献之后，就会发现古代农村的生产时间并非如此刻板、固定，而是有不少时间都需灵活处理。例如《氾胜之书》中提到的除霜露法就需要在日出之前进行大量劳作[26]：“植禾，夏至后八十、九十日，常夜半候之，天有霜若白露下，以平明时，令两人持长索，相对各持一端，以槩禾中，去霜露，日出乃止。”《陈旉农书》中也有“五月治地，唯要深熟，于五更承露，锄之五七遍”的记载[37]。可以说，古代的农业生产要适应自然的节律，故而很多时候是灵活的，并非一定按照日光来进行活动，畜牧业则尤其要注意动物的习性，比如古代养马就要留意“饮有三时”[26]的说法。有研究揭示，早在秦汉时代，我国乡村就已经有“夜作”的存在，既存在着种植业的夜间生产，也有畜牧业、纺织业的夜间劳作，当然，后者更为多见[38]。

笔者以为，更具恒常性的生产生活方式其实出现在城市，其一是因为城市中时间信息传播便利，时间的统一容易实现，在统一基础上的制度会使生产生活方式走向恒定，其二则是古代城市曾执行严格的宵禁制度，市民的自由活动受到限制。近代以来，国家时间量值传递系统的建立尤其为城市内统一的作息安排奠定了基础。故而农村比城市、古代比现代，其生产生活节律恐怕更加多样。古代农村生产节律更具恒常性之说不太能经得起推敲。

4 结语

古代农业与时间计量的主要交叉点在于农时。根据本文对农时观念历史的梳理可以发现，其具有丰富的文化内涵，自创始就与趋吉避凶的传统存在关联，很多时候古代农书中的农时安排其实并非发自于农业生产的实际需要，尤其是精确化的农时安排，其更多地受到了吉凶观念的影响。与之相应，农时的选定其实并非一定需要借助对时间进行计量，而是具有更多的类型。不过或许不宜简单给趋吉避凶选定农时的传统贴上迷信的标签，科技史学者可以考虑根据丰富的气象数据依照现代科学的方法来重新检验诸如《杂阴阳书》中的宜忌记载。如此则或可真正探寻出古代传统的潜在价值，或者更加明确此种传统的荒谬……

本文对按节气、按月份等以时间计量方法定农时的手段作了较多研讨。系统考察古代农书的相关记载之后可以发现，以月份定农时曾是主流，而节气观念得到普及很可能是在元代王祯明确指出以节气定农时相比按月份更合理之后。明清时期，伴随着生产的发达，以及精致生活的需要，更能实际反映农业环境周年变化的节气才成为定农时的主要时间坐标系统。2016年，“二十四节气”被录入世界非物质文化遗产名录，以节气定农时已经为世人所熟知，不过重新审视历史发展的长河，我们也不应忘却曾经与之并行、甚至居于更主流位置的其他定农时方式，这样才能够全面地把握农业史的面貌。

不过本文所依据的原始史料基本局限于“五大农书”，如能以更多的农书为依据，尤其是若能充分发掘明清丰富农业文献中的农时记载，相信对古代农时观念的研究将更加丰富和系统化，并能使与农时历史相关的更多问题得以明晰。例如，可以期待解答如下的一些问题：元代以后，以节气定农时的传统是如何普及开来的？以节气定农时的传统是如何与其他定农时方式结合考虑，以适应气象等条件的变化的？定农时的不同类型方式之间，古人是如何取舍的？

如前文所述，若想科学合理地选定农时，其实根据物候来安排农时更加符合现代科学的理念，可惜的是，这一点被不少农业研究者所忽视，甚而只是把根据物候定农时当作农业史上初期阶段所采用的一种简单方法。希望有更多的有志之士能够深入到物候学这个长周期的研究领域，切实、深入地发掘具体物候与具体农作物农时之间的关联，以服务于当代农业的生产和其他科研目标，这样才能避免20世纪90年代中期全国物候观测网一度全面停止的困境再次出现[39]，使竺可桢等我国老一辈科学家开创的物候研究传统不至中绝。

而当今时代，农时在温室栽培、塑料膜栽培等技术普及的背景之下呈现出反季节的趋向，这给传统的农时研究带来了难题，一些传统的研究结论显然不再适应新的生产环境[40]，但是这也给农时研究带来了新的课题和机遇。而另一方面，农时事关农作物和环境的关系，与农业发展的生态化息息相关，故而未来仍应该是农业研究中的一个重要领域，值得农业专家予以充分的重视。

参考文献

[1] (战国)孟柯．孟子[M]．北京:中国纺织出版社,2015:4.

[2] 游修龄．中华农耕文化漫谈[M]．杭州:浙江大学出版社,2014:50.

[3] 叶世昌．中国古代的农时管理思想[J]．江淮论坛,1990(5):28.

[4] 陈振中．夏商周时代的农时与农历[J]．古今农业,1996(4):3.

[5] 李文林．文明之光——图说数学史[M]．济南:山东教育出版社,2005:5.

[6] (英)查罗纳．改变世界的 1001 项发明[M]．张芳芳,曲雯雯 译．北京:中央编译出版社,2014:28-35.

[7] 范玉梅．中国的少数民族节日[M]．北京:社会科学文献出版社,2013:318.

[8] 中国天文学史整理研究小组．中国天文学史[M]．北京:科学出版社,1981:8.

[9] 赵敏．中国古代农时观初探[J]．中国农史,1993,**12**(2):76.

[10] 胡火金．中国古代天文学对传统农业的影响[J]．南京农业大学学报(社会科学版),2001,**1**(3):52.

[11] 江晓原．天学真原[M]．南京:译林出版社,2011:113-136.

[12] 连志鸾,赵世林,匡顺四．物候观测资料在小麦收获期预报中的应用[J]．中国农业气象,2006,**27**(3):226.

[13] 竺可桢,宛敏渭．物候学[M]．长沙:湖南教育出版社,1999:144.

[14] 宛敏渭．论北京物候季节的划分与农时预测[J]．中国农业气象,1980,**1**(4):9.

[15] 杜石然．中国科学技术史稿[M]．北京:科学出版社,1982:86.

[16] 王星光,张军涛．甲骨文与殷商农时探析[J]．中国农史,2016(2):15-28.

[17] 柯昊．巫史传统下的中国古代"农时"辩证[J]．农业考古,2014(6):108.

[18] 王传超．古代农书中天文及术数内容的来源及流变——以《四时纂要》为中心的考察[J]．中国科技史杂志,2009,**30**(4):438-453.

[19] 董恺忱,范楚玉．中国科学技术史・农学卷[M]．北京:科学出版社,2000:90.

[20] 管子[M].(唐)房玄龄 注.(明)刘绩 补注．刘晓艺 校点．上海:上海古籍出版社,2015:296.

[21] 王缨．农时不可违——论《吕氏春秋》中《上农》等四篇的中心思想[J]．湖北农业科学,1981(2):1-4.

[22] 吕氏春秋[M].(汉)高诱 注.(清)毕沅 校．徐小蛮 标点．上海:上海古籍出版社,2014:622-625.

[23] 曾雄生．中国农学史[M]．福州,福建人民出版社:2008:18-21.

[24] 王加华．农民的时间感——以山东省淄博市聚峰村为中心[J]．民俗研究,2006(3):9.

[25] 熊帝兵．中国古代农家文化研究[D]．南京:南京农业大学(博士),2010:104-107.

[26] (北魏)贾思勰．齐民要术校释[M]．缪启愉 校释．北京:中国农业出版社,1998:44.

[27] 王加华．近代江南地区的农事节律与乡村生活周期[D]．上海:复旦大学(博士),2005:53.

[28] 高平子．高平子天文历学论著选[M]．台北:中央研究院数学研究所,1987:105.

[29] (元)王祯．王祯农书[M]．王毓瑚 校．北京:农业出版社,1981:10.

[30] (明)徐光启．农政全书校注[M]．石声汉 校注．上海:上海古籍出版社,1979:653.

[31] 王加华．节气、物候、农谚与老农——近代江南地区农事活动的运行机制[J]．古今农业,2005(2):58.

[32] 丁贤勇．新式交通与生活中的时间:以近代江南为例[J]．史林,2005(4):109.

[33] 陶潜．笺注陶渊明集:卷四[O]．李公焕 笺．四部丛刊景宋巾箱本．

[34] 吴国盛．时间的观念[M]．北京:北京大学出版社,2006:100.

[35] 张忠纲．全唐诗大辞典[Z]．北京:语文出版社,2000:392.

[36] 吴守贤,全和钧．中国古代天体测量学及天文仪器[M]．北京:中国科学技术出版社,2013:495.

[37] (宋)陈旉．陈旉农书校释[M]．刘铭 校释．北京:中国农业出版社,2015:41.

[38] 徐畅．秦汉时期的"夜作"[J]．历史研究,2010(4):70-86.

[39] 葛全胜,戴君虎,郑景云．物候学研究进展及中国现代物候学面临的挑战[J]．中国科学院院刊,2010,**25**(3),314.

[40] 游修龄．农时和反季节[J]．古今农业,2001(1):56-58.

A Preliminary Research on the Relation between Agriculture and Time Metrology in Traditional Society of China

REN Jie

(School of Humanities and Foreign Languages, China Jiliang University, Hangzhou, Zhejiang, China, 310018)

Abstract Farming season is an old-line concept in China, referring to the time suitable for each farm work such as planting, ploughing, harvesting and more. Farming season is the main intersection of agriculture and time metrology. However, time metrology does not originate from the need of determining farming season. Its source is earlier and has a vast cultural connotation, mainly related with arrangements of life and belief. This connotation has a profound impact on the notion of farming time. Due to the instability of meteorological environment and other reasons, it is scientific to select right season according to plant phenology, and using precise time measurement to express farming season is actually the result of cultural traditions that seek luck and avoid calamity. In ancient agriculture literatures represented by Qiminyaoshu (《齐民要术》), the methods to designate farming season are flexible and diverse, including the ways according to climate, soil, crop growth, phenology and also time metrology. Traditionally, the mainstream in using time metrology was to set farming season with months, and the tradition of solar terms has experienced a gradual popularization process. Over the same period after Han dynasty, the records in ancient agriculture literatures experienced a development process from superstition to reality. The time metrology within a day in ancient rural areas was much cruder than that in cities, but this does not mean that the rhythm of agricultural production must be slow and constant. A large number of poems about treasuring time prove that hard-working is an important virtue related with agricultural production in traditional Chinese society. In obsolete impression, ancient peasants got up together every day with the rise of sun, and slept together with the fall of sun. But in fact there are some records revealing that they also worked at night, especially when they worked on animal husbandry and textile industry. How to select the farming season in a scientific way still needs to be studied urgently in the new era. How to inherit and carry forward the research path of the phenology, which the predecessors opened up, is an important issue that Chinese researchers must solve.

Keywords agriculture, time metrology, farming season, rhythm of production, ancient agriculture literature, solar term, phenology

人类发现电的历史与雷云起电机制

关屹瀛，杨帆，张洋，杨瑾哲，滕昊，王冬冬

（黑龙江省气象局，哈尔滨　150030）

摘　要　本文简介了人类发现电的历史，并用新理论阐述了电的本质：电荷不是一种物质，而是物质运动的属性，是物质在复时空内旋转向心加速度在空间的反映。用该理论很好地解释了夸克及重子的电荷值，解释了库仑力随物质温度及运动速度的变化而变化，很好地解释了雷电的成因及正负电荷在雷雨云中的分布。

关键词　电，电荷，雷电，复时空

1　电的发现

很多年前，人们就已经知道发电鱼会发出电击。早在15世纪以前，阿拉伯人就创建了“闪电”的阿拉伯字“raad”，并将这字用来称呼电鳐。在地中海区域的古老文化里，很早就有文字记载，将琥珀棒与猫毛摩擦后，会吸引羽毛一类的物质。公元前600年左右，古希腊的哲学家泰勒斯做了一系列关于静电的观察。从这些观察中，他认为摩擦使琥珀变得磁性化。这与矿石像磁铁矿的性质迥然不同，磁铁矿天然地具有磁性。但后来，科学证实磁与电之间的密切关系。1732年，美国的科学家富兰克林认为电是一种没有重量的流体，存在于所有物体中。当物体得到比正常分量多的电就称为带正电；若少于正常分量，就被称为带负电，所谓“放电”就是正电流向负电的过程（人为规定的），这个理论并不完全正确，但是正电、负电两种名称则被保留下来。富兰克林做了多次实验，并首次提出了电流的概念。富兰克林的这一说法，在当时确实能够比较圆满地解释一些电的现象，但对于电的本质的认识与我们的“两个物体互相摩擦时，容易移动的恰恰是带负电的电子”的看法却相反。1752年，他提出了风筝实验，将系上钥匙的风筝用金属线放到云层中，被雨淋湿的金属线将空中的闪电引到手指与钥匙之间，证明了空中的闪电与地面上的电是同一回事。后来他根据这个原理，发明了避雷针。1819年奥斯特发现如果电路中有电流通过，它附近的普通罗盘的磁针就会发生偏移。1821年英国人法拉第从中得到启发，他发明了第一台电动机。1831年，法拉第发现磁铁穿过一个闭合线路时，线路内就会有电流产生，这个效应叫电磁感应。1866年德国人西门子制成世界上第一台工业用发电机[1]。

2　过去对电的解释

什么是电？人们认为电是一种自然现象，是电荷运动所带来的现象。那么什么是电荷呢？

人们一直认为，电荷是物质的一种物理性质，是物体或构成物体的质点所带的正电或负

作者简介：关屹瀛，男，1963年生人，硕士学位，高级工程师。

电，带正电的粒子叫正电荷(表示符号为“+”)，带负电的粒子叫负电荷(表示符号为“−”)。同种电荷相互排斥，异种电荷相互吸引。

在电磁学里，称带有电荷的物质为“带电物质”。两个带电物质之间会互相施加作用力(库仑力)于对方，也会感受到对方施加的作用力，所涉及的作用力遵守库仑定律。假若两个物质都带有正电或都带有负电，则称这两个物质“同电性”，否则称这两个物质“异电性”。

3 电的本质

纵观人类对电的认识过程，发现，始终没有对电的本质做出解释。那么什么是电？电的本质是什么？它是一种物质还是一种现象？

G超复时空理论认为，电荷不是一种物质，是物质在复时空内的运动现象，粒子在复时空内旋转产生的速度矢量撑开时间维，该矢量在空间投影形成弱荷；其旋转角速度矢量撑开能量维，该矢量在空间的投影形成了质量(荷)；其旋转向心加速度矢量撑开空间维，形成了电荷，其旋转产生的加加速度(加速度的变化)撑开色维，该矢量在空间的投影形成了色荷；电荷、质荷、色荷、弱荷在空间三个维度的投影形成了粒子的三性(正、负、中性电)、三代、三色以及过去、现在和将来。

当时空角 $\theta=-\frac{\pi}{6}$，为 u、c、t 夸克；当 $\theta=0$，为正电子 e、正 μ 子、正 τ 子；当 $\theta=\frac{2\pi}{6}$ 时，为 d、s、b 夸克；当 $\theta=\frac{\pi}{2}$，为反中微子 $\bar{\nu}_e$，$\bar{\nu}_\mu$，$\bar{\nu}_\tau$，(如图1)；因反轻子矢量角计算公式为 $\bar{\theta}=\pi+\theta$。所以电子、μ 子、τ 子的矢量角为 π；中微子的矢量角为 $-\frac{\pi}{2}$。因反夸克的矢量角计算公式为 $\bar{\theta}=\frac{\pi}{2}-\theta$。所以，夸克($u$、$c$、$t$)的反夸克的矢量角为：$\vec{\theta}=\frac{\pi}{2}-\frac{\pi}{6}=\frac{4\pi}{6}$；夸克($d$、$s$、$b$)的反夸克矢量角为 $\bar{\theta}=\frac{3-2}{6}\pi=\frac{\pi}{6}$：

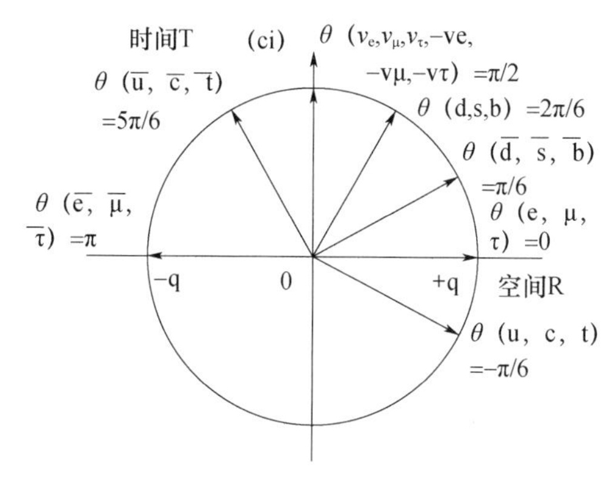

图1 G粒子矢量角

应用G超复时空理论，很好地解释了夸克以及重子的电荷值，并预言：不存在两个电荷的重子。

其中 u，c，t 波函数为：

$$\psi(u)=\psi(c)=\psi(t)=|q|e^{i(-\frac{1}{6})\pi}=|q|[(\cos(-\frac{\pi}{6})+i\sin(-\frac{\pi}{6})]$$

上式取实部(即波函数在空间的投影)即为 u,c,t 夸克的电荷值;

$$Q(u)=Q(c)=Q(t)=|q|\cos(-\frac{\pi}{6})=\frac{\sqrt{3}}{2}|q|$$

同理有:u,c,t 的反夸克的电荷值为:

$$Q(\bar{u})=Q(\bar{c})=Q(\bar{t})=|q|\cos(\frac{4\pi}{6})=-\frac{1}{2}|q|$$

d,s,b 夸克及其反夸克的电荷值为:

$$Q(d)=Q(s)=Q(b)=|q|\cos(\frac{2\pi}{6})=\frac{1}{2}|q|$$

$$Q(\bar{d})=Q(\bar{s})=Q(\bar{b})=|q|\cos(\frac{\pi}{6})=\frac{\sqrt{3}}{2}|q|$$

轻子 e,μ,τ 及其反粒子的电荷值为:

$$Q(e^-)=Q(\mu^-)=Q(\tau^-)=|q|\cos(\pi)=-|q|$$

$$Q(e^+)=Q(\mu^+)=Q(\tau^+)=|q|\cos(0)=|q|$$

中微子 ν_e,ν_μ,ν_τ 及其反中微子的电荷值为:

$$Q(\nu_e)=Q(\nu_\mu)=Q(\nu_\tau)=|q|\cos(-\frac{\pi}{2})=0$$

$$Q(\bar{\nu}_e)=Q(\bar{\nu}_\mu)=Q(\bar{\nu}_\tau)=|q|\cos(\frac{\pi}{2})=0$$

中子及质子的电荷值为:

$$Qn^0(udd)(\text{中子})=|q|\cos(\frac{-1+2+2}{6}\pi)=|q|\cos\frac{\pi}{2}=0$$

$$Qp^+(uud)(\text{质子})=|q|\cos(\frac{-1-1+2}{6}\pi)=|q|$$

4 电的性质

电有三性:正、负和中性。同性相斥,异性相吸。静电荷产生电场,运动电荷产生磁场,而电场和磁场是可以相互转化的。

4.1 电荷量与物质运动速度的关系。

复电荷为:

$$q=q_r+iq_x=a=-|a|(\cos\theta+i\sin\theta) \tag{4.1.1}$$

令上式实部、虚部分别相等有:$q_r=-|q|\cos\theta=-|a|\sqrt{1-\frac{v_r^2}{c^2}}$ (4.1.2)

$$q_x=-|q|\sin\theta=\frac{|a|\times v_r}{c} \tag{4.1.3}$$

$$q=q_r+i\frac{|a|\times v_r}{c} \tag{4.1.4}$$

其共轭复数:$\dot{q}=q_r-i\frac{|a|\times v_r}{c}$ (4.1.5)

$$q^2 = (q, q^*) = q_r^2 + \frac{(|a| \times v_r)^2}{c^2} \tag{4.1.6}$$

式中：q_r 为复电荷在空间的投影量或叫静电荷(有时简称为电荷)，$q_x = \frac{|a| \times v_r}{c}$ 为复电荷在时间轴上的投影叫磁荷。电荷形成静电场，使电子直线运动；磁荷(即运动电荷)产生磁场，磁场使运动电子产生圆周运动。电场与磁场的相互作用使运动带电粒子形成螺旋运动。

当 $v_r = 0$ 时，有 $q_r = |a|$，$q_x = 0$

$v_r = c$ 时有：$q_r = 0$，$q_x = -|a|$

当 $v_r > c$ 时，q_r 为虚值，由(4.1.2)式 $q_r = -|a|\cos\theta$ 知，当时空角大于 90°时，q_r 将为正值，原来的吸引将变为排斥。就是说，当粒子速度为零时，粒子电荷(静止电荷)为负值，但绝对值最大，等于总电荷；当粒子运动速度加快时，其静电荷绝对值会越来越小，虚电荷会越来越大，但电荷的模是不变的量；当粒子运动速度等于光速时(如中微子)，粒子的静电荷为零，虚电荷最大；当粒子运动速度大于光速运动时，原来带负的静电荷粒子将转变为带正电的粒子。

4.2 电荷量与物质温度的关系

设定
$$v_r = \frac{cT}{|T|} = \frac{cT}{T_c} \tag{4.2.1}$$

T 为温度，T_c 为对应真空光速时的温度，该温度是常数，是温度的上限值. 所以有：

$$q = q_r + iq_x = -|q|\sqrt{1 - \frac{T^2}{T_c^2}} + i|q|\frac{T}{T_c} \tag{4.2.2}$$

式中：q 为电荷。

上式说明：当温度 T 升高时，实电荷的绝对值减小，库仑力的绝对值也减小，磁荷绝对值将增大；反之亦然。

4.3 电荷量与静质量关系

根据 G 超复时空理论有[2]：

$$E = E_r - i\eta\omega_c \tag{4.3.1}$$

式中：ω_c 为光子圆频率，E 为粒子的总能量，E_r 为粒子静能量(空间能)。

$$q = a = \eta\omega^2 \tag{4.3.2}$$

式中：a 为光子在复时空内做匀速圆周运动的复向心加速度，q 为复电荷(电磁荷)

将上式带入(4.3.1)得：

$$E = m_r c^2 - i\sqrt{\eta q} \tag{4.3.3}$$

式中：m_r 为粒子的静(实)质量，E 为粒子总能量。上式为 G 质电复方程。

(4.3.3)式说明：

(1)粒子电荷与静质量是既对立又统一且相互转化的实虚关系。

(2)它们不在同一空间内，它们分别处在相互垂直的空间里。它们满足下面关系：

$$E^2 = (m_r c^2)^2 + q\eta$$

即：
$$q = -m_r^2\frac{c^4}{\eta} + \frac{E^2}{\eta} \tag{4.3.4}$$

如果以电荷为纵坐标，以静质量为横坐标，因二次项为负，所以其抛物线的开口向下，其极点坐标为$(0,\dfrac{E^2}{\eta})$。因 $\Delta=b^2-4ac=\dfrac{4c^4E^2}{\eta^2}>o$

所以,抛物线与横轴有两个交点(如图 2)。

(4.3.4)式说明:

(1)静电荷与静质量满足抛物线关系,即电荷与静质量的平方存在线性关系。所以,电力要比万有引力强。

(2)当粒子静质量为零时(即光子),其电荷不为零,其电荷值为

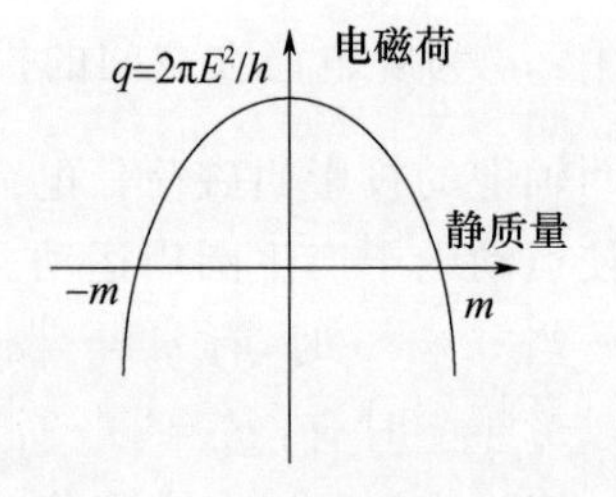

图 2　电荷与静质量关系图

$$q=\frac{E^2}{\eta}$$

即:
$$E^2=\eta q \tag{4.3.5}$$

上式为 G 光子电荷公式。

因此,可以预言,真空光子带有少量电磁荷,所以能形成电磁振荡,从而形成电磁波,才能在真空中不凭借媒介自由传播。因此,光通过磁介质(或在外磁场内)时,光子的偏振、相位或散射等特性都会改变,这些已被磁光法拉第效应、磁光科尔效应、磁线双折射、塞曼效应、磁激发光散射等证实。

当电荷为零时(即中微子),其静质量有两个不为零的一正一负的值,这就是正反中微子。其静质量为即:

$$m_r=\pm\frac{E}{c^2}$$

即,
$$E=\pm m_r c^2 \tag{4.3.6}$$

(4.36)式为 G 中微子静质量公式。式中:$\pm m_r$ 为正反中微子的静质量。

中微子具有微弱静质量已被中微子振荡实验所证实。另外,光子还能与中微子相互转化,形成光子-中微子振荡。

5　雷云起电 G 模型

我们知道,积雨云对流简易方程组为[3]深对流运动方程:

$$\frac{dV}{dt}=-\frac{1}{\rho_0}\nabla P'+\left(\frac{T'}{T_0}-\frac{p'}{p_0}+0.61q'_v-q_l\right)g\vec{k}+D_{\vec{v}} \tag{5.1}$$

由于大量的经验及观测的结果表明,云内垂直对流强烈发展是形成雷电的充分必要条件。因此,我们只考虑垂直运动方程,有:

$$\frac{dw}{dt}=-\frac{1}{\rho_0}\frac{\partial p'}{\partial z}-\frac{p'}{p_0}g+\frac{T'}{T_0}+0.61q'_v g-q_l g+F_z \tag{5.2}$$

式中:w 为垂直速度,t 为时间 ,p 为气压,z 为垂直高度,g 为重力加速度 ,q'_v 为比湿,q_l 为液态水。等式左面是云中粒子垂直加速度,等式右面第一项为扰动压力梯度力,、第二项为扰动压力浮力、第三项为热浮力,第四项为水汽浮力。第五项为云中液态水的重力。其中三、四项合称虚温热浮力,二、三、四合称扰动密度浮力。)

这就是积云中正负电荷区域及强度的判定公式。如果大于零则云中粒子荷正电,若小于零则云中粒子将荷负电。

为了使用方便,用无因次气压 π 代替 p,用位温 θ 代替 T,则有:

$$\frac{\mathrm{d}\vec{v}}{\mathrm{d}t}=-c_p\theta_o\nabla\pi'+\left(\frac{\theta'}{\theta_0}+0.61q_v-q_l\right)g\vec{k}+D_v \tag{5.3}$$

其垂直方向上的运动方程可写成

$$\frac{\mathrm{d}w}{\mathrm{d}t}=-C_p\theta_0\frac{\partial\pi'}{\partial z}+\left(\frac{\theta'}{\theta_0}+0.61q'_v\right)g-q_lg+F_z \tag{5.4}$$

等式右边第一项为扰动压力垂直梯度力，第二项为浮力项，第三项为液态水重力。

下面我们看一下热浮力及扰动压力垂直梯度力的加速度垂直分布（如图3）。（纵坐标为高度（km），横坐标为加速度（m^2/s）。虚线为热浮力 $g\left(\frac{\theta'}{\theta_0}\right)$，实线1～6为相应于云半径为0.5 km，1 km，1.5 km，2 km，2.5 km，3 km的净加速度

$$g'=g\left(\frac{\theta'_u}{\theta_w}\right)-c_p\theta_0\frac{\partial\pi'\theta}{\partial z}) \tag{5.5}$$

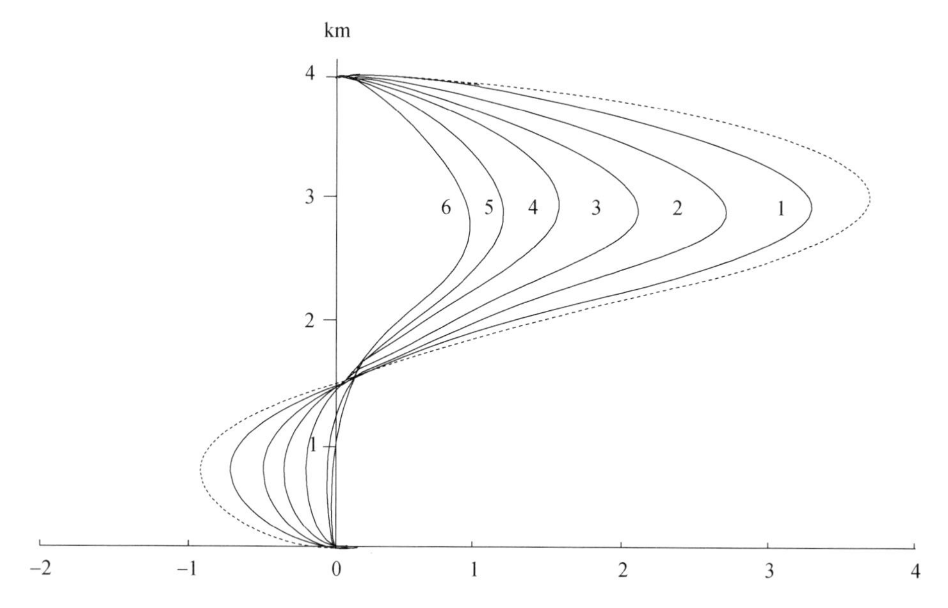

图3 云半径为0.5 km，1 km，1.5 km，2 km，2.5 km，3 km的净加速度

图3说明：(1)积雨云中上部分云粒子净加速度为正，云粒子应荷正电，下部分净加速度为负，应荷负电（这里没有考虑风切变、及湍流对云粒子垂直加速度的影响），(2)云半径越大其净加速度绝对值越小，所以荷电量越小。

这些与观测事实相一致。如果考虑环境风的垂直切变，则垂直运动方程为：

$$\frac{\partial w}{\partial t}=-u\frac{\partial w}{\partial x}-w\frac{\partial w}{\partial z}-\frac{1}{\rho_0}\frac{\partial p'}{\partial z}+g\left(\frac{T'_v}{T_w}-\frac{p'}{p_0}-\frac{m}{\rho_0}\right)+F_\lambda \tag{5.6}$$

打入流体电学G方程有：

$$\frac{dE}{dt}=kV\left[-u\frac{\partial w}{\partial x}-w\frac{\partial w}{\partial z}-\frac{\partial p'}{\rho_0\partial z}+\left(\frac{T'_v}{T_{v0}}-\frac{p'}{p_0}-\frac{m}{\rho_0}\right)g+F_\lambda\right]+kw\beta+\alpha E \tag{5.7}$$

6 G模型在气象中的应用

根据观测[4]，雨层云降雪的电场和电流与降水时电流相反（如图4a、4b），而且降雪时的电

场和电流要比降水时的电场和电流要大。

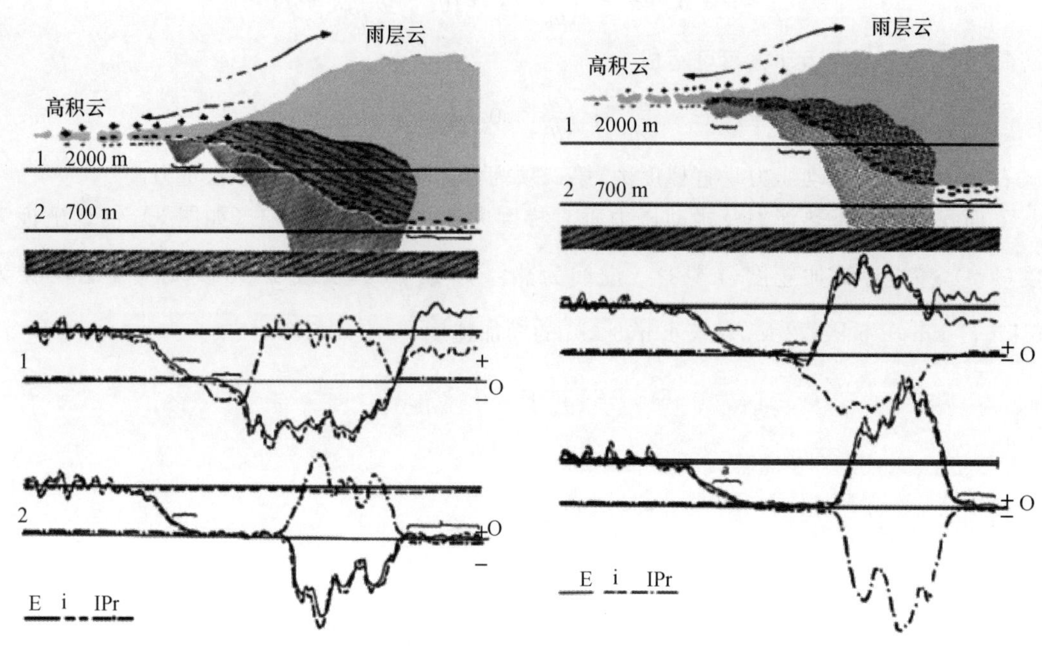

图 4a 高积云到雨层云降雨电场和电流

图 4b 高积云到雨层云降雪电场和电流

同时观测到：雨层云内降雨时和降雪时的电场 E 明显不同，在降水时电场 $E<0$，而降雪时电场 $E>0$（如图 5a，5b）。

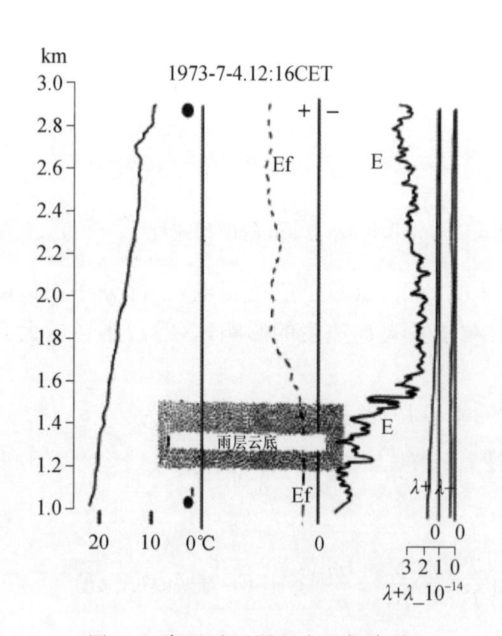

图 5a 降雨时雨层云中电场廓线

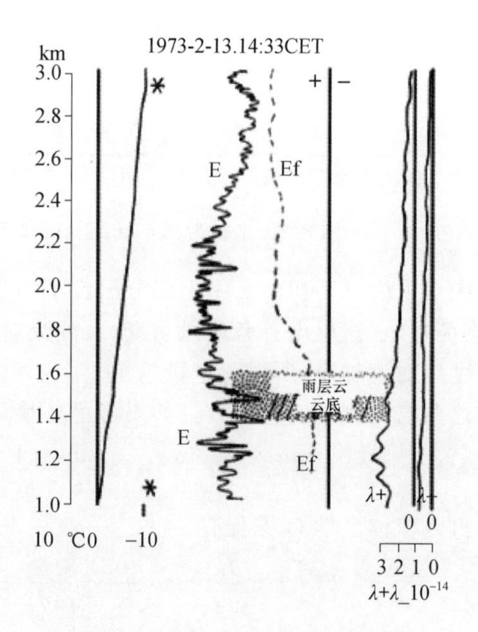

图 5b 降雪时雨层云中电场廓线

根据大气温度和雷达观测表明,0℃层亮带位于高度为 2.95 km,在这个高度以上雪转为雨,电场迅速下降,由弱的正电场变为强的负电场。在 31 分钟内,雷达观测零度亮带下降 2.65 km,气温为+1.3 ℃,在这高度之上电场为正的,但是在 0℃层融化带以下,电场的符号转变负号,并且在此高度以下降雨电场保持为负值(如图 6)

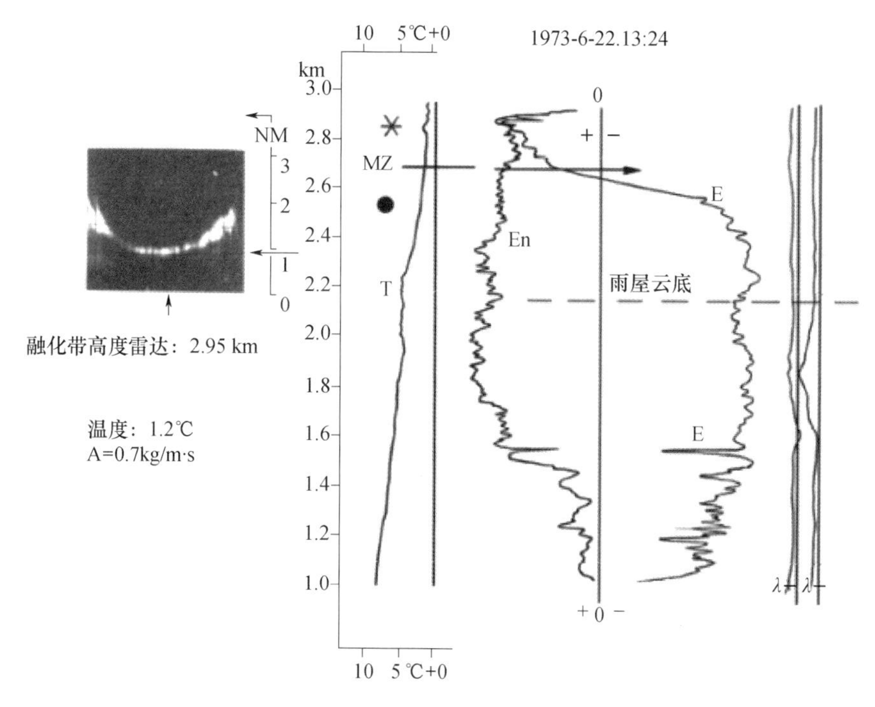

图 6　雨层云中电场的垂直分布和 0℃层亮带

经过观测,在雨层云中雨滴转变成雪时电场 E 的极性由负极性变为正极性(如图 7)。

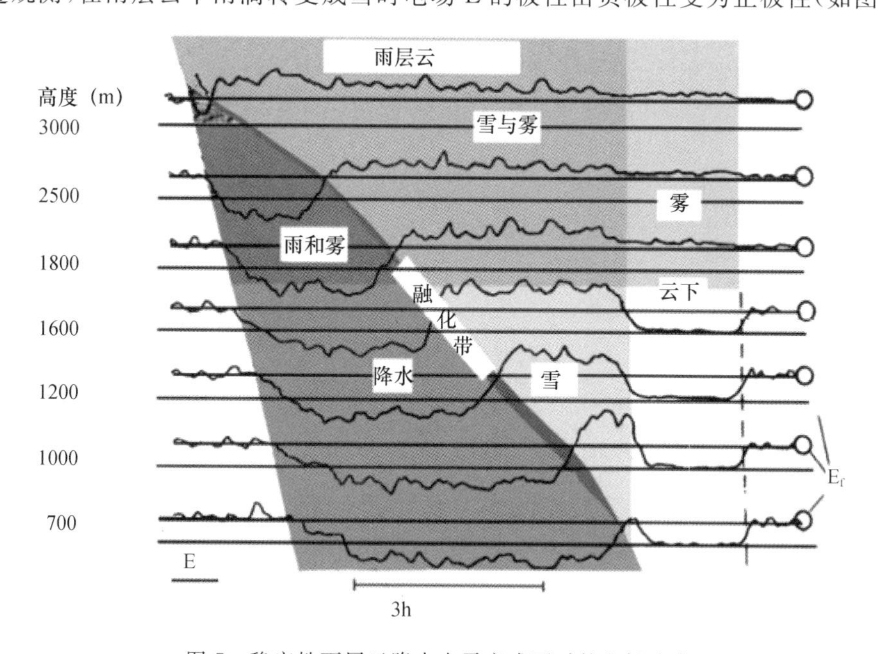

图 7　稳定性雨层云降水由雪变成雨时的电场改变

设
$$\gamma = \frac{E_j}{E_q} \tag{6.1}$$
式中：E_j 为降水电场，E_q 为晴天电场，γ 相对电场强度。

经过大量研究得出结果：无论固态和液态降水，γ 随降水率增大而增大。对于固态，$\gamma > 0$，对液态 $\gamma < 0$。

用雷云起电 G 模型解释上述现象：

首先，设定体积膨胀时膨胀率为正，即 $\beta > 0$，当体积收缩即 $\beta < 0$ 时，膨胀率为负。因为液态水相变成冰时，体积急剧膨胀，此时云粒子将荷正电，所以，一般积雨内出现冰晶时，云内粒子荷正电，电场增加迅速。这些很好解释了一般雷云上部冰晶部分形成强大的正电荷区；如果冰晶（雪花）随着下落，温度升高，冰晶（雪花）开始融化，此时，体积缩小，此时云粒子将荷负电。这些很好地解释了上述观测结果。

在大气对流中，(5.7)式右边第三项变化不大，故，上式可简化为：
$$\frac{\mathrm{d}E}{\mathrm{d}t} = kV\left[-u\frac{\partial w}{\partial x} - w\frac{\partial w}{\partial z} - \frac{\partial p'}{\rho_0 \partial z} + \left(\frac{T'_v}{T_{v0}} - \frac{p'}{p_0} - \frac{m}{\rho_0}\right)g + F_\lambda\right] + kw\beta \tag{6.2}$$

下面看一下用一维时变模式计算出的垂直速度分布，如(图 8)。由图可见，云底部有下沉气流，且速度不断加快，云粒子净加速度为正(定义净加速度方向向下为正)，此时，粒子以荷正电为主；云体中部粒子速度向上，由于水汽凝结释放潜热，从而使粒子加速抬升，加速度方向向上，粒子以荷负电为主，这时形成上负下正的双极性云；当云体上部粒子遇到平流层的阻挡时，上升速度逐渐减小，此时，粒子为减速上升阶段，此时的粒子净加速度方向向下，为正，故此时粒子应以荷正电为主。此时，再加上这部分云粒子多为冰晶，由于体积膨胀形成的大量正电荷，便形成了强大的正电荷区域，这就形成了上下两层以荷正电为主，中间层以荷负电为主的三极性分布。若此时，云下方仍有强大的湿润的上升气流被加速，且上下两种电荷不断积聚，当达到一定强度时，便产生了闪电，否则只能形成强降水。因此，积雨云要形成闪电，就要有大量的水汽及对垂直运动呈不稳定的大气状态，当大量水汽凝结和不稳定大气被触发时可以放出大量潜能，从而使云粒子获得强大的浮力，产生强大的加

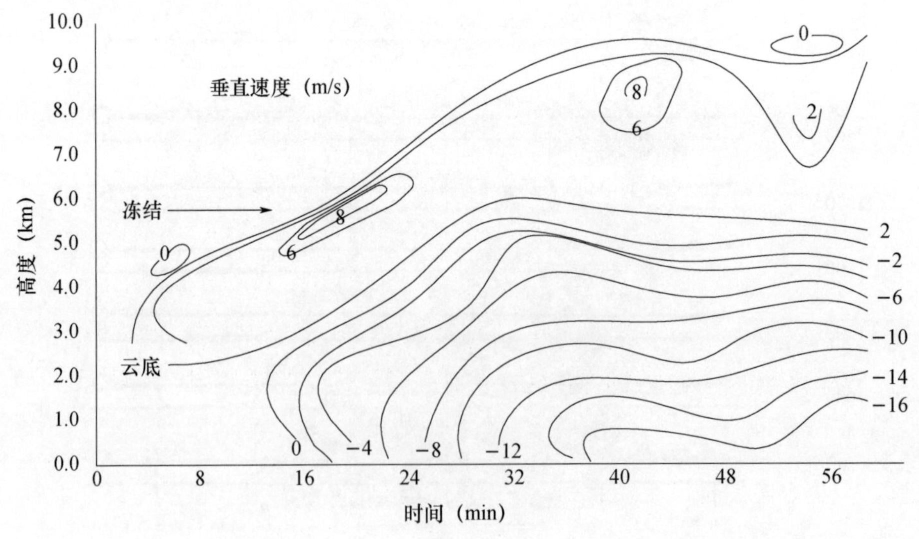

图 8　垂直速度分布

速度，从而形成强大的负电荷群。同时，要形成闪电，积雨云还要有相当的高度，使得云内粒子有被加速和被减速的空间。这也解释了中科院大气所65年观测的，以及张义军等同志模拟得到的“积雨云中电场的最大值总是出现在上升气流的最大值之后”的现象。

上述电极性分布是一种外部的宏观的等效电荷分布（这些类型已由大量观测证实），但雷云内电荷的实际分布要复杂得多，这是因为，云内对流是复杂的，在上升气流中夹杂者下沉气流，在下沉气流中夹杂着上升气流（如图9），阴影部分是下沉气流，旁边是上升气流）。

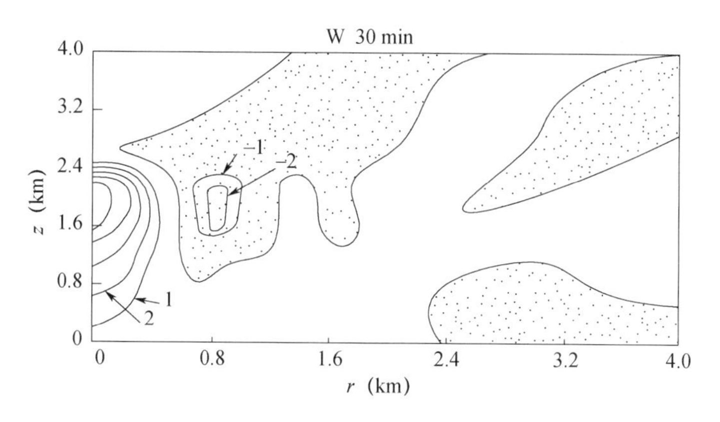

图9　云内上升和下降气流分布

雷云内的电荷分布是复杂的，但总是和云内粒子的净加速度的符号一致。正像孙景学所观测的“浓积云中不同大气电场不均匀分布尺度出现的概率与浓积云中不同垂直气流加速度不均匀分布尺度，以及不同温度不均匀分布尺度出现的概率相一致”以及 Reynolds 观测的：“强对流活动和下落降水似乎是产生闪电的必要条件。”

7　G模型在火山闪电中的应用

在火山喷发时，发现大量火山喷发带有闪电，如日本樱岛火山喷发（如图10）、智利紫藤火山喷发（如图11，我国火山专家赵谊研究员提供）。

图10　日本樱岛火山喷发

这是因为，火山喷发是以大量的火山灰尘为主，因此，(6.2)式右边第一项是主要的，即应该是动力学起电是主要方面。右边第二项可以是微弱的，可以忽略不计，可以简略为：

$$\frac{dE}{dt} = kV\frac{dv}{dt} \tag{7.1}$$

(7.1)式表明，火山喷发粒子的加速度为正的区域将荷正电，反之将荷负电。当两个区域的荷电强度达到一定值时将形成闪电。

图 11　智利紫藤火山喷发

8　结束语

电荷不是一种物质，而是物质运动的属性，是物质在复时空内向心加速度在空间的反映。用该理论很好地解释了夸克及重子的电荷值，解释了库仑力随物质温度及运动速度的变化而变化，很好地解释了雷电的成因及正负电荷在雷雨云中的分布。

参考文献

[1] [美]克利福德·皮科夫．物理之书[M]．严诚廷译．桂林：漓江出版社，2015.

[2] 关屹瀛，关天钰．超复时空论[M]．哈尔滨：黑龙江教育出版社，2016.

[3] 叶家东．积云动力学[M]．北京：气象出版社，1988.

[4] 陈渭民．雷电学原理[M]．北京：气象出版社，2003.

The History of Human Discovery of Electricity and the Mechanism of Lightning Generation

GUAN Yiying, YANG Fan, ZHANG Yang, YANG Jinzhe, TENG Hao, WANG Dongdong

(Heilongjiang Meteorological Bureau, Harbin 150030)

Abstract　The paper briefly introduces the history of the discovery of electricity by human beings, and explains the essence of electricity with new theory: charge is not a substance, but the property of material motion, and it is the reflection of the rotating centripetal acceleration of matter in space in complex space-time. By using this theory, the charge values of quarks and baryons are well explained, and the changes of the Coulomb force with the change of temperature and velocity of motion of matter are explained. The causes of lightning and the distribution of positive and negative charges in thunderstorm clouds are well explained.

Keywords electricity, charge, lightning, complex space-time

创新基层气象科技史研究工作的几点思考

李玉平[1]，李孟蔚[2]

（1. 山西省吕梁市气象局，离石　033000；2. 山西省气候中心，太原　030002）

摘　要　探讨基层气象科技史研究的重大现实和战略意义、分析基层气象科技史研究面临的机遇和困难，探索基层气象科技史研究的创新途径。研究基层气象史是认识深化县级综改的历史依据、推进基层事业发展的智力支持和决策基础、开展基层文明创建的重要内容。研究基层气象史也是遵循战略思维的根本要求、研究长远发展的重要资源，是气象工作者的历史使命。提出创新基层气象科技史研究要发挥好国家级层面的牵头和引领作用，充分利用好干部学院搭建的气象科技史研究交流平台；注重省级层面的业务指导作用，编制好气象科技史专项规划和出台管理意见；培养基层气象科技史研究队伍，提升重要史料研判能力；解决基层气象科技史研究短板，重视基层气象科技史成果应用。

关键词　气象，科技，历史，基层，思考

1　基层气象科技史研究的重大意义

加强基层气象科技史研究，对于深化县级综合改革，发扬气象部门优良传统，弘扬老一辈气象人精神，传承气象行业文化，加强气象职业道德教育，培养高素质业务人才，从历史史实角度，促进科技引领与创新驱动、提高气象科技效力、开展气象灾害防御科技普及都具有不可替代的重要意义。

1.1　基层气象科技史研究的现实意义

（1）基层气象史是深化县级综改的历史条件

研究气象科技史一个重要的方面就是为了借鉴历史经验。县级综合改革离不开一定的历史背景，是事业发展的直接需要，也是历史进程的必然选择。2013 年中国气象局出台关于县级综合气象业务改革发展的意见，把推进县级综合气象业务改革发展，作为 2013—2015 年提高县级公共气象服务水平和气象社会管理能力的核心任务，作为全面推进县级气象机构综合改革的重要环节和实现基层气象现代化的基础工作，在全国范围内大力推进。这是在研究基层气象发展史，尤其是总结试点工作的发展成果和广泛开展调研基础上，认真分析基层气象工作面临的挑战，最大限度地避免低水平重复建设和重复劳动，强化县级气象机构业务基础，转变县级气象机构工作职能，促进县级气象机构业务集中、功能优化、资源统筹[1]。

（2）基层气象史是推进基层事业发展的智力支撑

一部部气象史既是一代代气象人创业历程的真实反映，更是气象精神和辉煌成就的历史见证。1949 年 12 月 8 日成立中央军委气象局，气象事业得到历代党和国家领导人的高度重视和亲切关怀，气象事业发展取得了举世瞩目的伟大成就。基层气象职工的工作生活条件极大改善。新中国成立初期环境条件特别艰苦，全国仅有仪器设备简陋的 101 个气象台站，2014

年全国2424个基层地面气象观测站、53184个区域气象观测站、334个新一代天气雷达站、653个农气实验站等各种气象观测站[2]，分布在祖国各地的高山、边远地区等艰苦环境，其力量来源就是一代又一代人的气象人精神传承和激励。

(3)基层气象史是事业持续协调发展的决策基础

从气象史的资政作用来看，基层气象史中有关台站发展中的不少经验和一些深刻教训，对加强台站管理和保持气象事业持续协调发展都是宝贵财富，也是当今决策管理的理论依据。比如，基层气象部门不论在哪个时期，都一以贯之地坚持气象为农服务的一些好思路和好做法，对当今谋划智慧农业和农村精准扶贫的气象服务仍有重大现实意义和指导作用，使“三农”气象服务的各项工作得以延伸。

(4)基层气象史是开展单位文明创建的重要内容

各单位开展单位文明创建以来，以史志形式记载和传承气象部门英模人物的事迹，不仅仅是老一辈气象人优良传统和作风的鼓励和宣扬，也是对全体职工进行的一次爱国主义、集体主义教育，对于教育引导职工进一步坚定信心，为气象事业贡献力量具有十分重要的现实意义。基层气象部门以史志形式展示气象科技成果，彰显气象部门良好形象，反映气象行业精神风貌，成为气象文明和谐创建的亮点和重要内容。

1.2 基层气象科技史研究的战略意义

(1)研究基层气象史是遵循战略思维的根本要求

从发展战略上看，国家对各项事业发展的总体谋划，近年来提出了遵循战略思维的要求。就是要在战略目标、战略方针、战略部署、战略布局和战略措施等设计和思考过程中所体现出的一种全局性、长期性的思维方式。这就要求基层气象工作者不仅不能隔断历史，还要深入学习和研究历史，从中掌握规律、应用规律、受到启发、科学管理。基层气象工作者首先要适应时代发展的要求，熟悉历史，研究基层气象发展历程，借鉴历史，做好当下，才能更好地展望未来。

(2)研究基层气象史是研究事业发展的重要资源

从战术上看，基层气象事业经过了一代代气象人的艰辛付出，构成了一幅幅精彩画卷，历史、现在和未来是连绵不断的时间轴线，基层气象事业发展永远是承上启下、继往开来的一个个时间节点，可以说气象发展史是气象事业发展的重要资源。

(3)研究基层气象史是气象工作者的历史使命

基层气象工作者一向保持着热爱气象事业的优良传统，对气象发展史具有深厚情感。市县气象部门一些同志曾参加过本省气象台站简史的编撰工作，积累了一定的工作经验，深知基层气象史不同于一般的气象文艺作品，涉及的史料是对本站及本站有关的重大活动，以文字、音像、实物等形式记录的资料，是气象事业发展各个历程客观、真实的记述，所记载内容经得起时代和历史的检验。另一方面，气象人直接参与了重大气象成果和重大气象活动，研究气象史最有权威性，最具有真实性和代表性，更具有说服力、影响力和生命力。

2 基层气象科技史研究面临的机遇和困难

2.1 基层气象科技史研究面临的机遇

(1)注重和提倡学史用史的社会大氛围初步形成

当前我国提出的文化自信，是对中华文化价值的充分肯定和积极践行。博大精深的优秀传统文化，积淀着中华民族最深沉的精神追求，蕴藏着无限精神养分。注重历史、学习历史、研究历史、应用历史的社会氛围悄然升温，行业史志研究工作也迎来了光明的前景，基层气象史研究将面临难得机遇，应当倍加珍惜。

(2)气象灾害防御的公众科普需求不断增大

目前气象科普教育的重点是气象灾害防御知识普及。我国是世界上气象灾害最严重的国家之一，气象灾害损失占所有自然灾害总损失的70%以上。气象灾害种类多、分布地域广、发生频率高、造成损失重。在全球气候持续变暖的大背景下，各类极端天气气候事件更加频繁，气象灾害造成的损失和影响不断加重。防御气象灾害已经成为国家公共安全的重要组成部分，成为政府履行社会管理和公共服务职能的重要体现，属于国家重要的基础性公益事业范畴。《气象灾害防御条例》指出：开展气象灾害防御科学普及，形成政府领导、部门联动、社会参与、功能齐全、科学高效、覆盖城乡的气象灾害综合防御体系[3]。

(3)气象科技进步的行业影响在逐步扩大

气象科技史是气象人的精神财富，同时也是气象行业对外宣传的重要资源和载体。气象科技的发展是相对的，也是持续的，从气象史的记载可以全面系统地反映气象科技发展的历程和各个时期的重大进展。从历史的角度比较，利用气象科技史资源，更能彰显现代气象科技的发展速度和规模变化，更能客观反映我国基层气象事业发展的最新成就，使对外宣传和展示气象科技更有底气和说服力。

2.2 基层气象科技史研究存在的困难

(1)基层气象科技史工作普遍重视不够

在基层年度工作安排中，气象科技史研究和编写工作经常被忽视，很多市县气象事业五年发展规划中未涉及气象史工作，更不会列入年度目标任务考核。在基层实际工作中，气象科技史研究被边缘化，属于“选择题”，不是“必答题”，未能引起基层领导的重视。多年来，基层气象部门很少举办相关业务培训，在经费、项目支持等方面也未予以考虑。

(2)基层气象科技史科研力量薄弱

从客观上，基层气象科技人员编制少、日常工作量大，研究气象史凭借业务爱好和个人兴趣，是兼职工作和副业，更缺少外出交流学习机会，大部门年轻人缺乏基本的史志编写业务指导，部分老同志相继退休或即将退休，基层气象史研究力量后劲不足。

(3)基层气象科技史研究缺少激励措施

撰写气象科技历史上的一些重要学术论文，在如今的科研论文评价体系中不容易发表，气象科技史研究成果多数情况列入工作研究或软科学成果，不能等同气象专业技术研究成果，基层气象科技史研究成果难以在专业职称评定等方面发挥作用，不利于调动基层研究人员的积极性。

3 基层气象科技史研究的创新途径

3.1 发挥好国家级层面的引领作用，搭建气象科技史研究平台

(1)国家级的气象史研究牵头和引领作用至关重要

2009年，中国气象局组织编撰出版了全国气象部门基层气象台站简史，成为新中国成立以来气象部门最大规模的史鉴编纂活动，历史跨度长，涉及人物和事件多，资料收集难度大，编纂时间紧，也是全国范围内首次大规模研究基层气象史的重大行动。基层气象台站简史是一座丰富的基层气

象事业发展宝库，也是当年为新中国成立60周年和中国气象局成立60周年的一份献礼。

(2)气象科技史研究和交流学习平台取得初步成效

我国气象科技史系统研究发展起步相对较晚，研究成果有限。中国气象局干部学院2013年筹建的气象科技史委员会，作为中国科技史学会的重要分支，为气象科技史学术同行提供了重要交流平台。中国气象局干部学院举办了两届气象科技史研究学术研讨会，得到中外专家学者的肯定，宣示了中国气象科技史的独特性和复杂性，特别是鸦片战争和新中国成立以来的研究，对深入理解过去150年中国气象学的经验和世界趋势之间联系具有十分重要的意义。

(3)重视气象史志编研出版的对基层示范和推动作用

《中国气象史》的出版为基层气象史研究起到重要示范和推动作用。2004年由中国气象局原局长温克刚主编、气象出版社出版的《中国气象史》是一部大型历史巨著，具有综合性、真实性、科学性和权威性，是纪录中国气象事业发展的大型历史文献。这部气象史巨著为基层气象史研究工作提供了工作方法，极大地鼓舞了气象史研究工作者，具有标准示范和开阔思路的重大意义。《气象科学技术的历史探索——第二届气象科技史学术研讨会论文集》的出版，也为基层气象科技史研究提供了教材。

3.2 注重省级层面的业务指导作用，编制气象科技史专项规划

(1)省局是部署和检查基层气象史研究工作的关键环节

由于气象科技史研究时间跨度大，不同于日常的气象监测业务工作，各省(区、市)气象局可根据各年度各项工作的部署，区分轻重缓急，实行分期分类指导，统筹安排市县气象局的各年度的气象史研究工作，明确近期任务和长远规划。这样，既不影响重点工作，又不疏忽市县气象局当年气象史料的收集和整编工作。

(2)编制省级气象科技史专项工作规划和指导意见

随着“三农”气象服务、山洪地质灾害防御等项目的实施，县级气象工作已经延伸至乡镇和村庄，基层气象科技史研究的范围有所扩展，研究内容更加宽泛。建议各省(区、市)气象局的气象史志管理单位，应当根据本省(区、市)实际制定和发布气象史研究工作(5到10年)专项规划，指导基层气象部门每年做好基础史料的收集整理和鉴别，作好大事记等相关基础工作，为今后5到10年内的集中编撰气象科技史奠定基础。

(3)省级气象科技史研究的丰硕成果值得借鉴

在气象史志编研中，各省(区、市)在不同时期编印和出版过本地气象史志。其框架合理、内容丰富、数据翔实，具有重要的参考价值。比如山西省气象局为反映“九五”期间三晋气象日新月异编印的《前进中的山西气象事业》，为庆祝新中国山西气象事业发展50年编印的《基层风貌——山西省气象台站名录》，由山西省史志院编的《山西通志(第三卷气象志)》，都是当时山西气象史研究的重大成果展示。这些成果贴近当地实际情况，对山西市县研究基层气象史具有直接指导作用和可操作性。

3.3 培养基层气象科技史研究队伍，提升重要史料研判能力

(1)培养和造就一支热爱史志工作的研究队伍

目前基层气象科技史研究的进展不快、效果欠佳。近年来，基层新进气象工作人员多数是大气专业、计算机类专业和农业气象等相关专业，基本上没有历史类、文科类相关史志研究方面的专业特长，需要通过省市局举办相关专业培训、组织参与史料编写等活动，逐步培养、成长

和积蓄史志研究人才力量。

(2)注重提升史料价值的研判能力

史料价值直接影响研究成果的价值。基层气象科技史研究工作量非常大,需要从大量的历史资料中,科学鉴别,去伪存真,还原历史真相。挖掘气象历史资源,不仅要呈现当时的事实,还要挖掘科技突破背后的环境支撑,加以分析总结和提炼精华,才能让其对未来气象科技发展真正起到推动作用。史料价值的研判要坚持辩证唯物主义和历史唯物主义的观点,要科学、客观、公正地作出判断,要经得住历史发展的检验,是对基层气象研究人员综合素质和研判水平的考验。

3.4 解决基层气象科技史研究短板,重视基层气象科技史成果应用

(1)逐步规范基层气象部门内部气象史研究工作

每年发生在各地的重大活动、重要事件和典型人物、最有代表性的集体荣誉等资料,都是气象史研究的基础。一些市县气象局未及时收集整理史料,包括未及时编写单位的大事记,未逐年延续台站档案,未完善重大活动照片归档等工作,这些问题对事后研究气象史工作带来不便。建议省级层面组织专项工作调研,帮助解决基层气象史研究工作中存在的困难和问题。

(2)联合当地史志部门共同开展气象史志研究工作

积极探索部门合作,基层气象部门要主动与县区地方史志管理、科协、科技等部门联合申请软科学研究课题,发挥多方优势,共同研究气象史,开发利用气象史资源。力争把气象史志研究工作纳入地方史志编研工作的总体部署,接受地方政府的统一领导和分步实施。

(3)重视基层气象科技史研究成果的应用

气象史志既是行业史志,也是地方史志的重要组成部门。基层气象部门要积极响应,完成好地方史志编写工作任务,尤其应提高气象史志(分卷、分册)的编写质量,抓住机遇,应用好气象科技史研究成果。在当地重大成就回顾展中,精选气象现代化科技发展和气象灾害高效防御的典型事例,反映各级党委政府关心气象、重视气象、支持气象、谋划气象的史料,充分展示气象史研究的最新成果,推动部门上下更加重视基层气象科技史研究工作。比如 2017 年山西有一大批 1957 年建站的基层气象站,正值纪念建站 60 周年的良机,正是集中展示基层气象史研究成果的契机。

总之,研究基层气象科技史涉及多方面的因素,受史料收集的局限性,也受研究人员实践水平和能力限制。除气象部门内部条件外,也受到相关行业史志编研和部门外气象科技应用水平的影响。我们在参与《山西省基层气象台站简史》、吕梁地方志的气象志分册编写中,深深体会到基层气象史就是基层台站的创业史、奋斗史和发展史。我们要全面、客观、真实地展现基层气象事业取得的巨大成就,需要规范日常的各项工作,收集整编好台站档案,需要更深入研究,需要专业知识的储备和专家的指导。通过气象科技史研究学术研讨会等形式,必将推动基层气象史研究工作取得更大进展,使气象史编研达到更高水平。

参考文献

[1] 中国气象局．中国气象局关于县级综合气象业务改革发展的意见．中央政府门户网站,2013.06.07

[2] 温克刚．中国气象年鉴[M]．北京:气象出版社,2014

[3] 国务院办公厅.《国家气象灾害防御规划(2009—2020 年)》.2010.02.01

Thoughts on Innovating the Research Work of Basic Meteorological Science and Technology History

LI Yuping[1], LI Mengwei[2]

(1. Lvliang City of Shanxi Province Bureau of Meteorology, Lishi, Shanxi 033000, China;
2. Shanxi Climate Center, Taiyuan, Shanxi 030002, China)

Abstract This paper starts with the introduction of the major practical and strategic significance of the research of Grassroots history of meteorological science and technology. It analyzes the opportunities and difficulties faced by the research on the history of grassroots meteorological science and technology, and explores innovative ways to study the history of grassroots meteorological science and technology. The study of grassroots meteorological history is an important part of understanding the historical basis of deepening the county-level comprehensive reform, promoting the intellectual support and decision—making foundation for the development of grassroots undertakings, and carrying out the creation of grassroots civilization. It is proposed that the research on the history of grassroots meteorological science and technology should take the lead role at the national level, make full use of the research and exchange platform of meteorological science and technology history established by the cadre colleges, It is necessary to pay attention to the business guidance role at the provincial level, prepare a special plan for the history of meteorological science and technology, and release management opinions. It is also necessary to study the history of meteorological science and technology in the medium layer to enhance the ability to study and judge important historical materials. It is essential to solve the shortcomings in the history of meteorological science and technology, and to pay attention to the application of the history of grassroots meteorological science and technology.

Keywords meteorology, technology, history, grassroots, thinking

云南近代气象台站创建历史述略

解明恩，和文农

（云南省气象局，昆明 650034）

摘 要 通过查阅相关文献和档案资料，系统介绍了清末及民国时期云南气象测候网建立发展的艰辛历程，籍以拾遗补缺，以史为鉴，以期提高对云南近代气象史的认识，丰富中国近代气象史资料。

关键词 气象台站，创建，云南，综述，近代

1 引言

中国的气象观测历史悠久，早在远古时期人们就把观天、测候与祭祀活动联系在一起，从商周至明清，历代封建王朝都设有观象机构，进行天文、气象观测。古代气象观测以目测为主，观测结果为定性的文字记载，而非定量数据。17—18 世纪，气象仪器陆续被发明，气象观测开始步入器测化时代，标志着近代气象科学的开始[1~3]。1995 年出版的《中国近代气象史资料》[4]，回顾了明清时期至新中国成立前，我国气象台站创建和发展的基本情况，填补了近代中国气象史研究的诸多空白。2007 年吴增祥[5]编著的《中国近代气象台站》，详细介绍了中国近代气象观测事业的创建发展过程及台站历史沿革，对挖掘和应用历史气象档案资料具有重要价值。云南地处我国西南边陲，交通闭塞，地理气候复杂，虽然近代气象事业起步相对较晚，但可供挖掘整理的气象史料丰富，然而有针对性的归纳总结不多。1995 年出版的《云南省志·天文气候志》[6]，刘恭德先生以大事记方式整理了云南近代气象发展简史，对了解云南气象史有较高的参考价值，但因资料原因，尚存遗漏。2013 年云南省气象局编纂《云南省基层气象台站简史》[7]，对新中国成立以来云南各级气象台站的发展历程进行了介绍，但涉及近代的极少。2016 年刘金福[8]编著《陈一得：云南近代气象、天文、地震事业先驱》，记载了陈一得先生创建昆明私立测候所及推动云南近代气象测候网发展的历程。

本文通过查阅相关文献及档案资料，对清末及民国时期云南气象台站的创建及发展历程进行了整理和总结，以期提高对云南近代气象史的认识。

2 近代云南气象台站概况

1849 年俄国教会建立北京地磁气象台，1872 年法国教会建立上海徐家汇观象台，标志着中国开始进入近代气象观测时代[9]。云南近代气象观测始于清光绪十九年（1893 年）的蒙自海关，1899 年云南府法国交涉委员署创建云南府（昆明）测候所。在此后的 50 年间，外国传教士、海关、滇越铁路公司、民间人士、民国中央政府、民国云南地方政府、民国空军、中国航空公司等先后在滇设置过多个测候站所。初步建立了云南近代气象测候站网，积累了宝贵的气象资料，丰富了对云南天气气候特点和规律的认识。截至 1950 年 3 月云南和平解放时，全省仅

存9个气象台站，即，太华山气象站、昆明巫家坝机场气象站、沾益机场气象站、昭通机场气象站、蒙自机场气象站、保山机场气象站、大理气象站、玉溪气象站、丽江气象站，气象人员仅有39人。

近代外国列强、民国政府等在滇设置的气象测候站所，按其行政隶属关系，大致可归纳为四类。

第一类为外国人测候所，包括法国交涉委员署为上海徐家汇观象台设置云南府测候所、法国教会测候所、法国滇越铁路建设公司测候所、英法海关测候所、美国志愿航空队驼峰航线测候站等。

第二类为云南地方测候所，包括私立气象测候所、省立气象测候所、教育与建设部门测候所、农业部门测候所等。

第三类为民国中央部门测候站，包括国立中央研究院气象研究所测候站、民国中央气象局测候站、中国航空公司测候站、西南联大测候站等。

第四类为民国空军测候站，包括民国云南空军测候站、民国中央空军测候站等。

3 外国人测候所

云南地处古代南方丝绸之路的要冲，由于特殊的地理位置、丰富多样的自然资源和民族文化资源、神秘独特的宗教习俗，在近代是西方传教士、外交官、商人、科学家、探险家喜欢游历、探险、传教、考察的重要地区之一，其中地质地理学、动植物学、气象学是外国人赴滇科学考察的重点领域[10~12]。

开设领事馆。1887年法国在蒙自开设领事馆。1895年开思茅、河口为对外商埠。1899年法国以办理滇越铁路事务为由，派总领事方苏雅(奥古斯特·费朗索瓦，Auguste Francois)"暂住"省城昆明，办理一切外交事务。1910年法国在昆明设立"法国外交部驻云南府交涉员公署"，法国驻滇总领事改为交涉委员，1932年法国驻蒙自领事馆迁往昆明。1901年英国在腾越(腾冲)设领事馆。1902年英国以商量铁路边界事宜为由，派领事常驻昆明。1912年英国驻滇总领事馆开馆。1942年日军占领腾冲前夕，英国驻腾冲领事馆关闭。

开办海关[13]。1889年设立蒙自(Mengtsz)海关。1909年4月滇越铁路通车至蒙自碧色寨，蒙自关在碧色寨设分关。1910年4月滇越铁路全线通车，蒙自关在昆明设云南府分关。蒙自关所属机构包括河口、云南府、碧色寨分关和蛮耗、马白分卡。1902年设立腾越(Tengyuen)海关，设蛮允、弄璋街分关。1897年设立思茅(Szemao)海关，设猛烈(江城)、易武(勐腊)分关。

修筑铁路。1895年法国迫使清政府承认其具有滇越铁路的修筑权，1898年根据《中法滇越铁路章程》，法国获得自越南边界修筑铁路到云南昆明的权利，1901年9月在蒙自成立"滇越铁路建设公司"。1903年开始动工修建，至1910年4月1日通车。滇越铁路从越南海防开始，经河内、老街，进入中国云南境内的河口，经蒙自、开远、华宁、宜良、呈贡至昆明，全长855公里，其中云南段466 km。

1899年法国传教士开始在云南府天主堂(昆明平正街天主教堂)设立气象观测点，1901年7月改为上海徐家汇观象台所托进行气象观测，是近代云南气象测候的开端。1906年法国人在蒙自天主教堂观测降雨量。1906年法国传教士 Pkuline 在昆明设气象观测所进行测候6年。2006年2月旅法云南人王益群女士向云南省气象档案馆提供了一份由法国驻滇总领事方苏雅整理的昆明气象资料复印件[14]，记载了昆明1899—1903年的月平均气温、最低最高气温等记录，佐证了法国传教士在昆明的最早测候记录始于1899年。另据1944年陈一得先生参与编纂的《续云南通志长编（上册）卷十二～二十四》记载[15]：昆明、蒙自气温记录始于1907年，蒙自雨量记录始于1897年，昆明雨量记录始于1902年。

海关气象观测是在近代中国半殖民地半封建社会背景下创建的，它是外国殖民者为其商贸和航运需要，在中国建立的第一个气象观测站网体系[16]。1853年清政府海关总税务司成立，1863年清政府任命赫德（Robert Hart）为海关总税务司，形成了名义上隶属清政府，实际上由洋人掌控的海关机构。为了获取我国重要口岸的气象情报，1869年11月赫德颁发总税务司通札，要求通商口岸的海关开展气象观测。据海关总署1905年出版的《海关气象工作须知》[17]，全国海关气象观测站自1869年小规模创建，至1905年有41个站进行观测并寄送观测记录至远东5个观象台，云南有3个海关气象观测站名列其中。即腾越（Tengyuen），具体建站时间不详，中国气象档案馆馆存档案记录为1911年1月至1942年3月，疑为1905年以前就有观测。思茅（Szemao），现无存档记录，疑为1905年以前就有观测。蒙自（Mengtsz），现无存档记录，疑为1905年以前就有观测。《海关医报》（Medical Reports）是晚清中国海关将各通商口岸海关医务官撰写的当地医疗卫生报告汇集印发的半年刊。《海关医报》除包括居住城市的卫生概况、疾病流行及居民死亡情况外，还包括与疾病，特别是流行病密切相关的气温、降水信息。《海关医报》为研究清末云南腾越、思茅、蒙自海关气象观测提供了有力的佐证[18]。佳宏伟[19]根据《海关医报》提供的气象信息，整理得出了1902—1910年腾越逐月降水量和最低最高气温，1896—1900年思茅逐月降水日数和1902—1910年逐月最低最高气温，1893年蒙自逐月降水日数和最低最高气温。1893年成为云南目前有据可查的近代气象测候最早开始的年份。

为满足滇越铁路运行需要，法国滇越铁路建设公司从1906年滇越铁路铺轨入境起，陆续在云南境内铁路沿线建立了8个气象观测站（其中5个为雨量站），即蒙自测候所、河口测候所、昆明测候所、宜良雨量站、华宁婆兮雨量站、开远雨量站、蒙自芷村雨量站、屏边腊哈底雨量站。气象观测从建站一直持续到1929年或1936年，前后达20余年（表1），非常遗憾，如今这些宝贵的气象资料大多已失传。

表1 清末外国人在滇设置的气象测候所简表

序号	站名	隶属机构	建立时间
1	云南府（昆明）测候所	云南府法国交涉委员署	1899—1903
2	云南府（昆明）气象观测所	法国传教士 Pkuline	1906.1—1911.12
3	云南府（昆明）气象观测所	不祥（?）	1902—1936
4	蒙自测候所	法国滇越铁路建设公司	1906.1—1932.12
5	河口测候所	法国滇越铁路建设公司	1907.1—1929.12
6	昆明测候所	法国滇越铁路建设公司	1907.1—1929.12
7	宜良雨量站	法国滇越铁路建设公司	1912—1936
8	华宁婆兮雨量站	法国滇越铁路建设公司	1912—1936
9	开远雨量站	法国滇越铁路建设公司	1912—1936
10	屏边腊哈底雨量站	法国滇越铁路建设公司	1918—1936

续表

序号	站名	隶属机构	建立时间
11	蒙自芷村雨量站	法国滇越铁路建设公司	1918—1936
12	腾越海关测候所(英)	海关总署海岸稽查处	1911—1942(1902年)
13	蒙自海关测候所(法)	海关总署海岸稽查处	1905年前(1893年)
14	思茅海关测候所(法)	海关总署海岸稽查处	1905年前(1896年)

注:括号内年份根据《海关医报》推算而得。

4 云南地方测候所

按照北洋政府农商部要求,杨文清、张祖荫、陈葆仁等人于1915年5—12月在云南省甲种农业学校(东陆大学旧贡院,今云南大学会泽楼后边)创办了“云南气象测候所”,是云南人从事气象测候工作的最早记录。1920年1月正式观测,可惜因战乱和经费原因,测候仅坚持了4年,1923年底停办。

20世纪20—30年代,云南省县级地方政府教育局、建设局、棉业推广所等机构在各地相继设立气象测候所。这些观测记录短暂或断断续续,缺乏连续性和完整性。据云南省气象档案馆提供的资料[20],民国期间云南省地方政府所设置的气象测候所大致情况如下。

4.1 一得私立测候所

陈一得(1886—1958),原名陈秉仁,字彝德,是云南近代气象、天文、地震事业的先驱[21]。1927年7月陈一得先生在昆明创办了中国第二个私人测候所—“昆明私立一得测候所”,又称“昆明市代用气象测候所”,是云南人自己办气象的开始。一得测候所位于昆明市钱局街83号(102°42′E,25°03′N,海拔1922.1 m)。每日三次观测,观测时间为105°时区标准时的06、14、21时,观测项目有气压、气温、湿度、蒸发量、能见度、云量云状云向、风向风速、降水量、天气现象等。从1930年开始,一得测候所每年定期编发《昆明市气象年报》《昆明市代用测候所概览》等并呈报昆明市政府、国立中央研究院气象研究所、上海徐家汇观象台等。1936年6月,云南省教育厅主持成立“省立昆明气象测候所”,聘陈一得为首任所长。鉴于省立昆明气象测候所当时建筑设备尚未竣工,故仍在一得测候所原址继续进行气象观测。1938年5月省立昆明气象测候所迁至新址——昆明太华山,一得测候所停止观测。

4.2 省立昆明气象测候所

1936年6月1日成立省立昆明气象测候所,隶属省教育厅,位于昆明西郊太华山顶(102°37′E,24°57′N,海拔2358.3 m),正式气象观测始于1938年5月。所长陈一得,测算员2人、电报员1人、书记员(兼事务员、仪器管理员)2人。建立了昆明气象测候所的组织简章、观测凡例、办事细则。地面气象观测项目完整,每天24次观测记录和发报,编制气象记录月报、季报、年报。1945年6月陈一得先生辞职后,昆明气象测候所移交昆明科学馆管理,测候业务持续到1953年3月云南军区司令部气象科接管并保持至今。现为太华山国家基准气候站,是云南连续气象观测时间最长(80年)的气象台站,在昆明气象测候所旧址建成了“云南气象博物馆”。

4.3 云南省地方教育部门设置的测候所

除1936年设立的省立昆明气象测候所外,1915—1938年民国云南省地方政府教育部门先后设置的气象测候所还有20个(表2)。各县教育局所属气象测候所主要观测项目有气温、风向风力、天气或只有气温、降水,每日一般观测2次(午前7时、午后2时),观测时制不明。

表2 民国云南地方教育局设置的气象测候所简表

序号	站名	建立时期
1	省甲种农业学校气象观测所	1915.5—12;1920.1—1923.12
2	省立昆明气象测候所	1936.6—1950.3
3	昆明县教育局测候所	1932.1—1934.1
4	剑川县教育局测候所	1932.1—1933.1
5	省立楚雄中学气象观测站	1932.1—1937.6
6	彝良县角奎镇测候所	?—1932.12
7	镇康县立高级小学气象观测站	1932.3—1933.12
8	镇雄县教育局测候所	1932.5—1933.5
9	墨江县教育局测候所	1933.1—1934.12
10	大姚县教育局盐丰测候所	1933.11—1934.10
11	澄江县立乡村师范气象观测站	1933.12—1936.5
12	永善县教育局测候所	1933.12—1937.10
13	中甸县教育局测候所	1934.1—1935.10
14	洱源县教育局测候所	1934.1—1938.5
15	江城县教育局测候所	1934.3—1937.12
16	省立丽江中学气象观测站	1935.6—1937.5
17	省立宁洱中学气象观测站	1935.9—1936.12
18	剑川中学气象观测站	1936.1—8
19	昭通中学气象观测站	1936.1—1937.12
20	省立顺宁高级中学气象观测站	1936.1—1938.10

4.4 云南省地方建设部门设置的测候所

1932—1941年民国云南省地方政府建设部门先后设置的气象测候所有27个(表3)。各县建设局所属气象测候所主要观测项目有温度、湿度、降水、云、能见度、风、天气概况等,每日午前7时、午后2时2次观测,观测时制不明。

表3 民国云南地方建设局设置的气象测候所简表

序号	站名	建立时期
1	建水县测候所	1932.1—1940.5
2	建水曲溪测候所	1932.1—1938.10
3	巧家县测候所	1932.1—1933.12
4	文山县测候所	1932.1—1933.3
5	莲山县测候所	1932.1—12
6	禄丰县测候所	1932.2—1935.5
7	云县测候所	1932.4—1936.7

续表

序号	站名	建立时期
8	马龙县测候所	1932.4—1938.6
9	弥勒县测候所	1932.4—1940
10	富民县测候所	1932.6—1941
11	广南县测候所	1932.6—1945
12	晋宁县测候所	1933.1—1941
13	潞西县测候所	1934.1—1935.9
14	永平县测候所	1934.1—1937.12
15	大理县测候所	1935.8—1937.3
16	屏边县测候所	1935.11—1936.6
17	易门县测候所	1935.11—1937.3
18	宜良县测候所	1935.11—1937.3
19	牟定县测候所	1935.11—1936.1
20	开远县测候所	1936.1—10
21	顺宁县测候所	1936.7
22	永宁县测候所	1936.8—1937.7
23	大姚县测候所	1937.1—12
24	罗茨县测候所	1937.1—12
25	大关县测候所	1937.1—12
26	宾川县测候所	1937.9—12
27	大普吉省立第一农事试验场测候所	1939.10—1940.9

4.5 云南省地方棉业推广所设置的测候站

1933 年云南省实业厅拟定“发展云南棉业计划”，开始在部分地区设立棉业试验场和棉业推广所，并在试验场和推广所附设气象测候站，共计 8 个(表 4)。各测站主要观测项目有气温、湿度、云量云状、降水量、能见度、风、天气概况等。观测时间为 105°E 时区标准时的 06 时、14 时、21 时 3 次，或 06 时、14 时 2 次。除宾川站观测时间达 7 年外，其余站点均不足 1 年。

表 4　民国云南地方棉业推广所测候站简表

序号	站名	建立时期
1	省立宾川棉业试验场测候站	1937—1943
2	弥勒县棉业推广所测候站	1939.3—10
3	弥渡县棉业推广所测候站	1939.3—5
4	华宁县棉业推广所测候站	1939.4—9
5	建水曲溪棉业推广所测候站	1939.4—10
6	建水县棉业推广所测候站	1939.4—10
7	元谋县棉业推广所测候站	1939.7—10
8	开远初级农业职业学校测候站	1939.8—12

4.6 云南省其他地方机构设置的测候站

1920—1948 年云南省其他地方机构还设置了 32 个气象测候站(表 5),进行短暂和简易的气象观测,其中会泽(东川)、元江、大理喜洲等站观测时间超过 10 年。

表 5 民国云南省其他地方机构设置的测候站简表

序号	站名	建立时期
1	宣威(气温观测)	1920
2	会泽(东川)	1924.1—1935.2
3	思茅(雨量观测)	1924—1926
4	德钦	1932.1
5	佛海	1932.5—9
6	彝良	1933.1—12
7	新平	1933.11
8	澜沧	1933.12—1934.2
9	弥渡	1934.3—6
10	龙陵	1934.5
11	建水曲溪	1935.6—1938.10
12	维西	1935.8—11
13	江川	1936.1
14	勐海南糯山	1936—1940
15	石屏	1936—1940
16	元江	1936—1948
17	大理喜洲	1936—1948
18	耿马孟定	1936—1938
19	景东	1936.6—12
20	易门	1936.7
21	华宁	1936.8
22	佛海勐康	1936.8—1939.12
23	通海	1937.7—1938.11
24	保山	1937
25	西畴	1937
26	个旧	1937
27	广通	1939.11—1948
28	永仁仁和街	1940—1948
29	富民	1940—1941
30	呈贡	1940—1941
31	昆阳	1940—1941
32	晋宁	1940—1941

5 民国中央部门测候所

1927 年 4 月南京国民政府成立，1928 年 6 月成立国立中央研究院，1929 年 1 月中央研究院气象研究所成立，1941 年 10 月民国中央气象局成立。1942 年气象研究所将建立和管理全国气象台站的任务和天气预报移交中央气象局。1947 年民国中央气象局对全国气象台站网的设置进行了调整和布局，将气象台站分为气象台、气象站、测候所、雨量站四级。1939 年 12 月之后民国中央气象局、中国航空公司先后在滇设置气象测候所 7 个(表 6)。

表 6 民国中央部门在滇设置的气象测候所简表

序号	站名	建立时期
1	大理气象测候所	1939.12—1950.3
2	保山气象测候所	1941.1—1942.5
3	丽江气象测候所	1942.5—1950.3
4	玉溪气象测候所	1943.12—1950.3
5	昆明气象站	1945.10—1946.8(中美合作所) 1946.9—1947.5(民国国防部二厅) 1947.6—1948.1(民国中央气象局)
	昆明气象台	1948.2—1949.12(民国中央气象局)
6	中国航空公司昆明航站气象站	1943.3—1945.8
7	云龙导航台测候所	1944—1945.8

大理测候所 1939 年 12 月由气象研究所与国民政府经济部水利司合作创办，1942 年 1 月移交民国中央气象局管辖，其气象观测延续到新中国成立后。保山测候所 1941 年 1 月由气象研究所与国民政府经济部水利司合作创办，1942 年 1 月移交民国中央气象局管辖，1942 年 5 月撤迁至丽江，另建“丽江测候所”，保山测候所的气象观测记录止于 1942 年 4 月。丽江测候所 1942 年 5 月由保山测候所迁至丽江后设立，1943 年 1 月开始气象观测，观测记录延续到新中国成立后。玉溪测候所 1943 年 12 月由民国中央气象局建立，其观测记录延续到新中国成立后。

在中国大陆组建气象站网，是二战时期美军与军统局开办“中美合作所”的主要目的之一。1944 年 5 月，气象训练班第一期学员毕业后就开始到重要城市建立气象站，首批 5 个站中就有昆明。“中美合作所”气象站业务直接由“中美合作所”气象组指挥，行政上隶属当地的军统特务组领导。1946 年 3 月“中美合作所”解散。8 月“中美合作所”上海气象总站及所属气象台站改隶国防部二厅管辖，经调整改编后，所属气象台站 41 处，其中昆明属于二等测候站，每日 4 次地面观测、2 次高空风观测。1947 年 6 月，根据国民政府行政院训令，国防部二厅所属 41 个台站的气象人员归属民国中央气象局，通讯人员归并到民用航空局电讯总台。

1929 年 5 月中国航空公司成立[22,23]，1930 年 8 月与美国飞运公司联合成立新的“中国航空公司”。抗日战争爆发后，中航相继开辟昆明—仰光、昆明—河内、重庆—昆明—汀江(印度)—加尔各答(印度)等国际航线，其中汀江—昆明、汀江—叙府(宜宾)、汀江—泸州三条航线的“驼峰空运”，是中航在抗日战争后期担负的主要航空运输任务。1942 年 5 月—1945 年 9 月中航公司飞机飞越“驼峰航线”共 8 万多架次，运输物资 5 万余吨。为保障航线的飞行安全，中航在航线上设有电台(昆明、云南驿、丽江、云龙、保山、汀江、葡萄等),重要机场派驻专职气象员进行航空气象保障,其他机场均由受过短期训练的报务员兼任。设立昆明巫家坝(1943年3月)、印度汀江(1942年4月)、印度加尔各答(1943年3月)、缅甸葡萄(1945年1月)、缅甸八莫(1945年10月)等机场气象观测站。驼峰航线上云南境内的主要备降机场有呈贡、昆阳、羊街、陆良、沾益、昭通、云南驿、腾冲、保山、丽江。汀江机场气象站提供汀江到昆明沿线半小时一次的天气报告、驼峰航线天气预报以及汀江、昆明航站的天气实况及预报。

1939年秋,赵九章先生作为西南联大所属的清华大学航空研究所高空气象组的负责人,在昆明嵩明县城西的灵应山建立了"清华大学航空研究所高空气象台",开展地面气象观测和高空气象探测试验,为美国航空队提供气象服务。派人协助盟军举办无线电探空仪训练班,为驻昆中国空军培训了5批气象员。赵九章等人更是想方设法,成功自行设计制造了水银气压表,并代制国内紧缺的水银气压表数十具,使各地的气象台站得以继续观测,赢得了国内气象界的好评。

6 民国空军测候所

1922年之后,民国云南空军、民国中央空军和美国航空队先后在滇设置气象测候所11个(表7)。

表7 民国空军及美国航空队在滇设置的气象测候所简表

序号	站名	建立时间
1	昆明航空站测候台(巫家坝)	1922—1939(云南空军)
	昆明机场气象区台(巫家坝)	1939—1947.1(民国空军第五总站)
	昆明机场气象台(巫家坝)	1947.2—1950.3(民国空军第五气象大队)
2	蒙自航空站测候台	1925.8—1939(云南空军) 1939—1947.1(民国空军第五总站) 1947.2—1950.3(民国空军第五气象大队)
3	保山航空站测候台	1939—1950
4	会泽航空站观测站	1939.11—1949
5	陆良航空站观测站	1939.11—1949
6	沾益航空站测候台	1939—1950.3
7	丽江航空站测候台	1943—1950
8	云南驿机场气象台	1944—1950
9	昭通航空站测候台	1945.1—1950.3
10	美国航空队昆明航空站气象台	1944.5—1945.8
11	美国航空队沾益航空天气预报台	1944.5—1945.8

1922年唐继尧主持滇政后着手创建云南空军[24],设立云南航空处、修筑昆明巫家坝机场、创办云南航空学校,云南航校是继1913年北京"南苑航校"之后创办的全国第二所航校。云南空军自1922年建立以后直到1937年抗战爆发,云南航空队仅有20余架飞机。1937年中央航校迁到昆明巫家坝机场接管云南航空队。据有关资料统计[25~27],抗战前云南建有27个机

场(或飞行跑道),抗战爆发后,云南因军事需要修建了40个机场,民国期间云南共建有67个机场,著名机场有昆明巫家坝、云南驿(祥云)、昭通、沾益、陆良、蒙自、保山、丽江等。昆明巫家坝机场因其重要的战略位置成为最主要的空军基地之一,1941年后美国陈纳德将军率领的"飞虎队"总部就驻扎在巫家坝机场,是当时全球最繁忙的国际机场之一。

据王宪钊[23]、张丙辰[28]两位气象前辈回忆,被称为"飞虎队"的美国援华志愿航空队(1943年扩编为美国陆军第14航空队)在抗战中后期也是"驼峰航线"的主要经营者,美军在印度、缅甸设有少量的机场气象台,在国内10个机场设有无线电探空和高空测风站(聘有少量中方雇员),印度汀江机场和昆明巫家坝机场设立的气象台与中航公司机场气象台相互交换气象情报,美军重点提供密支那、新背洋、汀江附近备降机场天气报告,昆明、汀江的高空测风和无线电探空。在昆明成立的中美空军混合团司令部由人事、情报、作战、后勤4个科和通信、气象2个室组成,其中气象室由5人构成(美方2人、中方3人),具体负责绘制地面和高空天气图并提供未来36小时预报。1943—1944年中国航空公司和美国航空队先后在昆明巫家坝建立机场气象站并开展腾冲、保山、云龙、丽江、云南驿、昭通、沾益、陆良、羊街、呈贡、昆阳等备用机场的航线、航站气象保障工作。

1937年8月中央航空学校西迁昆明,更名为昆明空军军官学校,昆明空军军官学校设有测候训练班和气象台。1939年1月航空委员会迁至重庆,成立航空委员会气象总台,负责向航空委员会及有关部门提供气象情报和气象预报,并综管全国各地空军气象台的技术督导工作。为了配合美英盟军对日作战,航空委员会在全国各军事重镇设立了16个空军总站,总站设有测候区台,测候区台下设若干机场测候台,并在中国西南地区建立了较为密集的测候站网,以便开展气象观测和空军飞行气象保障服务,其中在云南相继设立的空军总站测候区台有:空军第四总站(沾益)、空军第五总站(昆明)。1944年底昆明空军军官学校测候训练班迁成都凤凰山并入成都空军通信学校,设立凤凰山实习气象台。抗战胜利后,航空委员会重庆气象总台迁回南京。1946年国民政府航空委员会改组成立空军总司令部并将全国划分5个空军军区。1947年2月空军总司令部所属气象总台、测候区台、测候台,分别改编为气象总队、气象大队,云南所属的重庆空军军区设置为第五气象大队,仿照美军建制,更名为505气象大队。

据邓士英先生[29]回忆,1944年昆明空军气象台(巫家坝)有台长1人,测候员2人(1人做预报,1人管测报)。测候士5人,担任航空报的测报,每日8次补助绘图的测报和报表制作,1日2次经纬仪小球测风等,另有填图员1人、事务员1人、文书1人、测候兵2人、炊事兵1人。台站设置方面,除有昆明航空军官学校气象台、美空军气象台外,还有沾益、昭通、陆良、云南驿、保山等测候台站。

参考文献

[1] 洪世年,陈文言. 中国气象史[M]. 北京:农业出版社,1983.

[2] 温克刚. 中国气象史[M]. 北京:气象出版社,2004.

[3] 陈学溶. 中国近现代气象界若干史迹[M]. 北京:气象出版社,2012.

[4] 中国近代气象史资料编委会. 中国近代气象史资料[M]. 北京:气象出版社,1995.

[5] 吴增祥. 中国近代气象台站[M]. 北京:气象出版社,2007.

[6] 云南省地方志编纂委员会. 云南省志·天文气候志[M]. 昆明:云南人民出版社,1995.

[7] 云南省气象局. 云南省基层气象台站简史[M]. 北京:气象出版社,2013.

[8] 刘金福．陈一得：云南近代气象、天文、地震事业先驱[M]．昆明：云南人民出版社，2016.
[9] 吴增祥．1949 年以前我国气象台站创建历史概述[J]．气象科技进展，2014，**4**(6)：60-66.
[10] 车辚．南方丝绸之路上的陌生人——清末民初在云南游历和工作的外国人述略．云南农业大学学报(社会科学版)[J]，2015，**9**(3)：113-122.
[11] 房建昌．近现代外国驻滇领事馆始末及其他[J]．思想战线，2003，**29**(1)：109-114.
[12] 云南省志编纂委员会办公室．续云南通志长编(下册)[M]．昆明：云南人民出版社，1986.
[13] 郭亚非，张敏．试论云南近代海关．云南师范大学学报(哲学社会科学版)[J]，1995，**27**(2)：39-44.
[14] 杨茹．方苏雅亲自整理．昆明百年前气象记录"藏法国"[N]．春城晚报，2006 年 2 月 15 日．
[15] 云南省志编纂委员会办公室．续云南通志长编(上册)[M]．昆明：云南人民出版社，1986.
[16] 程纯枢．中国海关测候所网情况考证[A]//中国近代气象史资料编委会．中国近代气象史资料[M]．北京：气象出版社，1995.
[17] China imperial maritime customs. instructions concerning meteorological work 1905.
[18] Imperial Maritime Customs，China. Medical Reports(No. 47-48、58、60、65－80)，Shanghai：Statistical Department of the Inspectorate General of Customs，1895、1900、1902、1904、1905、1911.
[19] 佳宏伟．清末云南商埠的气候环境、疾病与医疗卫生[J]．暨南学报(哲学社会科学版)，2015，**197**(6)：117-128.
[20] 蔡云，林国灶．关于近代云南省气象工作及其档案资料的研究[Z]．云南省气象局，2006.
[21] 夏强疆．昆明气象测候所创始人—陈一得[A]//中国近代气象史资料编委会．中国近代气象史资料[M]．北京：气象出版社，1995.
[22] 陈学溶．中国航空公司气象史实梗概[A]//中国近代气象史资料编委会．中国近代气象史资料[M]．北京：气象出版社，1995.
[23] 王宪钊．二战期间驼峰飞行的气象保障[A]//中国近代气象史资料编委会．中国近代气象史资料[M]．北京：气象出版社，1995.
[24] 朱伟．民国时期云南空军的发展研究[J]．漯河职业技术学院学报，2014，**13**(1)：89-90.
[25] 马肇元．中美空军在云南的抗战[M]．昆明：云南人民出版社，2004.
[26] 李艳．抗战时期云南机场建设(上)[Z]．云南省档案局，2014.
[27] 周继厚．抗战时期的机场建设[J]．云南档案，2016(12)：15-19.
[28] 张丙辰．中美空军联合组织的气象保障工作[A]//中国近代气象史资料编委会．中国近代气象史资料[M]．北京：气象出版社，1995.
[29] 邓士英．云南近代气象简史回忆片段[A]//中国近代气象史资料编委会．中国近代气象史资料[M]．北京：气象出版社，1995.

Establishing Modern Meteorological Stations in Yunnan

XIE Mingen，HE Wennong

(Yunnan Meteorological Administration，Kunming 650034)

Abstract Based on relevant literatures and archives，this paper systematically introduces the hardships of the establishment and development of Yunnan meteorological weather forecasting network in the late Qing Dynasty and the Republic of China. The key purpose of this paper is to improve the understanding of Yunnan provincial meteorology history in modern times and enrich the data of China meteorology history.

Keywords meteorological stations，establishment，Yunnan，brief statement，modern times

从“英国皇家学会乔城天文台委员会”到“香港皇家天文台”

冯锦荣

香港大学

摘　要　1879年夏天，英国皇家学会辖下的“乔城（天文地磁天文台）委员会”曾撰函予港督轩尼斯爵士（1834—1891）指出：“香港的地理纬度是建立天文台的最佳地点。”顺着这一契机，1883年，香港皇家天文台正式成立。本文将探索“乔城委员会”与英国海外属地组建的天文台（如孟买克拉巴天文台、香港皇家天文台）之间的天文气象科技交流的互动关系。

关键词　英国皇家学会乔城天文台委员会，孟买克拉巴天文台，香港皇家天文台，气象仪器史，气象科技交流史

1　小引

古代天文和气象发展密切。1879年夏天，英国皇家学会辖下的“乔城（天文地磁天文台）委员会”（The Royal Society's Committee of the Kew Observatory）曾撰函予港督轩尼斯爵士（Sir John Pope Hennessy, 1834—1891）指出：“香港的地理纬度是建立天文台的最佳地点。”顺着这一契机，1883年，香港皇家天文台正式成立。本文阐述“乔城委员会”与英国海外属地组建的天文台，如孟买克拉巴天文台（Colaba Observatory of Bombay）、香港皇家天文台之间的天文气象科技交流的互动关系。

2　乔城天文台、东印度公司和“乔城委员会”

2.1　乔城天文台

众所周知，英王乔治三世（King George Ⅲ，1738—1820；1760—1820年在位）对科学推动奖掖有加。关于乔城天文台管理权的历史，兹列表如下：

1768—1769年：英王乔治三世营建其御用天文台（King's Observatory）——乔城天文台（Kew Observatory）（图1）。

1769—1840年：乔城天文台直接由皇室管理。

1840—1842年：皇室与英国皇家学会磋商有关乔城天文台的管理权。

1842—1871年：英国科学促进会（British Association for the Advancement of Science）1831年

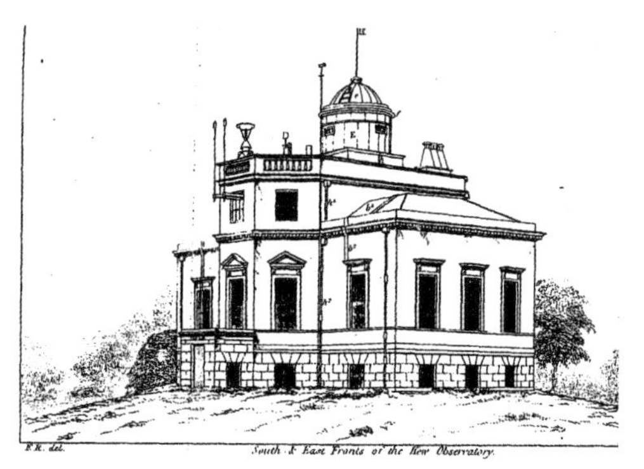

图1　乔城天文台

9月27日成立),拥有乔城天文台的管理权,1849年更成立“乔城委员会”(Kew Committee)。

1871年6月19日:“乔城委员会”更名为“英国皇家学会乔城委员会”(Kew Committee of Royal Society),乔城天文台的管理权转入“英国皇家学会乔城委员会”名下。

2.2 东印度公司参与印度天文台的建置与乔城天文台的支援

早于1786年夏、秋之际,新任印度马德拉斯(Madras)东印度公司(East Indian Company)军事装备部办公室(Office of Military Storekeeper)主任威廉·皮特里(William Petrie, 1784—1816)在其官邸建立一所私人天文台,并指出建此一天文台的目的是“为东印度公司所有船只提供航行协助与利用观测月食和木星卫星以测定经度”(to provide navigational assistance to the company ships and help determine the longitudes by observing the eclipses of Moon and satellites of Jupiter)。1790年,威廉·皮特里出任马德拉斯政府议会成员。1792年,威廉·皮特里将其私人天文台——马德拉斯天文台(Madras Observatory)的管理权交予英国东印度公司。步入19世纪,东印度公司于1826年在印度孟买(Bombay)的克拉巴(Colaba)营建天文台——克拉巴天文台(Colaba Observatory),为英国及其他国家的船只进出孟买港时提供天文、气象和授时服务(图2)。

图2 克拉巴天文台

19世纪30年代前、中期,随着洪堡(Alexander von Humboldt, 1769－1859)、高斯(John Carl Friedrich Gauss, 1777—1855)和韦伯(Wilhelm Edward Weber, 1804—1891)三人于1834年创立“哥廷根地磁联盟”(Göttingen Magnetic Union)后,地磁观测日趋重要。1841年,克拉巴天文台台长Arthur Bedford Orlebar开始把气象观测和地磁观测的实际情况记录下来。1841年至1845年之间的地磁观测记录虽属间歇性,但从1845年以后,即变为两小时一次或经常地每小时一次。

乔城天文地磁天文台的著名仪器制造家兼名誉台长Francis Ronalds (1788—1873)更不时提供他所发明或制造的观测仪器供克拉巴天文台使用。1846年,东印度公司更为克拉巴天文台订购全套收集和测量“大气电荷”(atmospheric electricity)的仪器。及后,克拉巴天文台的数位台长如Charles Montriou和Edward Francis Fergusson等先后到访乔城天文地磁天文台随Francis Ronalds实习使用其所制仪器。Charles Chambers(1869年获选为英国皇家学会会员;1834—1896)出任台长的1867年,克拉巴天文台更获得乔城天文地磁天文台所制“自动拍摄和记录”的装置仪器(Kew's photo-recording machines),使大气压力、温度和地磁强度的持续观测自动化机制变得可能。1870年,克拉巴天文台购置

图3 克拉巴天文台购置英国埃利奥特兄弟公司(Elliott Brothers)所制的“乔城天文台式磁强计(Kew pattern magnetometer)

英国埃利奥特兄弟公司(Elliott Brothers)所制的"乔城天文台式磁偏角仪(Kew pattern declinometer)(图 3)。

3 "乔城委员会"与香港皇家天文台

1877 年 10 月 5 日,香港政府总量地官(Surveyor General)裴乐士(John M. Price)致函(即《时间球在维多利亚港:(香港天文台设立刍议)》予时任代理布政司的史密斯(Cecil C. Smith, 1840—1916),提出香港作为东亚的一个最重要的贸易中转港,政府有必要设立一所为远洋商舶、入港靠泊的海军舰只或航海家提供每日准确授时服务(以降时间球[Time Ball]为主要手段)和船只经度位置的机构——天文台的建议。①裴乐士又认为该机构的负责人应该得到英国皇家天文学家(Astronomer Royal)的推荐才能出任此职。他又建议新的天文台应作与时间测定有关的子午经度测量;为配合这些工作,新的天文台应购置附有或设有子午环的中星仪、附有电动记时仪的恒星钟、附有电缆以连接天文台与信号站的电动器具和能定点定时降下时间球的机械装置;将来财政充裕时天文台更应购置一些能作自动纪录的气象仪器、磁强计和太阳照相仪(用以自动记录黑子情况)等。裴乐士更认为新的天文台应该在九龙半岛地势较高的依利近山(Mount Elgin,即香港天文台总部现址;图 5)兴建,而九龙半岛最南端地近尖沙咀警署的山岗则兴建信号站,竖立附设电动装置以降下时间球和附有必备器具以悬挂袭港台风信号的高大桅杆(即今尖沙咀水警总部旁的时球塔及悬挂台风信号的桅杆,图 6)。从裴乐士的建议观之,他颇重视利用天文观测方法来测定地方实时,并以此作为基础用降时间球的方式向公众人士提供授时服务。顺此也许可以推说,裴乐士似乎认为天文、气象两者皆不宜偏废,两者如何配合社会大众的需要才可凸显天文台的"现代"重要性。

图 4　香港岛扯旗山(太平山)上的香港台风信号塔(摄于 1874 年)

图 5　九龙半岛依利近山的香港天文台大楼(1883 年建成;摄于 1913 年)

1879 年夏天,英国皇家学会辖下的"乔城(天文地磁天文台)委员会"(The Royal Society's Committee of the Kew Observatory;前身为英王乔治三世[King George III]御用天文台)副主席雷华朗(Warren de la Rue, 1815—1889;英国天体照相学先驱)曾撰函予港督轩尼斯爵士(Sir John Pope Hennessy, 1834—1891)指出:"关于中国沿海地磁和气象情况的翔实记录,现

① John M. Price, "Time Ball in Victoria Harbour (The Surveyor General to the Acting Colonial Secretary, 5th October, 1877)", *The Hong Kong Government Gazette* (香港辕门报), 17th November, 1877, pp. 510—512. 关于香港政府早期量地官署的工作,详参冯锦荣著:《筚路蓝缕 以启山林——香港工程发展 130 年》(香港:中华书局,2013 年),24-25 页。

在所知，仅于东亚沿岸及周边岛屿持续进行观测的观象台有荷兰人营运的巴达维亚（Batavia，即今印度尼西亚雅加达）观象台、耶稣会营运的马尼拉观象台、耶稣会营运的上海徐家汇观象台及俄罗斯驻北京使团营运的观测所。而香港的地理纬度恰好位处上海与马尼拉之间的一半距离，实是建立天文台的最佳地点。"① 1881 年由英军工程及测量师庞马少校（Major H. S. Palmer，1838—1893）撰写的〈香港天文台成立建议书〉，即吸收了不少裴乐士和雷华朗的建议，并规划新的天文台应做好下列四项工作：(1)降时间球以提供本地授时服务；(2)气象观测；(3)地磁测定；(4)潮汐观测。

图 6　香港天文台时球台（Time Ball Tower；1885 年 1 月 1 日正式启用）及其旁用以悬挂袭港台风信号的高大桅杆

4　香港皇家天文台首任台长杜伯克的天文、气象学研究

1883 年，香港皇家天文台正式成立。同年 1 月，英国殖民地部大臣爱德华·亨利·斯坦利，第十五代德比伯爵（Edward Henry Stanley，15th Earl of Derby，1841—1908）接纳皇家天文学家兼格林威治皇家天文台台长威廉·克里斯蒂（William Henry M. Christie，1845—1922）的推荐，委任当时已担任爱尔兰马可里堡天文台（Markree Castle Observatory）台长近九年（1874—1882）的丹麦籍天文学家威廉·杜伯克（William Doberck，1852—1941；图 7a、7b）为香港皇家天文台首任台长。同年 5 月，英国殖民地部大臣续委任原属乔城天文台地磁助理的菲格（Frederic George Figg，1856—1915；1907—1912 年出任香港皇家天文台第二任台长；图 8）为香港皇家天文台首席助理。

杜伯克早在 1871 年以彗星观测及相关理论为博士研究论文范围，1873 年撰成以"Bahnbestimmung der Cometen I 1801，III 1840 und II 1869"为题的博士论文，取得德国耶拿大学（University of Jena）的哲学博士学位；同年，杜伯克即在哥本哈根出版其博士论文。1874 年，

① Warren de la Rue，"Letter concerning Establishment of a Meteorological and Magnetic observatory at Hong Kong"(Summer，1879)，*The Hong Kong Government Gazette*，11th September，1880，p. 692.

杜伯克成为马可里堡天文台台长，此后直至1883年前往香港为止，他致力于天文及气象观测，常常利用马可里堡天文台的13.3英寸* 折射望远镜(物镜为巴黎光学名家卡乔克司[Robert-Aglaé Cauchoix, 1776—1845]所制)，1834年配置且为当时世界上最大的折射望远镜之一，来观测彗星和双星(binary stars)(图9a、9b)。[①] 与此同时，威廉·杜伯克更指导他的胞妹安娜·杜伯克(Anna Doberck, 1858—1939；1892—1915年任香港皇家天文台助理气象学家)参预爱尔兰的气象观测和预报(图10)。

图7a 香港皇家天文台首任台长杜伯克(William Doberck, 1852—1941)年青时的肖像(约绘于1870年)

图7b 香港皇家天文台首任台长杜伯克(William Doberck, 1852—1941)晚年照片

图8 香港皇家天文台第二任台长菲格(Frederic George Figg, 1856—1915；1883—1907年出任香港皇家天文台首席助理)

图9a 马可里堡天文台于1834年配置的13.3英寸折射望远镜

图9b 杜伯克利用马可里堡天文台的13.3英寸折射望远镜观测彗星和双星

* 1英寸=2.54cm。

① William Doberck, "Markree Observations of Double Stars", *The Transactions of the Royal Irish Academy*, Vol. 29 (1887—1892), pp. 379-426.

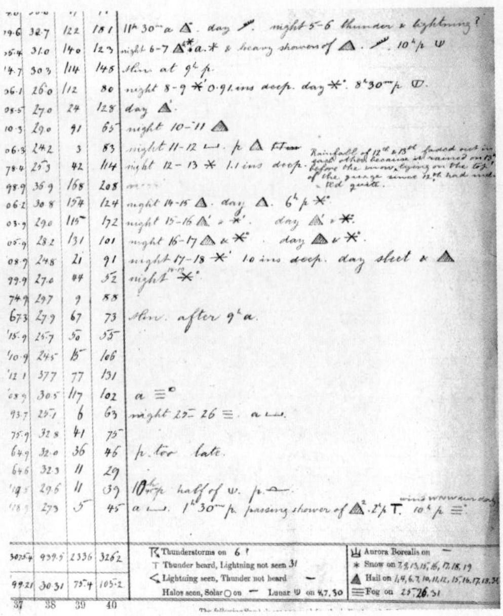

图 10　在威廉·杜伯克的指导下，他的妹妹安娜·杜伯克参预爱尔兰的气象观测和预报，此图为安娜·杜伯克于 1874 年观测编绘有关西爱尔兰地区的气象记录

1883 年 6 月 10 日，杜伯克偕其助理菲格带备便携式气象观测仪器和地磁测量仪器（特别是英国埃利奥特兄弟公司（Elliott Brothers）所制的“乔城天文台式磁强计（Kew pattern magnetometer）”及英国多弗公司（Dover Charlton Kent）所制的“乔城天文台式磁倾仪（Kew pattern dip circle）”）从伦敦乘船出发，同年 7 月 28 日抵达香港履任。9—10 月，杜伯克前赴汕头、厦门、上海、镇江、九江、汉口、高雄等通商口岸，以了解中国沿岸的气象特征和利用随身带备的仪器进行地磁强度与磁倾角测量，其间并乘坐清政府海关总税务司赫德（Robert Hart，1835—1911）的船舰考察东犬岛、牛山岛、乌丘屿、澎湖岛、鹅銮鼻等地的灯塔设施和在鹅銮鼻进行地磁测量。① 由于香港天文台大楼周边附设的“地磁屋”（magnetic hut；17 英尺* 长×13 英尺宽×11 英尺高）尚未完工，杜伯克先后于 11 月 6 日及 9 日在香港公家花园（即今香港动植物公园）利用“乔城天文台式磁强计”（图 11a、11b）和“乔城天文台式磁倾仪”（图 11c）进行地磁测量。② 同年 11 月 17 日，杜伯克梓刊其《中国气象观测使用说明》（*Instructions for Making Meteorological Observations Prepared For Use in China*，Hong Kong：Hong Kong Royal Observatory，1883）——香港皇家天文台第一部出版物。12 月 29 日，杜伯克聘任所罗门·鲁本·所罗门（Solomon Reuben Solomon）及宋文海为香港皇家天文台第二助理及中文秘书。

1884 年 1 月 1 日，杜伯克迁入新建成的香港天文台大楼（83 英尺长×45 英尺宽的两层建筑物）并开始实行每天三次或四次气象观测。天文台大楼二楼全层是天文台长的宿舍，一楼由 4 个房间（20 英尺长×16 英尺宽×14 英尺高）和 2 间小室组成。（图 12）大楼入口大堂配置电

① William Doberck, “Report for 1883 From the Government Astronomer, Together with Instructions for making Meteorological Observations” (November 8, 1883), *The Hong Kong Government Gazette*, 17th November, 1883, pp. 876-893.

② William Doberck, “Report for 1883 From the Government Astronomer” (November 22, 1883), *The Hong Kong Government Gazette*, 24th November, 1883, p. 901.

* 1 英尺＝0.3048m。

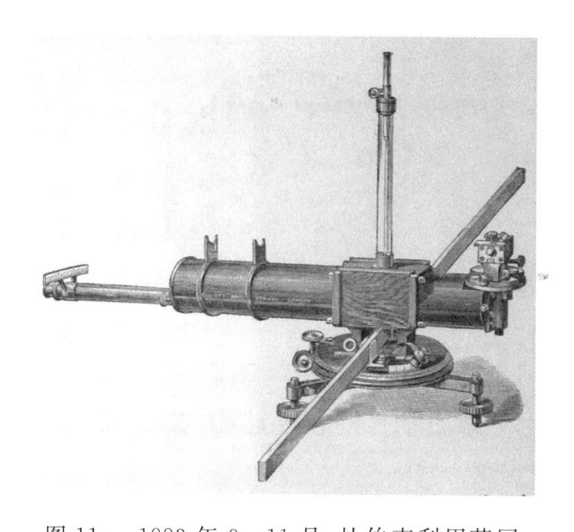

图 11a　1883 年 9—11 月，杜伯克利用英国埃利奥特兄弟公司(Elliott Brothers)所制的"乔城天文台式磁强计(Kew pattern magnetometer)分别在中国沿岸城市及香港进行地磁强度与磁倾角测量

图 11b　1883 年 9—11 月，杜伯克利用英国埃利奥特兄弟公司(Elliott Brothers)所制的"乔城天文台式磁强计(Kew pattern magnetometer)，分别在中国沿岸城市及香港进行地磁强度与磁倾角测量，冯锦荣拍摄

报发送装置器械，以电缆连系九龙警察局及香港岛中央警察局；大堂右侧是天文台长办公室(内设图书阁)，旁为"钟房"(clock room)，内置两个由英国登特公司(E. Dent & Co.)所制的"平时钟"(mean-time chronometers)和一个由英国登特公司所制的"恒星钟"(sidereal standard clock)，而恒星钟则通过电线与配置在"中星仪室"(transit instrument room；14 英尺长×14 英尺宽×14 英尺高)的相应度盘互为连系。"钟房"之后为"化学电池室"(galvanic battery room)，而"钟房"另有一门通往大楼外侧翼的"中星仪室"，室内置有一架由英国特劳顿与西姆斯公司(Troughton and Simms)所制的"中星仪"(焦距 36 英寸，物镜口径 3 英寸)，杜伯克从 1884 年 11 月 25 日至 1885 年 1 月 4 日即利用这一中星仪观测"月过中天"(lunar transits)。(图 13a、13b) 日军侵占香港时期，中星仪被运往日本。大堂左侧是天文台办公室和"计算室"，毗邻是"(气象)仪器室"，其后则为"摄影实验室"。天文台大楼外的西南方约 80 英尺处另有一圆型建筑物——"赤道仪室"(equatorial room)(图 14a)，内置 1885 年初由英国格林威治天文台英国皇家天文学家允准借予香港皇家天文台的一架 6 英寸(15cm)李氏赤道仪折射望远镜(6-inch Lee Equatorial)(图 14b)。望远镜的物镜是英国光学仪器制造家查尔斯·塔利(Charles Tulley)所做，仪身则由乔治·多兰(George Dollond)所制，仪管大部分由黄铜制作，焦距长 8 英尺 8 英寸，极轴部分长 13 英尺，由桃花心木制作，赤经和赤纬环也都由黄铜打制，看上去如工艺品一般。因为这部设备主要用于测定恒星位置，为了方便读值，赤

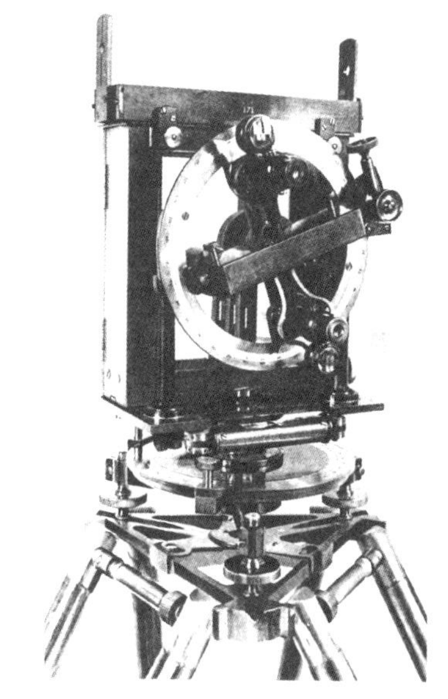

图 11c　1883 年 9—11 月，杜伯克利用英国多弗公司(Dover Charlton Kent)所制的"乔城天文台式磁倾仪"(Kew pattern dip circle)进行地磁强度与磁倾角测量

道仪的赤经、赤纬环都做得很大，还配备了长长的赤经、赤纬调节杆，方便观测者使用。望远镜部分建造于1828年，赤道仪部分后期配备，英国式双柱结构，制造者塔利认为它是自己做得最好的一台望远镜。初期安放在W. H. 史密斯（William H. Smyth，1786—1865）的私人天文台中，后来被李约翰（John Lee，1783—1866）购买，名字后来也沿用为“李氏”，后归属英国格林威治天文台。1874年，望远镜被运到埃及进行金星凌日观测。1884年10月香港天文台租借这台望远镜，翌年便从英国运抵香港。1885年，杜伯克和菲格利用这架赤道仪观测过仙女星座流星雨；此后杜伯克或菲格先后多次观测过木星、土星及在1910年回归的哈雷彗星等天体。[①] 1905年，杜伯克出版了他多年在香港皇家天文台的观测纪录——*Catalogue of Right-ascensions of* 2,120 *Southern Stars for the Epoch* 1900 *from Observations Made at the Hongkong Observatory During the Years* 1898 *to* 1904 (Hong Kong: Hong Kong Royal Observatory, 1905)。1914年，李氏赤道仪折射望远镜归还格林威治天文台（图14c），安放此望远镜的圆顶亦于1933年被拆除。

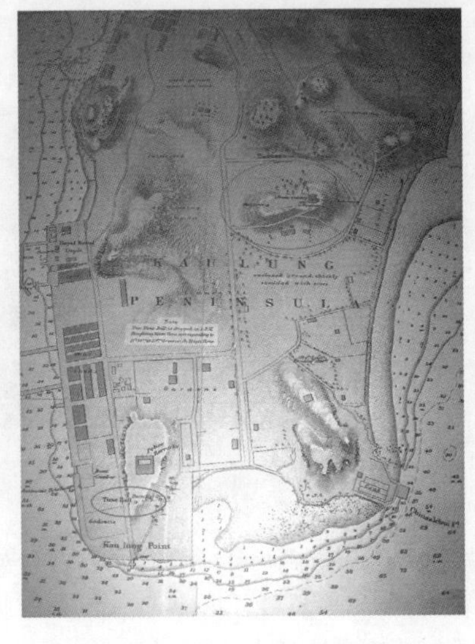

图12 《九龙半岛测量图》（英国皇家工程兵团绘制，约1885年或以后）中所见的“香港皇家天文台大楼及其周边建筑物”和“香港皇家天文台时球台”

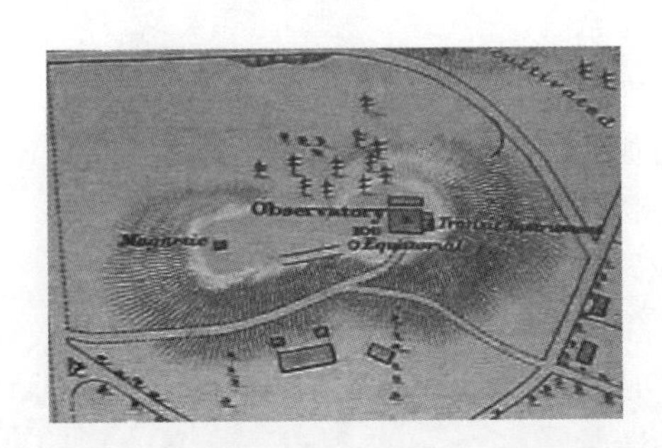

图13a 《九龙半岛测量图》（英国皇家工程兵团绘制，约1885年或以后）中所见的“香港皇家天文台大楼及其周边建筑物”（局部），从左至右，依次为“地磁屋”（magnetic hut）、“（圆型）赤道仪室”（equatorial room）、天文台大楼（Observatory main building）及“中星仪室”（transit instrument room）

图13b 香港皇家天文台大楼外侧翼“中星仪室”内的“中星仪”（焦距36英寸，物镜口径3英寸；英国特劳顿与西姆斯公司［Troughton and Simms］制造），冯锦荣拍摄

① William Doberck, “Report for 1884 From the Government Astronomer” (January 1, 1885), *Supplement To The Hong Kong Government Gazette*, 17 th January, 1885, pp. 56－63; idem, “Reoort on the Astronomical Instruments at the Observatory and on the Time－Service of Hong Kong in 1885”(24 th April, 1886), *The Hong Kong Government Gazette*, 15 th May, 1886, pp. 421-427.

图 14a 香港皇家天文台大楼外西南方约 80 英尺处另有一圆型建筑物——"赤道仪室"(equatorial room)

图 14b 李氏赤道仪折射望远镜(李约翰的哈特卫尔大屋私人天文台[Hartwell House Private Observatory],约 1850 年)

图 14c 香港皇家天文台"赤道仪室"内的 6 英寸李氏赤道仪(6-inch Lee Equatorial;原属格林尼治皇家天文台),冯锦荣拍摄

根据杜伯克的具体分工规划,他自己负责天文、气象及地磁观测,首席助理负责筹备时球台及相关计时工作,第二助理负责编绘温度图表、化学电池室和摄影实验室的有关工作,中文秘书则负责天文台来往文书、财务会计及电报收发、撰写每日天气报告及收集气象观测数据和有关台风与暴风警示的事宜。

同年,香港皇家天文台出版《每月天气报告》(*Monthly Weather Reports*)、《1884 年度天气报告》(*Annual Weather Reports for* 1884);杜伯克并利用大东电报局每天发来的天气报告

(包括海参崴、东京、长崎、上海、福州、厦门、汕头、广州、澳门、海口、海防、马尼拉、斯里巴加湾等十多个城市)汇编为《中国沿海气象纪录》(*The China Coast Meteorological Register*),供政府部门及泊港船舰使用。

精擅于天文观测的杜伯克深知近代天文台必须提供精确的授时服务,他和菲格利用英国特劳顿与西姆斯公司所制的中星仪和英国登特公司所制的恒星钟准确测定恒星过中天的时间,从而确定当地时间 (local time),然后利用"降时间球"的方法向市民大众和船只授时。

香港皇家天文台沿用英国格林尼治皇家天文台"降时间球"的方法向公众授时。格林尼治皇家天文台早于1833年以手动方式于每天下午1时整降下时间球(图15),1852年始以电缆形式降下时间球。1853年,英国电机工程师塞缪尔·艾尔弗雷德·瓦利(Samuel Alfred Varley, 1832—1921)所设计的"时间球"不但以电缆形式降下,并自动连系电报收发装置,可以同步向其他政府机关提供准确报时。杜伯克采用了瓦利的"电动时间球"(Electric Time Ball)报时系统,并确定从1885年1月1日起,香港皇家天文台正式提供授时服务:当天的下午12时55分把"时间球"悬至九龙半岛尖沙咀海滨"时球台"顶上的柱杆一半,下午12时57分把"时间球"悬至柱杆顶,下午1时整把"时间球"降下 (图16)。

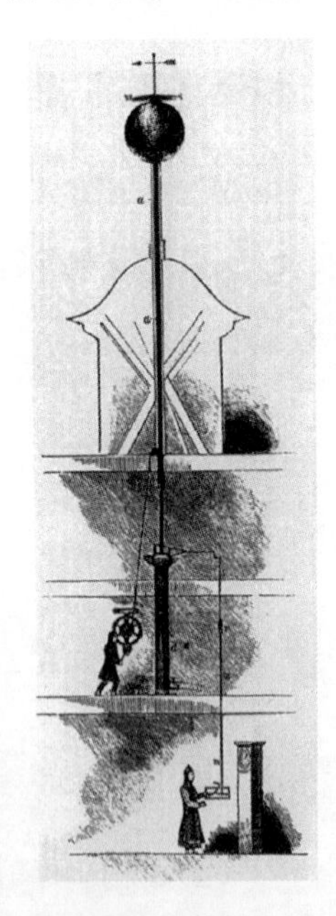

图15 英国格林尼治皇家天文台早于1833年以手动方式于每天下午1时整降下时间球(采自 *The Illustrated London Almanack for* 1845, p. 28)

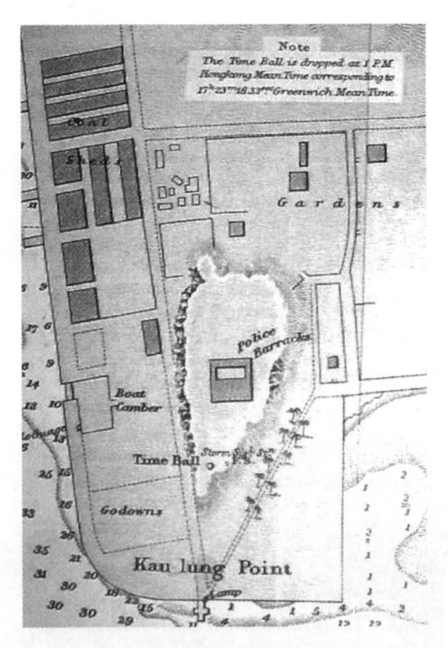

图16 《九龙半岛测量图》(英国皇家工程兵团绘制,约1885年或以后)中所见的"香港皇家天文台时球台"(局部),此图上部更附文字说明"每天下午1时整把时间球降下报时"

杜伯克在香港皇家天文台供职期间,致力于对香港以至周边地区的台风规律的研究。1886年9月,他出版了《东方海域台风规律》(*The Law of Storms in the Eastern Seas*)。

5 余论

英人赫德于1863年11月30日出任清海关总税务司后,即有计划在中国各地的海关推行气象观测的业务。六年后的1869年11月12日,赫德签署《海关第28号通札》(Circular

No. 28 of 1869)，建议在中国沿岸各个海关(特别是位置散在纬度约 20°以上海陆范围内的港口)开设附属测候所，并从经常费用中拨出特别费用购置西方气象观测仪器，聘用人员记录气象观测。1873 年 4 月 15 日，赫德在北京签发《备忘录：一个有关东海的计划的说明：(1)记录气象观测；和(2)传送天气新闻》(Memorandum: Explanatory of a Plan, for the Eastern Seas, for (1) Recording Meteorological Observations, and (2) Transmitting Weather-News)提出从翌年 1874 年 1 月 1 日起，在 20 个海关附属测候所实施气象观测，而观测仪器须从欧洲购置。

1886 年 5 月 15 日，与赫德稔熟的杜伯克在《香港辕门报》发表了“1885 年与香港天文台有业务交流的远东气象台总表”(List of Meteorological Stations in the Far East in Communication with The Hong Kong Observatory in 1885)(图 17)，当中包括了以电报传送最新天气报告的远东诸国气象台，这恰恰就是赫德在《备忘录：一个有关东海的计划的说明：(1)记录气象观测；和(2)传送天气新闻》中的主张。据此，可以推知杜伯克应是赫德《备忘录》的忠实执行者。

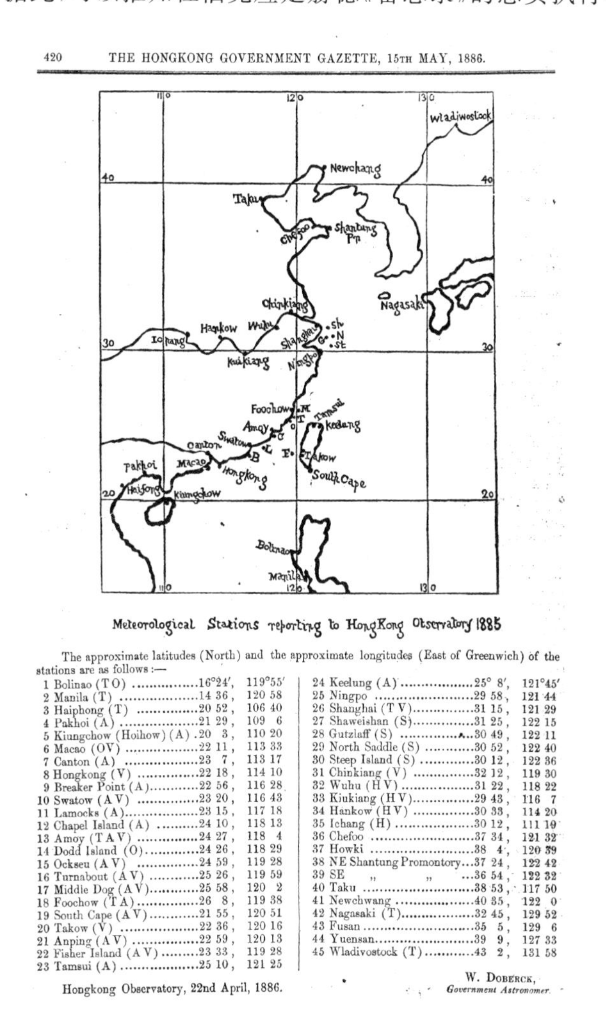

420 THE HONGKONG GOVERNMENT GAZETTE, 15TH MAY, 1886.

Meteorological Stations reporting to HongKong Observatory 1885

The approximate latitudes (North) and the approximate longitudes (East of Greenwich) of the stations are as follows :—

Station	Lat.	Long.
1 Bolinao (T O)	16°24′,	119°55′
2 Manila (T)	14 36,	120 58
3 Haiphong (T)	20 52,	106 40
4 Pakhoi (A)	21 29,	109 6
5 Kiungchow (Hoihow) (A)	20 3,	110 20
6 Macao (OV)	22 11,	113 33
7 Canton (A)	23 7,	113 17
8 Hongkong (V)	22 18,	114 10
9 Breaker Point (A)	22 56,	116 28
10 Swatow (A V)	23 20,	116 43
11 Lamocks (A)	23 15,	117 18
12 Chapel Island (A)	24 10,	118 13
13 Amoy (T A V)	24 27,	118 4
14 Dodd Island (O)	24 26,	118 29
15 Ockseu (A V)	24 59,	119 28
16 Turnabout (A V)	25 26,	119 59
17 Middle Dog (A V)	25 58,	120 2
18 Foochow (T A)	26 8,	119 38
19 South Cape (A V)	21 55,	120 51
20 Takow (V)	22 36,	120 16
21 Anping (A V)	22 59,	120 13
22 Fisher Island (A V)	23 33,	119 28
23 Tamsui (A)	25 10,	121 25
24 Keelung (A)	25° 8′,	121°45′
25 Ningpo	29 58,	121 44
26 Shanghai (T V)	31 15,	121 29
27 Shaweishan (S)	31 25,	122 15
28 Gutzlaff (S)	30 49,	122 11
29 North Saddle (S)	30 52,	122 40
30 Steep Island (S)	30 12,	122 36
31 Chinkiang (V)	32 12,	119 30
32 Wuhu (H V)	31 22,	118 22
33 Kiukiang (H V)	29 43,	116 7
34 Hankow (H V)	30 33,	114 20
35 Ichang (H)	30 12,	111 19
36 Chefoo	37 34,	121 32
37 Howki	38 4,	120 39
38 NE Shantung Promontory	37 24,	122 42
39 SE " "	36 54,	122 32
40 Taku	38 53,	117 50
41 Newchwang	40 35,	122 0
42 Nagasaki (T)	32 45,	129 52
43 Fusan	35 5,	129 6
44 Yuensan	39 9,	127 33
45 Wladivostock (T)	43 2,	131 58

Hongkong Observatory, 22nd April, 1886.

W. DOBERCK,
Government Astronomer.

图 17　杜伯克〈1885 年与香港天文台有业务交流的远东气象台总表〉
(List of Meteorological Stations in the Far East in Communication with
The Hong Kong Observatory in 1885)

From the Royal Society's Committee of the Kew Observatory to the Hong Kong Royal Observatory

FUNG Kam Wing

University of Hong Kong

Abstract In the summer of 1879, The Royal Society's Committee of the Kew Observatory wrote a letter to Sir John Pope Hennessy (1834—1891), Governor of Hong Kong, and pointed out that the geographical latitude of Hong Kong made the city the best location for an observatory. In the light of this letter, the Hong Kong Royal Observatory was founded in 1883. This paper will examine the technological exchanges in astronomy and meteorology between the Committee and observatories in the overseas territories of Britain (such as Colaba Observatory of Bombay and the Royal Observatory of Hong Kong).

Keywords The Royal Society's Committee of the Kew Observatory , Colaba Observatory of Bombay , Hong Kong Royal Observatory, history of meteorological instruments, history of technological exchange of meteorology

后　记

2017年11月，中国气象局气象干部培训学院成功举办了第三届气象科技史研究学术研讨会，为期两天，比较圆满。为把会议成果保存下来，也为促进全国气象科技史研究与业务工作，在院士们和中国气象局领导的鼓励下，气象科技史委员会秘书处组成“系列文集编辑部”，经过一年多努力，这本文集终于出版与读者见面。

在原中国气象局许小峰副局长亲自推动下，经过近10年的探索，我们对气象科技史有了进一步的理解，不仅要深入研究气象科学历史，还要注意把握时代脉搏，进一步推动气象科技史研究成果发挥积极作用。这次会议主题是“一带一路”倡议背景下气象科技史研究，涉及如何利用“一带一路”倡议机遇，大力发展气象科技史，为复兴中国传统文化，促进气象科技创新和人才培养服务等。会议报告体现了这种特色，比如中国工程院丁一汇院士关于气候历史视角的地球可持续治理、英国曼彻斯特大学扬科维奇教授关于地球气候变化历史中的经济学思维、英国牛津大学罗斯贝奖获得者Tim Palmer教授（远程视频方式）关于数值预报历史思维等等，加之会议安排中国二十四节气、西北科学考查九十周年等专题，促进了气象科技史研究成果在科技创新、业务发展和教育培训方面发挥重要的作用。

投稿论文涉及领域多元，进一步推动了气象科技史学术前沿的探索，既有气象观测、海洋气象、医疗气象、气象哲学和气候变化，也有气象科技人物、气象学派、中西气象科技交流，还有水利史，更有二十四节气、西北科学考查等等领域。本次学术研讨会，可以看作气象科技史研究领域的一场学术盛宴。

气象干部培训学院进行气象科技史研究，目的就是为全国学者搭建舞台，共同促进气象科技史事业发展。这次会议代表参与广泛，进一步推动了气象科技史学术的交流。这次参会正式代表、列席代表及参训学员近150人，还有近20人因为各种原因没有到会。参加单位有60多家，参会学者包括气象科技史专业委员会学术顾问、中国气象局原党组副书记、副局长许小峰，国际气象史学会第三任主席Vladimir Jankovic教授，中国台湾刘昭民教授，中国香港冯锦荣教授，中国科技史学会孙小淳理事长，周秀骥、丑纪范、李泽椿、丁一汇院士，中国气象局办公室副主任洪兰江、科技司副司长杨兴国，还有气象科技史委员会理事和来自全国各地的专家，以及参加气象干部培训学院培训的省级气象部门处级领导干部培训班学员。多领域、多单位学者、学员参加会议，极大地增加了会议报告互动、会议内容交流的力度。

这次会议很多院士、老专家与会，不仅指明气象科技史研究的领域、方向和研究重点，而且发挥了传帮带的作用。周秀骥、丑纪范、李泽椿等院士的点评，丁一汇院士的报告，许健民院士的文章，刘昭民教授和冯锦荣教授的报告，罗见今教授的点评，Vladimir Jankovic教授的报告和点评，罗斯贝奖获得者Tim Palmer教授的视频报告，等等，都是本次会议显著的亮点，也对学术传承有很大的帮助，对青年科技史学者有很好的示范作用。

在前辈学者的促进下，本次会议青年学者活跃，进一步彰显了未来气象科技史研究的潜力。本次会议还安排了10位青年学者报告，其中7人第一次走上气象科技史研究学术研讨会的平台做报告。很欣喜看到青年学者优秀的发展潜力和认真的钻研精神，这是气象科技史研究的希望。同时，不少青年学者研究成果水平高，也得到与会人员多方赞誉。

在干部学院专款支持下，2018 年 3 月开始文集征稿和编撰工作，以 2017 年第三届全国气象科技史学术研讨会投稿论文为基础，适当吸收相关研究论文。与第二届文集相比，本届文集编辑更加严谨，经过征稿—修改稿—第二轮投稿—再修改—第三轮投稿的过程，中国气象局前党组副书记、副局长许小峰研究员、周秀骥院士和丑纪范院士撰写序言，还增加了知名学者的大会致辞。

为促进国际交流，本届文集的中文论文配上英文标题、作者、单位、摘要、关键词等，在目录中进行中英文对照，增加作者名字。其中两篇英文论文，来自南半球巴西和北半球俄罗斯。精选第三届会议照片，作为史料保存。本届文集气象系统以外论文超过 50%，显示了文集的包容性和代表性。本届文集注重气象科技史学科规范，诸如论从史出、言必有据；辨析考证，一手资料；史学要素、哲学思考等等。

本文集与读者见面之际，很多领导和学者是幕后英雄。气象科技史是一项事业，现在也许还不是开香槟庆祝之际。帮助、指导、扶持过我们的所有人，一直铭记于心、愈久弥坚。将来要感谢的人一定是一个长长的名单。这里先记叙几位重要的支撑我们和指引工作的领导与学者。

2009 年开始酝酿气象科技史的研究，肖子牛研究员在繁忙的领导工作中，亲自帮助组织队伍，找出选题，为气象科技史工作付出无数心血。气象科技史研究起步蹒跚、创业维艰、筚路蓝缕，起初遇到很多难题和困难，肖子牛副主任呵护有加、不计名利，点燃第一座塔楼之火。

2015 年前后，王邦中副院长带领气象科技史团队传递火炬，朝着建制化发展迈出坚定步伐。数年内，在气象科技史研究内容、研究形式、发展方向等等方面，手把手亲自辅导，精耕细作、反复把关。推动中国气象科技史研究工作逐渐走向国际舞台，促进气象科技史与气象事业的融合，点燃第二座塔楼之火。

从 2009 年到 2019 年，十年岁月弹指之间，原气象干部培训学院党委书记、院长高学浩教授无时不在关注和扶持气象科技史业务。亲自推动中国科技史学会气象科技史委员会的成立与发展，提出气象科技史工作的规划和指南，亲自协调各方面的阻力。高院长对数学和数学史有很多兴趣，并亲自钻研，带给气象科技史很多启示，构建了气象科技史研究和业务的初步版图与疆域。

还有很多重要的领导和学者一直默默关注和支持这项来自于竺可桢先生传递下来的事业。暂且不表，是为了酝酿更好的答谢之辞。习近平总书记指出“不忘历史才能开辟未来，善于继承才能善于创新……只有坚持从历史走向未来，从延续民族文化血脉中开拓前进，我们才能做好今天的事业。”本届文集展现了这项事业的前景和潜力。星星之火，必将燎原。

文集编委会

2019 年 7 月

附一：大会会议照片

原中国气象局党组副书记、副局长
许小峰研究员致辞

中国气象局气象干部培训学院副院长
王志强教授发言

大会开幕式

第一届气象科技史委员会第二次理事会

丁一汇院士做报告 1

丁一汇院士做报告 2

高学浩教授做报告

国际科学史学会前主席刘钝教授做报告

国际气象史学会前主席、英国曼彻斯特
大学扬科维奇大会致辞

国际气象史学会前主席扬科维奇做学术报告

李泽椿(右)院士与高学浩教授

罗斯贝奖获得者英国
牛津大学 Tim Palmer 远程报告

内蒙古师范大学罗见今教授做报告

南京大学谈哲敏教授发言

清华大学冯立昇教授做报告

王邦中做报告

丑纪范院士发言

香港大学冯锦荣教授做报告

中国科技史学会理事长孙小淳致辞

中国气象局科技与气候变化司杨兴国致辞

北京大学胡永云教授做报告

中国气象学会副理事长费建芳教授发言

中国台湾刘昭民（右）先生做报告

周秀骥院士发言

附二：正文所对应的彩图

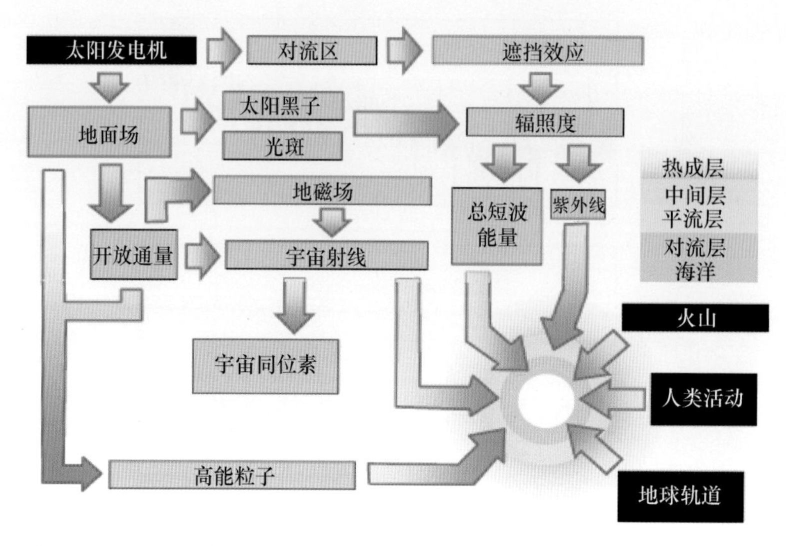

彩图 1　表示地球各种气候强迫的概略示意图。图中给出影响太阳变率的强迫因子(辐照与粒子辐射)[1]。(对应正文第 2 页)

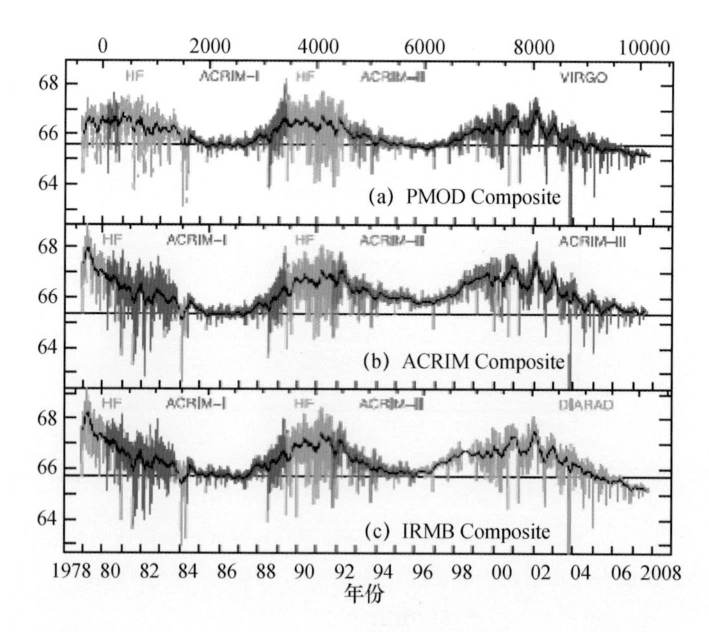

彩图 2　1978—2010 年卫星上不同仪器测量的太阳总辐照度，粗黑线为 81 天平均，通过最小值画的水平黑线代表综合的最小值趋势。图上方“0～10000”代表从 1980 年 1 月起算起的天数[1]。(对应正文第 2 页)

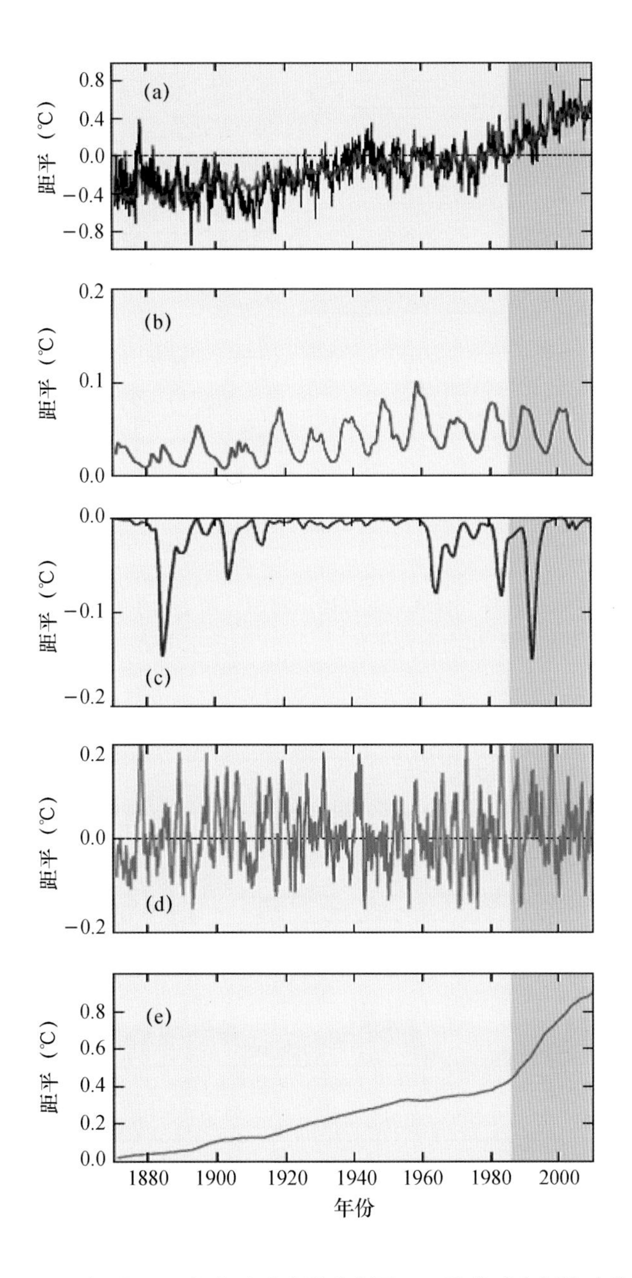

彩图 3　1870 年至 2010 年全球地表温度距平(a)；温度对太阳活动的响应(b)；温度对火山活动的响应(c)；温度对大气内部变率的响应(d)；温度对人类活动的响应(e)。[2](对应正文见 3 页)

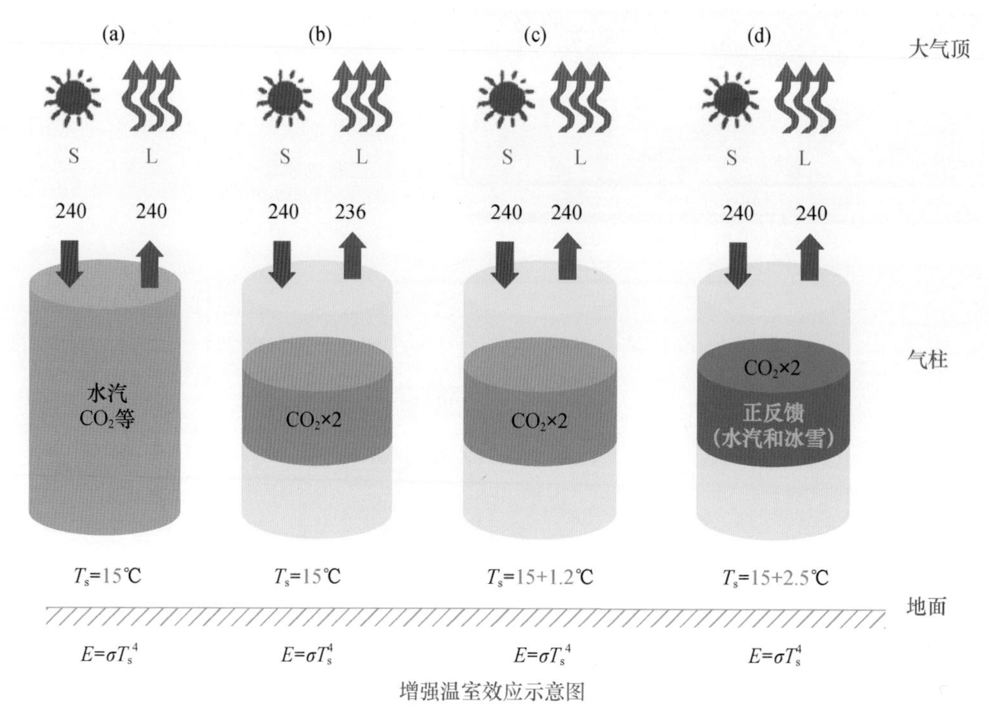

彩图 4　地球的自然温室效应和增强的温室效应示意图。(a)自然的温室效应；(b)CO_2浓度增加到原来的 2 倍。(c)增强的温室效应。(d)反馈作用(由 Houghton 的图改绘，2009)(对应正文第 4 页)

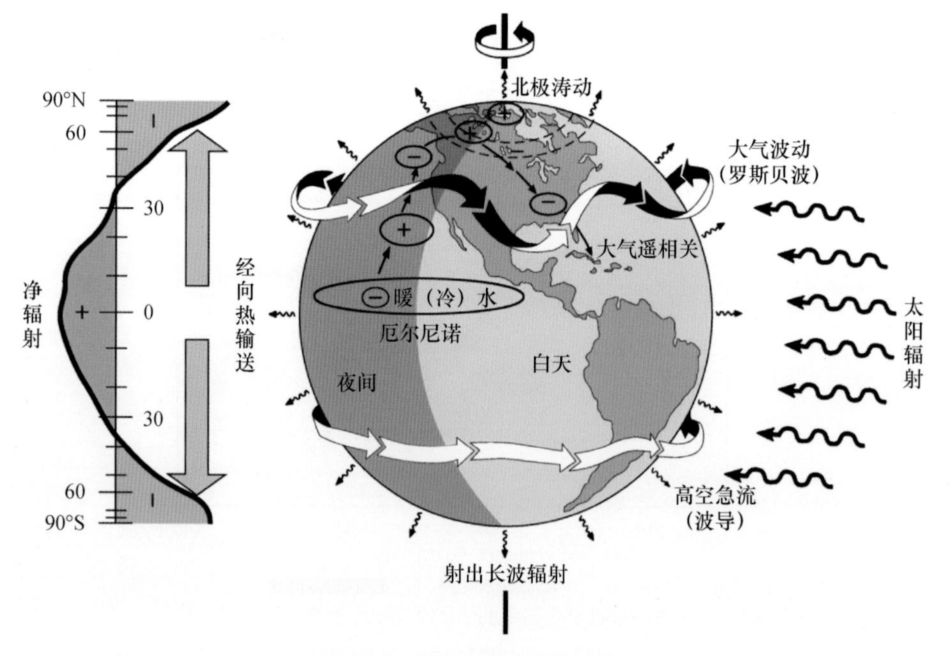

彩图 5　由于太阳辐射在经向分布的不均匀导致的全球大气环流的变化(根据 IPCC 的图改绘)(对应正文第 5 页)

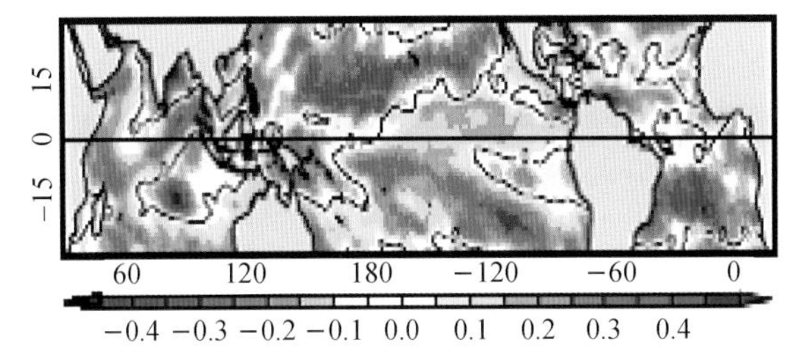

彩图 6　北半球夏季(JJA)在气候的 OLR(射出长波辐射)资料中所测出的太阳信号(红蓝彩色阴影)[3](对应正文第 7 页)

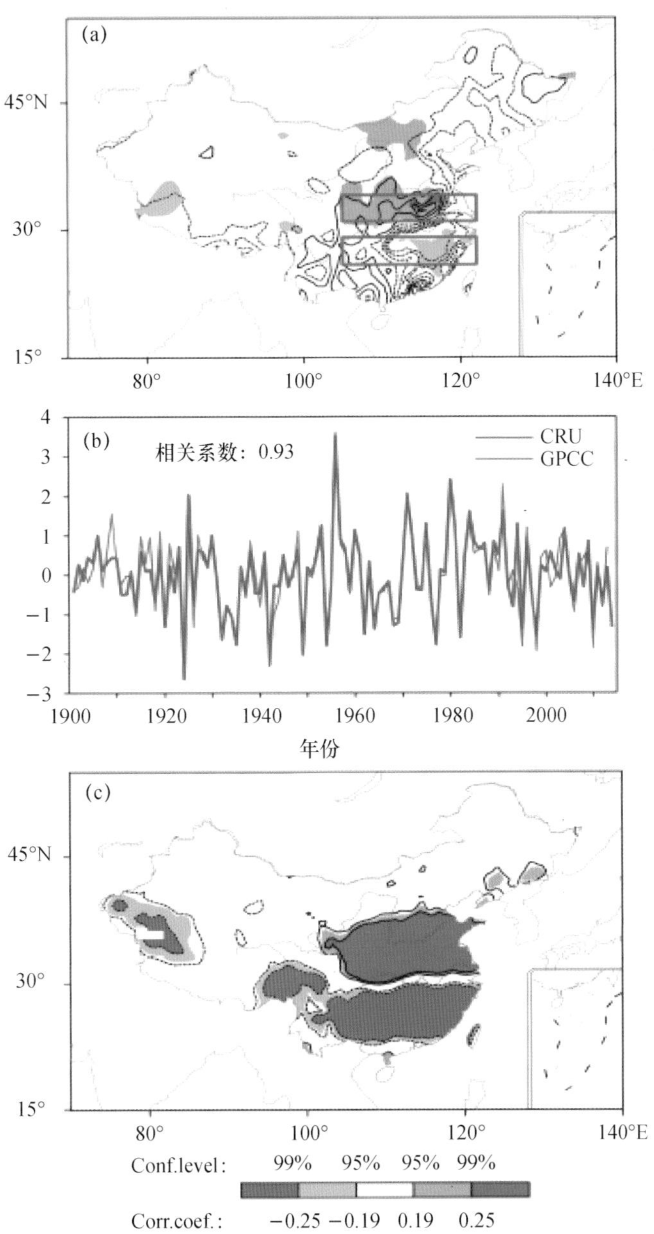

彩图 7　1901—2014 年期间太阳活动最大和最小值期(相对黑子数)6 月降水综合差值分布
(a)矩形代表长江中下游地区与淮河流域；(b)为 6 月中国季风雨带经向移动指数(RMSI)；
(c)6 月 RMSI 与中国降水的显著性相关系数[9](对应正文第 8 页)